流道颗粒动力学

林建忠　胡　箫　刘炳瑞　著

科学出版社
北　京

内 容 简 介

本书对颗粒在流道中的迁移及自组织特性进行了系统的论述，内容主要包括研究背景与意义、相关的研究进展以及基本理论与方法、颗粒在牛顿流体槽道流中的迁移及自组织成链、颗粒在幂律流体中的迁移及自组织成链、颗粒在非牛顿流体矩形通道流中的迁移及自组织成链、颗粒在 Giesekus 流体中的迁移及自组织成链、颗粒在 Oldroyd-B 流体矩形流道中的弹性-惯性迁移和异常颗粒在牛顿流体槽道流中的迁移。

本书可供力学、机械、化工、能源、水利、环境、材料、生物、石油、轻工、医学及相关专业的科研人员、工程技术人员、教师、研究生和高年级本科生阅读。

图书在版编目（CIP）数据

流道颗粒动力学 / 林建忠，胡箫，刘炳瑞著. —北京：科学出版社，2024.5

ISBN 978-7-03-078498-8

Ⅰ. ①流… Ⅱ. ①林… ②胡… ③刘… Ⅲ. ①流道-颗粒-流体动力学 Ⅳ. ①O351.2

中国国家版本馆 CIP 数据核字（2024）第 092711 号

责任编辑：赵敬伟　赵　颖 / 责任校对：彭珍珍
责任印制：赵　博 / 封面设计：无极书装

科学出版社 出版
北京东黄城根北街 16 号
邮政编码：100717
http://www.sciencep.com
北京天宇星印刷厂印刷
科学出版社发行　各地新华书店经销
*
2024 年 5 月第 一 版　开本：720×1000　1/16
2025 年 1 月第二次印刷　印张：20 3/4
字数：418 000

定价：128.00 元

（如有印装质量问题，我社负责调换）

前　言

流固两相流普遍存在于自然界并常见于机械、化工、能源、水利、环境、材料、生物、石油、轻工、医学等领域的实际应用中。流固两相流有稠相、稀相之分，人们的关注点也因此而有所不同。对于流固两相流的研究通常包括寻求流体相流场和固体相颗粒的运动规律，有时也包括综合两相整体特性的两相流动规律。本书侧重于介绍被流体携带的固体颗粒在流道中的动力学特性，这句话隐含两个关键信息：一是流道，二是关注颗粒的动力学特性。

“流道”意味着存在约束壁面对流固两相流动的影响。尽管在自然界中存在一些壁面影响可以忽略的流固两相流动，如大气中的气溶胶运动，但在自然界尤其是实际应用中，更多的是壁面有影响的流固两相流动。当然，壁面对流固两相流动影响的强弱可以不同，本书介绍的则是壁面对流固两相流动有显著影响的情形。关注颗粒的动力学特性意味着主要是给出颗粒在流场中的轨迹、径向平衡位置、颗粒在运动过程中自组织形成的结构等信息。

颗粒在有壁面影响的流场中运动的情形很普遍，如微流控芯片中生物颗粒的定位、聚焦、检测分离、筛选，被吸入的颗粒在人体呼吸道中的扩散与吸附，细胞仪对血液中血细胞的检测计量，粉尘在通风除尘管道中的排放，粉煤灰在气力输送管道中的传输，冷却系统管道中液体加入颗粒的强化换热，化工过程中颗粒的筛选与分离，沙尘暴中地面的起沙，江河中河床沙粒的运移，复合材料的成型过程等。

颗粒在有壁面影响的流场中运动与以下几个因素有关：一是流体的物性，如黏性、弹性等；二是流体运动的特性，如惯性、剪切率等；三是固体颗粒的物性，如形状、尺度、弹性等；四是颗粒之间的相互作用；五是壁面的约束性。这些因素的变化以及因素间的耦合作用导致了颗粒在有壁面影响的流场中运动的复杂性。

颗粒在有壁面影响的流场中运动的普遍性、特殊性和复杂性，表明了对其进行研究是非常必要的。近 10 年来，作者与课题组成员一道对颗粒在流道中的迁移及自组织特性进行了系统、深入的研究，本书是部分研究成果的体现。

在本书出版之际，作者感谢国家自然科学基金重点项目“非牛顿流体颗粒悬浮流及雾化射流的研究”（No.11632016）的资助以及国家自然科学基金重点项目“自驱动颗粒多相流体动力学若干问题的研究”（No.12132015）的部分资助。感谢余钊圣、聂德明、黄利忠、陈冬梅、张培杰等，他们与作者一起取得了上述成果。感谢科学出版社在本书出版过程中的全力支持与帮助。

本书正文涉及的所有彩图都可以扫封底二维码查看。

欢迎读者对本书提出宝贵意见。

作　者

2023 年 6 月

宁波大学

浙江大学

目　　录

常用基本符号说明

英文符号	量的含义
a	颗粒半径
a_r	长径比
A_{f}	颗粒成链因子
c	格子速度
C_e	弹性系数
c_s	声速
d	距离
D	颗粒直径
$\boldsymbol{D}$	流体应变率张量
D_{H}	水力直径
e	单位矢量
E	杨氏模量
E_b	弯曲模量
f	摩擦系数，粒子平衡态分布函数
F	作用力
$\boldsymbol{F}$	作用力，冲量
F_0	排斥力
$\boldsymbol{F}_{\mathrm{p}}$	外力
$\boldsymbol{g}$	重力加速度
G	剪切模量
G_b	弯曲模量
G_s	膜弹性模量
G'	储能模量
G''	损失模量
h	颗粒初始纵向间距
H	流道高度

$\boldsymbol{I}$	单位张量
$\boldsymbol{J}$	转动惯量
k	阻塞率
k_{B}	Boltzmann 常量
k_n	法向弹簧系数
l	双尺度颗粒间距，弧长
L	特征尺度，流道长度
m	质量，幂律系数
M	质量，矩
n	幂律指数
$\boldsymbol{n}$	法线方向，两点连线方向矢量
N	法向应力差，颗粒个数
p	压力
$\boldsymbol{p}$	取向矢量
P	概率，颗粒
Q	体积流量
r	半径
$\boldsymbol{r}$	矢径
R	半径
t	时间
T	温度，颗粒旋转周期
$\boldsymbol{T}$	力矩
T_s	表面张力
u	速度分量
$\boldsymbol{u}$	速度矢量
$\boldsymbol{U}$	速度矢量
U_0	流道中心速度，壁面速度
v	速度分量
$\boldsymbol{v}$	速度矢量
V	体积
w	速度分量
W	流道宽度

希腊字母	量的含义
α	迁移率参数，剪切变稀参数，热扩散率
β	双尺度颗粒直径比
γ	剪切率
$\dot{\gamma}$	应变率
$\dot{\boldsymbol{\gamma}}$	应变率张量
ε	本构参数，阻塞率
η_n	黏壶系数
η_r	黏度比
θ	颗粒长轴与流向夹角，取向角
κ	曲率
λ	刚性模量，拉伸比
$\boldsymbol{\lambda}$	虚拟力
μ	动力黏性系数
μ_α	表观黏性系数
μ_p	塑黏性系数，非牛顿流体对黏度的贡献
μ_s	溶剂黏度
ν	运动黏性系数
ρ	密度
ρ_r	颗粒与流体的密度比
σ	泊松比，颗粒纵向位置
τ	剪切应力
$\boldsymbol{\tau}$	应力张量
τ_f	流体弛豫时间
$\boldsymbol{\tau}_y$	屈服应力
$\boldsymbol{\Phi}$	颗粒体积浓度
φ	颗粒取向角
Ψ	法向应力差系数
ω	加权系数
$\boldsymbol{\omega}$	角速度
$\boldsymbol{\Omega}$	角速度

量纲为一的参数

Ca	毛细管(Capillary)数
De	德博拉(Deborah)数
Fr	弗劳德(Froude)数
El	弹性(Elasticity)数
La	拉普拉斯(Laplace)数
Le	刘易斯(Lewis)数
Ma	马赫(Mach)数
Pe	佩克莱(Peclet)数
Pr	普朗特(Prandtl)数
Re	雷诺(Reynolds)数
Wi	魏森贝格(Weissenberg)数

第1章　绪　　论

颗粒在流道中的迁移及自组织特性是多相流研究的一个方面，本章介绍其研究背景和意义以及与之相关的部分研究进展。

1.1　背景与意义

如前言所述，颗粒在流道中的迁移常见于生物、医学、机械、化工、能源、水利、环境、材料、石油、轻工等领域的实际应用中，以下介绍其中几种典型的应用。

1.1.1　微流控系统中颗粒的分离、捕获与聚焦

微流控技术广泛地应用于生物医学领域中细胞的分离与捕获、细菌的挑选与分离、DNA 的分离与聚焦等，该技术的出现极大地促进了生物医学领域的发展。如图 1.1 所示，微流控技术大致可以分为主动型和被动型两类。主动型微流控技术主要应用电、磁、声、光等产生的外力对颗粒的迁移进行控制，具有控制精度高的特点。被动型微流控技术则通过流体对颗粒的作用力或者通过通道结构的设计来改变颗粒的迁移方式。根据工作原理，被动型微流控技术可以通过改变通道

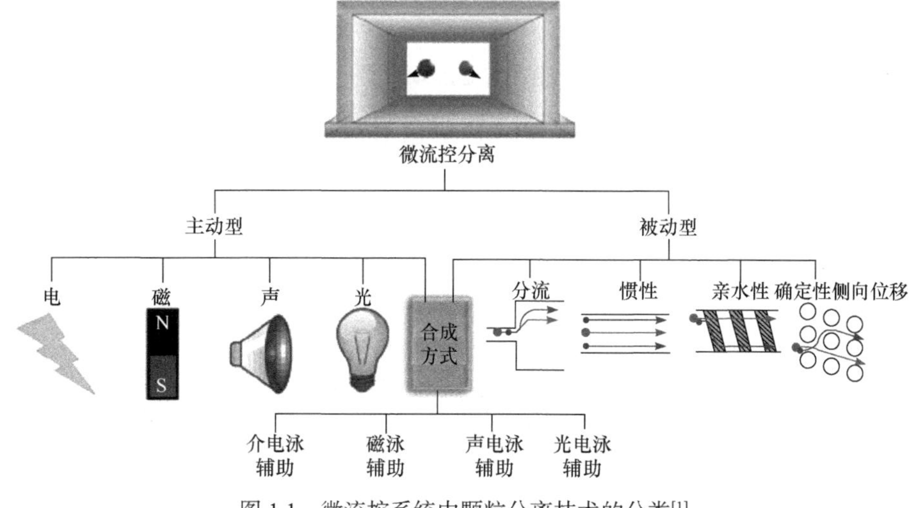

图 1.1　微流控系统中颗粒分离技术的分类[1]

面积的分流形式和流动惯性以及颗粒的亲水性、重力特性、确定性侧向位移以及黏弹性分离等给予实施,其中基于流体力学原理的通过流动惯性来操控颗粒迁移,具有成本低、高通量、高效率、易操作等优点。通过对颗粒的主动与被动控制,可以使颗粒的径向位置、流向间距符合人们的需求,从而便于对颗粒进行捕获、聚焦、挑选和分离。

1.1.2 流式细胞仪

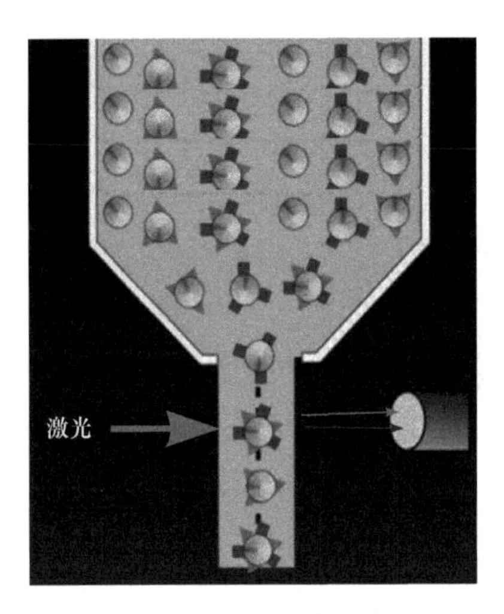

图 1.2　流式细胞仪局部

早年对细胞的计数是在显微镜下观察含细胞的基液中细胞的数量。有了流式细胞仪(图 1.2)之后,可以采用流式细胞的技术对细胞进行准确计数,同时还可以将细胞进行更详细的分类,从而有效地帮助判断疾病,提高治疗效果。

流动室和液流系统是流式细胞仪的主要组成部分,流动室由样品管、鞘液管和喷嘴等组成,单个细胞悬液在液流压力作用下从样品管射出,同时鞘液由鞘液管从四周流向喷孔,包围在样品外周后从喷嘴射出。由喷嘴射出的液柱被分割成一连串的含细胞的小水滴,为保证计数的准确性,需要将含被检细胞的小水滴限制在液流的轴线上,同时前后水滴还要有一定的间隔,这就需要对水滴在液流中流动时的径向位置和间距进行有效的控制。

1.1.3 颗粒成链对纳流体强化传热特性的影响

纳流体(在流体中加入纳米颗粒)用于强化传热在过去的几十年中已得到广泛的应用,颗粒的尺度、浓度、形状、分布对于强化传热效果的影响也一直是人们关注的焦点。在颗粒尺度、浓度、形状一定的情况下,为了得到更好的传热效果,可以通过主动控制与被动控制的方法得到颗粒的最佳分布。例如已有研究结果表明[2],对于加入流体中的磁性颗粒而言,在无外加磁场、加低强度磁场和加高强度磁场情况下,颗粒的分布方式完全不同(图 1.3),外加高强度磁场时,流动中的颗粒在外加磁场作用下会形成链状结构的分布,该结构能起到强化传热的作用。当颗粒的体积浓度为 6.3%时,通过外加强磁场的方式,可以使热导率增强 300%。

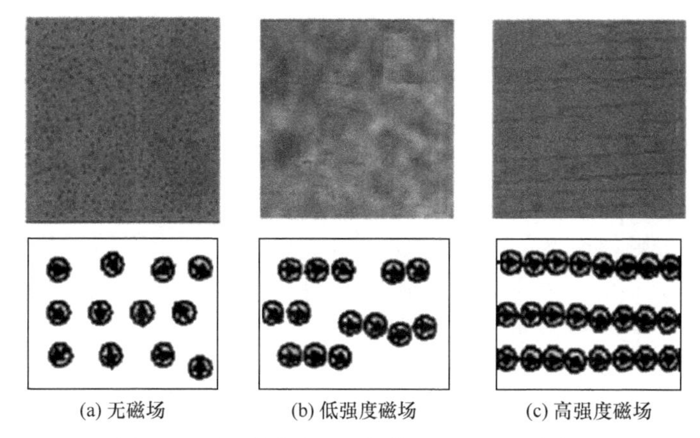

图 1.3　纳流体中有无磁场作用下的颗粒分布[2]

1.1.4　研究流道颗粒动力学的意义

既然颗粒在流道中的迁移很普遍，那么有必要研究颗粒在流道中的迁移轨迹、平衡位置、分布特征，从而通过各种控制，实现最佳的流动过程和获得最好的流动效果。然而，最佳的流动过程和最好的流动效果取决于具体的对象。例如，为了使颗粒能定位、聚焦，就要控制颗粒的迁移使其能在某个径向位置上处于平衡状态；为了更方便、准确地检测、筛选颗粒以及对颗粒计数，就要使流动中的前后颗粒分离并保持一个恒定的间距；如前所述，为了获得更好的强化传热的效果，就要使颗粒形成链状结构；在通风除尘、气力输送管道系统中，为了达到最好的除尘、输送的效果，就要使颗粒处于悬浮状态，不沉降到管壁；在纺织、造纸、玻璃、复合材料等行业，为了提高产品的质量和强度，就要使颗粒不仅有较均匀的空间分布，而且还要有合适的取向分布。

要控制颗粒在流道中迁移时的轨迹、平衡位置、分布，就要知晓影响颗粒轨迹、平衡位置、分布的因素，这些因素包括流体的物性、流体运动的特性、颗粒的物性、颗粒间相互作用的特性、壁面的约束等，这正是本书的主要内容。

1.2　研 究 进 展

1961 年，Segré 和 Silberberg 在 *Nature* 发文称[3]，进口处均匀悬浮于液体的刚性圆球颗粒以层流形式流入圆管时，会逐渐集中到离圆管中线 0.6 倍半径的位置处形成一个圆环形区域，该环简称 SS 环，该现象称为 Segré-Silberberg 效应。他们认为形成 SS 环的原因是圆球颗粒在管内迁移时有旋转，因旋转而产生了类似 Magnus 效应的力，该力使得颗粒向内迁移。早些时候，Tollert[4]、Saffman[5]、Rubinow 和 Keller[6]也说明了这种力的存在。然而，根据 Jeffery 的“最小能量耗散”理论，圆球颗粒应当持续向内迁移到圆管中线并最终沿中线移动，而不会停在 SS 环的位置，即一定还存在另外的指向壁面的力。可见，当时关于颗粒为何集中到 SS 环的原因还没有一个合理的解释。

后来，Oliver[7]观察到，圆球颗粒的旋转导致颗粒向外迁移而不是向内迁移，没有旋转的颗粒最终将趋向于朝中线移动。他通过较为详尽的研究，得到如下结论：旋转的圆球颗粒最终会集中到离圆管中线 0.5～0.65 倍半径的位置处，而无旋转的圆球颗粒则最终会集中到中线附近。颗粒进入圆管时的初始位置对其进入圆管后的最终径向位置影响不大；如果颗粒进入圆管时位于中线上，则产生径向位移的可能性不大。对于一个对称球体颗粒而言，圆管中线是其不稳定的平衡位置，颗粒一旦稍微离开中线便开始滚动，导致其远离圆管中线。对于稍微不对称的球体颗粒而言，颗粒会以一种不均匀滚动的方式迁移，随着滚动速度增加，颗粒将远离中线，而当滚动停止时，颗粒又将向圆管中线移动。无论颗粒的密度多大或形状是否对称，若初始位于管壁附近，颗粒都倾向于向中心迁移，因为颗粒与壁面之间存在短程水动排斥力。这种因壁面产生的向中心的排斥力与 Magnus 效应产生的向壁面的作用力共同作用的结果，使得颗粒集中到 SS 环的位置。

Goldsmith 和 Mason[8]认为，球形颗粒只有在可变形的情况下，才会在 Poiseuille 流中发生径向迁移，刚性球体不会径向迁移。而 Oliver[7]曾指出，没有发现刚性球体的径向迁移是因为颗粒 Re 数很小($<10^{-6}$)，远小于 Segré 和 Silberberg 发现 SS 环时的 Re 数($10^{-3}\sim6\times10^{-2}$)。他进一步认为，若作用在颗粒上的径向力较小，颗粒迁移与颗粒离壁距离的关联性较弱，颗粒与流体的密度差异较小，则当颗粒之间发生频繁碰撞时，以上因素都可以忽略。

由此可见，颗粒是否会集中到 SS 环的位置，颗粒是否还有其他平衡位置，取决于流场 Re 数、颗粒 Re 数、颗粒的密度和尺度、颗粒的形状与刚性、壁面对颗粒的作用、颗粒间的相互作用等因素。因素的多样性导致了问题的复杂性，也引起了人们的关注。

1.2.1　颗粒在牛顿流体中的迁移

可以从颗粒在圆管、矩形管、复杂管道中的迁移以及非圆球颗粒迁移等几个方面叙述。

1.2.1.1　圆管中颗粒的迁移

自从 Segré 和 Silberberg 发现 SS 环后，人们对颗粒的成环产生了关注，给出了很多新的结果。Ho 和 Leal[9]认为，颗粒的成环由惯性所致。Schonberg 和 Hinch[10]发现，随着 Re 数增大，SS 环的位置朝壁面移动。Matas 等[11]发现，颗粒惯性迁移形成的颗粒环随着流场 Re 数的增加而更靠近壁面，甚至当流场 Re 数大于 600

时，会出现另一个更靠近管道中心的“内环”；当 $Re>700$ 时，大多数颗粒会集中在内环。他们在随后的研究中发现[12]，内环的出现与颗粒的尺度有关。Shao 等[13]对流场 Re 数为 2200 时的情形进行了数值模拟，说明当 Re 数高于某个临界 Re 数时确实有“内环”的出现，但给出的临界 Re 数与 Matas 等[11]由实验得到的值不同。Nakayama 等[14]发现，在流场 Re 数为 100～1000 的范围内，颗粒存在三种成环形式。如图 1.4 所示，当 Re=100 时，颗粒在比较靠近壁面的位置成环；随着 Re 数增加，当 Re=790 时，出现了两个环；当 Re 数进一步增加到 1000 时，仅存在一个比较靠近中心的环。Morita 等[15]的实验结果表明，内环并不是颗粒最终的平衡位置，临界 Re 数的不同以及不同研究结果的差异与颗粒直径和管道直径有关。

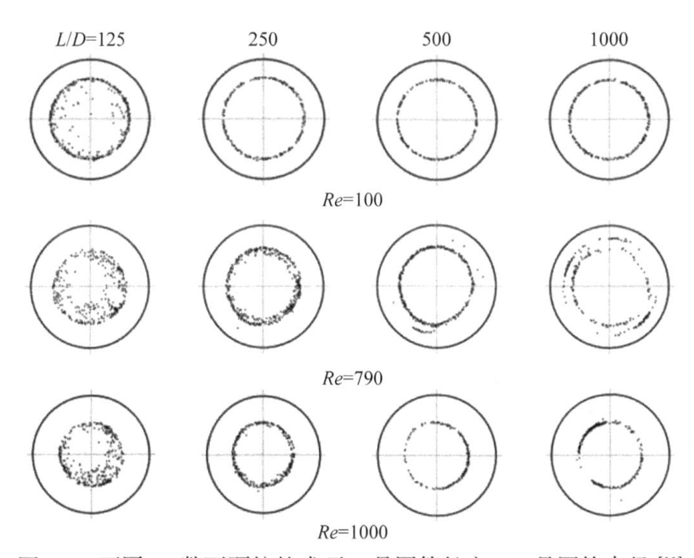

图 1.4　不同 Re 数下颗粒的成环(L 是圆管长度，D 是圆管直径)[11]

1.2.1.2　方形和矩形管中颗粒的迁移

随着微流控芯片的发展，颗粒在方形和矩形截面管道中的调控得到了广泛的应用。Di Carlo 等[16]发现，如图 1.5 所示，进口随机分布的颗粒流进方管后会惯性迁移，在出口处颗粒会集中到 4 个面的中点位置，且该位置随着 Re 数的增加而更靠近壁面。

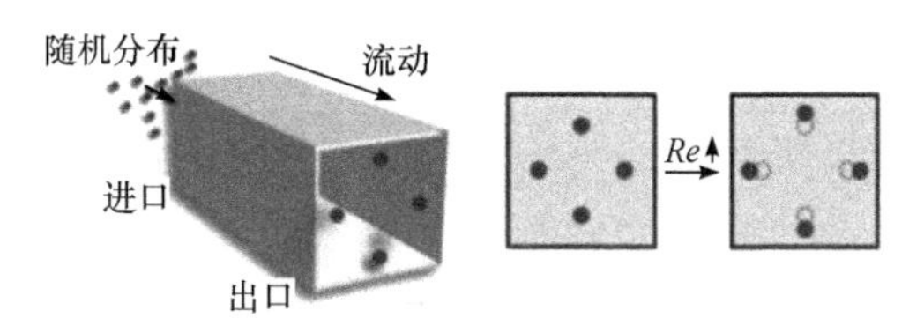

图 1.5　颗粒在方形截面管道中的惯性迁移[16]

Chun 和 Ladd 发现[17]，进口均匀分布的颗粒(图 1.6(a))流进方管后的惯性迁移依赖于 *Re* 数，当 *Re*=100 时，颗粒将聚集在 8 个平衡位置周围，并在流动方向上排列(图 1.6(b))，Miura 等也观察到了该现象[18]；当 *Re*=500 时，颗粒聚集在每个角落附近的 4 个稳定位置之一，流动方向上的排列被打乱，在角落附近形成紧密间隔的瞬时聚集(图 1.6(c))；当 *Re*=1000 时，颗粒除了集中在 4 个角落外，还会在通道的中心出现(图 1.6(d))。

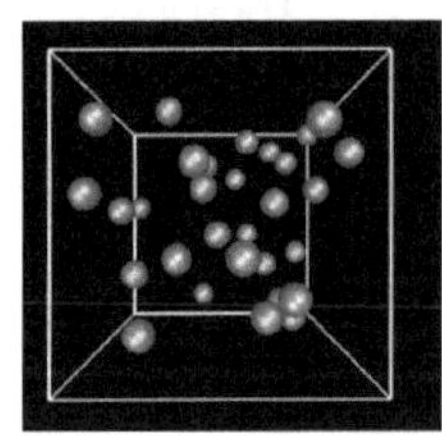
(a) 进口颗粒分布

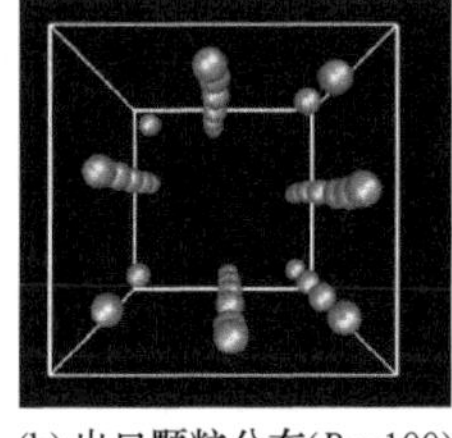
(b) 出口颗粒分布(*Re*=100)

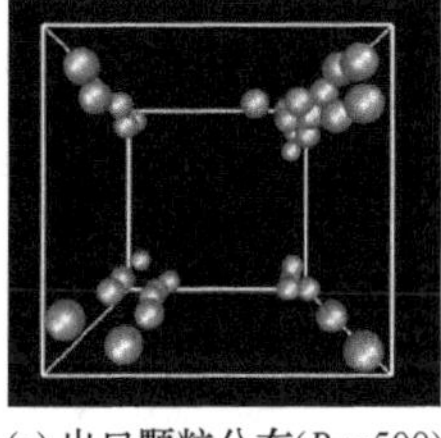
(c) 出口颗粒分布(*Re*=500)

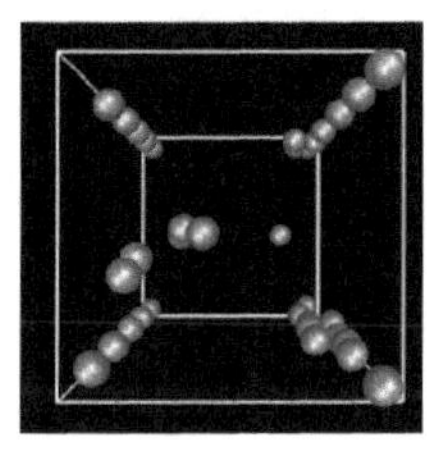
(d) 出口颗粒分布(*Re*=1000)

图 1.6　不同 *Re* 数下颗粒在方形截面管道中的惯性迁移[17]

Abbas 等发现[19]，方管中的颗粒惯性迁移到平衡位置会经历两个阶段，第一阶段是迁移到相同的横向位置，类似于集中到 SS 环，第二阶段是 SS 环上的颗粒缓慢迁移到稳定的平衡位置，其中第二阶段的时间较短，颗粒沿流向的迁移距离比第一阶段的迁移距离短十分之一。Shichi 等[20]的实验研究表明，进口随机分布的颗粒(图 1.7(a))流进方管后的惯性迁移也与 *Re* 数有关，当 *Re*=100 时，颗粒集中到 4 个面的中点位置(图 1.7(b))；当 *Re*=280 时，颗粒分布在壁面的四周(图 1.7(c))；当 *Re*=450 时，颗粒则分布在 4 个面的中点位置和 4 个角落(图 1.7(d))。Yuan 等[21]发现，当 *Re* 数大于临界值时，颗粒的平衡位置开始远离壁面，颗粒尺度与方管尺度之比对颗粒的平衡位置有较大影响。

(a) 进口颗粒分布

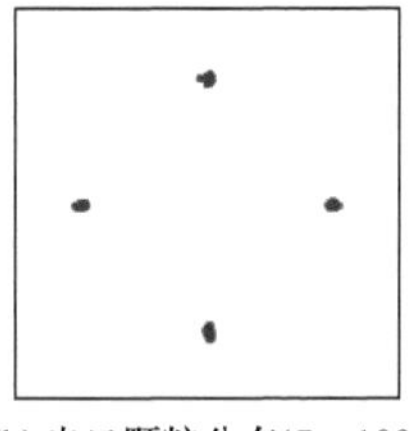
(b) 出口颗粒分布(*Re*=100)

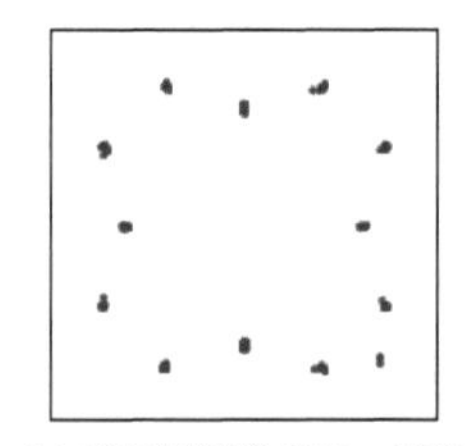
(c) 出口颗粒分布(*Re*=280)

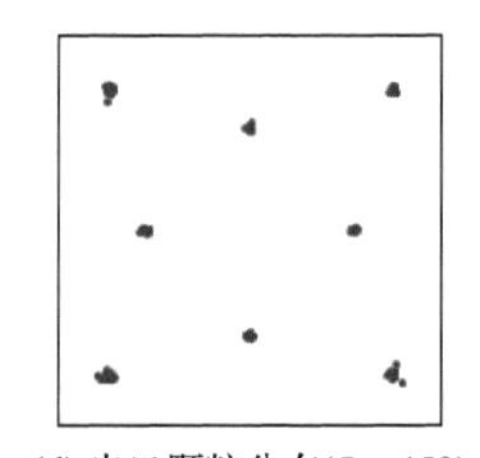
(d) 出口颗粒分布(*Re*=450)

图 1.7　不同 *Re* 数下颗粒在方形截面管道中的惯性迁移[20]

由上可见，不同研究者对颗粒在方形管道中的迁移得到了相近的结论。然而，不同研究者对颗粒在矩形管道中的迁移和平衡位置的研究结论则不尽相同。例如 Di Carlo 等认为[16]，颗粒在矩形管道中只存在两个平衡位置，即位于长边的中点位置，随着 *Re* 数的增大，逐渐变为 4 个平衡位置，即 4 个边的中点(图 1.8)。Bhagat

等则发现[22]，矩形管道中存在 6 个或 8 个平衡位置。Ciftlik 等发现[23]，当 *Re* 数在 75～2000 范围时，颗粒在长边和短边上平衡位置的变化非常复杂。Liu 等发现[24]，随着 *Re* 数继续增加到临界 *Re* 数时，还存在两个稳定的短边中点的平衡位置。

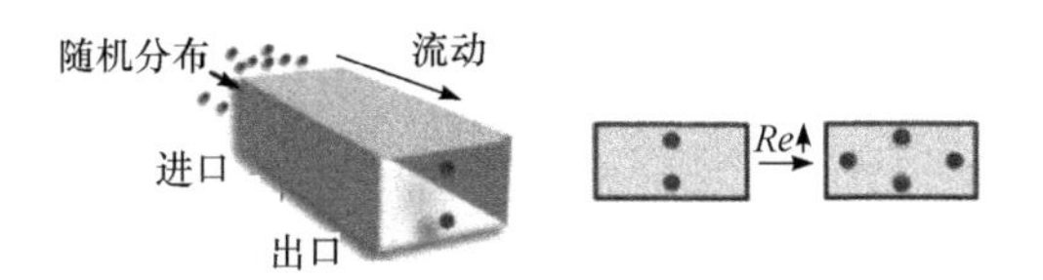

图 1.8　颗粒在矩形截面管道中的惯性迁移[16]

1.2.1.3　两平板间流场中颗粒的迁移

在小颗粒 *Re* 数和小阻塞比(颗粒直径与两平板间距之比)情况下，简单剪切流中的中性悬浮球形颗粒将移动至两平板中间的平面；而在 Poiseuille 流中，颗粒则移动至壁面与中线之间的某个位置，该位置与中线的距离为通道半宽的 0.6 倍[9]。另有研究表明，当颗粒 *Re* 数为 0.625、阻塞比为 0.125 时，颗粒在 Poiseuille 流中的平衡位置仍然位于两平板的中心线[25]。可见，颗粒 *Re* 数和阻塞比是影响颗粒平衡位置的重要因素。

当颗粒 *Re* 数(约为 2～3)大于临界 *Re* 数时，颗粒会由位于中心线的单个平衡位置变为 3 个平衡位置[26, 27]，即两个与中心线等距的稳定平衡位置和一个位于中心线的不稳定平衡位置。图 1.9 给出了不同颗粒 *Re* 数下颗粒的平衡位置，其中 *H* 是两平板间距的一半。

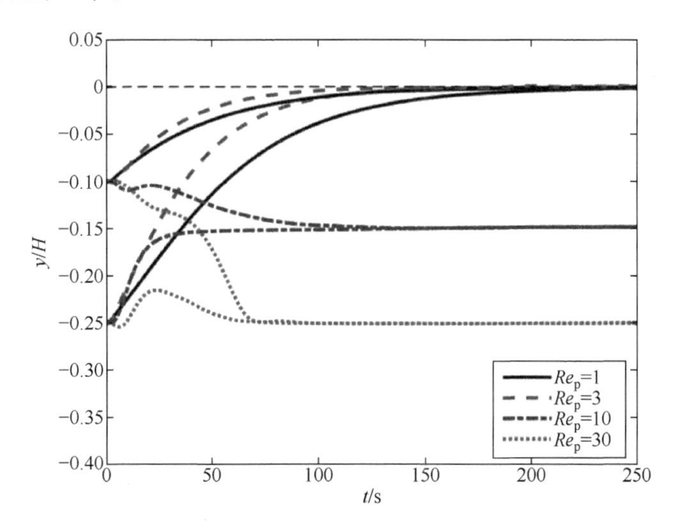

图 1.9　不同颗粒 *Re* 数下颗粒的平衡位置[27]

1.2.1.4　非球形颗粒的迁移

由于圆球形颗粒具有几何上的各向同性，所以许多研究都将颗粒视为理想的圆球形，从而使问题得以简化，但在自然界和实际应用中，很多颗粒的形状与圆球偏差较大，如圆柱状的大肠杆菌、酵母菌以及形状更加复杂的细菌；又如红细胞[28]、病毒颗粒和海洋微生物颗粒等。复杂的形状使得颗粒的迁移变得更加复杂。

Jeffery[29]首先对非圆球形颗粒的运动进行了研究，发现椭球形颗粒在忽略惯性的简单剪切流场中运动时，会呈现闭合的周期性轨道运动(Jeffery 轨道)。在 Jeffery 研究的基础上，人们后来给出了新的研究结果，在较高 *Re* 数下，椭球形颗粒在剪切流中的旋转周期迅速增加，达到临界 *Re* 数时，旋转周期无限大，椭球形颗粒几乎处于水平取向角[30]。在低 *Re* 数下，剪切流中圆柱状颗粒的旋转周期随剪切流场上下板间距的减小而增加；当间距小于临界值时，颗粒停止旋转并保持平衡取向[31]。在不同 *Re* 数下，椭球形颗粒在剪切流场中运动时会出现不同的转动模态[32]。稳态下椭球形颗粒在剪切流场中的最终取向与 *Re* 数之间存在幂律关系，并且颗粒旋转周期与长径比也存在幂律关系[33]。

当非球形颗粒在管道或槽道内迁移时，圆柱形颗粒的惯性迁移也存在 Segré-Silberberg 效应，在方形通道中存在 4 个稳定的平衡位置，而在矩形通道中存在 2 个或 4 个平衡位置，处于哪种情形取决于 *Re* 数[34]。矩形、圆形和三角形颗粒在迁移时，存在“聚焦”、“弹跳”和“平移”三种运动模式[35]。椭球形颗粒将绕 Jeffery 轨道旋转并惯性迁移到平衡位置，颗粒的运动存在面内旋转、面外旋转和无旋转三种模式；低惯性效应时，椭球形颗粒的旋转是随机的，而惯性效应显著时，颗粒以平面内旋转为主导[28]。椭球形颗粒在槽道中的旋转周期随着颗粒长径比的减小而减小[36]。圆盘形颗粒更可能聚集在通道横截面的对角线上[37]。椭球形颗粒在圆管中惯性迁移的转动模态，明显受管道尺度和 *Re* 数的影响，长条形椭球颗粒在圆管中的翻转模态是稳定的，滚动模态则不稳定，而扁形颗粒的情形则相反[38]。

当椭球颗粒在 Couette 流中迁移时，流场 *Re* 数有很大影响。在较低 *Re* 数时($0<Re<205$)，椭球颗粒绕其短轴旋转，短轴的指向与涡矢量平行，长轴则始终垂直于涡矢量；中等 *Re* 数时($205<Re<345$)，椭球的长轴逐渐向涡矢量的方向移动；在较高 *Re* 数时($345<Re<467$)，椭球围绕其长轴转动，长轴方向与涡矢量的方向平行[39]。也有研究表明，椭球颗粒的运动轨迹与椭球的初始取向有关[40]，而相关程度则取决于 *Re* 数和椭球的长短轴之比[32]。除此之外，颗粒的惯性与流体的惯性竞争性地影响着椭球颗粒的运动轨迹[41, 42]。总体上，椭球颗粒在简单剪切流中存在如图 1.10 所示的几种运动模式。

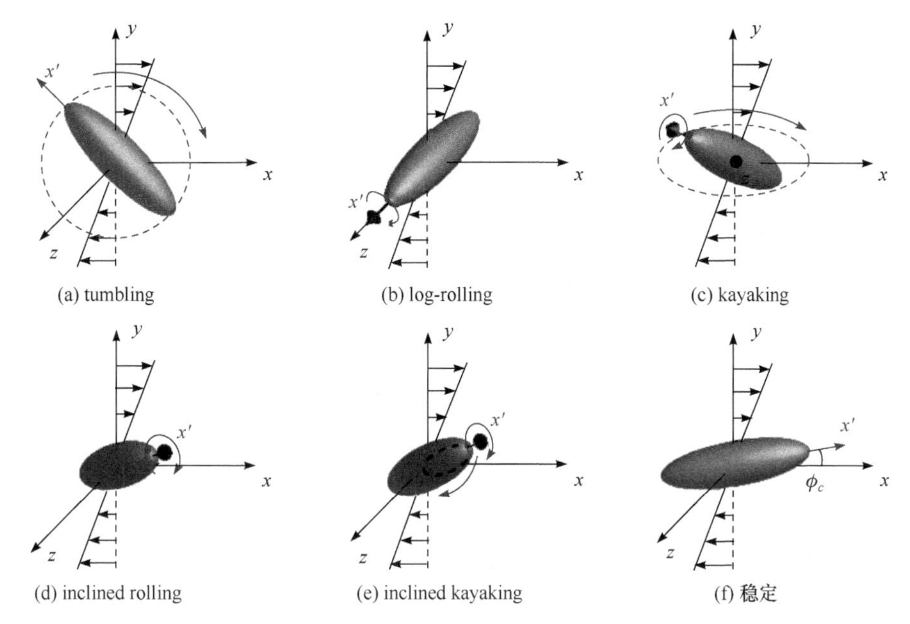

图 1.10 椭球颗粒在简单剪切流中的运动模式[41]

1.2.1.5 弯曲或复杂通道流场中颗粒的迁移

如图 1.11 所示，相比于直通道，弯曲或复杂通道能更方便地集成在微小器件中，而且弯曲或复杂通道中的曲率、几何结构、流通面积的变化，能产生二次流或复杂的流动，从而控制颗粒的迁移。

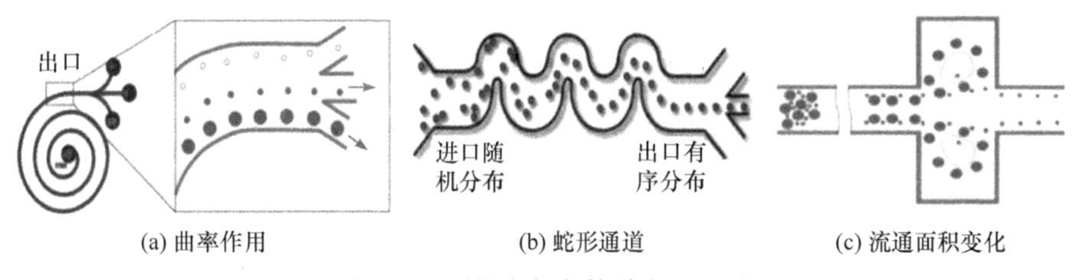

(a) 曲率作用 (b) 蛇形通道 (c) 流通面积变化

图 1.11 颗粒在复杂管道中的迁移

弯曲通道容易产生二次流，二次流对颗粒施加的作用力使得颗粒沿垂直于流动的方向迁移而到达管道的中点或其他平衡位置。弯曲通道中二次流的强度与流体惯性、通道曲率以及几何形状有关。例如利用图 1.11(b)的蛇形通道，可以将颗粒快速迁移到同一平衡位置，既缩短了通道的长度，也改变了颗粒迁移的平衡位置[16]。弯管中颗粒迁移到平衡位置的距离比直管道可减少约 20%[43]。用弯管微流控芯片对多分散体系颗粒进行分离，随着流量的增加，颗粒的聚集过程存在五种模态[44]。颗粒在弯管中迁移的平衡位置与颗粒的直径密切相关，小颗粒靠近流道的外侧，而大颗粒则靠近流道的内侧[45]。

对图 1.11(c)所示的流通面积变化的通道而言，面积变大后产生的涡流会使多分散体系颗粒中的大颗粒聚集到面积扩大的部分，而小颗粒则基本不受影响，由此能实现颗粒的分离和筛选。用这种流通面积变化的通道对不同直径的红细胞和白细胞进行分离和筛选，通过改变流体的惯性，可以在面积扩大的部分捕获较大尺度的细胞[35]。颗粒在面积扩大的部分被捕获时存在三种稳定状态，且有四种颗粒捕获模式[46]。然而。较高的 *Re* 数会降低面积扩大部分中颗粒捕获的总体效率[47]。

1.2.2　颗粒在非牛顿流体中的迁移

自然界和实际应用中有很大一部分是非牛顿流体。非牛顿流体是具有内部结构的复杂流体，其应力和应变率的关系不满足牛顿流体的内摩擦定律，流体黏度依赖于剪切率。非牛顿流体有些具有弹性或塑性，流体介质的力学属性与介质的历史状态有关。颗粒在非牛顿流体中的迁移很普遍，例如，石油钻井时常用泥浆和聚合物构成的非牛顿流体来输运岩石碎末，由清水、砂和添加剂构成的压裂液通过水压使岩石产生裂纹而采出石油或天然气，血细胞在血液中的输运过程等。

颗粒在非牛顿流体中迁移的动力学特性很复杂，非牛顿流体特性诸如剪切变稀与变稠、第一和第二法向应力的存在，都会对颗粒的迁移产生重要的影响。正因为如此，非牛顿流体的特性可用来使颗粒按照预期的且在牛顿流体中无法实施的方式迁移，例如，牛顿流体中产生惯性升力的方法对于极小颗粒或者 *Re* 数远小于 1 的情形无效[48]，而基于非牛顿流体的弹性升力能够操控更小尺寸[49]和更小 *Re* 数[50]情况下的颗粒，同时弹性升力与惯性升力的结合可提高对颗粒的控制能力[51]。在微流控技术中，可以让颗粒在非牛顿流体的作用下在某些指定区域内迁移，从而达到方便计数、诊断和分离等目的。又如通过对颗粒迁移和分布的控制，可以优化产品的生产过程。因此，了解和掌握颗粒在非牛顿流体中迁移的规律具有重要的学术价值和实际意义。

对颗粒在非牛顿流体中迁移的研究起源于半个世纪以前，初始阶段主要以对简单流场进行实验研究为主，旨在揭示在相似的条件下与牛顿流体相比而呈现出的复杂特性。Karnis 和 Mason[52]首次在可忽略流场惯性的情况下，实验研究了圆球颗粒在黏弹性流体管道中的迁移，发现无论颗粒的初始位置如何，不在中线上的颗粒都会发生侧向迁移而最终移到中线。在此基础上，从 20 世纪 60 年代开始，人们对颗粒在非牛顿流体中的迁移展开了深入的研究，且随着计算机技术以及数值计算方法的发展，数值模拟逐渐成为研究的重要手段。由于对颗粒在非牛顿流体中迁移的研究涉及流体性质、颗粒性质以及流场特性，覆盖的范围很宽，因此以下只对颗粒在管道中的径向移动、多颗粒的相互作用和集聚以及非圆球颗粒的运动进行叙述。

1.2.2.1 颗粒在管道中的径向移动

颗粒在管道中的径向移动是一典型的问题，具有明确的应用背景，例如，在颗粒分离微流控技术中，通过对牛顿流体添加聚合物使流体具有黏弹性，从而影响颗粒的迁移特性来提高颗粒的分离效率。如前所述，颗粒在牛顿流体中迁移时，流体的惯性会使颗粒沿径向迁移到管道中心和壁面之间的某个位置，不同大小的颗粒具有不同的迁移速度和径向平衡位置，因而利用该特性发展了基于“惯性聚焦”原理的颗粒分离微流控技术[16]。然而，对于亚微米和纳米尺度的颗粒，极小的颗粒 Re 数导致颗粒的迁移速度非常小而分离效果不明显。为此，可以通过在牛顿流体中添加聚合物，利用流体的黏弹性来加速颗粒向管道中心的径向迁移，从而改进颗粒的分离效果[51, 53, 54]。因此，颗粒在管流中的径向迁移一直是研究的热点。

早期的研究忽略 Deborah 数(其定义见第 2 章)、壁面的约束以及颗粒与壁面相互作用的影响，结果表明颗粒朝管道中心线运动[55, 56]。后来的实验[52, 57, 58]和数值模拟[59]的结果也表明，颗粒在高弹性流体中会侧向迁移朝中心线运动，而流体剪切变稀效应增强时会出现颗粒朝壁面运动的现象[57]。实际上，颗粒的运动方向受多种因素的影响，流体弹性使颗粒朝中心线运动，剪切变稀使颗粒朝最近的壁面运动，这些数值模拟结果与之前的实验结果吻合。

在“惯性聚焦”分离技术中，图 1.12 所示的矩形管道比较常见。Yang 等[51]的实验结果表明，当流体惯性可以忽略时，颗粒在黏弹性流体中会迁移到管道的中心和四个角落；当流体惯性的影响较弱时，颗粒均向管道中心迁移。Lim 等[60]由实验发现，在弱弹性流体中，即使流体惯性较大，颗粒也会向管道中心迁移，而流体的剪切变稀特性会驱使颗粒偏离中心线[61]。Villone 等[62]研究了可忽略流体惯性时黏弹性和二次流对颗粒迁移的影响，发现 Phan-Thien-Tanner (PTT)黏弹性流体中的颗粒会向管道的中心线和附近壁面迁移，并猜测迁移到壁面后的颗粒会进一步向角落迁移，迁移方向取决于颗粒的初始位置和流体弹性的强弱。Li 等[63]研究了黏弹性和惯性对颗粒迁移的影响，发现流体弹性驱使颗粒向管道中

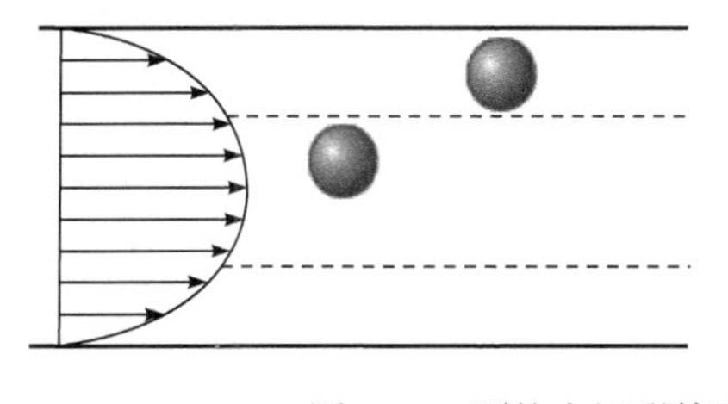
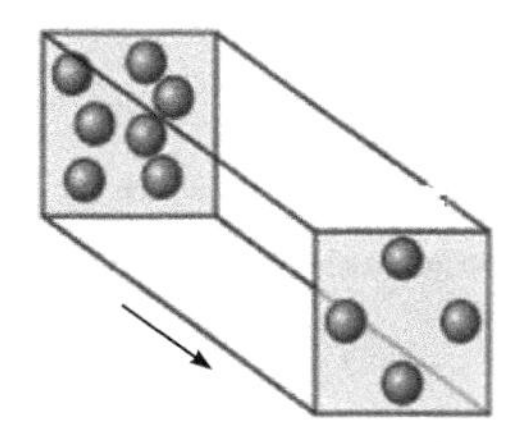

图 1.12 颗粒在矩形管道中的迁移

心迁移，而流体惯性驱使颗粒向壁面迁移。对于黏弹性 Giesekus 流体而言，由于具有第二法向应力差，方形管道截面内会出现二次流，从而使颗粒的平衡位置更加多样化，颗粒的平衡位置不仅与黏弹性、剪切变稀、惯性有关[60, 64, 65]，还与管道截面形状、通道角度以及流体速度有关[66]。

在幂律流体中，流体的剪切变稀或增稠特性也会影响颗粒的迁移。随着流体剪切变稀效应的增强，颗粒将往壁面迁移，平衡位置的数量增加[67, 68]。流体的弹性推动颗粒往管道截面的角落和管道中线迁移，而流体的惯性则使颗粒远离角落[69]。在流体惯性可以忽略的强剪切变稀的黏弹性流体中，颗粒在方管中会从边缘迁移到管道中心的平衡位置；当剪切变稀作用增强时，大颗粒将往角落迁移，小颗粒则稳定在管道中线，从而可实现不同尺度颗粒的分离[70]。

在纯黏弹性流体中，颗粒的聚集程度随着颗粒浓度的增加而增加[44]。低 *Re* 数时，颗粒存在多个平衡位置，至于处在哪个平衡位置则取决于流体的幂律指数、管道截面形状和颗粒的尺寸[71]。流体弹性作用、管道截面的形状变化和流速变化都会影响颗粒的平衡位置，当增加管道截面的宽高比时，弹性力的减弱比惯性力的减弱明显，从而导致颗粒的平衡位置从一个变成两个；而管道为梯形截面时，颗粒将朝管道中线的平衡位置迁移[66]。在弱剪切变稀的黏弹性流体中，当最高 *Re* 数达到 10000 时，单分散体系的颗粒将聚集到中线的平衡位置[60]。黏弹性流体微流控芯片可以实现微米尺度和纳米尺度的双分散系统颗粒和细胞的高效分离和筛选[72]。颗粒在黏弹性流体方管和矩形管道流中的平衡位置主要在角落、管道中线、对角线和边的中线位置，其中流体的弹性驱使颗粒往管道中线迁移，而阻塞率对颗粒的迁移过程影响很大[73]。三个颗粒在强剪切变稀黏弹性流体中迁移时，剪切变稀作用将会导致颗粒往壁面迁移[74]。球形颗粒在 Oldroyd-B 和 Giesekus 型黏弹性流体中迁移时，在高弹性低惯性作用下，颗粒将聚集到管道中线，而剪切变稀和二次流的作用使颗粒远离中线平衡位置[62]。球形颗粒在黏弹性流体中迁移时存在两个阶段，颗粒先在低弹性力作用下运动，之后沿着对角线朝着最终的平衡位置缓慢迁移[72]。

1.2.2.2 两平板间流场中颗粒的迁移

在图 1.13 所示的两平板间黏弹性流体简单剪切流中，Ho 和 Leal[75]在忽略 Deborah 数、壁面约束以及颗粒与壁面相互作用影响的情况下，给出颗粒在二阶流体中朝低剪切率方向(即中线)运动的结论。Villone 等[59]在忽略流体惯性的前提下，发现对黏弹性剪切变稀流体而言，在流道中心线与壁面之间存在一条如图 1.14 所示的分界线，圆形颗粒初始位于中心线与分界线之间时，将朝中心线迁移；位于分界线与壁面之间时，将朝壁面运动。分界线的位置与壁面约束作用、剪切变稀程度有关，壁面约束效应较大时，分界线朝中心移动，当约束作用超过一临界值时，分界线与中心线重合，此时任何处于非中心线位置的颗粒均朝壁面运动，这一结论与实验[76]吻合。剪切变稀会使分界线朝中心移动，该结论与实验[57]吻合，流体弹性将导致颗粒的移动速度增加。Villone 等[77]研究圆球颗粒运动的结果与D'Avino 等[78]的结论吻合，且与上述结论相似。

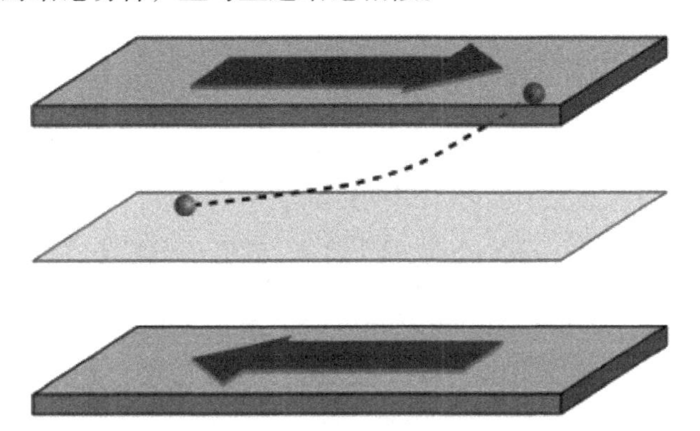

图 1.13 颗粒在黏弹性流体简单剪切流中的迁移

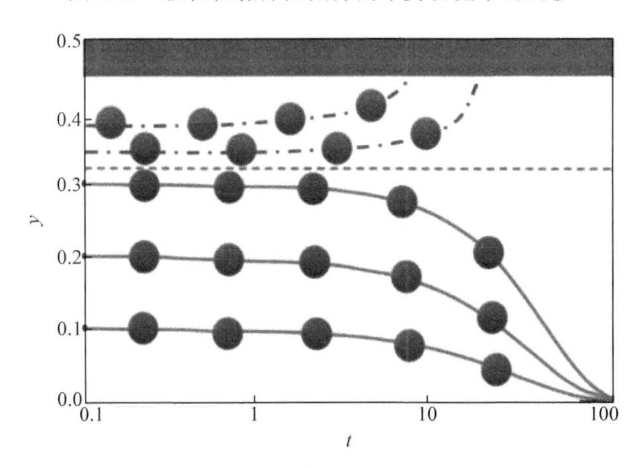

图 1.14 决定颗粒迁移方向的分界线

流体的惯性和黏弹性影响着颗粒的径向迁移，最终颗粒朝最近的壁面运动[79]。不管流体的性质及颗粒的初始位置如何，单个圆形颗粒均朝邻近的壁面运动。颗粒的迁移速度变化有三种模式：一是在管道中心线附近，颗粒的迁移速度与颗粒侧向位置呈线性关系；二是壁面附近的颗粒速度加快；三是距离壁面非常近的颗粒速度突然下降[80]。流体的弹性及壁面的约束均会促使球形颗粒朝壁面迁移，颗粒的三种运动模式与以上二维圆形颗粒的迁移结果相近[81, 82]。颗粒受到两侧流体应力不平衡的影响而产生升力，应力的不平衡是由颗粒周围聚合物拉伸不平衡所导致[83]。

1.2.2.3　多颗粒的相互作用和聚集

在实际应用中，多个颗粒在非牛顿流体中的相互作用和聚集是常见的现象，人们对此也进行了广泛的研究。在黏弹性剪切变稀流体中，当颗粒的间距小于临界距离时，竖直放置的两个球形颗粒会相互靠近；而当间距大于临界距离时，则会相互排斥[84]。在无弹性强剪切变稀流体中，两个相距较远的球形颗粒也会发生如图 1.15(纵坐标是颗粒所处的位置，横坐标是时间)所示的聚集[85]，前一颗粒通过时产生的低黏度通道被认为是后一颗粒加速的原因。水平放置的两个球形颗粒在黏弹性剪切变稀流体中沉降时会相互靠近并旋转，当两个颗粒转到竖直方向后便稳定沉降[86]。在无弹性剪切变稀流体中的颗粒也会径向靠近，但转到竖直位置后将分开[87]。多个球形颗粒在黏弹性剪切变稀流体[88]和无弹性剪切变稀流体[80]中会形成沉降方向上的颗粒串。颗粒在近似无弹性的剪切变稀流体中存在聚集的现象[89]，但在无剪切变稀的黏弹性 Boger 流体中却不会聚集[87]。

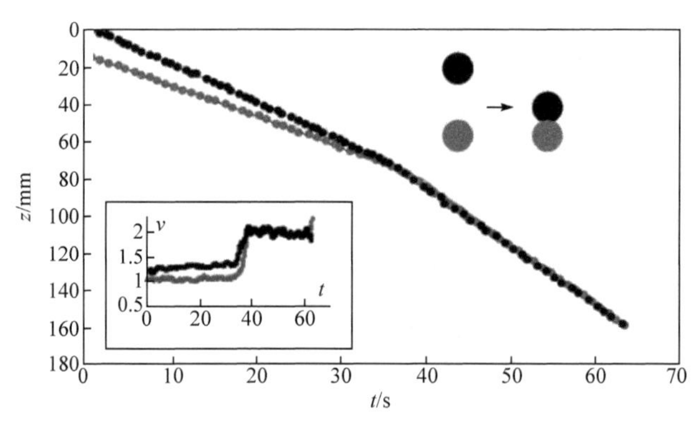

图 1.15　颗粒的聚集[87]

在黏弹性流体[52]和无弹性的剪切变稀流体[90]中，两个颗粒的相互作用是不对称且不可逆的，两个颗粒在第一次碰撞后朝不同的方向迁移，两者距离增加，且每次碰撞后的距离都会增加，直到不再碰撞为止。两个圆形颗粒在 Oldroyd-B 流体中迁移时，两者的迁移模式为“靠近”(approaching)—“翻滚”(tumbling)—“翻滚”，这与牛顿流体中的“靠近”—“翻滚”—“分离”(separating)的迁移模式不同[91]。Yoon 等[92]则发现，两个圆形颗粒在 Oldroyd-B 流体中迁移时，存在如图 1.16 所示的三种模式，即“返回”(return)、“通过”(pass)、“翻滚”。三种模式的转换取决于两颗粒沿速度梯度方向的初始距离，若该距离很小和足够大，将呈现出图 1.16(a)和(b)所示的运动模式；若该距离中等大小，则颗粒碰撞之后将呈现出图 1.16(c)所示的“翻滚”模式。两个圆形颗粒的运动模式受多种因素的影响，如壁面的作用会导致两颗粒更容易出现“返回”模式[93]。在无壁面约束的流动中，两颗粒不会出现“返回”模式；流场高 Wi 数(第 2 章有介绍)会促使颗粒“翻滚”模式的出现[91]。

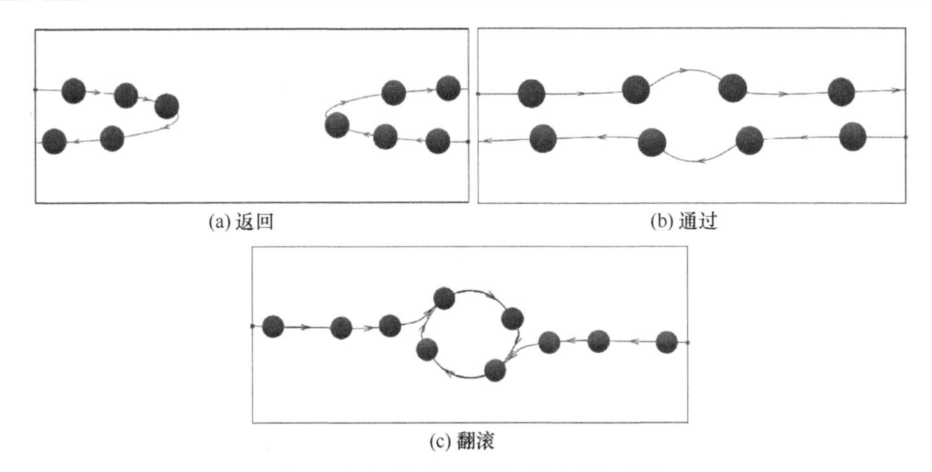

(a) 返回 (b) 通过

(c) 翻滚

图 1.16 两个圆形颗粒的运动模式[92]

在无剪切变稀的黏弹性 Oldroyd-B 流体中，两个颗粒迁移会出现图 1.16 所示的“返回”、“通过”和“翻滚”三种运动模式，而剪切变稀的 Giesekus 流体中却没有发现“翻滚”模式[92]。Snijkers 等[94]的实验结果也表明，在黏弹性流体中只存在“返回”和“通过”两种迁移模式而没出现“翻滚”模式。他们还发现，在蠕虫状表面活性剂溶液和剪切变稀弹性聚合物溶液中，两颗粒“通过”模式中的轨迹在前后非常不对称，颗粒迁移模式的转化取决于两颗粒的初始位置。在此基础上，他们认为剪切变稀效应对颗粒的迁移以及颗粒间的相互作用有重要影响。Vazquez-Quesada 和 Ellero[95]在研究 Oldroyd-B 流体剪切流下非胶体刚性颗粒的相互作用时发现，*Re* 数和壁面约束的作用对颗粒的迁移尤其是对颗粒的“翻滚”模式有很大影响，颗粒之间的排斥力会影响两颗粒的迁移轨迹。Chiu 等[96]发现，由于弹性力的影响，虽然两个颗粒在 Oldroyd-B 流体中迁移时的“返回”和“通过”模式与在牛顿流体中的情形相似，但两种迁移模式不存在对称性。在低 *Wi* 数时，两颗粒会出现“翻滚”模式，当 *Wi* 数增大到 1 时，两颗粒则呈现 kayaking 模式(见图 1.10)。Nie 和 Lin[97]研究了三颗粒在幂律流体剪切流中的相互作用及迁移模式，发现存在“返回”和“通过”模式，高 *Re* 数和低幂律指数促使“通过”模式更容易出现。

同样是黏弹性流体，当颗粒在黏弹性流体和剪切变稀黏弹性流体中迁移时，其聚集形态完全不同。如图 1.17(a)所示，在纯黏弹性流体圆管流中，随着流量的增加，颗粒往管道中心聚集；而在剪切变稀的黏弹性流体中(图 1.17(b))，随着流量的增加，颗粒从中心沿径向往外扩展[98]。

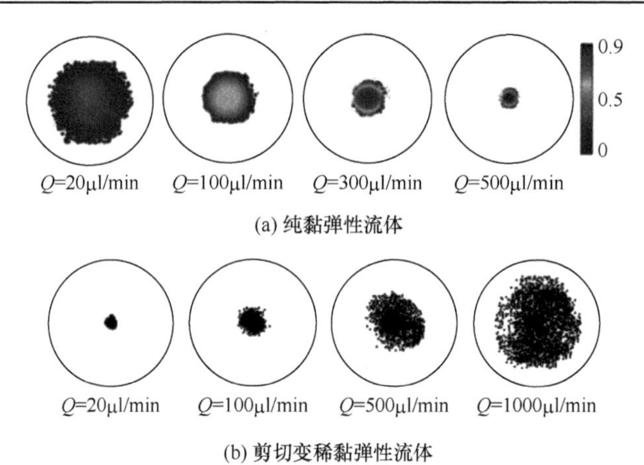

图 1.17 非牛顿流体圆管流中颗粒的聚集[98]

1.2.2.4 非圆球颗粒的迁移

许多自然现象和实际应用中的颗粒是非圆球颗粒，形状上的非各向同性导致非圆球颗粒的转动与平动耦合，使得运动变得比较复杂。早期有一些研究工作围绕着椭球颗粒在无界剪切流中的运动进行[4, 99, 100]，研究结果表明，中小剪切率下非牛顿流体中的椭球颗粒角速度比在牛顿流体中的角速度小，长椭球颗粒逐渐向 log-rolling 轨迹迁移(图 1.10(b))，而扁椭球颗粒逐渐呈现 tumbling 模式(图 1.10(a))[100, 101]，随后的实验研究也证实了该结论[102, 103]。对于高剪切率或者高弹性力的情形，长椭球颗粒的主轴方向从涡量方向转向流动方向[100, 104, 105]。

Iso 等[102, 104]由实验发现，剪切流中流体的弱弹性使圆柱形颗粒的取向转向涡矢量方向，而强弹性则使颗粒取向转到流动-剪切平面。Gunes 等[105]由研究黏弹性流体中由流动导致的椭球形颗粒的取向变化，发现剪切流中的椭球颗粒长轴取向为涡矢量方向时，颗粒不会聚集；而当长轴转到流动-剪切平面内时，颗粒会聚集，且聚集结构与球形颗粒的结构不同。椭球形颗粒的取向与流向的夹角约为30°。当剪切率增大时，颗粒的取向由随机取向转向 Jeffery 轨道；当 Peclet 数(对流速率与扩散速率之比)和 Wi 数增大时，颗粒的旋转周期变长，此时颗粒的轨道逐渐呈现 tumbling 模式，导致颗粒的取向指向涡矢量方向，这一过程的持续时间与流场的剪切率成反比；当流体的弹性更大时，颗粒又将重新指向流动方向，而在 Boger 流体中没有出现以上现象。Bartram 等[100]发现，非圆球颗粒在黏弹性流体中的旋转周期比圆球颗粒长，且在较低的剪切率下将偏离 Jeffery 轨道。Johnson 等[106]发现，对于 Boger 流体，由于存在法向应力，椭球形的红细胞将偏离牛顿流体时的迁移轨道，当作用在细胞上的弹性力强于布朗运动的随机力时，细胞的主轴将偏离流动方向而转到涡矢量方向；当随机力强于弹性力时，细胞主轴则更有可能指向流动方向。椭球颗粒主轴能够稳定在介于涡矢量方向和流动方向之间的许多平衡位置，具体位置由弹性力与布朗力的大小决定。Leal[107]研究了轴对称柱状颗粒在二阶黏弹性流体简单剪切流场中的转动，发现在一级近似下，具有任意指向的前后对称的颗粒其平动速率与在相当的牛顿流体中的情形相同，但前后不对称的颗粒则没有这样的结果。Harlen 和 Koch[101]分析了在高 Deborah 数情况下圆柱状颗粒在稀聚合物溶液中的迁移特性，发现当 Deborah 数足够高时，在颗粒速度扰动和平均剪切流动共同作用下，聚合物拉伸效应显著增强，非牛顿流体应力对颗粒角速度产生扰动，使颗粒偏离 Jeffery 轨道而将主轴指向涡矢量方向；与黏弹性二阶流体不同的是，这一效应不依赖于第二法向应力差。Phan-Thien 等[108, 109]在小 Deborah 情形下，通过研究扁球体颗粒在 Oldroyd-B 剪切流中的迁移，发现黏弹性应力将使颗粒的旋转变缓，当应力增大时，颗粒将偏离 Jeffery 轨道。

D'Avino 等[110]研究了椭球颗粒在黏弹性流体自由剪切流场中的迁移，发现在低 Deborah 数时，颗粒由盘旋轨道转变成绕旋涡轴的 tumbling 轨道，而在高 Deborah 数时，颗粒的主轴则指向流动方向。根据 Deborah 数的不同，椭球取向存在四种模式：一是在低 Deborah 数下椭球颗粒呈现稳定的 log-rolling 模式；二是 Deborah 数增大时，椭球颗粒长轴在流动-涡量平面倾斜，逐渐偏向流动方向(图 1.18 x-轴)；三是 Deborah 数再增大时，椭球颗粒的长轴趋向于流动方向；四是 Deborah 数更大时，椭球颗粒长轴全部指向流动方向。

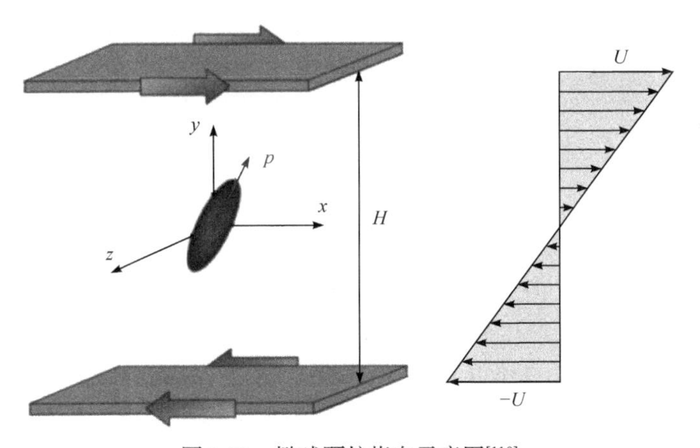

图 1.18　椭球颗粒指向示意图[110]

D'Avino 等[64]还采用 Giesekus 模型和 PTT 模型研究了椭球颗粒在剪切流中的迁移，两种模型的区别在于前者的第二法向应力差不为零，而后者为零。结果表明，在 Giesekus 流体中的椭球颗粒取向在不同 Deborah 数下呈现四种模式[110]，而在 PTT 流体中并未发现长时间的稳态排列方式，流体第二法向应力差对稳态模式有明显影响。Wang 等[111]数值模拟了中性悬浮椭球颗粒在 Giesekus 流体平板有界剪切流中的运动，发现对于球心位于中间平面的椭球颗粒，在较低的 Deborah 数下椭球主轴围绕涡矢量旋转并呈现 kayaking 模式，当 Deborah 数超过临界值时，椭球长轴在涡量-流向平面内倾斜，随着 Deborah 数的增大，长轴逐渐靠近流动方向。对于球心初始不在中心平面的椭球颗粒，其迁移正好与球心位于中心平面的椭球情形相反；对于多椭球颗粒的情形，颗粒的碰撞以及壁面的作用会促使椭球沿流动方向排列。

1.2.3　颗粒自组织成链

多个颗粒在牛顿流体中形成链状结构是流道颗粒动力学中重要的现象之一。所谓链状结构，即若干颗粒沿流向形成稳定的队列结构，就像链条一样，颗粒间距很小且做整体运动(图 1.19)[112, 113]。颗粒形成链状结构后将显著改变流动的宏观特性，例如热传导性显著提高[114]，链状结构也能被用来对亚微米和纳米量级的颗粒进行更有效的收集、分类与分离[115-117]。

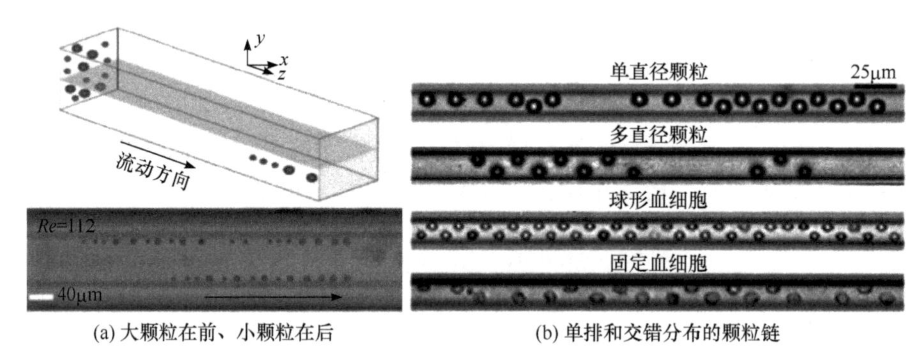

(a) 大颗粒在前、小颗粒在后　　(b) 单排和交错分布的颗粒链

图 1.19　均匀间距的颗粒链[112,113]

1.2.3.1　牛顿流体中的颗粒链

Matas 等[11]首次由实验观察到颗粒链，后来这一发现被应用于流式细胞仪的研制和颗粒计数。控制颗粒链的颗粒间距对组织细胞高速成像、活细胞在液滴中的包裹至关重要[118]，同时还可大幅提高颗粒计数和分离的效率[119, 120]。Hur 等[113]由实验发现，固体颗粒和血细胞在低 Re 数的微通道中惯性迁移时，在壁面附近会同时形成单排和交错分布的颗粒链(图 1.19(b))，他们推测应该存在形成颗粒链的最优流量，但没有给出具体的流量值。Humphry 等[121]由实验发现，矩形管道中出现多个平行的颗粒链，颗粒链的数量和位置由轴向每单位长度的颗粒数决定；通过改变悬浮液的浓度、通道尺寸和流体的惯性，可以控制颗粒链的数量和聚焦位置。他们的数值模拟结果表明，在颗粒初始间距不同的情况下，随着颗粒的迁移，颗粒间距最终会趋于一致。Kahkeshani 等[122]由实验和数值模拟研究了颗

粒在矩形微通道中形成均匀间距的颗粒链现象，给出了概率最高的颗粒间距范围为 2.5*D*～5*D*(*D* 为颗粒直径)。对于小颗粒 *Re* 数而言，颗粒间距大概率为 5*D*；随着 *Re* 数的增大，颗粒间距更趋向于 2.5*D*。颗粒间距受颗粒浓度的影响，随着颗粒浓度的增大，颗粒的拥挤效应影响到颗粒间距，以至不再产生稳定的链状结构。Gao 等[112, 123]的研究表明，颗粒间距随着 *Re* 的增加而减小，在不同的下游位置颗粒间距几乎是恒定的，而双分散体系悬浮液中的单排颗粒链通常大颗粒在前、小颗粒在后(图 1.19(a))。只有当颗粒到达平衡位置后，才会逐渐形成链状结构。增大颗粒 *Re* 数会促进颗粒链的形成，但是当超过某一临界值时反而会减少成链颗粒的数量。但 Pan 等[124]发现，相邻两个颗粒的间距随着 *Re* 数的增加而增加，当 *Re* 数小于 21 以及 *Re* 数大于 105 时，单排和交错分布的颗粒链将不再稳定存在。当颗粒成串排列时，相邻颗粒之间存在单涡流；而当相邻颗粒交错排列时，在小 *Re* 数(*Re*=21)下，相邻颗粒间存在两个涡流；但在较高的 *Re* 数(*Re*=105)下双涡流会发展为单涡流。此外，Lee 等[125]发现，一对颗粒在惯性迁移的过程中，颗粒间距沿下游不断增加。Gupta 等[126]发现，单排颗粒链中颗粒间距的稳定是有条件的，只有当一定数量的颗粒成排时，颗粒间距才稳定，而且最大的成串颗粒的数量取决于颗粒的阻塞率和流场 *Re* 数。由于在有限 *Re* 数情况下，多个运动颗粒之间的水动力相互作用非常复杂，定量和理论模型很难给出颗粒链间距变化的规律。Hood 和 Roper[127]试图提出理论模型来预测一对颗粒惯性迁移时的间距变化，但该理论模型只适用于低 *Re* 数的情形。

Matas 等[128]在研究 Segré-Silberberg 环的过程中，发现 Segré-Silberberg 环在沿流动方向上的颗粒呈现链状结构，且该结构受颗粒 *Re* 数的影响。Janssen 等[129]研究了刚性颗粒线性阵列的演变，发现流动方向上排列的颗粒的线性阵列会呈现出颗粒配对的不稳定性；然而在可忽略惯性的情况下，迁移过程中两颗粒的间距始终保持不变。Chun 等[130]由数值模拟发现颗粒将迁移至通道的中间平面，当该平面上的颗粒局部浓度接近随机排列的极限时，将出现随机结构。Hu 等[119]数值模拟了交错颗粒链和单串颗粒链的间距变化，发现单串颗粒的间距不断增大，两行交错颗粒会自组织成颗粒链；颗粒的平均间距随 *Re* 数的减小和阻塞率的增大而减小，并且阻塞率对颗粒间距的影响比 *Re* 数对间距的影响更大。Liu 等[131]数值模拟了方形管道中交错颗粒链的形成和排序，发现颗粒间吸引力和逆流与涡流形成的排斥力对于形成稳定的交错颗粒链起着重要的作用，流场中的涡流是决定颗粒间距的关键因素。

1.2.3.2 非牛顿流体中的颗粒链

在黏弹性流体中，在流体的作用力、颗粒间相互作用力以及流场剪切下，颗粒也会形成链状结构。Michele 等[132]首次由实验发现，黏弹性流体中的颗粒在剪切作用下会出现链状结构，形成链状结构后颗粒将停止旋转。Giesekus[133]认为，颗粒间的润滑流动减弱了流体的运动速度及剪切率，法向应力差在颗粒周围形成差异，从而导致颗粒相互靠近并形成链状结构。Feng 等[134]则认为，弹性引起的法向应力差改变了颗粒附近的压力分布，从而导致链状结构的形成。Won 和 Kim[135]由实验发现，在 Boger 流体中的颗粒虽然会沿流向聚集，但不会形成链状结构；而在剪切变稀黏弹性流体中则存在链状结构，且该结构的特征与 Weissenber 数有关。Pasquino 等[136-139]由实验和数值模拟发现，剪切率、颗粒浓度、平板间距和颗粒尺度是影响链状结构形成速率及链条长度的主要因素。有一部分颗粒会迁移至壁面(图 1.20)，颗粒链在长时间内呈现稳定状态，且颗粒链的形成限制了单个颗粒的侧向迁移。他们数值模拟采用的是 Giesekus 流体模型，其结果与实验结果吻合，但在 Oldroyd-B 流体中却未出现成链现象，这与对 Boger 流体的实验观察相同。Nie 和 Lin[97]由数值模拟发现了剪切流中三颗粒在幂律流体中的成链过程。van Loon 等[140]由实验发现，在纯剪切变稀流体中也有微弱的链状结构，据此推断剪切变稀是形成链状结构的必要条件，而流体的弹性仅起到促进作用，并非必要条件。颗粒浓度和壁面约束能增加颗粒碰撞和阻止颗粒扩散，从而促进颗粒成链的形成。Hwang 和 Hulsen[141]由数值模拟发现，在剪切变稀黏弹性流体中存在着与 Weissenber 数有关的链状结构，这一结论后来被实验所证实[139]。他们在 Oldroyd-B 流体中也模拟到较弱的链状结构，并据此推断流体的弹性是形成链状结构的必要条件，而剪切变稀虽有助于形成链状结构，但其决定性的作用不明确，这一结论与 Jaensson 等[142]的数值模拟结果一致。

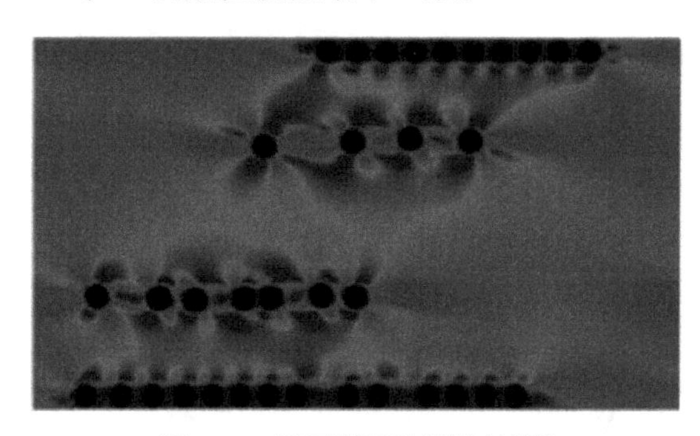

图 1.20　壁面附近的颗粒链[136]

Del Giudice 等[143]发现，在惯性可以忽略的弱剪切变稀黏弹性流体中，颗粒将会在管道中线平衡位置形成单排分布的均匀间距颗粒链(图 1.21)，而在黏度不变的流体中形成颗粒链的现象不明显，他们认为剪切变稀作用是形成颗粒链的主要原因。Liu 等[144]设计了复杂通道结构的黏弹性流体微流控芯片，通过控制颗粒浓度，实现了间距可控的单排颗粒链(图 1.22)。Lyon 等[145]在 Boger 流体中发现，在高剪切作用下，颗粒会形成长链状结构，而振荡剪切则形成短颗粒束，他们认为法向应力差是形成链状结构的主要原因。Jaensson 等[146]数值模拟了双颗粒、三颗粒在黏弹性流体剪切流中的成链过程，发现在有弹性的剪切变稀流体中会出现颗粒成链现象，而在无弹性的剪切变稀流体中并未出现成链现象。他们认为法向应力差决定了颗粒链的形成，而剪切变稀能起到很强的促进作用。

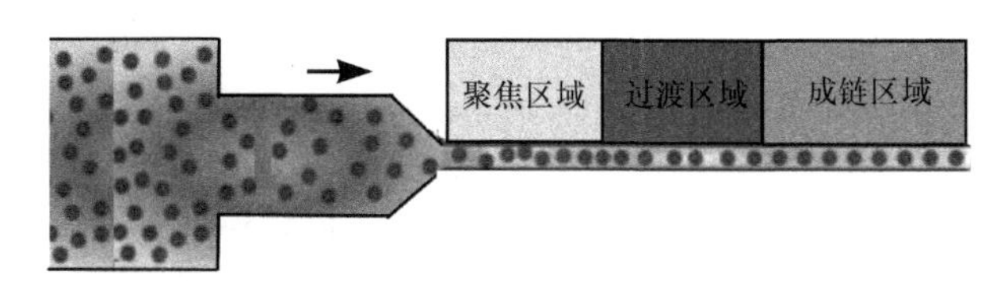

图 1.21　均匀间距颗粒链的形成[143]

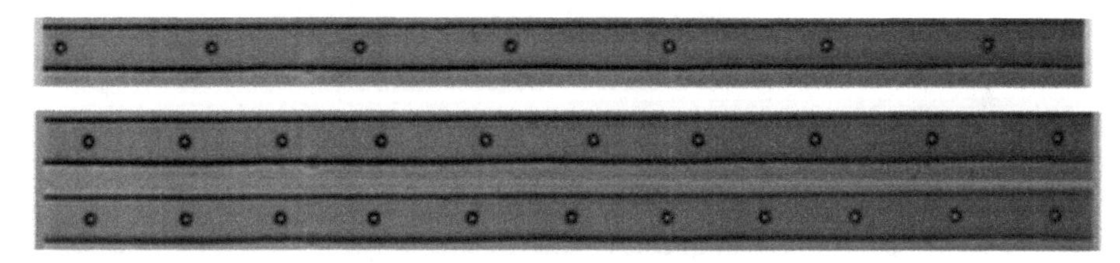

图 1.22　间距可控的单排颗粒链[144]

颗粒在非牛顿流体中不仅会形成等间距的颗粒链，还会形成如图 1.23 所示的相互接触且整体运动的颗粒链，这种链状结构的形成将会显著改变流体的流变性和热传导特性。人们对这种相互接触链状结构的形成原因进行了研究，有人认为是流体弹性的作用，也有人认为是剪切变稀的作用。

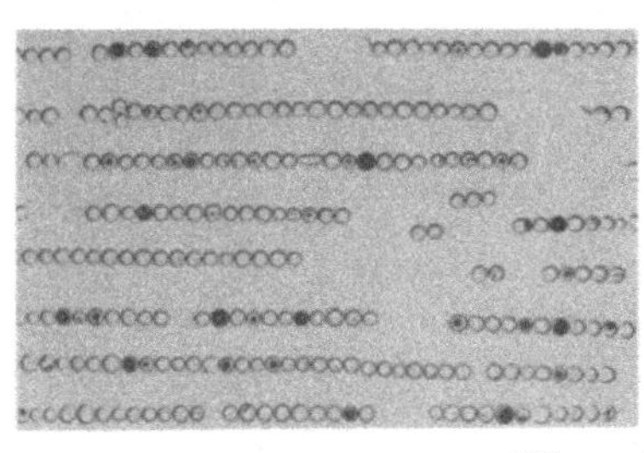

(a) 玻璃球在聚异丁烯溶液中[132]

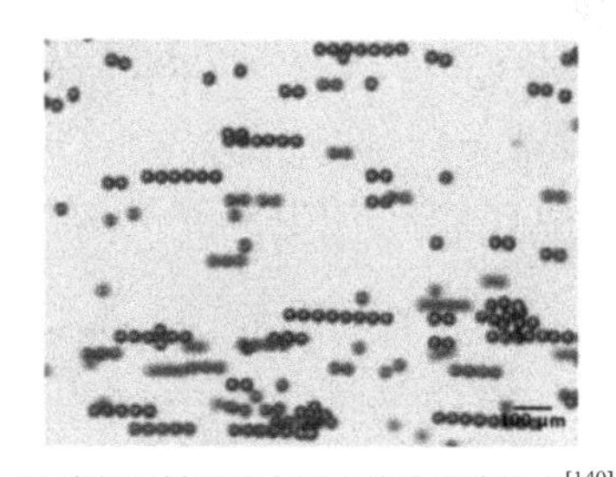

(b) 聚苯乙烯颗粒在蠕虫状胶束溶液中[140]

图 1.23　相互接触且以整体运动的颗粒链

参 考 文 献

[1] Yan S, Zhang J, Yuan D, et al. Hybrid microfluidics combined with active and passive approaches for continuous cell separation. Electrophoresis, 2016, 38: 238-249.

[2] Philip J, Shima P D, Raj B. Enhancement of thermal conductivity in magnetite based nanofluid due to chain-like structures. Applied Physics Letters, 2007, 91: 203108.

[3] Segré G, Silberberg A. Radial Poiseuille flow of suspensions. Nature, 1961, 189: 209-210.
[4] Tollert H. Die wirkung der MAGNUS-Kraft auf sedimentierende teilchenschüttungen sowie auf laminar strömende lösungen und gasgemische. Naturwissenschaften, 1954, 41: 277-278.
[5] Saffman P G. On the motion of small spheroidal particles in a viscous liquid. Journal of Fluid Mechanics, 1956, 1(5): 540-553.
[6] Rubinow S I, Keller J B. The transverse force on a spinning sphere moving in a viscous fluid. Journal of Fluid Mechanics, 1961, 11(3): 447-459.
[7] Oliver D R. Influence of particle rotation on radial migration in Poiseuille flow of suspensions. Nature, 1962, 194: 1269-1271.
[8] Goldsmith H, Mason S G. Axial migration of particles in Poiseuille flow. Nature, 1961, 190: 1095-1096.
[9] Ho B P, Leal L G. Inertial migration of rigid spheres in two-dimensional unidirectional flows. Journal of Fluid Mechanics, 1974, 65: 365-400.
[10] Schonberg J A, Hinch E J. Inertial migration of a sphere in Poiseuille flow. Journal of Fluid Mechanics, 1989, 203: 517-524.
[11] Matas J P, Morris J F, Guazzelli E. Inertial migration of rigid spherical particles in Poiseuille flow. Journal of Fluid Mechanics, 2004, 515: 171-195.
[12] Matas J P, Morris J F, Guazzelli E. Lateral force on a rigid sphere in large-inertia laminar pipe flow. Journal of Fluid Mechanics, 2009, 621: 59-67.
[13] Shao X M, Yu Z S, Sun B. Inertial migration of spherical particles in circular Poiseuille flow at moderately high Reynolds numbers. Physics of Fluids, 2008, 20(10):103307.
[14] Nakayama S, Yamashita H, Yabu T, et al. Three regimes of inertial focusing for spherical particles suspended in circular tube flows. Journal of Fluid Mechanics, 2019, 871: 952-969.
[15] Morita Y, Itano T, Sugihara-Seki M. Equilibrium radial positions of neutrally buoyant spherical particles over the circular cross-section in Poiseuille flow. Journal of Fluid Mechanics, 2017, 813: 750-767.
[16] Di Carlo D, Irimia D, Tompkins R G. Continuous inertial focusing, ordering, and separation of particles in microchannels. Proceedings of the National Academy of Sciences, 2007, 48: 18892-18897.
[17] Chun B, Ladd A J C. Inertial migration of neutrally buoyant particles in a square duct: an investigation of multiple equilibrium positions. Physics of Fluids, 2006, 18(3): 031704.
[18] Miura K, Itano T, Sugihara-Seki M. Inertial migration of neutrally buoyant spheres in a pressure-driven flow through square channels. Journal of Fluid Mechanics, 2014, 749: 320-330.
[19] Abbas M, Magaud P, Gao Y F, et al. Migration of finite sized particles in a laminar square channel flow from low to high Reynolds numbers. Physics of Fluids, 2014, 26(12): 136-157.
[20] Shichi H, Yamashita H, Seki J, et al. Inertial migration regimes of spherical particles suspended in square tube flows. Physical Review Fluids, 2017, 2: 044201.
[21] Yuan C, Pan Z H, Wu H Y. Inertial migration of single particle in a square microchannel over wide ranges of Re and particle sizes. Microfluidics and Nanofluidics, 2018, 22(9): 102.
[22] Bhagat A A S, Kuntaegowdanahalli S S, Papautsky I. Inertial microfluidics for continuous

particle filtration and extraction. Microfluidics and Nanofluidics, 2009, 7(2): 217-226.
[23] Ciftlik A T, Ettori M, Gijs A M. High throughput-per-footprint inertial focusing. Small, 2013, 9(16): 2764-2773.
[24] Liu C, Hu G Q, Jiang X Y, et al. Inertial focusing of spherical particles in rectangular microchannels over a wide range of Reynolds numbers. Lab on A Chip, 2015, 15: 1168.
[25] Feng J, Hu H H, Joseph D D. Direct simulation of initial value problems for the motion of solid bodies in a Newtonian fluid. Part 2. Couette and Poiseuille flows. Journal of Fluid Mechanics, 1994, 277: 271-301.
[26] Fox A J, Schneider J W, Khair A S. Inertial bifurcation of the equilibrium position of a neutrally-buoyant circular cylinder in shear flow between parallel walls. Physical Review Research, 2020, 2: 013009.
[27] Fox A J, Schneider J W, Khair A S. Dynamics of a sphere in inertial shear flow between parallel walls. Journal of Fluid Mechanics, 2021, 915: A119.
[28] Masaeli M, Sollier E, Amini H, et al. Continuous inertial focusing and separation of particles by shape. Physical Review X, 2012, 2: 031017.
[29] Jeffery G B. The motion of ellipsoidal particles immersed in a viscous fluid. Proc. R. Soc. Lond. Ser. A Math. Phys. Eng. Sci., 1922, 102: 161-179.
[30] Ding E J, Aidun C K. The dynamics and scaling law for particles suspended in shear flow with inertia. Journal of Fluid Mechanics, 2000, 423: 317-344.
[31] Ku X K, Lin J Z. Effect of two bounding walls on the rotational motion of a fiber in the simple shear flow. Fibers and Polymers, 2009, 10: 302-309.
[32] Huang H, Yang X, Krafczyk M, et al. Rotation of spheroidal particles in Couette flows. Journal of Fluid Mechanics, 2012, 692: 369-394.
[33] Chen R Q, Nie D M. Numerical study on the rotation of an elliptical particle in shear flow. Chinese Journal of Theoretical and Applied Mechanics, 2017, 49: 257-267.
[34] Su J H, Chen X D, Hu G Q. Inertial migrations of cylindrical particles in rectangular microchannels: variations of equilibrium positions and equivalent diameters. Physics of Fluids, 2018, 30: 032007.
[35] Hur S C, Choi S E, Kwon S, et al. Inertial focusing of non-spherical microparticles. Applied Physics Letters, 2011,99: 044101.
[36] Wen B H, Chen H, Qin Z R, et al. Lateral migration and nonuniform rotation of suspended ellipse in Poiseuille flow. Computers & Mathematics with Applications, 2019, 78: 1142-1153.
[37] Lashgari I, Ardekani M N, Banerjee I, et al. Inertial migration of spherical and oblate particles in straight ducts. Journal of Fluid Mechanics, 2017, 819: 540-561.
[38] Huang H B, Lu X Y. An ellipsoidal particle in tube Poiseuille flow. Journal of Fluid Mechanics, 2017, 822: 664-688.
[39] Qi D W, Luo L S. Rotational and orientational behavior of three-dimensional spheroidal particles in Couette flows. Journal of Fluid Mechanics, 2003, 477: 201-213.
[40] Yu Z S, Phan T N, Tanner R I. Rotation of a spheroid in a Couette flow at moderate Reynolds numbers. Physical Review E, 2007, 76: 026310.

[41] Rosén T, Lundell F, Aidun C K. Effect of fluid inertia on the dynamics and scaling of neutrally buoyant particles in shear flow. Journal of Fluid Mechanics, 2014, 738: 563-590.

[42] Rosén T, Do-Quang M, Aidun C K, et al. The dynamical states of a prolate spheroidal particle suspended in shear flow as a consequence of particle and fluid inertia. Journal of Fluid Mechanics, 2015, 771: 115-158.

[43] Gossett D R, Tse H T K, Lee S A, et al. Hydrodynamic stretching of single cells for large population mechanical phenotyping. Proceedings of the National Academy of Sciences, 2012, 109(20): 7630-7635.

[44] Xiang N, Yi H, Chen K, et al. High-throughput inertial particle focusing in a curved microchannel: insights into the flow-rate regulation mechanism and process model. Biomicrofluidics, 2013, 7(4): 44116.

[45] Hu T, Hu M D, Zhou S S, et al. An immersed boundary-lattice boltzmann prediction for particle hydrodynamic focusing in annular microchannels. Chinese Physics Letters, 2018, 35(10): 108101.

[46] Jiang M Q, Qian S Z, Liu Z H. Fully resolved simulation of single-particle dynamics in a microcavity. Microfluidics and Nanofluidics, 2018, 22(12): 1-13.

[47] Haddadi H, di Carlo D. Inertial flow of a dilute suspension over cavities in a microchannel. Journal of Fluid Mechanics, 2017, 811: 436-467.

[48] Zhang J, Yan S, Yuan D, et al. Fundamentals and applications of inertial microfluidics: a review. Lab on a Chip, 2016, 16: 10-34.

[49] Liu C, Ding B Q, Xue C D, et al. Sheathless focusing and separation of diverse nanoparticles in viscoelastic solutions with minimized shear thinning. Analytical Chemistry, 2016, 88: 12547-12553.

[50] Lim H, Nam J, Shin S. Lateral migration of particles suspended in viscoelastic fluids in a microchannel flow. Microfluidics and Nanofluidics, 2014, 17: 683-692.

[51] Yang S, Kim J Y, Lee S J, et al. Sheathless elasto-inertial particle focusing and continuous separation in a straight rectangular microchannel. Lab on a Chip, 2011, 11(2): 266-273.

[52] Karnis A, Mason S G. Particle motions in sheared suspensions. XIX. Viscoelastic media. Journal of Rheology, 1966, 10(2): 571-592.

[53] Leshansky A, Bransky A, Korin N, et al. Tunable nonlinear viscoelastic “focusing” in a microflfluidic device. Physical Review Letters, 2007, 98(23): 234501.

[54] Karimi A, Yazdi S, Ardekani A M. Hydrodynamic mechanisms of cell and particle trapping in microflfluidics. Biomicrofluids, 2013, 7(2): 021501.

[55] Chan P C H, Leal L G. A note on the motion of a spherical particle in a general quadratic flow of a second-order fluid. Journal of Fluid Mechanics, 1977, 82: 549-559.

[56] Brunn P. The motion of rigid particles in viscoelastic fluids. Journal of Non-Newtonian Fluid Mechanics, 1980, 7(4): 271-288.

[57] Jefri M A, Zahed A H. Elastic and viscous effects on particle migration in plane-Poiseuille flow. Journal of Rheology, 1989, 33: 691-708.

[58] Tehrani M A. An experimental study of particle migration in pipe flow of viscoelastic fluids.

Journal of Rheology, 1996, 40: 1057-1077.

[59] Villone M M, D'Avino G, Hulsen M A, et al. Numerical simulations of particle migration in a viscoelastic fluid subjected to Poiseuille flow. Computers & Fluids, 2011, 42: 82-91.

[60] Lim E J, Ober T J, Edd J F, et al. Inertio-elastic focusing of bioparticles in microchannels at high throughput. Nature Communications, 2014, 5: 5120.

[61] Liu C, Xue C, Chen X, et al. Size-based separation of particles and cells utilizing viscoelastic effects in straight microchannels. Analytical Chemistry, 2015, 87(12): 6041-6048.

[62] Villone M M, D' Avino G, Hulsen M A, et al. Particle motion in square channel flow of a viscoelastic liquid: migration vs. secondary flows. Journal of Non-Newtonian Fluid Mechanics, 2013, 195: 1-8.

[63] Li G, McKinley G H, Ardekani A M. Dynamics of particle migration in channel flow of viscoelastic fluids. Journal of Fluid Mechanics, 2015, 785: 486-505。

[64] D'Avino G, Maffettone P L. Particle dynamics in viscoelastic liquids. Journal of Non-Newtonian Fluid Mechanics, 2015, 215: 80-104.

[65] Wang P, Yu Z S, Lin J Z. Numerical simulations of particle migration in rectangular channel flow of Giesekus viscoelastic fluids. Journal of Non-Newtonian Fluid Mechanics, 2018, 262: 142-148.

[66] Raoufi M A, Mashhadian A, Niazmand H, et al. Experimental and numerical study of elasto-inertial focusing in straight channels. Biomicrofluidics, 2019, 13(3): 034103.

[67] Seo K W, Kang Y J, Lee S J. Lateral migration and focusing of microspheres in a microchannel flow of viscoelastic fluids. Physics of Fluids, 2014, 26: 063301.

[68] Hu X, Lin J Z, Chen D M, et al. Influence of non-Newtonian power law rheology on inertial migration of particles in channel flow. Biomicrofluidics, 2020, 14: 014105.

[69] Kim B, Kim J M. Elasto-inertial particle focusing under the viscoelastic flow of DNA solution in a square channel. Biomicrofluidics, 2016, 10(2): 024111.

[70] Del Giudice F, Sathish S, D'Avino G, et al. From the edge to the center: viscoelastic migration of particles and cells in a strongly shear-thinning liquid flowing in a microchannel. Analytical Chemistry, 2017, 89: 13146-13159.

[71] Li D, Xuan X. Fluid rheological effects on particle migration in a straight rectangular microchannel. Microfluidics and Nanofluidics, 2018, 22: 49.

[72] Liu C, Guo J Y, Tian F, et al. Field-free isolation of exosomes from extracellular vesicles by microfluidic viscoelastic flows. ACS Nano, 2017, 11(7): 6968-6976.

[73] Yu Z S, Wang P, Lin J Z, et al. Equilibrium positions of the elasto-inertial particle migration in rectangular channel flow of Oldroyd-B viscoelastic fluids. Journal of Fluid Mechanics, 2019, 868: 316-340.

[74] D'Avino G, Hulsen M A, Maffettone P L. Dynamics of pairs and triplets of particles in a viscoelastic fluid flowing in a cylindrical channel. Computers & Fluids, 2013, 86: 45-55.

[75] Ho B P, Leal L G. Migration of rigid spheres in a two-dimensional unidirectional shear flow of a second-order fluid. Journal of Fluid Mechanics, 1976, 76(4): 783-799.

[76] Sullivan M T, Moore K, Stone H A. Transverse instability of bubbles in viscoelastic channel

flows. Physical Review Letters, 2008, 101, 244503.
[77] Villone M M, D'Avino G, Hulsen M A, et al. Simulations of viscoelasticity-induced focusing of particles in pressure-driven micro-slit flow. Journal of Non-Newtonian Fluid Mechanics, 2011, 166: 1396-1405.
[78] D'Avino G, Romeo G, Villone M M, et al. Single-line particle focusing induced by viscoelasticity of the suspendingliquid: theory, experiments and simulations to design a micro pipe flow-focuser. Lab on a Chip, 2012, 12: 1638-1645.
[79] Huang P Y, Feng J, Hu H H, et al. Direct simulation of the motion of solid particles in Couette and Poiseuille flows of viscoelastic fluids. Journal of Fluid Mechanics, 1997, 343: 73-94.
[80] D'Avino G, Tuccillo T, Maffettone P L, et al. Numerical simulations of particle migration in a viscoelastic fluid subjected to shear flow. Computers & Fluids, 2010, 39(4): 709-721.
[81] D'Avino G, Maffettone P L, Greco F, et al. Viscoelasticity-induced migration of a rigid sphere in confined shear flow. Journal of Non-Newtonian Fluid Mechanics, 2010, 165: 466-474.
[82] Caserta S, D'Avino G, Greco F, et al. Migration of a sphere in a viscoelastic fluid under planar shear flow: experiments and numerical predictions. Soft Matter, 2011,7(3): 1100-1106.
[83] Zhang A, Murch W L, Einarsson J, et al. Lift and drag force on a spherical particle in a viscoelastic shear flow. Journal of Non-Newtonian Fluid Mechanics, 2020, 280: 104279.
[84] Riddle M J C, Narvaez C, Bird R B. Interactions between two spheres falling along their line of centers in a viscoelastic fluid. Journal Non-Newtonian Fluid Mechanics, 1977, 2(17): 23-35.
[85] Daugan S, Talini L, Herzhaft B, et al. Aggregation of particles settling in shear-thinning fluids. Part 1. Two-particle aggregation. The European Physical Journal E, 2002, 7(1): 55.
[86] Joseph D D, Liu Y J, Poletto M, et al. Aggregation and dispersion of spheres falling in viscoelastic liquids. Journal of Non-Newtonian Fluid Mechanics, 1994, 54(6): 45-86.
[87] Gheissary G, van den Brule B H A A. Unexpected phenomena observed in particle settling in non-Newtonian media. Journal of Non Newtonian Fluid Mechanics, 1996, 67(1): 1-18.
[88] Bobroff S, Phillips R. Nuclear magnetic resonance imaging investigation of sedimentation of concentrated suspensions in non-Newtonian fluids. Journal of Rheology, 1998, 42(1-2): 1419-1436.
[89] Daugan S, Talini L, Herzhaft B, et al. Sedimentation of suspensions in shear-thinning fluids. Oil & Gas Science Technology, 2004, 59(1): 71-80.
[90] Gauthier F, Goldsmith H L, Mason S G. Particle motions in non-Newtonian media. I. Couette flow. Rheologica Acta, 1971, 10: 344-364.
[91] Hwang W R, Hulsen M A, Meijer H E H. Direct simulations of particle suspensions in a viscoelastic fluid in sliding bi-periodic frames.Journal of Non-Newtonian Fluid Mechanics, 2004, 121: 15-33.
[92] Yoon S, Walkley M A, Harlen O G. Two particle interactions in a confined viscoelastic fluid under shear. Journal of Non-Newtonian Fluid Mechanics, 2012, 185-186: 39-48.
[93] Choi Y, Hulsen M A, Meijer H E H. An extended finite element method for the simulation of particulate viscoelastic flows. Journal of Non-Newtonian Fluid Mechanics, 2010, 165: 607-624.
[94] Snijkers F, Pasquino R, Vermant J. Hydrodynamic interactions between two equally sized

spheres in viscoelastic fluids in shear flow. Langmuir, 2013, 29: 5701-5713.
[95] Vazquez-Quesada A, Ellero M. SPH modeling and simulation of spherical particles interacting in a viscoelastic matrix. Physics of Fluids, 2017, 29: 121609.
[96] Chiu S H, Pan T W, Glowinski R. A 3D DLM/FD method for simulating the motion of spheres in a bounded shear flow of Oldroyd-B fluids. Computers & Fluids, 2018, 172: 661-673.
[97] Nie D M, Lin J Z. Behavior of three circular particles in a confined power-law fluid under shear. Journal of Non-Newtonian Fluid Mechanics, 2015, 221: 76-94.
[98] Seo K W, Hyeok J B, Hyung K H, et al. Particle migration and single-line particle focusing in microscale pipe flow of viscoelastic fluids. RSC Advances, 2014, 4(7): 3512-3520.
[99] Mori N, Semura R, Nakamura K. Simple shear flows of suspensions of Brownian ellipsoids interacting via the Gay-Berne potential. Molecular Crystals and Liquid Crystals, 2001, 367: 3233-3241.
[100] Bartram E, Goldsmith H L, Mason S G. Particle motions in non-Newtonian media III. Further observations in elastico-viscous fluids. Rheological Acta, 1971, 14(9): 776-782.
[101] Harlen O G, Koch D L. Simple shear-flow of a suspension of fibers in a dilute polymer-solution at high Deborah number. Journal of Fluid Mechanics, 1993, 252: 187-207.
[102] Iso Y, Koch D L, Cohen C. Orientation in simple shear flow of semi-dilute fiber suspensions 1. Weakly elastic fluids. Journal Non-Newtonian Fluid Mechanics, 1996, 62(2-3): 115-134.
[103] Hobbie E K, Wang H, Kim H, et al. Orientation of carbon nanotubes in a sheared polymer melt. Physics of Fluids, 2003, 15: 1196-1202.
[104] Iso Y, Koch D L, Cohen C. Orientation in simple shear flow of semi-dilute fiber suspensions 2. Highly elastic fluids. Journal Non-Newtonian Fluid Mechanics, 1996, 62(2-3): 135-153.
[105] Gunes D Z, Scirocco R, Mewis J, et al. Flow-induced orientation of non-spherical particles: effect of aspect ratio and medium rheology. Journal of Non-Newtonian Fluid Mechanics, 2008, 155(1-2): 39-50.
[106] Johnson S J, Salem N J, Fuller G G. Dynamics of colloidal particles in sheared, non-Newtonian fluids. Journal of Non-Newtonian Fluid Mechanics, 1990, 34(1): 89-121.
[107] Leal L G. The slow motion of slender rod-like particles in a second order Fluid. Journal of Fluid Mechanics, 1975, 69(2): 305-337.
[108] Phan-Thien N, Fan X J. Viscoelastic mobility problem using a boundary element method. Journal of Non-Newtonian Fluid Mechanics, 2002, 105(2-3): 131-152.
[109] Nguyen-Hoang H, Phan-Thien N, Khoo B C, et al. Completed double layer boundary element method for periodic fibre suspension in viscoelastic fluid. Chemical Engineering Science, 2008, 63(15): 3898-3908.
[110] D'Avino G, Hulsen M A, Greco F, et al. Bistability and metabistability scenario in the dynamics of an ellipsoidal particle in a sheared viscoelastic fluid. Physical Review E, 2014, 89(4): 043006.
[111] Wang Y L, Yu Z S, Lin J Z. Numerical simulations of the motion of ellipsoids in planar Couette flow of Giesekus viscoelastic fluids. Microfluidics and Nanofluidics, 2019, 23: 89.
[112] Gao Y F, Magaud P, Lafforgue C, et al. Inertial lateral migration and self-assembly of particles

in bidisperse suspensions in microchannel flows. Microfluidics and Nanofluidics, 2019, 23: 93.

[113] Hur S C, Tse H T, Di Carlo D. Sheathless inertial cell ordering for extreme throughput flow cytometry. Lab on A Chip, 2010, 10: 274-280.

[114] Vaia R, Giannelis E P. Polymer nanocomposites: status and opportunities. MRS Bull, 2001, 26(5): 394-401.

[115] Sun X, Tabakman S M, Seo W S, et al. Separation of nanoparticles in a density gradient: FeCo@C and gold nanocrystals. Angewandte Chemie International Edition, 2009, 48(5): 939-942.

[116] Hao J, Pan T W, Glowinski R, et al. A fictitious domain/distributed Lagrange multiplier method for the particulate flow of Oldroyd-B fluids: a positive definiteness preserving approach. Journal of Non-Newton Fluid Mechanics, 2009, 156(1): 95-111.

[117] Devarakonda S B, Han J, Ahn C H. Bioparticle separation in non-Newtonian fluid using pulsed flow in micro-channels. Microfluidics and Nanofluidics, 2007, 3(4): 391-401.

[118] Edd J F, Di Carlo D, Humphry K J, et al. Controlled encapsulation of single-cells into monodisperse picolitre drops. Lab on a Chip, 2008, 8(8): 1262-1264.

[119] Hu X, Lin J Z, Chen D M, et al. Stability condition of self-organizing staggered particle trains in channel flow. Microfluidics and Nanofluidics, 2020, 24(25): 1-12.

[120] Hu X, Lin J Z, Guo Y, et al. Inertial focusing of elliptical particles and formation of self-organizing trains in a channel flow. Physics of Fluids, 2021, 33: 013310.

[121] Humphry K J, Kulkarni P M, Weitz D A, et al. Axial and lateral particle ordering in finite Reynolds number channel flows. Physics of Fluids, 2010, 22(8): 081703.

[122] Kahkeshani S, Haddadi H, Di Carlo D. Preferred interparticle spacings in trains of particles in inertial microchannel flows. Journal of Fluid Mechanics, 2016, 786: R3.

[123] Gao Y F, Magaud P, Baldas L, et al. Self-ordered particle trains in inertial microchannel flows. Microfluidics and Nanofluidics, 2017, 21: 154.

[124] Pan Z H, Zhang R, Yuan C, et al. Direct measurement of microscale flow structures induced by inertial focusing of single particle and particle trains in a confined microchannel. Physics of Fluids, 2018, 30: 102005.

[125] Lee W, Amini H, Stone H A. Dynamic self-assembly and control of microfluidic particle crystals. Proceedings of the National Academy of Sciences, 2010, 107(52): 22413-22418.

[126] Gupta A, Magaud P, Lafforgue C, et al. Conditional stability of particle alignment in finite-Reynolds-number channel flow. Physical Review Fluids, 2018, 3: 114302.

[127] Hood K, Roper M. Pairwise interactions in inertially driven one-dimensional microfluidic crystals. Physical Review Fluids, 2018, 3: 094201.

[128] Matas J P, Glezer V, Guazzelli E, et al. Trains of particles in finite-Reynolds-number pipe flow. Physics of Fluids, 2004, 16: 4192-4195.

[129] Janssen P J A, Baron M D, Anderson P D, et al. Collective dynamics of confined rigid spheres and deformable drops. Soft Matter, 2012, 8: 3495-3506.

[130] Chun B, Kwon I, Jung H W, et al. Lattice Boltzmann simulation of shear-induced particle migration in plane Couette-Poiseuille flow: local ordering of suspension. Physics of Fluids,

2017, 29: 121605.

[131] Liu J Z, Liu H, Pan Z H. Numerical investigation on the forming and ordering of staggered particle train in a square microchannel. Physics of Fluids, 2021, 33: 073301.

[132] Michele J, Padzold R, Donis R. Alignment and aggregation effects in suspensions of spheres in non-Newtonian media. Rheologica Acta, 1977, 16(3): 317-321 .

[133] Giesekus H. Particle movement in flows of non-Newtonian fluids. Z Angew Math Mechanics, 1978, 58: T26-T37.

[134] Feng J, Huang P Y, Joseph D D. Dynamic simulation of sedimentation of solid particles in an Oldroyd-B fluid. Journal of Non-Newtonian Fluid Mechanics, 1996, 63(1): 63-88.

[135] Won D, Kim C. Alignment and aggregation of spherical particles in viscoelastic fluid under shear flow. Journal of Non-Newtonian Fluid Mechanics, 2004, 117(2-3): 141-146.

[136] Pasquino R, D'Avino G, Maffettone P L, et al. Migration and chaining of noncolloidal spheres suspended in a sheared viscoelastic medium. Experiments and numerical simulations. Journal of Non-Newtonian Fluid Mechanics, 2014, 203: 1-8.

[137] Pasquino R, Snijkers F, Grizzuti N, et al. Directed self-assembly of spheres into a two-dimensional colloidal crystal by viscoelastic stresses. Langmuir, 2010, 26(5): 3016-3019.

[138] Pasquino R, Snijkers F, Grizzuti N, et al. The effect of particle size and migration on the formation of flow-induced structures in viscoelastic suspensions. Rheologica Acta, 2010, 49(10): 993-1001.

[139] Pasquino R, Panariello D, Grizzuti N. Migration and alignment of spherical particles in sheared viscoelastic suspensions. A quantitative determination of the flow-induced self-assembly kinetics. Journal of Colloid Interface Science, 2013, 394(4): 49-54.

[140] van Loon S, Fransaer J, Clasen C, et al. String formation in sheared suspensions in rheologically complex media: the essential role of shear thinning. Journal of Rheology, 2014, 58(1): 237-254.

[141] Hwang W, Hulsen M A. Structure formation of non-colloidal particles in viscoelastic fluids subjected to simple shear flow. Macromolecular Materials & Engineering, 2011, 296(3-4): 321-330.

[142] Jaensson N O, Hulsen M A, Anderson P D. Simulations of the startup of shear flow of 2D particle suspensions in viscoelastic fluids: structure formation and rheology. Journal of Non-Newtonian Fluid Mechanics, 2015, 225: 70-85.

[143] Del Giudice F, D'Avino G, Greco F, et al. Fluid viscoelasticity drives self-assembly of particle trains in a straight microfluidic channel. Physical Review Applied, 2018, 10: 064058.

[144] Liu L B, Xu H, Xiu H B, et al. Microfluidic on-demand engineering of longitudinal dynamic self-assembly of particles. Analyst, 2020, 145(15): 5128-5133.

[145] Lyon M K, Mead D W, Elliott R E, et al. Structure formation in moderately concentrated viscoelastic suspensions in simple shear flow. Journal of Rheology, 2001, 45: 881-890.

[146] Jaensson N O, Hulsen M A, Anderson P D. Direct numerical simulation of particle alignment in viscoelastic fluids. Journal of Non-Newtonian Fluid Mechanics, 2016, 235: 125-142.

第 2 章　基本理论与数值模拟方法

牛顿流体的相关理论介绍已有很多，本章侧重于介绍非牛顿流体的相关理论。在数值模拟方法方面则侧重介绍后面几章用到的格子 Boltzmann 方法和虚拟区域法。

2.1　非牛顿流体基本理论

非牛顿流体普遍存在于自然界和实际应用中，它有着与牛顿流体不同的特性，这些特性既是其复杂性的体现，也能因此而被人们所利用。

2.1.1　非牛顿流体本构模型

牛顿流体中，存在于应力与应变率之间的本构关系为线性关系，而非牛顿流体中应力与应变率之间的本构关系是非线性关系且非唯一，这是非牛顿流体的复杂性及研究难点所在。

以二维流场为例，牛顿流体中的应力-应变率的关系为

$$\tau = \mu \frac{\mathrm{d}v}{\mathrm{d}y} = \mu \dot{\gamma}, \tag{2-1}$$

式中 τ 是剪切应力，μ是流体黏性系数，$\mathrm{d}v/\mathrm{d}y$ 是速度梯度，$\dot{\gamma}$ 是应变率。非牛顿流体不满足以上关系，且本构模型种类较多，以下只介绍常见的几种模型。

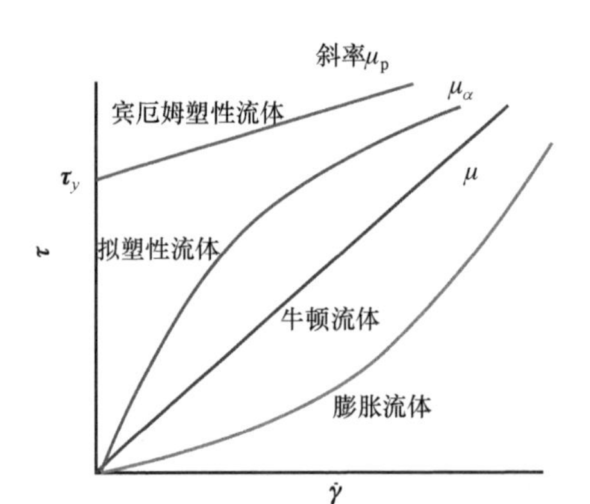

图 2.1　几种流体的应力-应变率关系

2.1.1.1　Bingham(宾厄姆)塑性流体

如图 2.1 所示，宾厄姆塑性流体的应力-应变率关系为

$$\boldsymbol{\tau} = \boldsymbol{\tau}_y + \mu_p \dot{\boldsymbol{\gamma}}, \tag{2-2}$$

式中$\boldsymbol{\tau}$是应力张量，$\boldsymbol{\tau}_y$是屈服应力，μ_p是塑黏性系数，$\dot{\boldsymbol{\gamma}}$是应变率张量，实际应用中的流体，如浆体、部分乳浊液、液体等中含固粒的悬浮液，其本构关系都可用上式

近似。

2.1.1.2　幂律流体

幂律流体的应力-应变率关系为

$$\boldsymbol{\tau} = k\dot{\boldsymbol{\gamma}}^{n}, \tag{2-3}$$

式中 k 是黏度的度量但不等于黏度，黏度越高，k 值越大；n 称为幂律指数，是流体偏离牛顿流体程度的度量，$n<1$、$n=1$ 和 $n>1$ 分别对应剪切变稀(拟塑性)流体、牛顿流体和剪切增稠(膨胀)流体。

1) 剪切变稀(拟塑性)流体

该类流体比较常见，包括大多数聚合物、油墨、油漆、抗生素溶液、低固相含量的悬浮体等。由图 2.1 可见，随着应变率的增大，拟塑性流体应力的增长率先大后小，曲线斜率为流体的表观黏性系数μ_α：

$$\mu_\alpha = \frac{\boldsymbol{\tau}}{\dot{\boldsymbol{\gamma}}}, \tag{2-4}$$

当应变率很大时，μ_α趋向于常数且等于μ_∞，此时应力-应变率为线性关系。

2) 剪切增稠(膨胀)流体

该类流体包括淀粉、蛋清、蔗糖溶液、矿浆、高固相含量的悬浮体等，实际应用中，膨胀流体比拟塑性流体少。与拟塑性流体相反，随着应变率增大，图 2.1 中膨胀流体应力的增长率先小后大。

也可将式(2-3)表示成对数形式：

$$\log\boldsymbol{\tau} = \log k + n\log\dot{\boldsymbol{\gamma}}, \tag{2-5}$$

此时对应的三种流体可用图 2.2 中的三条直线表示。

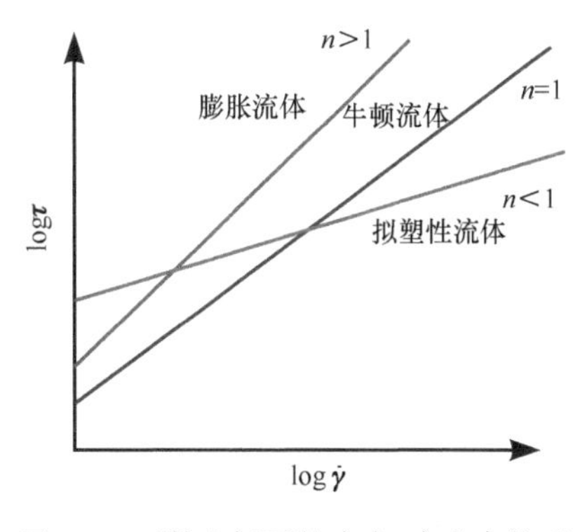

图 2.2　对数坐标下的应力-应变率关系

2.1.1.3　黏弹性流体

黏弹性流体的一部分像一般的牛顿流体，一部分像弹性固体，应力同时依赖于应变和应变率，流体具有记忆效应且记忆的程度与流体的弛豫时间有关，一旦应力与应变和应变率的关系已知，其处理方法与一般流体力学方法类似。与牛顿流体的变形能量都耗散掉不同，黏弹性流体的一部分变形能量会得到恢复。

首个黏弹性流体模型由 Maxwell 提出，称 Maxwell 模型，后来 Kelvin-Voigt 模型、Kelvin-Meyer-Voigt 模型等相继提出[1]。常见的黏弹性流体模型有 Giesekus 流体模型[2]、Oldroyd-B 流体模型、PTT 流体模型[3]。

1) Maxwell 模型

一只弹簧(代表弹性)和一只阻尼筒(代表黏性)串联起来，可以得到 Maxwell 模型，满足以下关系的流体称为 Maxwell 流体：

$$\boldsymbol{\tau}+\frac{\mu_0}{\lambda}\dot{\boldsymbol{\tau}}=\mu_0\dot{\boldsymbol{\gamma}}, \tag{2-6}$$

式中 λ 是刚性模量；μ_0 是黏度，为常数；$(\mu_0/\lambda)^{-1}$ 是流体的弛豫时间，当应变率不变时，它是应力呈指数规律衰减的时间常数，当运动停止时，应力按 $e^{-t\lambda/\mu_0}$ 的规律衰减。

2) Giesekus 模型

Giesekus 模型的黏弹性流体可以表征流体弹性和剪切变稀的性质，是应用较为广泛的模型。在黏弹性流体的运动方程中，超出牛顿流体黏性应力之外的应力 $\boldsymbol{\tau}$ 满足以下方程的流体称为 Giesekus 模型流体：

$$\tau_{\mathrm{f}}\hat{\boldsymbol{\tau}}+\frac{\alpha\tau_{\mathrm{f}}}{\mu_{\mathrm{p}}}\boldsymbol{\tau}\cdot\boldsymbol{\tau}+\boldsymbol{\tau}=2\mu_{\mathrm{p}}\boldsymbol{D}, \tag{2-7}$$

式中 τ_{f} 是流体弛豫时间，是流体大分子从变形到平衡状态下所需的特征时间，亦是评价黏弹性流体中流体弹性对颗粒迁移影响的关键参数，对牛顿流体有 $\tau_{\mathrm{f}}=0$；α 是迁移率参数，表征黏弹性流体剪切变稀的性质，与流体剪切变稀程度成正比；μ_{p} 是非牛顿流体对黏度的贡献，在黏弹性流体中，零剪切黏度 μ_0 等于 μ_{p} 与溶剂黏度 μ_{s} 之和，即 $\mu_0=\mu_{\mathrm{p}}+\mu_{\mathrm{s}}$；$\boldsymbol{D}$ 和 $\hat{\boldsymbol{\tau}}$ 分别是流体的应变率张量和 $\boldsymbol{\tau}$ 的迎风对流时间导数：

$$\boldsymbol{D}=\frac{\nabla\boldsymbol{v}+(\nabla\boldsymbol{v})^{\mathrm{T}}}{2}, \tag{2-8}$$

$$\hat{\boldsymbol{\tau}}\equiv\frac{\partial\boldsymbol{\tau}}{\partial t}+\boldsymbol{v}\cdot\nabla\boldsymbol{\tau}-(\nabla\boldsymbol{v})^{\mathrm{T}}\cdot\boldsymbol{\tau}-\boldsymbol{\tau}\cdot\nabla\boldsymbol{v}, \tag{2-9}$$

式中 $\boldsymbol{v}$ 是速度矢量。

3) Oldroyd-B 模型

超出牛顿流体黏性应力之外的 $\boldsymbol{\tau}$ 满足以下方程的流体称为 Oldroyd-B 模型流体：

$$\tau_{\mathrm{f}}\hat{\boldsymbol{\tau}}+\boldsymbol{\tau}=2\mu_{\mathrm{p}}\boldsymbol{D}, \tag{2-10}$$

当式(2-7)中的 $\alpha=0$ 时，Giesekus 流体便转化为 Oldroyd-B 流体，可见 Oldroyd-B 流体的黏度保持不变，不具有剪切变稀的性质。

4) PTT 模型

$$\tau_{\mathrm{f}}\hat{\boldsymbol{\tau}}+\exp\left[\frac{\varepsilon\tau_{\mathrm{f}}}{\mu_{\mathrm{p}}}\mathrm{tr}(\boldsymbol{\tau})\right]\boldsymbol{\tau}=2\mu_{\mathrm{p}}\boldsymbol{D}, \tag{2-11}$$

式中 ε 是本构参数，"tr()"表示矩阵的迹。

2.1.2　非牛顿流体主要特性及参数

非牛顿流体具有一些牛顿流体所没有的特性以及对应的参数。

2.1.2.1　法向应力差

流场中流体的应力可以表示为

$$\begin{pmatrix} p_{xx} & p_{xy} & p_{xz} \\ p_{yx} & p_{yy} & p_{yz} \\ p_{zx} & p_{zy} & p_{zz} \end{pmatrix} = \begin{pmatrix} -p & 0 & 0 \\ 0 & -p & 0 \\ 0 & 0 & -p \end{pmatrix} + \begin{pmatrix} \tau_{xx} & \tau_{xy} & \tau_{xz} \\ \tau_{yx} & \tau_{yy} & \tau_{yz} \\ \tau_{zx} & \tau_{zy} & \tau_{zz} \end{pmatrix}, \tag{2-12}$$

黏弹性流体的各法向应力未必相等，三个法向应力分量可以形成两个独立的法向应力差，即第一法向应力差 N_1 和第二法向应力差 N_2：

$$N_1 = \tau_{xx} - \tau_{yy}, \quad N_2 = \tau_{yy} - \tau_{zz}. \tag{2-13}$$

第一法向应力差 N_1 是黏弹性流体中颗粒发生侧向迁移的主要驱动力，尤其是在惯性忽略的情况下[4]；第二法向应力差 N_2 能引起方形截面管道中的二次流，从而使流体中的颗粒在管道横截面上发生迁移[5]。在黏弹性流体中颗粒的侧向迁移主要由法向应力不平衡所导致。

2.1.2.2　Weissenberg(魏森贝格)效应

流体中存在法向应力差会产生许多现象，最著名的是 Weissenberg 效应。如图 2.3 所示，在烧杯里旋转一根棒时，牛顿流体的液面呈现凹形，但大多数黏弹性流体的液面则呈现凸形，该现象称为 Weissenberg 效应。

图 2.3　Weissenberg 效应

2.1.2.3　Barus 效应

当非牛顿流体从一大容器流进一小的矩形管后再从矩形管射出时，射出的截面积比矩形管的截面积大(图 2.4)，因为非牛顿流体有记忆特性，能记住原先在大容器内的状态。小管越长，射流出口胀大的程度越弱，原因是流体的记忆会衰退，间隔时间越长，衰退越严重。这种射流胀大效应称 Barus 效应，是法向应力差导致的另一种现象。

2.1.2.4　异常二次流

第二法向应力差 N_2 会引起二次流和反向流。某些非牛顿流体在常压梯度下通过椭圆管时有可能出现如图 2.5 所示的二次流，该二次流是否出现取决于 N_2，$N_2=0$ 时不会出现二次流，$N_2 \neq 0$ 时可能会出现二次流。该二次流通常比较弱，对流量的影响不大，但对热传导的影响比较大。

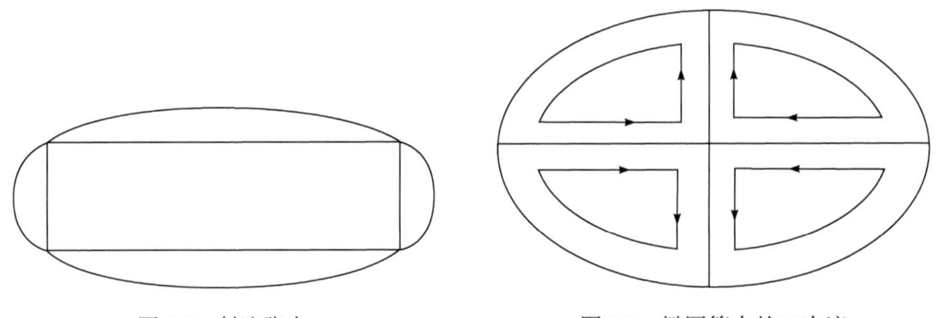

图 2.4　射流胀大　　　　图 2.5　椭圆管中的二次流

对于锥板流变仪，当锥和板的缝隙较大时也有可能出现二次流。对牛顿流体而言，如图 2.6(a)所示，二次流在转动锥面处流线向外，在固定平板处流线向内。而非牛顿流体的二次流动更复杂，其流线方向可能与牛顿流的情形相反。

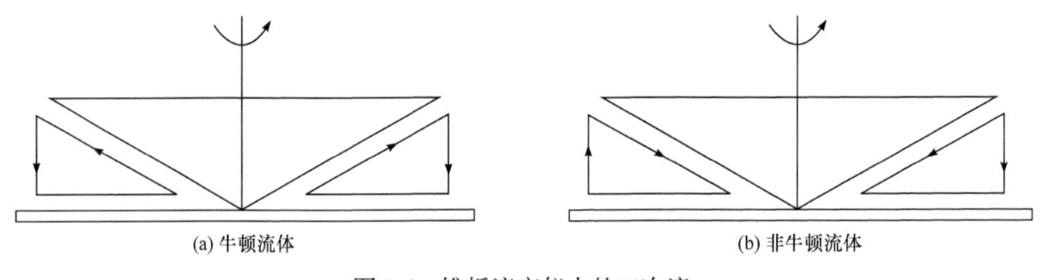

(a) 牛顿流体　　　　(b) 非牛顿流体

图 2.6　锥板流变仪中的二次流

由于非牛顿流体具有记忆特性，所以当流动为非定常时，非牛顿流体的流动特性与牛顿流体的情形有更明显的差异。

2.1.2.5　无管虹吸

黏弹性流体存在拉伸黏度，该黏度的作用可用无管虹吸说明。先将图 2.7(a)中的管子浸没在黏弹性流体中，此时流体进入管中，将管子拔出时管子虽已不浸没在流体里，但流体仍能流进管中。同样的原理，图 2.7(b)中的容器往右倾斜到一定程度时，黏弹性流体会在重力作用下流出，但此时将容器往左摆正一些，黏弹性流体仍旧继续流出。

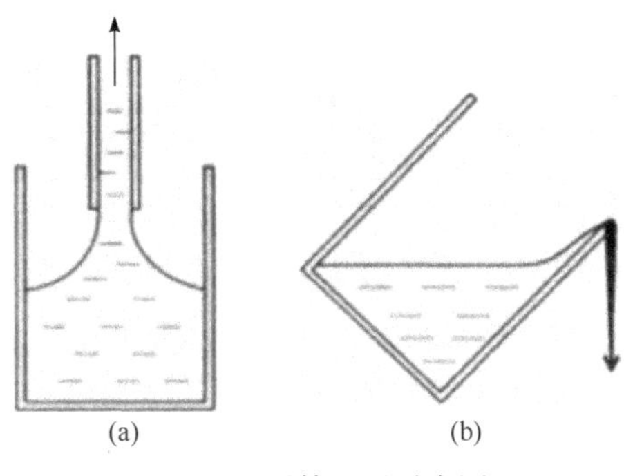

图 2.7　无管虹吸示意图

2.1.2.6　Toms 效应

在牛顿流体中加入少量聚合物后，在同样的压降下能使流体流过圆管时的阻力减小、流量增大，这一现象称为 Toms 效应。具体而言，流体在常压梯度Δp下沿一圆管以层流状态流动时，其体积流量 Q 为

$$Q=\frac{\pi r^4 \Delta p^m}{8\mu}, \tag{2-14}$$

式中 r 是管道半径，m 是常数。牛顿流体 $m=1$，某些非牛顿流体 $m>1$，可见在同样压力梯度Δp下，某些非牛顿流体流过圆管的流量比牛顿流体的情形大。

将 Toms 效应应用于消防喷水器，在水压一定时能使水的射程更远，提高消防员的安全性；或缩小水管的管径仍能维持原有流量，从而便于携带。

在石油和天然气开采中，通常会注入由水、砂和添加剂构成的压裂液，砂子支撑裂纹，提高油气产量，添加剂则起到减阻的作用。

2.1.2.7　增阻效应

当黏弹性流体流过多孔介质即渗流时，其阻力比牛顿流体渗流的阻力大，图 2.8 是不同浓度的溶液流经多孔介质时的摩擦系数 f 与 Re 数的关系。可见牛顿流体的 f 随 Re 数增大而减小，但黏弹性流体则存在一个临界 Re 数，当流场 Re

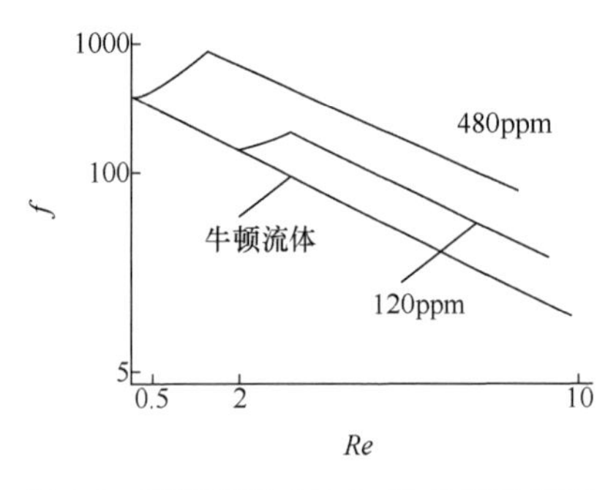

图 2.8　摩擦系数 f 与 Re 数关系示意图

数小于临界 Re 数时，黏弹性流体的 f 与牛顿流体的 f 相同，大于临界 Re 数时，黏弹性流体的 f 大于牛顿流体的 f。临界 Re 数的值与多孔介质的孔隙尺度、溶液的浓度和类型有关。由图 2.8 还可知，黏弹性流体的 f 与溶液浓度成正比。黏弹性流体渗流增阻的原因是黏弹性流体的拉伸黏度大，渗流过程中流体经过收缩和扩展有较大伸长，大的拉伸黏度导致阻力增加。

2.1.2.8　几个重要参数

Deborah (德博拉)数，De，表示流体弛豫时间与流动特征时间之比。

Weissenberg (魏森贝格)数，Wi，表示第一法向应力与剪切应力之比。

Elasticity(弹性)数，El，表示 Wi 数与 Re 数之比。

黏度比，表示牛顿流体黏度 μ_s 与零剪切黏度 μ_0 之比。

2.2　格子 Boltzmann 方法

格子 Boltzmann 方法(LBM)基于分子动理论[6]，通过求解离散的 Boltzmann 方程来模拟流体的运动，该方法是一种介于微观分子模型和宏观连续模型之间的一种介观方法。该方法自建立以来，已被应用于颗粒悬浮流、微纳流动、湍流、传热换热、可压缩流、多孔介质流动、磁流体、非牛顿流和化学反应流等问题的研究，并得到了迅速的发展。在用 LBM 进行数值模拟时，分为碰撞和迁移两个过程，计算时不需要求解压力泊松方程，方法实施方便，编写程序简单，计算效率高。

2.2.1　格子 Boltzmann 方程

含有外力项的单弛豫时间的格子 Boltzmann 方程(LBE)可以表示为[7]

$$f_i\left(\boldsymbol{x}+\boldsymbol{e}_i\Delta t,t+\Delta t\right)=f_i\left(\boldsymbol{x},t\right)+\frac{1}{\tau_{\mathrm{f}}}\left[f_i^{\mathrm{eq}}\left(\boldsymbol{x},t\right)-f_i\left(\boldsymbol{x},t\right)\right]+\boldsymbol{F}_{\mathrm{p}}\Delta t,\tag{2-15}$$

式中 $f_i(\boldsymbol{x}+\boldsymbol{e}_i\Delta t, t+\Delta t)$ 为 $t+\Delta t$ 时刻 $\boldsymbol{x}+\boldsymbol{e}_i\Delta t$ 处 $\boldsymbol{e}_i$ 方向粒子的密度分布函数，τ_{f} 为流体弛豫时间，Δt 为单位格子时间，$\boldsymbol{F}_{\mathrm{p}}$ 为外力，$f_i^{\mathrm{eq}}(\boldsymbol{x}, t)$ 为粒子平衡态分布函数：

$$f_i^{\mathrm{eq}}\left(\boldsymbol{x},t\right)=\rho\omega_i\left[1+\frac{3}{c^2}\boldsymbol{e}_i\cdot\boldsymbol{u}+\frac{9}{2c^4}\left(\boldsymbol{e}_i\cdot\boldsymbol{u}\right)^2-\frac{3\boldsymbol{u}^2}{2c^2}\right],\tag{2-16}$$

式中 c 为格子速度，c_s 为声速，且 $c_s^{\,2}=c^2/3$，ρ 和 $\boldsymbol{u}$ 分别是流体的宏观密度和速度

$$\rho=\sum f_i,\qquad \boldsymbol{u}=\frac{1}{\rho}\sum f_i\boldsymbol{e}_i+\frac{\Delta t}{2\rho}\boldsymbol{f}. \tag{2-17}$$

方程(2-16)中的ω_i是各方向加权系数,LBM 最常见的二维和三维模型分别为图 2.9 所示的 D2Q9 和 D3Q19 模型。对于离散的速度空间，当选择二维 D2Q9 模型时[8]，各方向加权系数为ω_0=4/9，$\omega_{1,\cdots,4}$=1/9 和$\omega_{5,\cdots,8}$=1/36，各方向的离散速度配置为

$$\begin{aligned}&\boldsymbol{e}_0=0\\&\boldsymbol{e}_i=\left\{\cos\left[\pi\frac{(i-1)}{2}\right],\ \sin\left[\pi\frac{(i-1)}{2}\right]\right\},\quad i=1\sim4\\&\boldsymbol{e}_i=\sqrt{2}\left\{\cos\left[\pi\frac{(i-4.5)}{2}\right],\ \sin\left[\pi\frac{(i-4.5)}{2}\right]\right\},\quad i=5\sim8\end{aligned}\ . \tag{2-18}$$

对于三维 D3Q19 模型[8]，各方向加权系数为ω_0=1/3，$\omega_{1,\ldots,6}$=1/18，$\omega_{7,\ldots,18}$=1/36，各方向的离散速度配置为

$$[\boldsymbol{e}_i,\ i=0,1,\cdots,18]=c\begin{bmatrix}0&1&-1&0&0&0&0&1&-1&1&-1&1&-1&1&-1&0&0&0&0\\0&0&0&1&-1&0&0&1&-1&-1&1&0&0&0&0&1&-1&1&-1\\0&0&0&0&0&1&-1&0&0&0&0&1&-1&-1&1&1&-1&-1&1\end{bmatrix}. \tag{2-19}$$

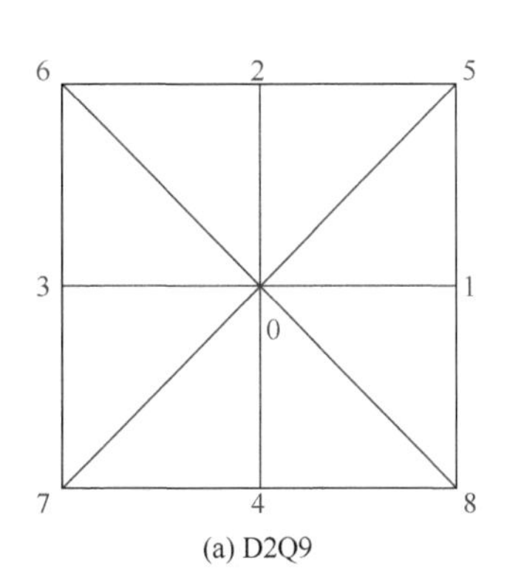

(a) D2Q9

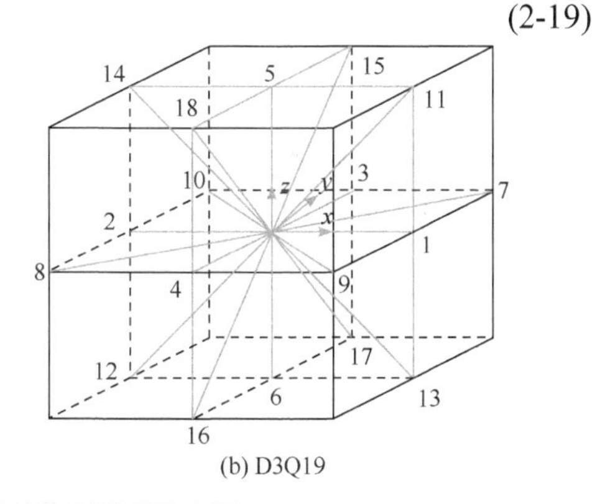

(b) D3Q19

图 2.9　二维和三维的格子模型示意图

方程(2-15)中的外力项 $\boldsymbol{F}_\mathrm{p}$ 用以下式子表示[9]：

$$\boldsymbol{F}_\mathrm{p}(\boldsymbol{x},t)=\left(1-\frac{1}{2\tau_\mathrm{f}}\right)\omega_i\left[\frac{\boldsymbol{e}_i-\boldsymbol{u}}{c_\mathrm{s}^2}+\frac{\boldsymbol{e}_i\cdot\boldsymbol{u}}{c_\mathrm{s}^4}\boldsymbol{e}_i\right]\cdot\boldsymbol{f}(\boldsymbol{x},t). \tag{2-20}$$

借助 Chapman-Enskog 多尺度展开[10]，当流体密度变化不大且 Ma 数足够小即 $|\boldsymbol{u}|/c_\mathrm{s}\approx Ma=1$ 时，可以推导得到如下连续性方程和准不可压缩的 Navier-Stokes 方程[11]：

$$\frac{\partial \rho}{\partial t}+\nabla\cdot(\rho \boldsymbol{u})=0\,, \tag{2-21}$$

$$\frac{\partial(\rho \boldsymbol{u})}{\partial t}+\nabla\cdot(\rho \boldsymbol{u}\boldsymbol{u})=-\nabla p+\nu\left[\nabla^2(\rho \boldsymbol{u})+\nabla(\nabla\cdot(\rho \boldsymbol{u}))\right]+\boldsymbol{F}_{\mathrm{p}}\,, \tag{2-22}$$

式中 p 是压力，ν 是黏性系数。

2.2.2 边界条件

LBM 中，边界条件的格式处理影响 LBM 数值计算的精度、稳定性和效率，因而一直是研究的热点。根据边界的几何性质，可以分为平直边界条件和曲面边界条件。

2.2.2.1 平直边界

1) 反弹格式

Cornubert 等[12]提出的反弹格式原理是：若一个流体节点上的流体颗粒再运动一步就可到达壁面的节点，它将沿着运动方向的反方向反弹回到原来的流体节点，以实现壁面的无滑移边界条件。如图 2.10 所示，以壁面 O 点为例，分布函数 f_2、f_5 和 f_6 分别由 B 点、C 点和 A 点的分布函数确定：

$$f_2(O,t)=f_4(B,t),\quad f_5(O,t)=f_7(C,t),\quad f_6(O,t)=f_8(A,t). \tag{2-23}$$

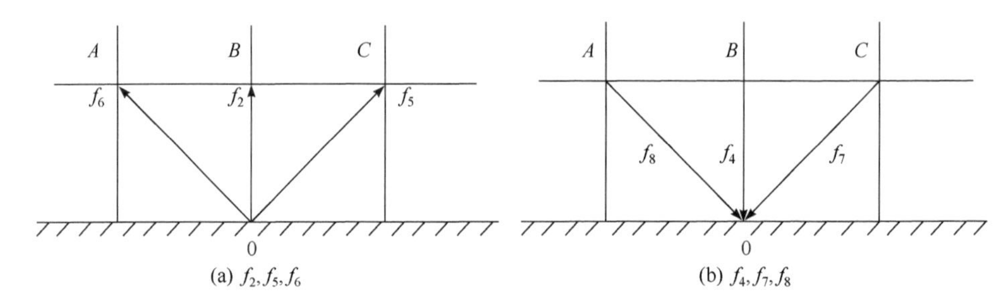

图 2.10 反弹格式的壁面边界条件

由于在边界格点上不发生碰撞，该反弹格式只有一阶精度。若假设在边界节点上也允许发生碰撞，则可得到二阶精度的修正反弹格式，此时碰撞前的分布函数等于碰撞后反方向的分布函数：

$$f_{i'}(\boldsymbol{x}_b,t)=f_i(\boldsymbol{x}_b,t). \tag{2-24}$$

仍以壁面 O 点为例，有

$$f_2(O,t)=f_4(O,t),\quad f_5(O,t)=f_7(O,t),\quad f_6(O,t)=f_8(O,t). \tag{2-25}$$

2) 插值外推格式

Chen 等[13]假设在真实边界外还存在一层虚拟格点，利用插值外推格式可以得到节点上的分布函数。该方法也具有二阶精度，但因虚拟边界节点的存在，有时会存在稳定性的问题。图 2.11 为插值外推格式的示意图，其表达式为

$$f_i(O,t)=2f_i(A,t)-f_i(B,t), \tag{2-26}$$

式中 B 为流体节点，A 为物理边界节点，O 为虚拟边界节点。

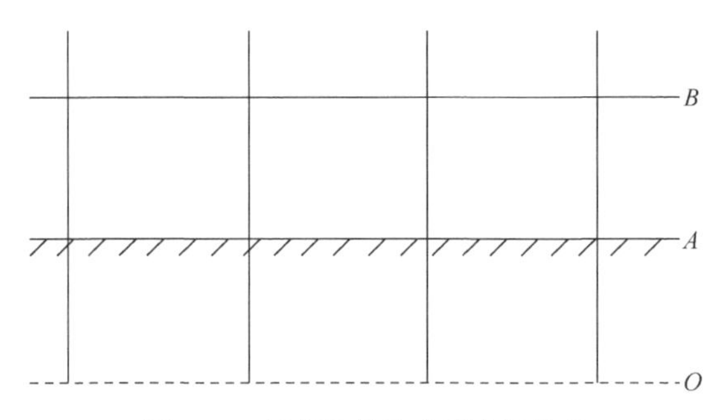

图 2.11　插值外推格式的边界条件

3) 非平衡外推格式

Guo 等[14]假设边界节点 O 上的分布函数由平衡部分和非平衡部分确定，提出具有二阶精度的非平衡外推格式：

$$f_i(O,t)=f_i^{\mathrm{eq}}(O,t)+f_i^{\mathrm{neq}}(O,t), \tag{2-27}$$

其平衡部分由下式确定：

$$f_i^{\mathrm{eq}}(O,t)=f_i^{\mathrm{eq}}\left(\rho(B,t),\boldsymbol{u}_o\right). \tag{2-28}$$

一般情况下，边界节点 O 上的速度 $\boldsymbol{u}_o$ 已知，而密度未知，所以密度可以用相邻流体节点 B 上的密度代替。

其非平衡部分由下式确定：

$$f_i^{\mathrm{neq}}(O,t)=f_i^{\mathrm{neq}}(B,t)=f_i(B,t)-f_i^{\mathrm{eq}}(B,t), \tag{2-29}$$

上式右边流体节点 B 上的信息，如分布函数、密度和速度等已知，因此等式左边的非平衡部分也就能够确定。

4) 充分发展边界条件

当流动为充分发展时，在充分发展处，流体速度和密度不再发生变化。以充分发展的二维 Poiseuille 流为例，出口边界上未知的分布函数 f_3、f_6 和 f_7 可由下式确定：

$$f_{3,6,7}(\boldsymbol{x},t)=f_{3,6,7}(\boldsymbol{x}-1,t). \tag{2-30}$$

此外，还可以用速度更新法处理充分发展处的边界条件，先用该方法获得出口边界的速度：

$$\boldsymbol{u}(\boldsymbol{x},t)=\boldsymbol{u}(\boldsymbol{x}-1,t), \tag{2-31}$$

然后假设边界上未知的 f_3、f_6 和 f_7 满足：

$$f_{3,6,7}(\boldsymbol{x},t)=f_{3,6,7}^{\mathrm{eq}}(\rho(\boldsymbol{x},t),\boldsymbol{u}(\boldsymbol{x},t)). \tag{2-32}$$

利用该方法处理充分发展的边界条件时可以有较好的稳定性。

5) 周期性边界条件

周期性边界条件可以描述为：假定流体颗粒从出口边界离开流场，则该颗粒下一时间步从另一侧的入口重新进入流场。如图 2.12 所示，流场区域的格点范围为 x=1～m，y=1～n，上下左右边界都往外延伸一个虚拟的网格格点，然后按照下式实现周期性边界条件：

$$\begin{cases} f_i(0,y,t)=f_i(m,y,t), \\ f_i(m+1,y,t)=f_i(1,y,t), \\ f_i(x,0,t)=f_i(x,n,t), \\ f_i(x,n+1,t)=f_i(x,1,t), \end{cases} \quad i=0,1,2,\cdots,8. \tag{2-33}$$

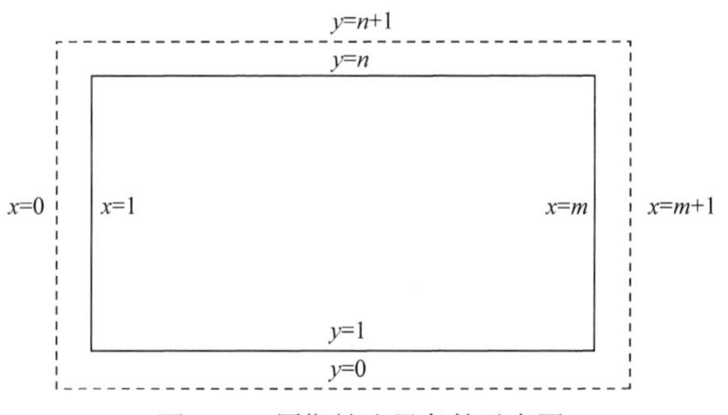

图 2.12 周期性边界条件示意图

2.2.2.2 曲面边界

在数值模拟流固两相流场时，LBM 采用颗粒全解析的直接数值模拟方法，该方法可以用简单的直角坐标单元网格，无需根据颗粒边界生成复杂的贴体网格，这在一定程度上降低了计算量，因而得到了迅速发展。

1) 反弹格式

流固两相流中，流-固界面的边界处理对于计算颗粒的运动非常重要。Ladd[15] 最早将 LBM 应用于颗粒悬浮流的直接数值模拟，提出了一种简单高效的反弹格式方法来处理固体颗粒边界在流体中的运动，实现了流体和颗粒间的耦合。如

图 2.13 所示，对移动壁面使用反弹方法，将边界节点 $\boldsymbol{x}_b$ 放置在连接颗粒内部节点 $\boldsymbol{x}_w$ 和外部流体节点 $\boldsymbol{x}_f$ 的链接上，反弹格式为

$$f_{i'}\left(\boldsymbol{x},t+\Delta t\right)=f_i\left(\boldsymbol{x},t_+\right)-2B_i\left(\boldsymbol{e}_i\cdot\boldsymbol{u}_b\right), \tag{2-34}$$

式中 t_+表示碰撞后的时刻，i，i'分别表示流进颗粒边界的方向(入流方向)和反射方向，$B_i=3\rho\omega_i/c^2$，$\boldsymbol{u}_b$ 表示颗粒边界的速度 $\boldsymbol{u}_b=\omega\times\boldsymbol{x}_b+\boldsymbol{u}_0$，$\omega$是颗粒转动角速度，$\boldsymbol{x}_b=\boldsymbol{x}+\boldsymbol{e}_i/2-\boldsymbol{x}_0$，$\boldsymbol{x}_0$ 和 $\boldsymbol{u}_0$ 分别是颗粒的质心位置和质心平动速度。

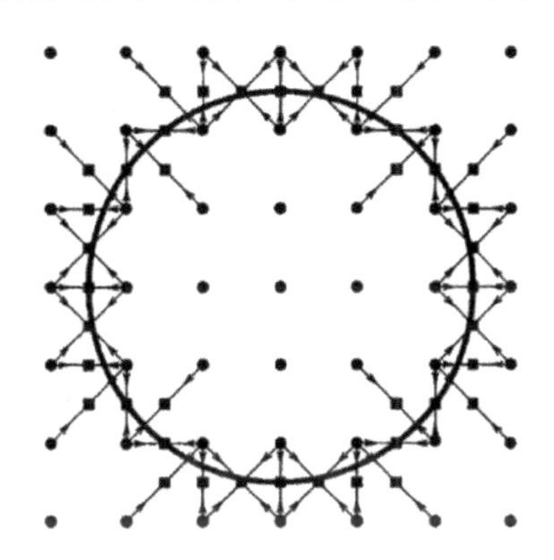

图 2.13　反弹格式(实心正方形为边界格点，实心圆点为网格格点)

该方法假设真实的运动边界位于颗粒内部格点和流体外部格点的中点位置，使得真实的颗粒边界呈“锯齿”状，导致计算过程中出现数值振荡问题，该问题可用足够多的网格数来解决。反弹格式方法能直接处理如五角形、三角形、柱状、椭球等复杂形状的颗粒以及常见的多孔介质，而且实施简单、编程容易、计算效率高，已成为直接数值模拟颗粒两相流的重要方法[16-18]。

2) 插值反弹格式

为准确描述复杂的几何边界，Lallemand 和 Luo[19]提出了一种结合反弹格式和空间插值的方法来处理运动边界，该方法通过空间插值获得边界弹回方向上的分布函数值。图 2.14 中变量 q 为流体节点离壁面最近的点到实际物理边界的相对距离：

$$q=\frac{\left|\boldsymbol{x}_f-\boldsymbol{x}_w\right|}{\left|\boldsymbol{x}_f-\boldsymbol{x}_b\right|},\qquad 0\leqslant q\leqslant 1. \tag{2-35}$$

在采用插值公式时，将所有分布函数都统一在一个时间层次，Lallemand-Luo 格式的表达式为

$$f_{i'}\left(\boldsymbol{x}_f,t\right)=q\left(1+2q\right)f_i\left(\boldsymbol{x}_f+\boldsymbol{e}_i\Delta t,t\right)+\left(1-4q^2\right)f_i\left(\boldsymbol{x}_f,t\right) \\ -q\left(1-2q\right)f_i\left(\boldsymbol{x}_f-\boldsymbol{e}_i\Delta t,t\right)+3\omega_i\boldsymbol{e}_i\cdot\boldsymbol{u}_w,\qquad \text{当}q<\frac{1}{2}\text{时}, \tag{2-36}$$

$$f_{i'}\left(\boldsymbol{x}_f,t\right)=\frac{1}{q\left(1+2q\right)}f_i\left(\boldsymbol{x}_f+\boldsymbol{e}_i\Delta t,t\right)-\frac{1-2q}{q}f_{i'}\left(\boldsymbol{x}_f-\boldsymbol{e}_i\Delta t,t\right) \\ -\frac{1-2q}{q}f_{i'}\left(\boldsymbol{x}_f-2\boldsymbol{e}_i\Delta t,t\right)+\frac{3\omega_i}{q\left(1+2q\right)}\boldsymbol{e}_i\cdot\boldsymbol{u}_w,\qquad \text{当}q\geqslant\frac{1}{2}\text{时}, \tag{2-37}$$

式中 $\boldsymbol{u}_w$ 为颗粒边界的运动速度，$\omega_i\boldsymbol{e}_i\cdot\boldsymbol{u}_w$ 项为边界运动引起的动量变化。

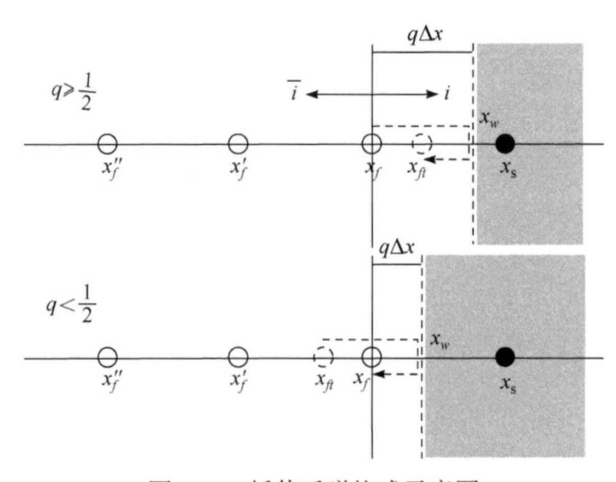

图 2.14　插值反弹格式示意图

插值反弹格式有空间插值，这有可能导致质量不守恒的问题，该问题可以通过重构局部平衡态分布函数的方式来解决[20]。

3) 非平衡外推格式

Guo 等[14]将平直边界的非平衡态外推格式推广到运动曲面的非平衡外推格式，与前述的曲面边界处理的格式不同，如图 2.15 所示，非平衡态外推格式将曲面边界节点的分布函数分为平衡态与非平衡态两部分：

$$f_{i'}^{+}\left(\boldsymbol{x}_b,t\right)=f_{i'}^{+,\,\mathrm{eq}}\left(\boldsymbol{x}_b,t\right)+f_{i'}^{+,\,\mathrm{neq}}\left(\boldsymbol{x}_b,t\right), \tag{2-38}$$

对平衡态部分，可用下式的虚拟平衡态分布函数来近似：

$$f_{i'}^{+,\,\mathrm{eq}}\left(\boldsymbol{x}_b,t\right)=\rho\omega_i\left[1+\frac{3}{c^2}\boldsymbol{e}_i\cdot\boldsymbol{u}_b+\frac{9}{2c^4}\left(\boldsymbol{e}_i\cdot\boldsymbol{u}_b\right)^2-\frac{3\boldsymbol{u}_b{}^2}{2c^2}\right], \tag{2-39}$$

式中边界格点的速度 $\boldsymbol{u}_b$ 为

$$
\boldsymbol{u}_b=\begin{cases}\dfrac{\left[\boldsymbol{u}_w+(q-1)\boldsymbol{u}_f\right]}{q}, & q\geqslant q_c\\ \boldsymbol{u}_w+(q-1)\boldsymbol{u}_f+\dfrac{1-q}{1+q}\dfrac{\left[2\boldsymbol{u}_w+(q-1)\boldsymbol{u}_{ff}\right]}{q}, & q<q_c\end{cases},\tag{2-40}
$$

式中插值格式的判据 q_c 建议值为 0.75[14]。

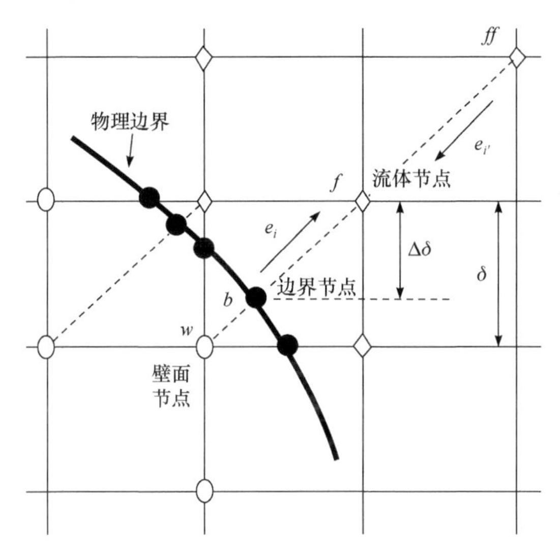

图 2.15　非平衡外推格式弯曲运动边界示意图

式(2-38)右端第二项的非平衡态部分可以通过相邻流体节点的分布函数的插值得到

$$
f_{i'}^{+,\mathrm{neq}}\left(\boldsymbol{x}_b,t\right)=\begin{cases}f_{i'}\left(\boldsymbol{x}_f,t\right)-f_{i'}^{\mathrm{eq}}\left(\boldsymbol{x}_f,t\right), & q\geqslant q_c\\ q\left[f_{i'}\left(\boldsymbol{x}_f,t\right)-f_{i'}^{\mathrm{eq}}\left(\boldsymbol{x}_f,t\right)\right]+(1-q)\left[f_{i'}\left(\boldsymbol{x}_{ff},t\right)-f_{i'}^{\mathrm{eq}}\left(\boldsymbol{x}_{ff},t\right)\right], & q<q_c\end{cases}.\tag{2-41}
$$

该格式在时间和空间都有二阶精度且具有较好的计算稳定性，因而得到了广泛的应用，但和插值反弹格式一样，非平衡外推格式需要计算流体节点离壁面最近的点到实际物理边界的相对距离 q，对于球形和椭球形等边界可以用数学方程描述的颗粒，q 容易计算，而对于边界无法用数学方程描述的颗粒，q 难以有效计算，这限制了该方法的使用。

4) 浸没边界-LBM(IB-LBM)法

近十几年来，用 IB-LBM 模拟颗粒悬浮流得到了迅速发展。如图 2.16 所示，IB-LBM 的核心思想是在颗粒边界与流场间进行外力和速度的信息交换，流场在

固定网格中计算，颗粒真实边界由 Lagrangian 网格点表示[21]。流体作用在颗粒边界上的外力为

$$\boldsymbol{F}(\boldsymbol{x},t)=\frac{\boldsymbol{U}^{d}(\boldsymbol{x},t+\Delta t)-\boldsymbol{U}^{*}(\boldsymbol{x},t+\Delta t)}{\Delta t}, \tag{2-42}$$

式中点 $\boldsymbol{x}_b$ 处的 $\boldsymbol{U}^d(\boldsymbol{x}_b, t)$等于颗粒的平动速度加转动速度，$\boldsymbol{U}^*(\boldsymbol{x}_b, t)$为由边界周围流体速度插值得到的 $\boldsymbol{x}_b$ 处的速度：

$$\boldsymbol{U}^{*}(\boldsymbol{x}_b,t)=\sum_{f}D(\boldsymbol{x}_f-\boldsymbol{x}_b)\cdot\boldsymbol{u}^{*}(\boldsymbol{x}_f,t), \tag{2-43}$$

式中 $\boldsymbol{u}^*(\boldsymbol{x}_f, t)$为不考虑外力时 $\boldsymbol{x}_f$ 处的流场速度，$D(\boldsymbol{x})$为狄拉克 δ 函数[22]：

$$\begin{aligned}&D(\boldsymbol{x})=\frac{1}{4d^2}\left(1+\cos\frac{\pi x}{d}\right)\left(1+\cos\frac{\pi y}{d}\right), && |x|\leqslant d \text{ 和 } |y|\leqslant d\\ &D(\boldsymbol{x})=0, && \text{其他}\end{aligned}. \tag{2-44}$$

与 $\boldsymbol{F}(\boldsymbol{x}, t)$类似，运动颗粒边界反馈给流体格点的反作用力可表示为

$$\boldsymbol{f}(\boldsymbol{x}_f,t)=\sum_{b}D(\boldsymbol{x}_f-\boldsymbol{x}_b)\cdot\boldsymbol{F}(\boldsymbol{x}_b,t). \tag{2-45}$$

IB-LBM 也可以计算复杂形状和结构的颗粒，而且具有较好的计算稳定性和精度，所以也得到了广泛的应用。

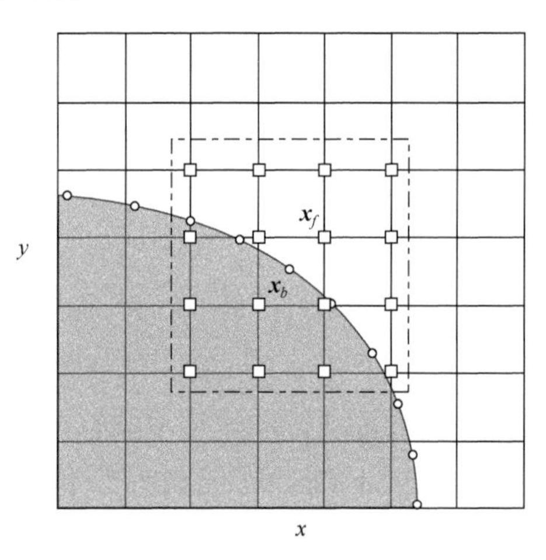

图 2.16　颗粒边界和流体点的插值过程(灰色区域为颗粒内部)

2.2.3　水动力及力矩计算

颗粒的受力是流固两相流场计算的关键，计算颗粒的受力有表面积分法和动量交换法，其中动量交换法应用最广泛。

$\boldsymbol{x}_b$ 处的流体施加在颗粒上的力和力矩为

$$\boldsymbol{F}_h\left(\boldsymbol{x}+\frac{1}{2}\boldsymbol{e}_i,\ t\right)=2\boldsymbol{e}_i\left[f_i\left(\boldsymbol{x},t_+\right)-B_i\left(\boldsymbol{e}_i\cdot\boldsymbol{u}_b\right)\right], \tag{2-46}$$

$$\boldsymbol{T}_h\left(\boldsymbol{x}+\frac{1}{2}\boldsymbol{e}_i,\ t\right)=\boldsymbol{x}_b\times\boldsymbol{F}_h. \tag{2-47}$$

采用 Aidun 等[23]提出的方法，用 LBM 计算时，网格格点是固定的，但颗粒在固定网格上运动。当前一时间步的流体格点在当前时刻被颗粒覆盖时，该网格点处的流体会对颗粒施加一个冲量力 $\boldsymbol{F}_c$ 和冲量力矩 $\boldsymbol{T}_c$，$\boldsymbol{F}_c$ 和 $\boldsymbol{T}_c$ 可以由下式计算：

$$\boldsymbol{F}_c\left(\boldsymbol{x},\ t\right)=\rho_f\left(\boldsymbol{x},\ t\right)\boldsymbol{u}\left(\boldsymbol{x},\ t\right), \tag{2-48}$$

$$\boldsymbol{T}_c\left(\boldsymbol{x},\ t\right)=\left(\boldsymbol{x}-\boldsymbol{x}_0\right)\times\boldsymbol{F}_c. \tag{2-49}$$

同样，当前一个时间步的颗粒内的格点在当前时间步变成流体格点时，该格点处的流体也会对颗粒施加一个冲量 $\boldsymbol{F}_u$ 和冲量力矩 $\boldsymbol{T}_u$：

$$\boldsymbol{F}_u\left(\boldsymbol{x},\ t\right)=-\rho_f\left(\boldsymbol{x},\ t\right)\boldsymbol{u}\left(\boldsymbol{x},\ t\right), \tag{2-50}$$

$$\boldsymbol{T}_u\left(\boldsymbol{x},\ t\right)=\left(\boldsymbol{x}-\boldsymbol{x}_0\right)\times\boldsymbol{F}_u. \tag{2-51}$$

作用在颗粒上的总力和总力矩为

$$\boldsymbol{F}=\sum\boldsymbol{F}_h\left(\boldsymbol{x}+\frac{1}{2}\boldsymbol{e}_i,\ t\right)+\sum\boldsymbol{F}_c\left(\boldsymbol{x},\ t\right)+\sum\boldsymbol{F}_u\left(\boldsymbol{x},\ t\right), \tag{2-52}$$

$$\boldsymbol{T}=\sum\boldsymbol{T}_h\left(\boldsymbol{x}+\frac{1}{2}\boldsymbol{e}_i,\ t\right)+\sum\boldsymbol{T}_c\left(\boldsymbol{x},\ t\right)+\sum\boldsymbol{T}_u\left(\boldsymbol{x},\ t\right). \tag{2-53}$$

最后由牛顿第二定律得到颗粒运动的速度和位置。

2.2.4　碰撞模型

颗粒在流场中运动时，当颗粒之间或颗粒与壁面靠得很近时，为了避免非物理重叠，需要引进一个斥力模型。Glowinski 等[24]提出了一个简单高效的短程斥力模型：

$$\boldsymbol{F}_r=\begin{cases}\dfrac{C_m}{\varepsilon}\left(\dfrac{d-d_{\min}-\Delta r}{\Delta r}\right)^2\boldsymbol{e}_r, & d\leqslant d_{\min}+\Delta r\\ (0,0), & d>d_{\min}+\Delta r\end{cases}, \tag{2-54}$$

式中 $C_m=MU^2/a$ 为特征力；M，$\boldsymbol{U}$，a 分别为颗粒质量、速度和半径；$\varepsilon=10^{-4}$；d 为颗粒中心与壁面或与另一颗粒中心的距离(此时 $d_{\min}=2a$)；$\Delta r=2\Delta x$ 表示两个格子的大小，为数值模拟时斥力开始存在的区域；$\boldsymbol{e}_r$ 为颗粒中心指向壁面法向或另一个颗粒中心的方向。

当颗粒为非球形或者非圆形时，斥力模型(2-54)不再适用，为了避免颗粒间非物理的相互重叠，可以采用润滑力模型[16, 25]：

$$\mathrm{d}\boldsymbol{f}=\begin{cases}\dfrac{3}{|\boldsymbol{e}_i|^4\sqrt{\lambda_r}}\nu\rho U\left(\dfrac{1}{\delta^{3/2}}-\dfrac{1}{|\boldsymbol{e}_i|^{3/2}}\right)^2, & \delta<|e_i|\\ 0, & \delta\geqslant|e_i|\end{cases}, \tag{2-55}$$

式中 δ 是颗粒表面间的距离，当两颗粒表面间距以及颗粒表面到壁面的间距大于一个格点单元时，润滑力 $\mathrm{d}\boldsymbol{f}$ 可以忽略；λ_r 与颗粒形状有关，对于椭圆形颗粒，λ_r 取决于接触处的表面曲率 $\lambda_r=(1/R_1+1/R_2)/2$，其中 R_1，R_2 分别为接触点两个表面元的曲率半径。当颗粒与平壁面接触时，可以认为 R_2 无限大，此时 $\lambda_r=1/2R_1$。

颗粒沿着接触点受到的微元润滑力和力矩可以由下式确定：

$$\mathrm{d}\boldsymbol{F}_l(\boldsymbol{x},t)=\mathrm{d}\boldsymbol{f}\frac{\boldsymbol{e}_i}{|\boldsymbol{e}_i|}, \tag{2-56}$$

$$\mathrm{d}\boldsymbol{T}_l(\boldsymbol{x},t)=\boldsymbol{x}_b\times\boldsymbol{F}_l. \tag{2-57}$$

作用在颗粒上总的润滑力与力矩为

$$\boldsymbol{F}_l(\boldsymbol{x},\ t)=\sum\mathrm{d}\boldsymbol{F}_l(\boldsymbol{x},\ t), \tag{2-58}$$

$$\boldsymbol{T}_l(\boldsymbol{x},\ t)=\sum\mathrm{d}\boldsymbol{T}_l(\boldsymbol{x},\ t). \tag{2-59}$$

将式(2-52)、(2-53)、(2-58)、(2-59)代入 LBE 中就可数值模拟得到颗粒的运动特性。

2.3　格子 Boltzmann 方法在非牛顿流体中的应用

LBM 用于计算局部剪切率时可达到二阶精度，所以将其用于非牛顿流体的数值模拟中具有一定的优势[26]，实际上 LBM 也已经用于对幂律流体[27,28]、Bingham 流体[29-31]、黏弹性流体[32-34]流场的数值模拟。

2.3.1　幂律流体中的应变率和弛豫时间

2.1.1.2 节中已介绍了幂律流体，用 LBM 求解幂律流体流场时，流场内各格点的弛豫时间依赖于当地流体的表观黏度。式(2-3)的应变率可以写成

$$\dot{\gamma}=\sqrt{2\left(\frac{\partial u}{\partial x}\right)^2+2\left(\frac{\partial v}{\partial y}\right)^2+2\left(\frac{\partial w}{\partial z}\right)^2+\left(\frac{\partial u}{\partial y}+\frac{\partial v}{\partial x}\right)^2+\left(\frac{\partial v}{\partial z}+\frac{\partial w}{\partial y}\right)^2+\left(\frac{\partial w}{\partial x}+\frac{\partial u}{\partial z}\right)^2}. \tag{2-60}$$

式中 u、v 和 w 是流体速度的三个分量。

主流区域的局部速度导数可通过四阶有限差分方法计算：

$$\frac{\partial u}{\partial x}=\frac{2}{3\Delta x}\left(u_{i+1,j,k}-u_{i-1,j,k}\right)+\frac{1}{12\Delta x}\left(u_{i+2,j,k}-u_{i-2,j,k}\right)+O\left(\Delta x^4\right), \tag{2-61}$$

$$\frac{\partial v}{\partial y}=\frac{2}{3\Delta x}\left(u_{i,j+1,k}-u_{i,j-1,k}\right)+\frac{1}{12\Delta x}\left(u_{i,j+2,k}-u_{i,j-2,k}\right)+O\left(\Delta x^4\right), \tag{2-62}$$

$$\frac{\partial w}{\partial z}=\frac{2}{3\Delta x}\left(u_{i,j,k+1}-u_{i,j,k-1}\right)+\frac{1}{12\Delta x}\left(u_{i,j,k+2}-u_{i,j,k-2}\right)+O\left(\Delta x^4\right). \tag{2-63}$$

在边界区域，采用二阶有限差分方法计算局部速度偏微分方程：

$$\frac{\partial u}{\partial x}=\frac{-3u_{i,j,k}+4u_{i+1,j,k}-u_{i+2,j,k}}{2\Delta x}+O\left(\Delta x^2\right), \tag{2-64}$$

$$\frac{\partial v}{\partial y}=\frac{-3u_{i,j,k}+4u_{i,j+1,k}-u_{i,j+2,k}}{2\Delta x}+O\left(\Delta x^2\right), \tag{2-65}$$

$$\frac{\partial w}{\partial z}=\frac{-3u_{i,j,k}+4u_{i,j,k+1}-u_{i,j,k+2}}{2\Delta x}+O\left(\Delta x^2\right). \tag{2-66}$$

可求得每个流体格点的瞬时当地弛豫时间：

$$\tau_{\mathrm{f}}(x)=\frac{3\mu(x)}{\rho c^2\Delta t}+\frac{1}{2}\ , \tag{2-67}$$

式中的各量前面均有介绍。

2.3.2　Bingham 流体中的应变率和弛豫时间

2.1.1.1 节中已介绍了 Bingham 流体，用 LBM 求解 Bingham 流体流场时，对于本构方程(2-2)，常采用 Papanastasiou[35]提出的模型：

$$\boldsymbol{\tau}(x)=\frac{\dot{\boldsymbol{\gamma}}\tau_0}{\left|\dot{\boldsymbol{\gamma}}(x)\right|}\left(1-\mathrm{e}^{-m\left|\dot{\boldsymbol{\gamma}}(x)\right|}\right)+\mu_{\mathrm{p}}\dot{\boldsymbol{\gamma}}\ , \tag{2-68}$$

式中右边第一项是屈服应力 $\boldsymbol{\tau}_y$ 的具体表达形式，μ_{p} 是塑黏性系数，应变率 $\dot{\boldsymbol{\gamma}}$ 和每个流体格点的瞬时当地弛豫时间 τ_{f} 可以采用以上幂律流体的表达方式处理。

2.3.3　在黏弹性 Oldroyd-B 模型流体中的应用

2.1.1.3 节中已介绍了几种典型的黏弹性流体，用 LBM 求解黏弹性流体流场时，常采用 Malaspinas 双分布函数模型[32]。对不可压缩黏弹性流体而言，其连续性方程和动量方程为

$$\nabla\cdot\boldsymbol{u}=0\,, \tag{2-69}$$

$$\frac{\partial \boldsymbol{u}}{\partial t}+(\boldsymbol{u}\cdot\nabla)\boldsymbol{u}=\frac{1}{\rho}\nabla(-p\boldsymbol{I}+2\mu\boldsymbol{D}+\boldsymbol{\tau}),\tag{2-70}$$

式中 $\boldsymbol{u}$ 是速度，ρ 是密度，p 是压力，$\boldsymbol{I}$ 是单位张量，μ是牛顿流体黏性系数，$\boldsymbol{D}$ 是应变率张量，$\boldsymbol{\tau}$是超出牛顿流体黏性应力之外的应力。

通过构造构型张量 $\boldsymbol{A}$，可得

$$\boldsymbol{\tau}=\frac{\mu_{\mathrm{p}}}{\tau_{\mathrm{f}}}(\boldsymbol{A}-\boldsymbol{I}),\tag{2-71}$$

式中μ_{p}是非牛顿流体对黏度的贡献速度，τ_{f}是流体弛豫时间。

对于 2.1.1.3 节中的 Oldroyd-B 模型流体可得

$$\frac{\partial \boldsymbol{A}}{\partial t}+\boldsymbol{u}\cdot\nabla\boldsymbol{A}=-\frac{1}{\tau_{\mathrm{f}}}(\boldsymbol{A}-\boldsymbol{I})+(\nabla\boldsymbol{u})\cdot\boldsymbol{A}+\boldsymbol{A}\cdot(\nabla\boldsymbol{u})^{\mathrm{T}},\tag{2-72}$$

方程(2-70)可化成方程(2-15)的 LBE 形式：

$$f_i(\boldsymbol{x}+\boldsymbol{e}_i\Delta t,t+\Delta t)-f_i(\boldsymbol{x},t)=-\frac{1}{\tau_{\mathrm{f}}}\left[f_i(\boldsymbol{x},t)-f_i^{\mathrm{eq}}(\boldsymbol{x},t)\right]+\left(1-\frac{1}{2\tau_{\mathrm{f}}}\right)\boldsymbol{F}_{\mathrm{p}},\tag{2-73}$$

式中 $\boldsymbol{F}_{\mathrm{p}}$ 为

$$\boldsymbol{F}_{\mathrm{p}}=\omega_i\rho\left(\frac{\boldsymbol{e}_i-\boldsymbol{u}}{c_{\mathrm{s}}^2}+\frac{\boldsymbol{e}_i\cdot\boldsymbol{u}}{c_{\mathrm{s}}^4}\boldsymbol{e}_i\right)\cdot(\nabla\cdot\boldsymbol{\tau}),\tag{2-74}$$

式中 ρ、$\boldsymbol{u}$ 以及压力 p 为

$$\rho=\sum f_i,\quad \boldsymbol{u}=\frac{1}{\rho}\sum f_i\boldsymbol{e}_i+\frac{\nabla\cdot\boldsymbol{\tau}}{2},\quad p=\rho c_{\mathrm{s}}^2.\tag{2-75}$$

而对于本构方程，可以构造另外一个分布函数，其 LBE 为

$$h_{\alpha ij}(\boldsymbol{x}+\boldsymbol{e}_i\Delta t,t+\Delta t)-h_{\alpha ij}(\boldsymbol{x},t)=-\frac{1}{\tau_{\mathrm{A}}}\left[h_{\alpha ij}(\boldsymbol{x},t)-h_{\alpha ij}^{\mathrm{eq}}(\boldsymbol{x},t)\right]+\left(1-\frac{1}{2\tau_{\mathrm{A}}}\right)\frac{\Pi_{ij}}{A_{ij}}h_{\alpha ij}^{\mathrm{eq}}(\boldsymbol{x},t),\tag{2-76}$$

式中

$$h_{\alpha ij}^{\mathrm{eq}}=\omega_\alpha\boldsymbol{A}\left(1+\frac{\boldsymbol{e}_\alpha\cdot\boldsymbol{u}}{c^2}\right),\quad \Pi_{ij}=-\frac{1}{\tau_{\mathrm{f}}}(\boldsymbol{A}-\boldsymbol{I})+(\nabla\boldsymbol{u})\cdot\boldsymbol{A}+\boldsymbol{A}\cdot(\nabla\boldsymbol{u})^{\mathrm{T}},\quad \mu_{\mathrm{A}}=c^2\left(\frac{1}{\tau_{\mathrm{A}}}-\frac{1}{2}\right).\tag{2-77}$$

式中μ_{A}为类人工黏度；c 为格子速度，取决于格子模型[32]。

以上的处理是将本构方程视为对流扩散方程，通过 Chapman-Enskog 展开同样能够还原到本构方程。具体求解时，扩散项会导致误差，为减小误差，通常可

以设置$\mu_A/\mu_p=10^{-6}$。

将 LBM 用于黏弹性流体数值模拟时,若流体的 *Wi* 数较大或者存在流固耦合,有可能导致数值模拟过程中的不稳定[36]。

2.4　虚拟区域方法

相比于浸没边界-LBM(IB-LBM)法，虚拟区域(FD)法出现较晚，FD 法的原理是：假定固体颗粒内部充满流体(虚拟流体)，再对虚拟流体施加一虚拟体积力(拉格朗日乘子)，使颗粒与虚拟流体一起做刚体运动。FD 法原先由 Glowinski 等[37]提出用以计算复杂边界的偏微分方程，后来引入虚拟体积力(拉格朗日乘子)使虚拟流体能满足刚体运动的条件，因而用于颗粒悬浮流的数值模拟[38]。20 余年来，FD 法得到不断的发展和完善，例如将 FD 法加以改进，使用半交错有限差分法求解颗粒沉降问题[39]；在 FD 法基础上提出直接力格式的 FD 法(DF/FD)。以下主要介绍 FD 法的核心思想、控制方程和算法实现等。

2.4.1　控制方程

如图 2.17 所示，Ω表示计算区域，包括颗粒区域与流体区域，Γ表示计算区域的边界，P 表示颗粒所在区域，∂P 表示颗粒区域的边界。假定颗粒内部同样存在流体，可以在整个计算区域内划分均匀网格求解 N-S 方程。

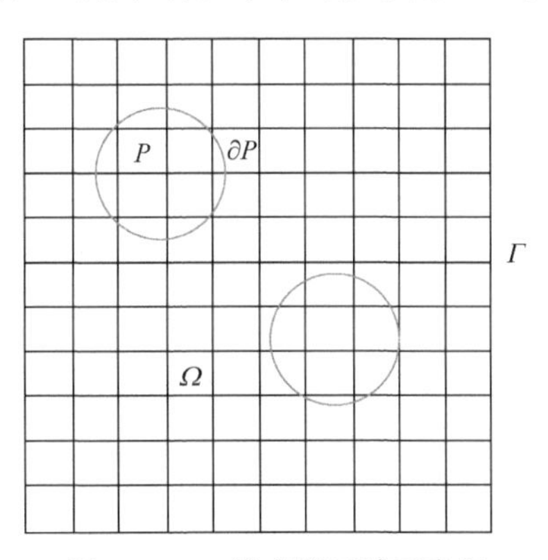

图 2.17　二维虚拟区域示意图

在图 2.17 中，整个计算域Ω除去颗粒所占的 P 区域，剩余的为流体所占的区域Ω_f，对不可压流场，流体满足连续性方程和动量方程：

$$\nabla \cdot \boldsymbol{u} = 0, \quad 在\Omega_f区域, \tag{2-78}$$

$$\rho_f \frac{d\boldsymbol{u}}{dt} = \nabla \cdot \boldsymbol{\tau}, \quad 在\Omega_f区域, \tag{2-79}$$

式中 ρ_f 是流体密度，$\boldsymbol{u}$ 是流体速度，$\boldsymbol{\tau}$ 是流体的应力张量。根据 FD 法原理，假定颗粒内部充满流体，同时引入一虚拟体积力 $\boldsymbol{\lambda}$ 使虚拟流体满足刚体运动条件。因此，将流体区域由 Ω_f 扩展至整个计算区域 Ω，可得到 Ω 内流场满足的控制方程：

$$\nabla\cdot\boldsymbol{u}=0,\quad \text{在}\Omega\text{区域}, \tag{2-80}$$

$$\rho_\mathrm{f}\frac{\mathrm{d}\boldsymbol{u}}{\mathrm{d}t}=\nabla\cdot\boldsymbol{\tau}+\boldsymbol{\lambda},\quad \text{在}\Omega\text{区域}, \tag{2-81}$$

$$\boldsymbol{u}=\boldsymbol{U}+\boldsymbol{\omega}_\mathrm{p}\times\boldsymbol{r},\quad \text{在}P\text{区域}. \tag{2-82}$$

式中 $\boldsymbol{U}$ 与 $\boldsymbol{\omega}_\mathrm{p}$ 分别表示颗粒的平动速度和角速度，$\boldsymbol{r}$ 表示颗粒中心的位置矢径，虚拟体积力 $\boldsymbol{\lambda}$ 施加在颗粒上，即在颗粒区域 P 内 $\boldsymbol{\lambda}\neq0$，在流体区域 Ω_f 内 $\boldsymbol{\lambda}=0$。对不可压流场，$\nabla\cdot\boldsymbol{\tau}=-\nabla p+\mu\nabla^2\boldsymbol{u}$，其中 p 和 μ 分别是压力和流体黏度。

颗粒的运动分为平动与转动，可由牛顿第二定律描述：

$$m\frac{\mathrm{d}\boldsymbol{U}}{\mathrm{d}t}=\left(1-\frac{1}{\rho_r}\right)m\boldsymbol{g}+\boldsymbol{F}_\mathrm{H}, \tag{2-83}$$

$$\frac{\mathrm{d}(\boldsymbol{J}\cdot\boldsymbol{\omega}_\mathrm{p})}{\mathrm{d}t}=\boldsymbol{T}_\mathrm{H}, \tag{2-84}$$

$$\boldsymbol{F}_\mathrm{H}=-\int_{\partial P}\boldsymbol{n}\cdot\boldsymbol{\sigma}\mathrm{d}s, \tag{2-85}$$

$$\boldsymbol{T}_\mathrm{H}=-\int_{\partial P}\boldsymbol{r}\times(\boldsymbol{n}\cdot\boldsymbol{\sigma})\mathrm{d}s, \tag{2-86}$$

方程(2-83)和(2-84)分别为颗粒的平动方程和转动方程，其中 m 和 $\boldsymbol{J}$ 分别表示颗粒的质量和转动惯量，$\boldsymbol{g}$ 为重力加速度，ρ_r 是颗粒密度与流体密度之比，$\boldsymbol{F}_\mathrm{H}$ 与 $\boldsymbol{T}_\mathrm{H}$ 分别表示颗粒受到的水动力和水动力矩，$\boldsymbol{n}$ 是颗粒表面的外法线方向。

在颗粒区域 P 内，将方程(2-81)和 $\boldsymbol{r}\times$(2-81)积分并分别代入方程(2-85)和(2-86)中，结合方程(2-82)可得

$$\boldsymbol{F}_\mathrm{H}=\frac{m}{\rho_r}\frac{\mathrm{d}\boldsymbol{U}}{\mathrm{d}t}-\int_P\boldsymbol{\lambda}\mathrm{d}\boldsymbol{x}, \tag{2-87}$$

$$\boldsymbol{T}_\mathrm{H}=\frac{1}{\rho_r}\frac{\mathrm{d}(\boldsymbol{J}\cdot\boldsymbol{\omega}_\mathrm{p})}{\mathrm{d}t}-\int_P\boldsymbol{r}\times\boldsymbol{\lambda}\mathrm{d}\boldsymbol{x}, \tag{2-88}$$

再将方程(2-87)和(2-88)分别代入方程(2-83)和(2-84)可得

$$\left(1-\frac{1}{\rho_r}\right)m\left(\frac{\mathrm{d}\boldsymbol{U}}{\mathrm{d}t}-\boldsymbol{g}\right)=-\int_P\boldsymbol{\lambda}\mathrm{d}\boldsymbol{x}, \tag{2-89}$$

$$\left(1-\frac{1}{\rho_r}\right)\frac{\mathrm{d}(\boldsymbol{J}\cdot\boldsymbol{\omega}_\mathrm{p})}{\mathrm{d}t}=-\int_P\boldsymbol{r}\times\boldsymbol{\lambda}\mathrm{d}\boldsymbol{x}. \tag{2-90}$$

引入特征长度 L_c、特征速度 U_c、特征时间 L_c/U_c、特征压力 $p_c=\rho_f U_c^2$ 和特征虚拟体积力 $\lambda_c=\rho_f U_c^2/L_c$，将方程(2-80)～(2-82)以及方程(2-89)、(2-90)无量纲化，可得到相应的无量纲方程：

$$\nabla \cdot \boldsymbol{u}=0, \quad \text{在}\Omega\text{区域}, \tag{2-91}$$

$$\frac{\partial \boldsymbol{u}}{\partial t}+\boldsymbol{u}\cdot\nabla\boldsymbol{u}=\frac{\nabla^2\boldsymbol{u}}{Re}-\nabla p+\boldsymbol{\lambda}, \quad \text{在}\Omega\text{区域}, \tag{2-92}$$

$$\boldsymbol{u}=\boldsymbol{U}+\boldsymbol{\omega}_{\mathrm{p}}\times\boldsymbol{r}, \quad \text{在}P\text{区域}, \tag{2-93}$$

$$(\rho_r-1)V_{\mathrm{p}}^*\left(\frac{\mathrm{d}\boldsymbol{U}}{\mathrm{d}t}-Fr\right)=-\int_P \boldsymbol{\lambda}\mathrm{d}\boldsymbol{x}, \tag{2-94}$$

$$(\rho_r-1)\frac{\mathrm{d}(\boldsymbol{J}^*\cdot\omega_{\mathrm{p}})}{\mathrm{d}t}=-\int_P \boldsymbol{r}\times\boldsymbol{\lambda}\mathrm{d}\boldsymbol{x}, \tag{2-95}$$

式中 $Re=\rho_f U_c L_c/\mu$ 是 Re 数，$Fr=gL_c/U_c^2$ 是弗劳德数，$V_{\mathrm{p}}^*=m/(\rho_f L_c^3)$ 是颗粒无量纲体积，$\boldsymbol{J}^*=\boldsymbol{J}/(\rho_f L_c^{i+2})$ 是颗粒的无量纲转动惯量，其中 i 是维度。

2.4.2　离散格式

采用时间分裂格式对方程(2-91)～(2-95)求解，将流固两相问题解耦成流体子问题和固体子问题。

2.4.2.1　流体子问题

根据方程(2-91)与(2-92)求解流体 $\boldsymbol{u}^*$ 和 p^{n+1}：

$$\nabla\cdot\boldsymbol{u}^*=0, \tag{2-96}$$

$$\frac{\boldsymbol{u}^*-\boldsymbol{u}^n}{\Delta t}-\frac{\nabla^2\boldsymbol{u}^*}{2Re}=\frac{\nabla^2\boldsymbol{u}^n}{2Re}-\nabla p^n-\frac{1}{2}\left[3(\boldsymbol{u}\cdot\nabla\boldsymbol{u})^n-(\boldsymbol{u}\cdot\nabla\boldsymbol{u})^{n-1}\right]+\boldsymbol{\lambda}^n, \tag{2-97}$$

采用投影格式将方程(2-96)和(2-97)的速度与压力解耦，进一步将方程(2-96)和(2-97)分解为速度方程、压力增量方程以及修正方程：

(1) 速度 Helmholtz(亥姆霍兹)方程

$$\frac{\boldsymbol{u}^\#-\boldsymbol{u}^n}{\Delta t}-\frac{\nabla^2\boldsymbol{u}^\#}{2Re}=\frac{\nabla^2\boldsymbol{u}^n}{2Re}-\nabla p^n-\frac{1}{2}\left[3(\boldsymbol{u}\cdot\nabla\boldsymbol{u})^n-(\boldsymbol{u}\cdot\nabla\boldsymbol{u})^{n-1}\right]+\boldsymbol{\lambda}^n, \tag{2-98}$$

(2) 压力增量 Poisson(泊松)方程

$$\nabla^2\phi=\frac{\nabla\cdot\boldsymbol{u}^\#}{\Delta t} \quad \left(\text{固壁边界}\frac{\partial\phi}{\partial\boldsymbol{n}}=0\right), \tag{2-99}$$

(3) 速度与压力修正方程：

$$\boldsymbol{u}^{*}=\boldsymbol{u}^{\#}-\Delta t\nabla\phi,\qquad p^{n+1}=p^{n}+\phi,\tag{2-100}$$

上述为流体子问题的求解方程。空间离散采用基于半交错网格的有限差分方法，所有空间导数通过二阶中心差分格式离散。

2.4.2.2　颗粒子问题

求解 $\boldsymbol{U}^{n+1}$、$\omega_{\mathrm{p}}^{n+1}$、$\boldsymbol{\lambda}^{n+1}$、$\boldsymbol{u}^{n+1}$，将颗粒的运动分解为平移和转动，根据方程(2-93)～(2-95)求解：

$$\frac{\boldsymbol{u}^{n+1}-\boldsymbol{u}^{*}}{\Delta t}=\boldsymbol{\lambda}^{n+1}-\boldsymbol{\lambda}^{n},\tag{2-101}$$

$$(\rho_r-1)V_{\mathrm{p}}^{*}\left(\frac{\boldsymbol{U}^{n+1}-\boldsymbol{U}^{n}}{\Delta t}-Fr\right)=-\int_P\boldsymbol{\lambda}^{n+1}\mathrm{d}\boldsymbol{x},\tag{2-102}$$

$$(\rho_r-1)\left[\frac{\boldsymbol{J}^{*}\cdot(\boldsymbol{\omega}_{\mathrm{p}}^{n+1}-\boldsymbol{\omega}_{\mathrm{p}}^{n})}{\Delta t}+\boldsymbol{\omega}_{\mathrm{p}}^{n}\times(\boldsymbol{J}^{*}\cdot\boldsymbol{\omega}_{\mathrm{p}}^{n})\right]=-\int_P\boldsymbol{r}\times\boldsymbol{\lambda}^{n+1}\mathrm{d}\boldsymbol{x},\tag{2-103}$$

方程(2-101)结合方程(2-93)消去 $\boldsymbol{u}^{n+1}$ 得

$$\frac{\boldsymbol{U}^{n+1}+\boldsymbol{\omega}_{\mathrm{p}}^{n+1}\times\boldsymbol{r}-\boldsymbol{u}^{*}}{\Delta t}=\boldsymbol{\lambda}^{n+1}-\boldsymbol{\lambda}^{n},\tag{2-104}$$

方程(2-104)中$\boldsymbol{\lambda}^{n+1}$未知，将方程(2-104)在颗粒区域 P 内积分，并代入方程(2-100)中可以消去$\boldsymbol{\lambda}^{n+1}$并得到颗粒平动速度 $\boldsymbol{U}^{n+1}$ 的方程(2-105)；将 $\boldsymbol{r}\times$(2-104)后在颗粒区域 P 内积分并代入方程(2-103)消去$\boldsymbol{\lambda}^{n+1}$，可得到颗粒的$\boldsymbol{\omega}_{\mathrm{p}}^{n+1}$方程(2-106)：

$$\rho_r V_{\mathrm{p}}^{*}\frac{\boldsymbol{U}^{n+1}}{\Delta t}=(\rho_r-1)V_{\mathrm{p}}^{*}\left(\frac{\boldsymbol{U}^{n}}{\Delta t}-Fr\right)+\int_P\left(\frac{\boldsymbol{u}^{*}}{\Delta t}-\lambda^{n}\right)\mathrm{d}\boldsymbol{x},\tag{2-105}$$

$$\rho_r\frac{\boldsymbol{J}^{*}\cdot\boldsymbol{\omega}_{\mathrm{p}}^{n+1}}{\Delta t}=(\rho_r-1)\left[\frac{\boldsymbol{J}^{*}\cdot\boldsymbol{\omega}_{\mathrm{p}}^{n}}{\Delta t}-\boldsymbol{\omega}_{\mathrm{p}}^{n}\times(\boldsymbol{J}^{*}\cdot\boldsymbol{\omega}_{\mathrm{p}}^{n})\right]+\int_P\boldsymbol{r}\times\left(\frac{\boldsymbol{u}^{*}}{\Delta t}-\lambda^{n}\right)\mathrm{d}\boldsymbol{x},\tag{2-106}$$

以上方程中的右端项为已知，因此可以直接计算左端项中的 $\boldsymbol{U}^{n+1}$ 和$\boldsymbol{\omega}_{\mathrm{p}}^{n+1}$，然后代入方程(2-104)得到虚拟体积力$\boldsymbol{\lambda}^{n+1}$：

$$\boldsymbol{\lambda}^{n+1}=\frac{\boldsymbol{U}^{n+1}+\boldsymbol{\omega}_{\mathrm{p}}^{n+1}\times\boldsymbol{r}-\boldsymbol{u}^{*}}{\Delta t}+\boldsymbol{\lambda}^{n},\tag{2-107}$$

最后把方程(2-107)代入方程(2-101)，得到更新后的颗粒区域 P 的流体速度 $\boldsymbol{u}^{n+1}$ 的修正方程：

$$\boldsymbol{u}^{n+1}=\boldsymbol{u}^{*}+\Delta t(\boldsymbol{\lambda}^{n+1}-\boldsymbol{\lambda}^{n}),\tag{2-108}$$

以上方程即为求解颗粒两相流场的基本方程。

在求解方程的过程中，由于虚拟体积力定义在颗粒的拉格朗日节点上，而一般情况下拉格朗日节点与流场的欧拉网格节点并不重合，因此需要采用插值运算将两种节点上的物理量进行转换。在后面用 FD 法求解的几章中，采用的是三线性插值函数作为离散δ函数，从而实现将各物理量在拉格朗日节点和欧拉节点之间的转换。此外，后面用 FD 法求解的颗粒两相流场中，颗粒主要是如图 2.18 所示的二维圆形颗粒、三维圆球颗粒和三维长轴椭球颗粒，图中还给出了拉格朗日点的分布情况。

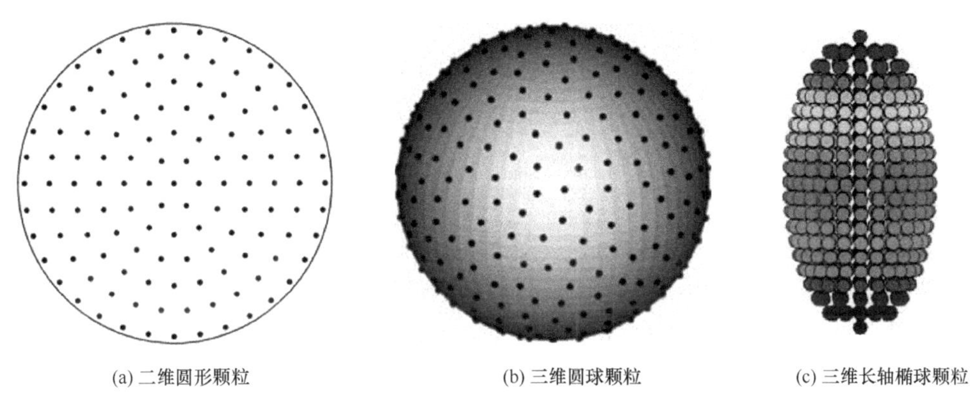

(a) 二维圆形颗粒　(b) 三维圆球颗粒　(c) 三维长轴椭球颗粒

图 2.18　拉格朗日点在不同形状颗粒上的分布

2.5　虚拟区域方法在黏弹性 Giesekus 流体中的应用

在 2.1.1.3 节中已介绍了 Giesekus 流体，以下给出 FD 法在求解颗粒在 Giesekus 流体中运动的应用。

2.5.1　控制方程

控制方程由连续性方程、组合动量方程、本构方程组成。无量纲形式的连续性方程见式(2-91)，组合动量方程(2-92)～(2-95)在忽略重力的情况下为

$$\frac{\partial \boldsymbol{u}}{\partial t}+\boldsymbol{u}\cdot\nabla\boldsymbol{u}=\frac{\mu_r\nabla^2\boldsymbol{u}}{Re}-\nabla p+\frac{(1-\mu_r)\nabla\cdot\boldsymbol{B}}{ReWi}+\boldsymbol{\lambda},\quad 在\Omega区域, \tag{2-109}$$

$$\boldsymbol{u}=\boldsymbol{U}+\boldsymbol{\omega}_{\mathrm{p}}\times\boldsymbol{r},\quad 在P区域, \tag{2-110}$$

$$(\rho_r-1)V_{\mathrm{p}}^*\left(\frac{\mathrm{d}\boldsymbol{U}}{\mathrm{d}t}\right)=-\int_P\boldsymbol{\lambda}\mathrm{d}\boldsymbol{x}, \tag{2-111}$$

$$(\rho_r - 1)\frac{\mathrm{d}(\boldsymbol{J}^* \cdot \boldsymbol{\omega}_{\mathrm{p}})}{\mathrm{d}t} = -\int_P \boldsymbol{r} \times \boldsymbol{\lambda} \mathrm{d}\boldsymbol{x}, \tag{2-112}$$

式中$\mu_r=\mu_s/\mu_0$(μ_s是溶剂黏度，μ_0是零剪切黏度$\mu_0=\mu_s+\mu_p$，μ_p是非牛顿流体对黏度的贡献)，Re 定义为 $Re=\rho_f U_c L_c/\eta_0$，$Wi=\tau_f U_c/L_c$ (τ_f是流体弛豫时间)是 Wi 数，其他量的定义见式(2-92)～式(2-95)，$\boldsymbol{B}$ 是与流体应力张量$\boldsymbol{\tau}$有关的构型张量，其关系为$\boldsymbol{\tau}=\mu_p(\boldsymbol{B}-\boldsymbol{I})/\zeta$。

Giesekus 流体的本构方程为

$$\frac{\partial \boldsymbol{B}}{\partial t} + \boldsymbol{u} \cdot \nabla \boldsymbol{B} - \boldsymbol{B} \cdot \nabla \boldsymbol{u} - (\nabla \boldsymbol{u})^{\mathrm{T}} \cdot \boldsymbol{B} + \frac{\alpha}{Wi}(\boldsymbol{B} - \boldsymbol{I})^2 + \frac{\boldsymbol{B} - I}{Wi} = 0, \quad \text{在}\Omega\text{区域}, \tag{2-113}$$

式中α是迁移率参数，表征流体剪切变稀程度，α越大则剪切变稀程度越强，$\alpha=0$为 Oldroyd-B 流体，表示无剪切变稀性质。

2.5.2 离散格式

2.4.2 节中介绍了离散格式，在 Giesekus 流体的情况下，仍分为流体子问题与颗粒子问题，其中颗粒子问题的离散与 2.4.2 节中的情形相同，流体子问题的离散有所变化。

2.5.2.1 流体子问题

求解 $\boldsymbol{u}^*$和 p：

$$\nabla \cdot \boldsymbol{u}^* = 0, \tag{2-114}$$

$$\frac{\boldsymbol{u}^* - \boldsymbol{u}^n}{\Delta t} - \frac{\mu_r \nabla^2 \boldsymbol{u}^*}{2Re} = -\nabla p + \frac{1}{2}\left(3\boldsymbol{G}^n - \boldsymbol{G}^{n-1}\right) + \frac{\mu_r \nabla^2 \boldsymbol{u}^n}{2Re} + \boldsymbol{\lambda}^n, \tag{2-115}$$

$$\boldsymbol{G} = -\boldsymbol{u} \cdot \nabla \boldsymbol{u} + \frac{(1 - \mu_r)\nabla \cdot \boldsymbol{B}}{ReWi}, \tag{2-116}$$

采用半交错网格的有限差分投影方法，所有空间导数采用二阶中心差分格式进行离散。

2.5.2.2 颗粒子问题

求解 $\boldsymbol{U}^{n+1}$、$\boldsymbol{\omega}_{\mathrm{p}}^{n+1}$、$\boldsymbol{\lambda}^{n+1}$、$\boldsymbol{u}^{n+1}$：

$$\rho_r V_{\mathrm{p}}^* \frac{\boldsymbol{U}^{n+1}}{\Delta t} = (\rho_r - 1)V_{\mathrm{p}}^* \frac{\boldsymbol{U}^n}{\Delta t} + \int_P \left(\frac{\boldsymbol{u}^*}{\Delta t} - \lambda^n\right)\mathrm{d}\boldsymbol{x}, \tag{2-117}$$

$$\rho_r \frac{\boldsymbol{J}^* \boldsymbol{\omega}_{\mathrm{p}}^{n+1}}{\Delta t} = (\rho_r - 1)\frac{\boldsymbol{J}^* \boldsymbol{\omega}_{\mathrm{p}}^n}{\Delta t} + \int_P \boldsymbol{r} \times \left(\frac{\boldsymbol{u}^*}{\Delta t} - \lambda^n\right)\mathrm{d}\boldsymbol{x}, \tag{2-118}$$

具体过程可参照 2.4.2 节中的描述。

2.5.2.3　本构方程子问题

求解 $\boldsymbol{B}$：

$$\frac{\boldsymbol{B}^{n+1}-\boldsymbol{B}^{n}}{\Delta t}+\boldsymbol{u}^{n+1}\cdot\nabla\boldsymbol{B}^{n}-\boldsymbol{B}^{n}\cdot\nabla\boldsymbol{u}^{n+1}-\left(\nabla\boldsymbol{u}^{n+1}\right)^{\mathrm{T}}\cdot\boldsymbol{B}^{n}+\frac{\alpha}{Wi}\left(\boldsymbol{B}^{n}-\boldsymbol{I}\right)^{2}+\frac{\boldsymbol{B}^{n+1}-\boldsymbol{I}}{Wi}=0, \tag{2-119}$$

$\boldsymbol{u}^{n+1}$ 在流体子问题和颗粒子问题中已经完成了求解，方程(2-119)的求解采用一阶时间格式离散，空间格式的对流项采用三阶迎风 MUSCL 格式[40,41]，速度梯度项用中心差分格式离散。

2.5.3　椭球颗粒的平动与转动

以下介绍椭球颗粒运动的求解，对于圆球颗粒而言，只是其中的一个特例。

FD 法中引入虚拟体积力$\boldsymbol{\lambda}$分布在颗粒的拉格朗日点上，对刚性颗粒而言，拉格朗日点的初始位置布置后，点之间的相对位置不会发生变化。将轴对称椭球颗粒的三个轴长的一半分别定义为 a、b 和 c，其中 a 为主轴的半长，$a\neq b=c$。定义椭球的长径比为 $a_r=a/b$，$a_r>1$ 时为长椭球，$a_r=1$ 时为圆球，$a_r<1$ 时为扁椭球。

椭球颗粒的运动可以分为平动和转动，平动使颗粒的位置 $\boldsymbol{x}$ 发生变化，$\boldsymbol{x}$ 与平动速度 $\boldsymbol{U}$ 和时间步长的关系为

$$\frac{\Delta \boldsymbol{x}}{\Delta t}=\boldsymbol{U}. \tag{2-120}$$

颗粒的转动使椭球颗粒长轴取向发生变化，颗粒取向的变化及旋转可通过四元素方程求解：

$$\begin{pmatrix}\dot{q}_1\\ \dot{q}_2\\ \dot{q}_3\\ \dot{q}_4\end{pmatrix}=\frac{1}{2}\begin{pmatrix}q_4 & -q_3 & -q_2 & q_1\\ q_3 & q_4 & -q_1 & q_2\\ -q_2 & q_1 & q_4 & q_3\\ -q_1 & -q_2 & -q_3 & q_4\end{pmatrix}\begin{pmatrix}\omega_{\mathrm{p}x}\\ \omega_{\mathrm{p}y}\\ \omega_{\mathrm{p}z}\\ 0\end{pmatrix}, \tag{2-121}$$

式中 $\omega_{\mathrm{p}x}$、$\omega_{\mathrm{p}y}$、$\omega_{\mathrm{p}z}$ 为颗粒体坐标系下颗粒的角速度分量；q_1、q_2、q_3、q_4 为四元素的四个分量，分别由旋转变换的欧拉角确定：

$$q_1=\sin\frac{\theta}{2}\cos\frac{\phi-\psi}{2},\quad q_2=\sin\frac{\theta}{2}\sin\frac{\phi-\psi}{2},\quad q_3=\cos\frac{\theta}{2}\sin\frac{\phi-\psi}{2},\quad q_4=\cos\frac{\theta}{2}\cos\frac{\phi-\psi}{2}, \tag{2-122}$$

式中四元素满足归一化条件 $\Sigma_m q_m^{\,2}=1$。根据四元素和欧拉角，由移动坐标系变换

为颗粒体坐标系的变换矩阵 $\boldsymbol{A}$：

$$\boldsymbol{A}=2\begin{pmatrix} q_1^2+q_4^2-\dfrac{1}{2} & q_1q_2+q_3q_4 & q_1q_3-q_2q_4 \\ q_1q_2-q_3q_4 & q_2^2+q_4^2-\dfrac{1}{2} & q_2q_3+q_1q_4 \\ q_1q_3+q_2q_4 & q_2q_3-q_1q_4 & q_3^2+q_4^2-\dfrac{1}{2} \end{pmatrix}. \tag{2-123}$$

$\boldsymbol{A}$ 是正交矩阵，满足 $\boldsymbol{A}^{-1}=\boldsymbol{A}^{\mathrm{T}}$。对轴对称椭球颗粒而言，体坐标系下颗粒的 z 轴可以单独确定取向，即变化矩阵中 z 轴的向量为 $2(q_1q_3+q_2q_4,\ q_2q_3-q_1q_4,\ q_3^2+q_4^2-1/2)$。

对于椭球颗粒的计算，除了由方程(2-122)求解四元素从而确定椭球的取向外，还需考虑方程(2-105)～(2-108)中在不同坐标系下的转换，即方程(2-106)中 $[(\boldsymbol{u}^*/\Delta t)-\boldsymbol{\lambda}^n]$ 需要从空间坐标转换到颗粒体坐标，方程(2-107)中 $\boldsymbol{\omega}_{\mathrm{p}}^{n+1}\times\boldsymbol{r}$ 需要从颗粒体坐标转换到空间坐标。

2.5.4 颗粒碰撞

以上用 FD 法可以求解流固耦合作用力以及虚拟体积力，而颗粒间的相互作用力以及颗粒与壁面的作用力则需采用碰撞模型进行求解，以免出现颗粒之间、颗粒与壁面之间的穿透或重叠现象。碰撞模型包括颗粒碰撞的判定、颗粒间的碰撞力计算等。

2.5.4.1 颗粒碰撞的确定

颗粒发生碰撞与颗粒碰撞前相互靠近的相对速度有关。在数值模拟中，考虑到计算的稳定性，需要假定一个截断距离 d_{c}，当两颗粒表面之间或颗粒表面与壁面之间的最短距离小于截断距离且具有相对速度时，则认定颗粒将发生碰撞，此时启动碰撞模型。颗粒间或颗粒与壁面间的最短距离与颗粒形状有关，以下就圆球颗粒和椭球颗粒为例予以说明。

对圆球颗粒而言，可通过两球心之间的距离或球心与壁面间的距离判定颗粒间或颗粒与壁面是否将发生碰撞。

椭球颗粒的情形较为复杂，需在考虑两颗粒间相对位置的基础上，采用一定的程序进行判断。以下介绍其中的一种方法[42,43]。

首先将两个椭球颗粒分别记为 E_1 与 E_2，椭球面的方程分别为

$$E_1:=\left\{x:\frac{1}{2}x^{\mathrm{T}}\boldsymbol{A}_1x+\boldsymbol{b}_1^{\mathrm{T}}x+a_1\leqslant 0\right\}, \tag{2-124}$$

$$E_2:=\left\{y:\frac{1}{2}y^{\mathrm{T}}\boldsymbol{A}_2y+\boldsymbol{b}_2^{\mathrm{T}}y+a_2\leqslant 0\right\}, \tag{2-125}$$

式中 $\boldsymbol{A}_1$、$\boldsymbol{A}_2$ 分别表示对称矩阵，$\boldsymbol{b}_1$、$\boldsymbol{b}_2$ 表示向量，a_1、a_2 表示标量。对于向量 $\boldsymbol{x}\subset E_1$、$\boldsymbol{y}\subset E_2$，计算 $x-y$ 范数的最小值 $\min\|x-y\|$。该问题为非线性问题，需要进行迭代计算。

设 $d(E_1, E_2)$为椭球 E_1 与椭球 E_2 间的最小距离，迭代过程分别产生椭球边界上的点序列$\{x\}$与$\{y\}$。如图 2.19 所示，具体步骤为：①假定在第 k 步分别得到 x_k 和 y_k 两点，在两椭球上分别做 x_k 和 y_k 的内切球，并计算出内切球的球心为 c_1 和 c_2。②作 c_1 和 c_2 的连接线段 $c_1\ c_2$，如果两椭球 E_1 和 E_2 完全包含线段 $c_1\ c_2$，即 $d(E_1, E_2)=0$，则两个椭球相交；反之计算线段 $c_1\ c_2$ 与两椭球的交点 x_{k+1} 和 y_{k+1}。③计算 x_{k+1}、y_{k+1} 和 c_1x_k、c_2y_k 的夹角 θ_1 和 θ_2，若 $\theta_1=\theta_2=0$，则终止迭代；若不为 0，则重复步骤①、②。在迭代过程中，计算最小距离 $\lim_{k\to\infty}\|x_k-y_k\|=d(E_1, E_2)$，迭代最终的 x_k 和 y_k 即为两椭球的接触点。以上过程中，以两椭球相离状态下距离最近的两点连线为法向，虽然这里的法向是两椭球在相离状态的定义，但本质与文献[42]中法向的定义一致。

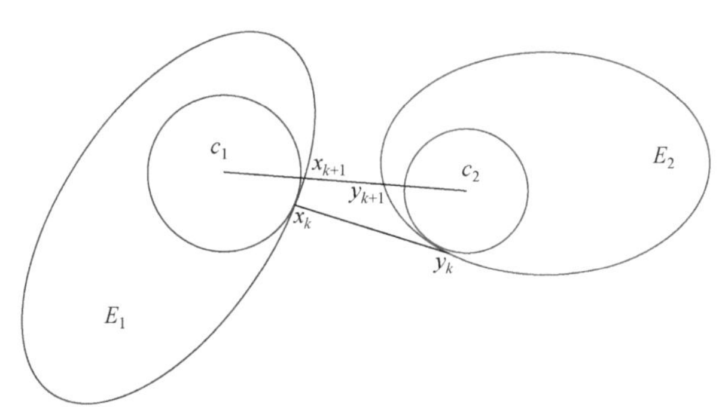

图 2.19　椭球迭代搜索示意图

2.5.4.2　颗粒间的接触力

这里介绍的颗粒间作用力涉及硬球模型和软球模型。

1) 硬球模型

硬球模型基于碰撞理论和气体分子运动论。在该模型中，颗粒做刚性碰撞，碰撞前后颗粒的形状不变，碰撞时为点接触。数值模拟时，先计算颗粒的最小碰撞时间，该时间由两颗粒间的距离、速度以及匀速运动方程确定。碰撞力是瞬时冲力，碰撞中若发生能量耗损，则用颗粒弹性恢复系数表征耗损程度。

2) 软球模型

软球模型同样假设颗粒在碰撞过程中形状保持不变，但允许颗粒间出现少量重叠，碰撞过程由动量方程和动量矩方程描述。在该模型中，颗粒碰撞是一个随时间发展变化的过程，要考虑颗粒碰撞时的缓冲、弹性、摩擦滑移以及滚动等作用。软球模型中包含一组弹簧、滑块、阻尼器，可以通过不同的组合获得不同的碰撞力模型，软球模型又分为以下两种。

一是排斥力模型，该模型不考虑颗粒间的切向力，仅考虑法向力，是一种简化的软球模型，其方程为

$$\boldsymbol{F}_{ij}=\boldsymbol{F}_0\left(1-\frac{d_{ij}}{d_\mathrm{c}}\right)\boldsymbol{n}_{ij}, \tag{2-126}$$

式中 $\boldsymbol{F}_{ij}$ 表示排斥力；F_0 是施加排斥力的量级，一般情况下 F_0 取 1000；d_{ij} 是两颗粒表面间的最短距离；$\boldsymbol{n}$ 是两颗粒间最短距离点连线的方向矢量，对于圆球颗粒，$\boldsymbol{n}$ 即为两颗粒中心连线的方向矢量；d_c 是截断距离，指碰撞模型启动时的设定距离，取一个流体网格的尺度，当颗粒间距满足 $d_{ij}<d_\mathrm{c}$ 时，颗粒发生碰撞，碰撞模型启动，此时施加一个排斥力。排斥力模型为显式，无需迭代计算，在后面计算碰撞过程时，时间步长一般取非碰撞过程时间步长的十分之一。在处理颗粒与壁面的碰撞时，方法同上。

二是离散元模型，该模型利用黏壶、弹簧等元件模拟颗粒间的相互作用，既考虑颗粒间的法向作用，又考虑切向作用。Cundall 和 Strack[44]首次运用该模型模拟颗粒流的问题，后来该模型被广泛应用在颗粒悬浮流的数值模拟中[45, 46]。本节采用的是 Crowe 等[47]提出的线弹性黏壶模型，其正应力与切应力方程为

$$\boldsymbol{F}_n=\left(-k_n\delta_n^{3/2}-\eta_n\boldsymbol{G}\cdot\boldsymbol{n}\right)\boldsymbol{n}, \tag{2-127}$$

$$\boldsymbol{F}_t=-k_t\delta_t\boldsymbol{t}-\eta_t\boldsymbol{G}_{ct}, \tag{2-128}$$

式中 $\boldsymbol{n}$ 和 $\boldsymbol{t}$ 是方向矢量；$\boldsymbol{F}_n$ 是作用在颗粒上的法向作用力；k_n、η_n 分别表示法向弹簧系数以及黏壶系数；δ_n 表示颗粒法向重叠距离；$\boldsymbol{F}_t$、δ_t、k_t、η_t 分别表示对应的切向分量；$\boldsymbol{G}=\boldsymbol{U}_i-\boldsymbol{U}_j$ 是颗粒 i 相对颗粒 j 的法向相对速度；$\boldsymbol{G}_{ct}$ 是颗粒 i 相对颗粒 j 的切向滑移速度：

$$\boldsymbol{G}_{ct}=\boldsymbol{G}_\mathrm{c}-\left(\boldsymbol{G}_\mathrm{c}\cdot\boldsymbol{n}\right)+a_i\omega_{\mathrm{p}i}\times\boldsymbol{n}+a_j\omega_{\mathrm{p}j}\times\boldsymbol{n}, \tag{2-129}$$

其中 a_i、a_j 分别表示颗粒 i 与颗粒 j 的半径。如果 $\boldsymbol{F}_n$、$\boldsymbol{F}_t$ 满足条件 $|\boldsymbol{F}_t|>f|\boldsymbol{F}_n|$，则颗粒间发生相对滑移，此时采用滑动摩擦力，反之两颗粒间发生滚动。颗粒间切向作用力由 Coulomb(库仑)摩擦定律给出：

$$\boldsymbol{F}_t=-f\left|\boldsymbol{F}_n\right|\boldsymbol{t}, \tag{2-130}$$

式中 f 为摩擦系数，一般可设定颗粒之间 f=0.3，颗粒与壁面之间 f=0.2；$\boldsymbol{t}$ 为 $\boldsymbol{G}_{ct}$ 的单位矢量。

方程(2-127)和(2-128)中的方向弹簧系数 k_n 和 k_t 由 Hertzian 接触理论和 Mindlin 理论给出：

$$k_n=\frac{4}{3}\left(\frac{1-\sigma_i^2}{E_i}+\frac{1-\sigma_j^2}{E_j}\right)^{-1}\left(\frac{a_1+a_2}{a_1a_2}\right)^{-1/2}, \tag{2-131}$$

$$k_t = 8\left(\frac{2-\sigma_i}{G_i}+\frac{2-\sigma_j}{G_j}\right)^{-1}\left(\frac{a_1+a_2}{a_1a_2}\right)^{-1/2}\delta_n^{1/2}, \tag{2-132}$$

式中 E 和 σ 分别为杨氏模量和泊松比，通常取 $E=3\times10^5$、$\sigma=0.33$；G 是颗粒的剪切模量，与杨氏模量和泊松比有关：

$$G=\frac{E}{2(1+\sigma)}. \tag{2-133}$$

方程(2-127)和(2-128)中的黏壶系数 η_n、η_t 为

$$\eta_n = 2\sqrt{mk_n},\quad \eta_t = 2\sqrt{mk_t}, \tag{2-134}$$

式中 m 是颗粒质量。与排斥力模型一样，计算碰撞过程时，时间步长可取非碰撞过程时间步长的十分之一，处理颗粒与壁面的碰撞时，方法同上。

2.5.5　算法验证

以下对 FD 法模拟颗粒在流体中运动结果的算法进行验证。

2.5.5.1　Couette(库埃特)流

距离为 H、长度为 L 的两平板间充满 Giesekus 流体，两平板以相反的方向平行运动，形成 Couette 流。用 FD 法数值模拟单个圆形颗粒在剪切流中的运动，定义颗粒直径 D 与 H 之比为阻塞率 k，取 k=0.1、Re=0.2、Wi=1.0、流动性参数α=0.2、黏度比 η_r=0.1、颗粒与流体的密度比 ρ_r=1。

图 2.20 给出了用以上 FD 法和 D'Avino 等[4]用 ALE(arbitrary Lagrangian-Eulerian)有限元方法计算所得的颗粒运动轨迹的比较，可见两者吻合较好。

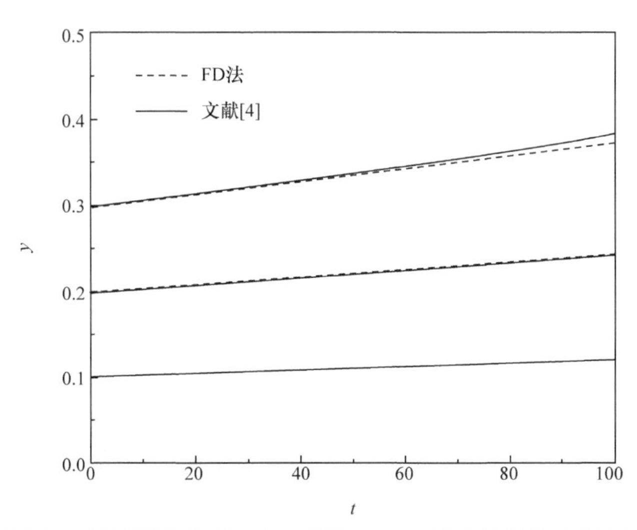

图 2.20　圆形颗粒在 Giesekus 流体 Couette 流中运动轨迹的比较

将以上的 Giesekus 流体换成 Oldroyd-B 流体，圆形颗粒换成圆球颗粒，其他不变，参数取 ε=0.1、Re=0.1、Wi=1.0、η_r=0.5、ρ_r=1，图 2.21 给出了用以上 FD 法计算得到的颗粒角速度与实验结果(在 Boger 流体)以及其他数值模拟方法(在 Oldroyd-B 流体)得到的结果[48]比较，可见同样吻合较好。

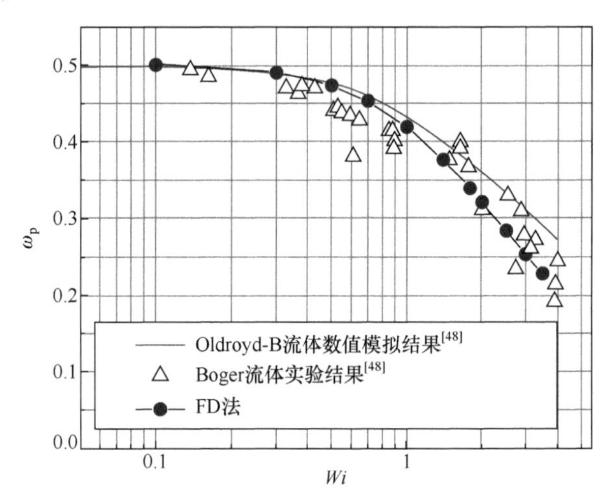

图 2.21　圆球颗粒在 Oldroyd-B 流体 Couette 流中的旋转速度

将以上的流体换成牛顿流体，一个圆形颗粒换成两个圆形颗粒，图 2.22 给出了两个圆形颗粒在牛顿流体中的运动轨迹，可见与 Choi 等[49]给出的结果吻合较好。

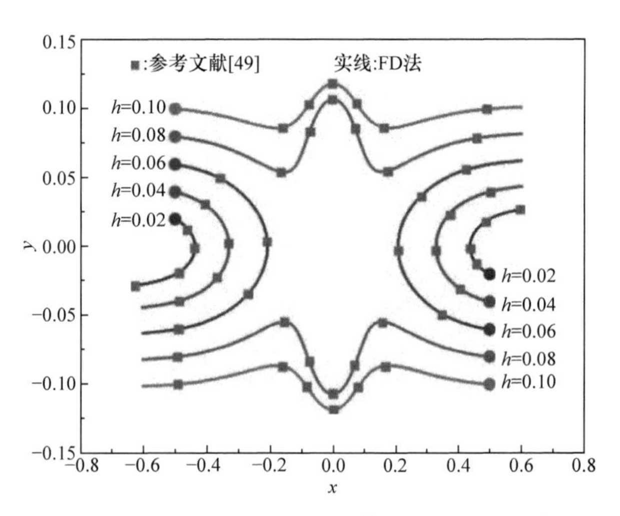

图 2.22　两个圆形颗粒在牛顿流体 Couette 流中的轨迹

将以上的流体换成牛顿流体，一个圆形颗粒换成一个椭球颗粒，图 2.23 给出椭球颗粒运动时的取向变化，图中 p_x、p_y 是椭球主轴与 x、y 轴的夹角，可见与理论解给出的结果吻合较好。

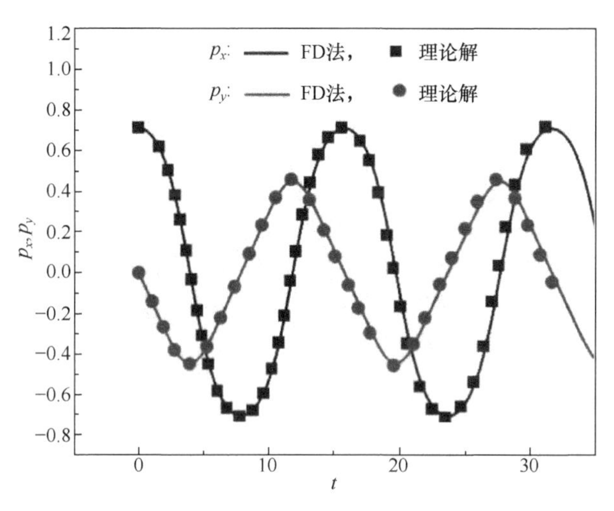

图 2.23　椭球颗粒在牛顿流体 Couette 流中的取向

2.5.5.2　二维 Poiseuille(泊肃叶)流

求解圆形颗粒在充满 Oldroyd-B 流体的二维 Poiseuille 流中的运动，相关参数为：Re=1.0、Wi=0.5、η_r=0.5、k=0.15。图 2.24 给出了用 FD 法计算的颗粒运动轨迹与纵向速度，同时也与用 ALE 有限元方法计算的结果进行了比较，可见两者吻合较好。此外，图 2.24 中还给出了计算结果不依赖于网格大小的验证，当网格大小分别取 D/19.2 和 D/38.4(D 为颗粒直径)时，两种结果相差不大。

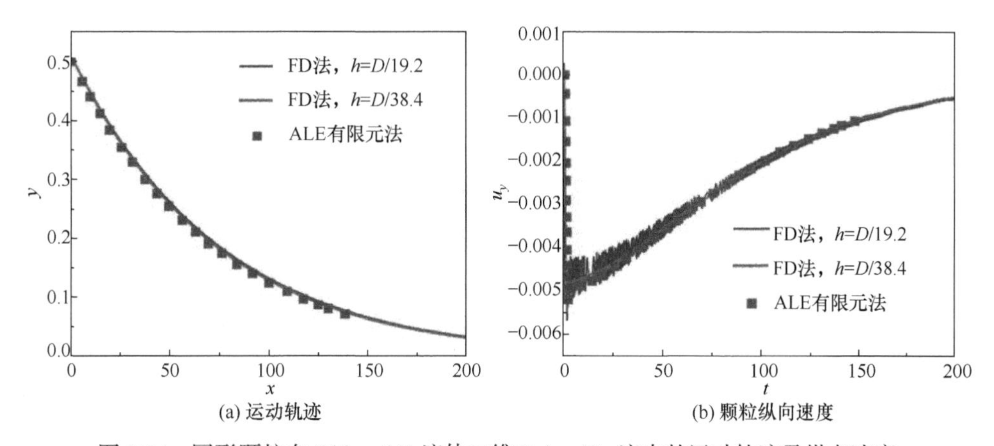

图 2.24　圆形颗粒在 Oldroyd-B 流体二维 Poiseuille 流中的运动轨迹及纵向速度

表 2.1 比较了不同网格大小情况下的计算结果以及用 ALE 有限元方法计算的结果，可见取 $D/38.4$ 网格大小时，计算结果与用 ALE 有限元方法计算的结果更接近。

表 2.1　圆形颗粒在 Oldroyd-B 流体二维 Poiseuille 流中的位置与速度比较

ALE 有限元法		DF/FD 法($h=D/19.2$)			DF/FD 法($h=D/38.4$)		
x_1	y_1	x_2	y_2	$(y_2-y_1)/y_1$	x_3	y_3	$(y_3-y_1)/y_1$
5.74406	0.46547	5.74	0.4722	0.0144	5.74	0.4714	0.0127
14.72796	0.41131	14.72	0.4191	0.0189	14.72	0.4171	0.0140
25.58509	0.35348	25.58	0.3624	0.0252	25.58	0.3595	0.0170
49.28728	0.25391	49.28	0.2629	0.0354	49.28	0.2593	0.0212
69.35768	0.18987	69.35	0.1998	0.0522	69.35	0.1964	0.0343
83.65546	0.15514	83.65	0.164	0.0571	83.65	0.1607	0.0358

2.6　Segré-Silberberg 效应的理论分析

在 1.2 节的研究进展中曾提到 Segré-Silberberg 效应[50]，即进口处均匀悬浮于液体的刚性圆球颗粒以层流形式流入圆管时，会逐渐集中到离圆管中线 0.6 倍半径的位置处形成一个圆环形区域(SS 环)。

2.6.1　惯性横向力

Segré-Silberberg 效应中，颗粒在圆管中的横向迁移主要是受到惯性力的作用，Asmolov[51]首次提出，当颗粒在平板间流动时，颗粒横向迁移受到的惯性横向力 F_l 为

$$F_l = \frac{\rho_\mathrm{f} u^2 D^4}{D_\mathrm{H}^2} f_l\left(Re, y_\mathrm{p}\right), \tag{2-135}$$

式中 ρ_f 是流体密度，u 是流体速度，D 是颗粒直径，D_H 是水力直径，f_l 是无量纲横向力系数，y_p 是颗粒在截面上的横向位置，Re 是雷诺数，定义为

$$Re = \frac{\rho_\mathrm{f} u D_\mathrm{H}}{\mu}, \tag{2-136}$$

式中 μ 为黏度。

如图 2.25 所示，惯性横向力 F_l 由两个分力组成，一是流场中抛物型速度剖面诱导产生的指向壁面的惯性横向力 F_i；二是颗粒在壁面附近受壁面影响其尾迹的对称性受到破坏，从而产生指向中线的惯性横向力 F_w，其表达式为 [52-54]

$$F_i = \frac{\rho_f u^2 d_p^3}{D} f_i, \qquad F_w = \frac{\rho_f u^2 d_p^6}{D^4} f_w, \tag{2-137}$$

式中 f_i 和 f_w 为无量纲惯性横向力系数，取决于 Re 数和 x_p。在壁面附近区域，F_w 的值通常比 F_i 大一个数量级。

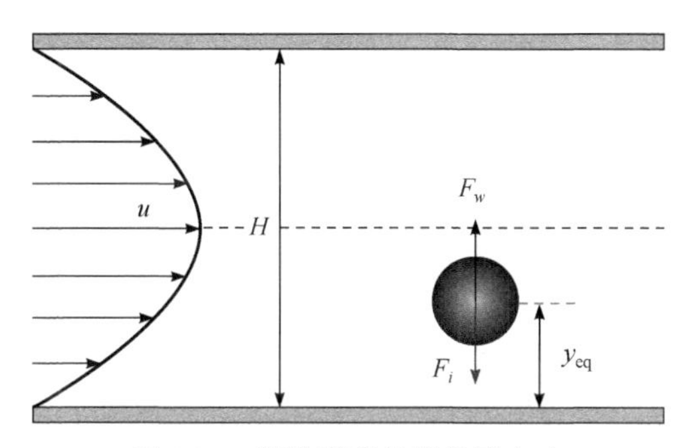

图 2.25　颗粒受到的惯性横向力

2.6.2　颗粒的平衡位置

若定义 F_l 指向壁面为正方向，指向中线为负方向，则惯性横向力 F_l 沿通道的横向分布如图 2.26 所示。F_l=0 表示惯性横向力为 0，颗粒处于平衡位置，可见图中有三个平衡位置，即中心线一个、边上两个，但中心线与边上平衡位置的性质不同。当颗粒处于中心线时，虽然 F_l=0，但流体对颗粒稍有扰动便会使颗粒偏离中心线而往边上的平衡位置迁移，所以中心线上的平衡位置称为不稳定平衡位置。而当颗粒处于边上两个平衡位置时，即使流体对颗粒的扰动使得颗粒暂时偏离平衡位置，当扰动消失后，颗粒依旧返回原来的平衡位置，所以边上的两个平衡位置称为稳定平衡位置。

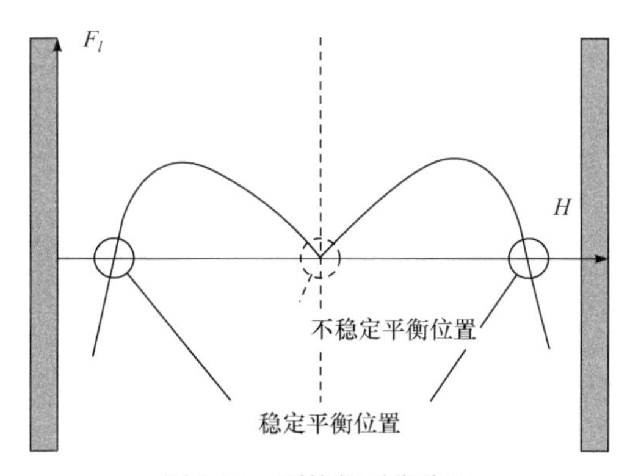

图 2.26　颗粒的平衡位置

式(2-137)只是给出了惯性横向力的表达式，该表达式取决于无量纲惯性横向力系数 f_i 和 f_w，而 f_i 和 f_w 则需由实验或数值模拟的手段获得。

参 考 文 献

[1] Tanner R I, Walters K. Rheology: An Historical Perspective. Amsterdam: Elsevier, 1998.
[2] Giesekus H. A simple constitutive equation for polymer fluids based on the concept of deformation-dependent tensional mobility. Journal of Non-Newtonian Fluid Mechanics, 1982, 11(1-2): 69-109.
[3] Phan-Thien N, Tanner R I. A new constitutive equation derived from network theory. Journal of Non-Newtonian Fluid Mechanics, 1977, 2(4): 353-365.
[4] D'Avino G, Maffettone P L, Greco F, et al. Viscoelasticity-induced migration of a rigid sphere in confined shear flow. Journal of Non-Newtonian Fluid Mechanics, 2010, 165: 466-474.
[5] Villone M M, D'Avino G, Hulsen M A, et al. Particle motion in square channel flow of a viscoelastic liquid: migration vs. secondary flows. Journal of Non-Newtonian Fluid Mechanics, 2013, 195: 1-8.
[6] McNamara G R, Zanetti G. Use of the Boltzmann equation to simulate lattice-gas automata. Physical Review Letters, 1988, 61(20): 2332-2335.
[7] Chen S Y, Chen H D, Martínez D, et al. Lattice Boltzmann model for simulation of magnetohydrodynamics. Physical Review Letters, 1991, 67(27): 3776-3779.
[8] Qian Y H, d'Humières D, Lallemand P. Lattice BGK models for navier-stokes equation. Europhysics Letters, 1992, 17: 479-484.
[9] Guo Z L, Zheng C G, Shi B C. Discrete lattice effects on the forcing term in the lattice Boltzmann method. Physical Review E, 2002, 65: 046308.
[10] Chapmann S, Cowling T G. The Mathematical Theory of Non-Uniform Gases. 3rd ed. Cambridge: Cambridge University Press, 1970.
[11] Chen S Y, Doolen G D. Lattice Boltzmann method for fluid flows. Annual Review of Fluid Mechanics, 1998, 30: 329-364.
[12] Cornubert R, d'Humières D, Levermore D. A Knudsen layer theory for lattice gases. Physica D, 1991, 47(2): 241-259.
[13] Chen S Y, Martínez D, Mei R W. On the boundary conditions in lattice Boltzmann methods. Physics of Fluids, 1996, 8(9): 2527-2536.
[14] Guo Z L, Zheng C G, Shi B C. An Extrapolation method for boundary conditions in lattice Boltzmann method. Physics of Fluids, 2002, 14(6): 2007-2010.
[15] Ladd A J C. Numerical simulations of particulate suspensions via a discretized Boltzmann-equation. Part 1. Theoretical foundation. Journal of Fluid Mechanics, 1994, 271: 285-309.
[16] Ding E J, Aidun C K. The dynamics and scaling law for particles suspended in shear flow with inertia. Journal of Fluid Mechanics, 2000, 423: 317-344.
[17] Lin J Z, Ku X K. Fiber orientation distributions in a suspension flow through a parallel plate channel containing a cylinder. Journal of Composite Materials, 2009, 12(43): 1373-1390.
[18] Hakan B, Succi S, Wyrick D, et al. Particle shape influences settling and sorting behavior in

microfluidic domains. Scientific Reports, 2018, 8: 8583.

[19] Lallemand P, Luo L S. Lattice Boltzmann method for moving boundaries. Journal of Computational Physics, 2003, 184(2): 406-421.

[20] Ginzburg I, d'Humières D. Multireflection boundary conditions for lattice Boltzmann models. Physical Review E, 2003, 68(6): 66614.

[21] Dupuis A, Chatelain P, Koumoutsakos P. An immersed boundary-lattice-Boltzmann method for the simulation of the flow past an impulsively started cylinder. Journal of Computational Physics, 2008, 227(9): 4486-4498.

[22] Peskin C S. Numerical analysis of blood flow in heart. Journal of Computational Physics, 1977, 25(3): 220-252.

[23] Aidun C K, Lu Y N, Ding E J. Direct analysis of particulate suspensions with inertia using the discrete Boltzmann equation. Journal of Fluid Mechanics, 1998, 373: 287-311.

[24] Glowinski R, Pan T W, Hesla T I, et al. A fictitious domain approach to the direct numerical simulation of incompressible viscous flow past moving rigid bodies: application to particulate flow. Journal of Computational Physics, 2001, 169: 363-426.

[25] Ku X K, Lin J Z. Effect of two bounding walls on the rotational motion of a fiber in the simple shear flow. Fibers and Polymers, 2009, 10: 302-309.

[26] Zenit R, Feng J J. Hydrodynamic interactions among bubbles, drops, and particles in non-Newtonian liquids. Annual Review of Fluid Mechanics, 2018, 50(1): 505-534.

[27] Fallah K, Khayat M, Borghei M H, et al. Multiple-relaxation-time lattice Boltzmann simulation of non-Newtonian flows past a rotating circular cylinder. Journal of Non-Newtonian Fluid Mechanics, 2012, 177-178: 1-14.

[28] Wang C H, Ho J R. A lattice Boltzmann approach for the non-Newtonian effect in the blood flow. Computers & Mathematics with Applications, 2011, 62(1): 75-86.

[29] Chai Z, Shi B, Guo Z, et al. Multiple-relaxation-time lattice Boltzmann model for generalized Newtonian fluid flows. Journal of Non-Newtonian Fluid Mechanics, 2011, 166: 332-342.

[30] Tang G H, Wang S B, Ye P X, et al. Bingham fluid simulation with the incompressible lattice Boltzmann model. Journal of Non-Newtonian Fluid Mechanics, 2011, 166(1): 145-151.

[31] Wang C H, Ho J R. Lattice Boltzmann modeling of Bingham plastics. Physica A, 2008, 387(19): 4740-4748.

[32] Malaspinas O, Fiétier N, Deville M. Lattice Boltzmann method for the simulation of viscoelastic fluid flows. Journal of Non-Newtonian Fluid Mechanics, 2010, 165(23): 1637-1653.

[33] Osmanlic F, Körner C. Lattice Boltzmann method for Oldroyd-B fluids. Computers & Fluids, 2016, 124: 190-196.

[34] Su J, Ouyang J, Wang X D, et al. Lattice Boltzmann method coupled with the Oldroyd-B constitutive model for a viscoelastic fluid. Physical Review E, 2013, 88(5): 053304.

[35] Papanastasiou T C. Flows of materials with yield. Journal of Rheology, 1987, 31(5): 385-404.

[36] Jiang D, Ni C, Tang W L, et al. Numerical simulation of elasto-inertial focusing of particles in straight microchannels. Journal of Physics D: Applied Physics, 2021, 54: 065401.

[37] Glowinski R, Pan T, Periaux J. A fictitious domain method for external incompressible viscous

flow modeled by Navier-Stokes equations. Computer Methods in Applied Mechanics and Engineering, 1994, 112: 133-148.

[38] Glowinski R, Pan T W, Hesla T I, et al. A distributed Lagrange multiplier/fictitious domain method for particulate flows. International Journal of Multiphase Flow, 1999, 25: 755-794.

[39] Yu Z S, Phan-Thien N, Tanner R I. Dynamics simulation of sphere motion in a vertical tube. Journal of Fluid Mechanics, 2004, 518: 61-93.

[40] Yu Z S, Shao X M. A direct-forcing fictitious domain method for particulate flows. Journal of Computational Physics, 2007, 227(1): 292-314.

[41] Leer B V. Towards the ultimate conservative difference scheme. V. A second-order sequel to Godunov's method. Journal of Computational Physics, 1979, 32: 101-136.

[42] Lin X, Ng T T. A three-dimensional discrete element model using arrays of ellipsoids. Geotechnique, 1997, 47(2): 319-329.

[43] Lin A, Han S P. On the distance between two ellipsoids. SIAM Journal on Optimization, 2002, 13(1): 298-308.

[44] Cundall P A, Strack O D L. A discrete numerical model for granular assemblies. Geotechnique, 1979, 29: 47-65.

[45] Li S, Marshall J S, Liu G, et al. Adhesive particulate flow: The discrete-element method and its application in energy and environmental engineering. Progress in Energy and Combustion Science, 2011, 37(6): 633-668.

[46] Zhu H P, Zhou Z Y, Yang R Y, et al. Discrete particle simulation of particulate systems: theoretical developments. Chemical Engineering Science, 2007, 62(13): 3378-3396.

[47] Crowe C T, Schwarzkopf J D, Sommerfeld M, et al. Multiphase Flows with Droplets and Particles. Florida Boca Raton: CRC Press Inc., 2000.

[48] Snijkers F, D'Avino G, Maffettone P L, et al. Effect of viscoelasticity on the rotation of a sphere in shear flow. Journal of Non-Newtonian Fluid Mechanics, 2011, 166: 363-372.

[49] Choi Y, Hulsen M A, Meijer H E H. An extended finite element method for the simulation of particulate viscoelastic flows. Journal of Non-Newtonian Fluid Mechanics, 2010, 165: 607-624.

[50] Segré G, Silberberg A. Radial Poiseuille flow of suspensions. Nature, 1961, 189: 209-210.

[51] Asmolov E S. The inertial lift on a spherical particle in a plane Poiseuille flow at large channel Reynolds number. Journal of Fluid Mechanics, 1999, 381: 63-87.

[52] Hamed A, Lee W, Di Carlo D. Inertial microfluidic physics. Lab on a Chip, 2014, 14(15): 2739-2761.

[53] Di Carlo D. Inertial microfluidics. Lab on A Chip, 2009, 9(21): 3038-3046.

[54] Ho B P, Leal L G. Inertial migration of rigid spheres in two-dimensional unidirectional flows. Journal of Fluid Mechanics, 1974, 65(2): 365-400.

第 3 章　牛顿流体二维槽道流中的颗粒迁移

牛顿流体槽道中的颗粒迁移比较常见，本章介绍颗粒在牛顿流体槽道流中的迁移及其自组织成链的规律和机理。

3.1　圆形颗粒迁移的数值模拟方法验证

颗粒在牛顿流体槽道流中的运动如图 3.1 所示，初始时刻随机分布的颗粒从槽道的左端进入流场后在流体的作用和自身的惯性作用下运动。槽道长度和高度分别为 L 和 H，颗粒直径为 D，相邻两颗粒的质心间距为 d_p，阻塞率定义为 $k=D/H$。

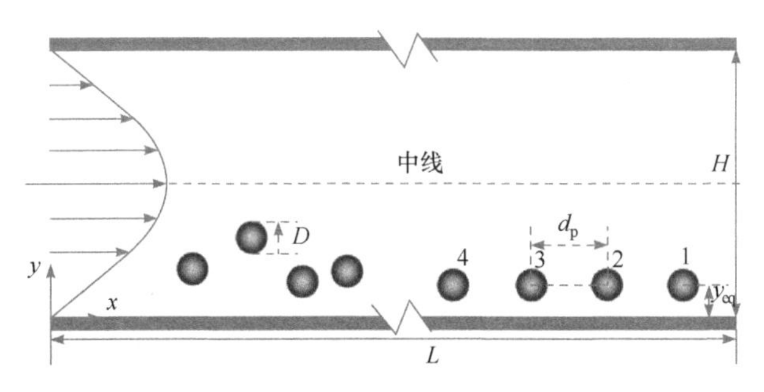

图 3.1　颗粒在牛顿流体槽道流中运动示意图

本章对颗粒迁移的数值模拟采用 2.2 节介绍的格子 Boltzmann 方法，为了验证该方法的可靠性和可行性，先通过几个算例来进行说明。

3.1.1　单个颗粒的迁移

图 3.2 是单个圆形颗粒在牛顿流体槽道流进口处的不同高度释放时(y_{in}=0.2、0.3、0.4)，颗粒的轨迹和平衡位置。图中给出了用本节计算方法的结果与 Wen 等[1]在相同条件下给出的计算结果的比较，可见两者吻合很好。颗粒进入槽道后逐渐往平衡位置迁移，不同初始位置的颗粒迁移到平衡位置的时间和流向位置不同。阻塞率 k 越大，颗粒的平衡位置越靠近壁面，这与第 1 章介绍的 Segré-Silberberg 效应一致。

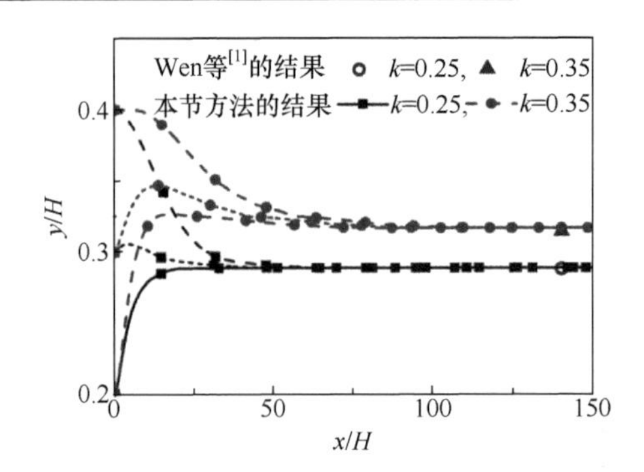

图 3.2　单个圆形颗粒在不同初始位置释放时的运动轨迹(Re=38.4)

3.1.2　两个颗粒在简单剪切流中的迁移

两个平板间流体的速度梯度保持为常数时构成了简单剪切流场，图 3.3 是两个圆形颗粒在牛顿流体简单剪切流中的运动轨迹，颗粒的初始位置如图中的虚线包围所示，计算参数为：颗粒直径 $D=20\Delta x$，初始时刻的颗粒间距分别为 0.75H、1.0H、1.25H、1.5H，剪切流场上下板间距 $H=80\Delta x$，剪切流场长度为 $L=2000\Delta x$。图 3.3 中给出了用本节计算方法的结果与 Yan 等[2]在相同条件下给出的计算结果的比较，可见两者吻合很好。两个颗粒初始位于流场的中线上，接着左边和右边的颗粒分别向下和向上运动，最终又都回到中线上，只是两个颗粒的水平距离增大了。

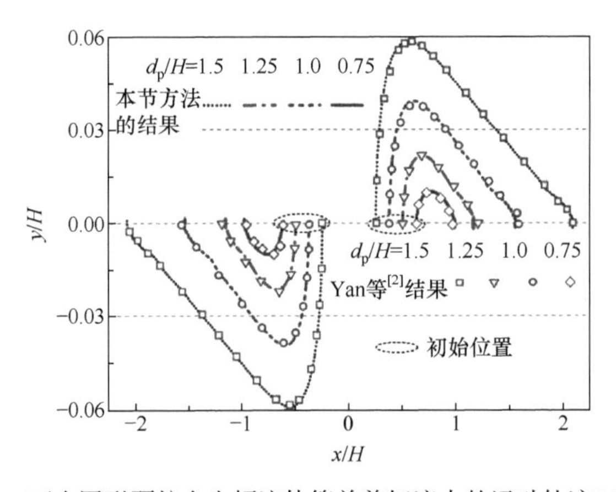

图 3.3　两个圆形颗粒在牛顿流体简单剪切流中的运动轨迹(Re=12)

3.1.3　多个颗粒在槽道流中的单排成链

图 3.4 是多个颗粒在牛顿流体槽道流中运动后形成的单排颗粒链，图中给出了用本节计算方法的结果与 Hood 和 Roper[3]在相同条件下给出的实验结果的比较，初始时刻颗粒随机分布在槽道的中线下侧，图 3.4(a)是 10 个颗粒的实验结果，

图 3.4(b)和(c)分别是 10 个颗粒和 16 个颗粒的计算结果，可见计算结果和实验结果从定性上吻合。就定量而言，Kahkeshani 等[4]曾给出颗粒链颗粒间距的最可能范围为 d_p/D=4.4±1.2，Hood 和 Roper[3]理论推导了平均颗粒间距为 d_p/D=4.17，而用本节的计算方法给出的颗粒平均间距为 d_p/D= 4.05 和 4.04(图 3.4(b)、(c))，可见定量上也符合较好。

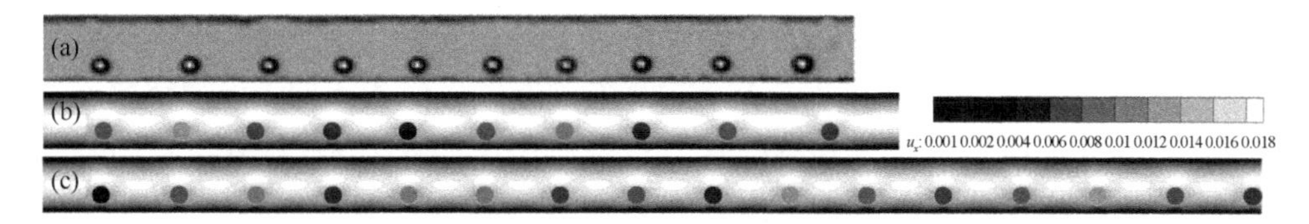

图 3.4　多个颗粒在牛顿流体槽道流中运动后形成的单排颗粒链 (k=0.34, Re=30)
(a) 10 个颗粒的实验结果；(b) 10 个颗粒的计算结果；(c) 16 个颗粒的计算结果

3.1.4　多个颗粒在槽道流中的交错成链

图 3.5 是多个颗粒在牛顿流体槽道流中运动后形成的交错颗粒链，颗粒中白色箭头表示颗粒取向，中线下侧的颗粒顺时针旋转，上侧的颗粒逆时针旋转。图 3.5 中给出了用本节计算方法的结果与 Hur 等[5]在相同条件下给出的实验结果的比较，图 3.5(a)是 12 个颗粒的实验结果，图 3.5(b)和(c)分别是 12 个颗粒和 16 个颗粒的计算结果，可见计算结果和实验结果从定性上吻合。由图 3.5(b)和(c)可见，颗粒的数量对形成交错分布颗粒链的影响较小，图 3.5(b)和(c)中相邻两颗粒的间距分别为 d_p/D=2.4 和 2.42，与实验结果图 3.5(a)中的间距 d_p/D=2.45 基本相符。

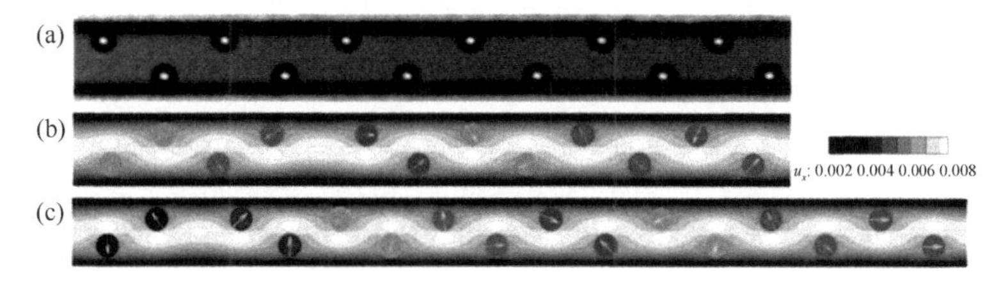

图 3.5　多个颗粒在牛顿流体槽道中运动后形成的交错颗粒链(k=0.33, Re=11)
(a) 12 个颗粒的实验结果；(b) 12 个颗粒的计算结果；(c) 16 个颗粒的计算结果

3.2　圆形颗粒的迁移与成链

如图 3.1 所示，数值模拟时 x 方向为周期性边界条件，槽道壁面为无滑移边界条件，颗粒迁移的平衡位置为 y_{eq}。计算前取不同的网格数进行试算，在确保计算结果对网格无依赖性的情况下，选择计算域为 2500×120Δx，Re 数定义为 $Re=\rho U_0 H/\mu$，其中 U_0 是流场中线上的速度。

3.2.1 单排分布颗粒对

在槽道流场中，一对颗粒从进口处进入流场后将沿着 x 和 y 方向迁移，定义颗粒 1 和颗粒 2 在 y 方向的位置分别为 y_1 和 y_2，位置比为 y_1/y_2；两颗粒沿 x 方向的间距为 d_p，无量纲间距为 d_p/D。单排分布的颗粒对在相同高度处(y_{in}/H=0.25)进入流场。

图 3.6 给出了在不同阻塞率 k 下，位置比 y_1/y_2(实线)和颗粒间距 d_p/D(虚线)沿流向的变化。由图 3.6(a)可见，颗粒间距在初期迅速增加，随后缓慢增加；颗粒阻塞率 k 越小，颗粒间距 d_p/D 越大；颗粒位置比 y_1/y_2 沿流向先增加后减小，最终趋向于 1。在低 Re 数时(图 3.6(b))，随着颗粒沿流向的迁移，颗粒位置比 y_1/y_2 和颗粒间距 d_p/D 都较快趋向于稳定值，且同样也是颗粒阻塞率 k 越小，颗粒间距 d_p/D 越大。

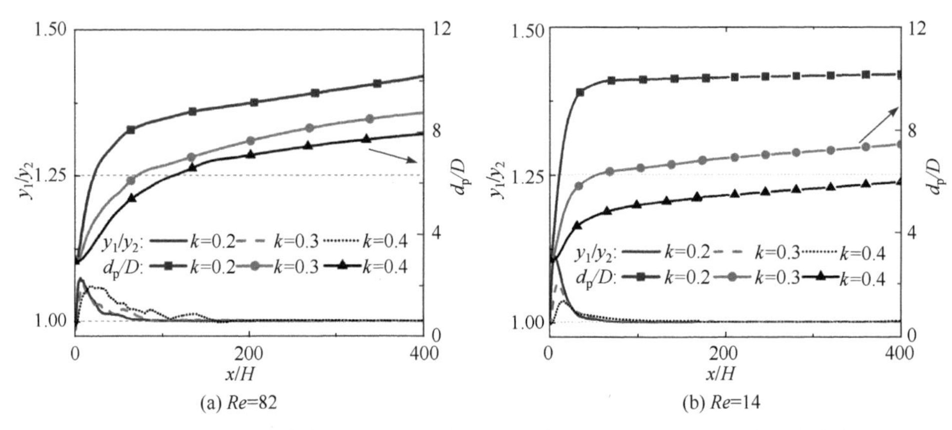

图 3.6 初始单排分布颗粒对进入流场后的位置比和颗粒间距沿流向的变化

3.2.2 交错分布颗粒对

一对交错分布的颗粒从进口处进入流场，其迁移过程如图 3.7 所示，两颗粒的初始高度分别为 y_{in}/H=0.25 和 0.75。定义两个颗粒沿 y 方向的位置比为 $y_1/(H-y_2)$，为分析颗粒初始间距对迁移的影响，将颗粒初始间距 d_{in}/D 从 0.1 增加到 8.0。

由图 3.7(a)可见，初始交错分布的颗粒对先相互靠近，接着颗粒间距在振荡中衰减，最后达到一个稳定值。当颗粒初始间距较小(d_{in}=0.1 和 0.25)时，两个颗粒迅速分离，颗粒间距存在一个 7.0～8.0 的峰值，接着颗粒间距逐渐减小到一个稳定值。当颗粒初始间距较大(d_{in}=8.0)时，颗粒间距减小到与小初始颗粒间距(d_{in}=0.1 和 0.25)情况下相同的间距。而颗粒初始间距值中等大小(d_{in}=0.5～5.5)时，颗粒间距将达到另一个稳定的值。比较图 3.6 和图 3.7 可知，单排颗粒对的颗粒间距明显大于交错分布颗粒对的颗粒间距。图 3.7(b)表明，当颗粒刚进入流场时，两颗粒的位置比 $y_1/(H-y_2)$呈现幅度较大的波动，随后便达到几乎相同的稳定值。

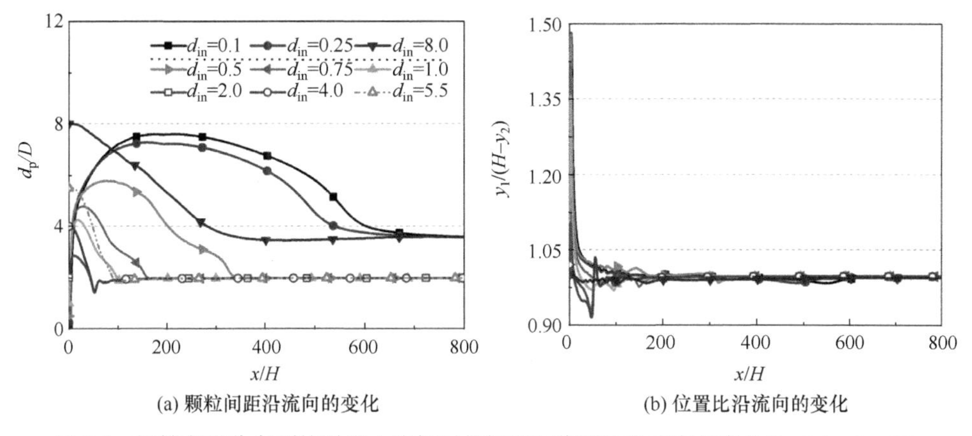

(a) 颗粒间距沿流向的变化　(b) 位置比沿流向的变化

图 3.7　初始交错分布颗粒对进入流场后的间距和位置比沿流向的变化(k=0.4，Re=82)

3.2.3　单排分布颗粒的成链

在以上一对颗粒迁移的基础上，进一步分析多颗粒自组织形成单排颗粒链的过程。为了更清楚地描述初始随机分布于进口处单侧的颗粒的迁移行为，如图 3.1 所示，将颗粒从右向左分别命名为：P_1、P_2、…，相邻两颗粒的间距从右向左分别记为：d_{1-2}、d_{2-3}、…(下标 1、2 分别表示 P_1、P_2、…)。由于沿流动的 x 方向是采用周期性边界条件，所以当第 1 个颗粒流出计算域(出口)时，接着从进口再进入计算域，此时第 1 个颗粒与原计算域尾部颗粒的间距为：$(x_{lag}+L-x_{lead})/D$，其中 x_{lead} 和 x_{lag} 是第 1 个颗粒和最后一个颗粒与进口处的距离。数值模拟时的参数取 k=0.2～0.4，Re=10～100，这样的取值范围已覆盖大多数流动实验[4, 6, 7]的情形。

单排颗粒的分布沿流向的变化如图 3.8 所示，槽道中的灰度表示流体速度的大小，(1)～(6)分别表示单排颗粒迁移到的流向位置，如 x/H=8.1 表示颗粒迁移到流向距离为 8.1 倍槽道高度的位置。由图 3.8 可见，在 x/H=8.1 和 x/H=42.8 的位置，10 个颗粒尚未完全迁移到沿 y 方向的平衡位置，颗粒的间距也不均匀，x/H=8.1 中最左边(即最后)的颗粒在 x/H=42.8 中处于最右边，而 x/H=8.1 中的其他颗粒在 x/H=42.8 中已经从左边进口处又进入流场。在 x/H=60.1 中，10 个颗粒基本已迁移到沿 y 方向的平衡位置，但尚未形成均匀间距的颗粒链结构。在 x/H=95.8 中，颗粒不仅已迁移到沿 y 方向的平衡位置，而且已形成均匀间距的颗粒链结构。当颗粒继续往下游迁移时，基本位于 y 方向的平衡位置，但均匀间距不再保持(如图 3.8 中(5)x/H=220 所示)。有趣的是，当颗粒迁移到 x/H=700 的流向位置时，又会出现均匀间距的颗粒链结构(如图 3.8 中(6)x/H=700 的虚线所示)。可见单排颗粒的成链过程是非稳态的。

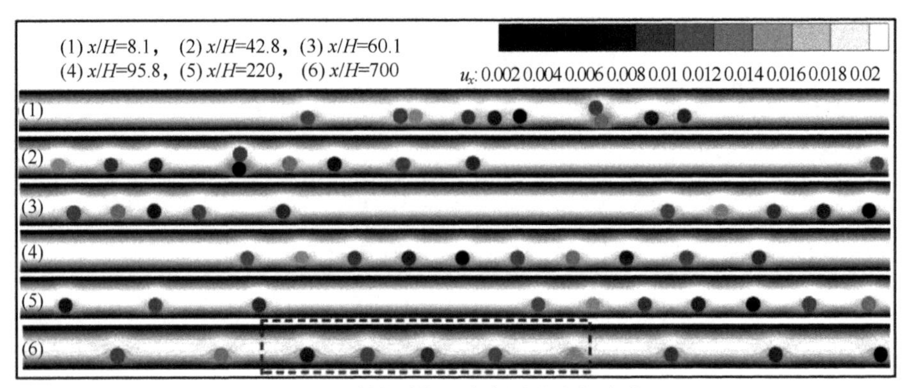

图 3.8　单排颗粒的分布沿流向的变化

图 3.9 给出了 10 个颗粒在槽道中的轨迹、颗粒间距沿流向的变化以及流场的涡结构。在图 3.9(a)中，10 个颗粒向下游迁移时，初始阶段的轨迹有振荡，且每个颗粒的振荡幅度不等，但到了一定的流向位置后(图中 $x/H\approx100$)，颗粒基本集中到 y 方向平衡位置的附近，该位置即为单颗粒的平衡位置。颗粒迁移到平衡位置的过程大致为：第 1 个颗粒 P_1 首先迁移到平衡位置，此时该颗粒距离中线更近，这意味着在抛物线型的速度剖面中该颗粒具有较大的速度，这使得 P_1 会逐渐拉大与后面颗粒的距离，直到与第 2 个颗粒 P_2 的间距 $d_{1\text{-}2}$ 足够大时，P_1 对 P_2 的影响削弱，P_2 往平衡位置迁移，接着重复 P_1 的过程……，直到最后一个颗粒为止。可见颗粒迁移到平衡位置是一个缓慢的过程，在迁移过程中，颗粒的间距逐渐拉大，该现象只有当颗粒迁移到了流向距离为槽道高度的几百倍时才变得明显。Lee 等[6]的实验也指出，颗粒对的间距会在几百倍槽道宽度的下游位置才明显增加，但在实验的显微镜视野范围内无法观察到颗粒间距的变化。

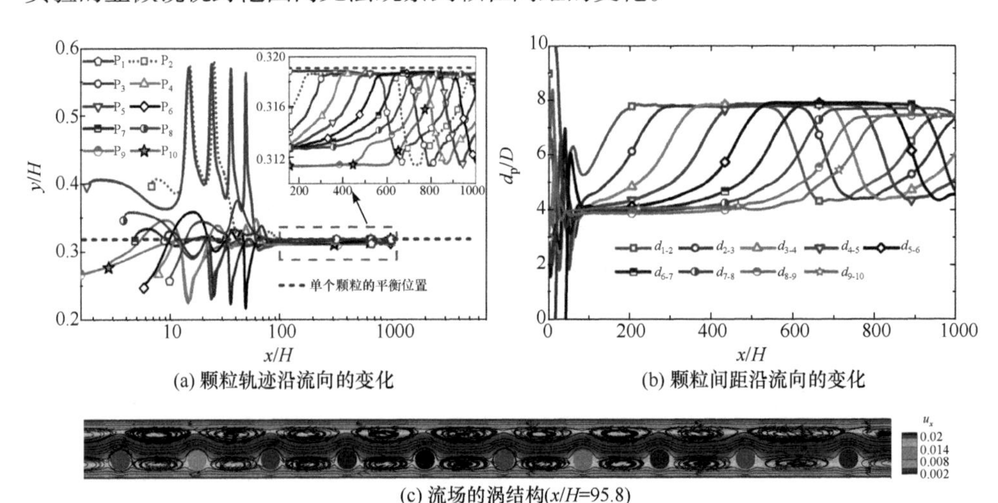

图 3.9　颗粒轨迹、颗粒间距沿流向的变化以及流场的涡结构(k=0.33，Re=32)

在图 3.9(b)中，颗粒的间距在初始阶段呈现无规则变化，这是颗粒初始为随机分布所致。当颗粒迁移到一定的流向位置后(图中 $x/H\approx200$)，间距的变化呈现出有规律的振荡，且不同颗粒的间距振荡幅度相当。由于颗粒的存在，流场会出现与单相槽道流不同的涡结构，图 3.9(c)给出了流场的涡结构图，图中的颜色表示流场速度的大小，可见不仅在两颗粒之间存在涡结构，在靠近上壁面的无颗粒区也存在与下壁面涡对称的涡结构。

如前所述，颗粒并不是同时位于平衡位置的水平线上，P_1 先到达，后面的颗粒依次到达。当 P_1 到达平衡位置时，将每个颗粒的中点连起来是一条沿流向的倾斜线，为此可以定义一个描述倾斜线的无量纲倾斜度参数：$IH=(y_{lead}-y_{lag})/H$，其中 y_{lead} 和 y_{lag} 分别表示第一个颗粒和最后一个颗粒在 y 方向的位置。由于单排分布颗粒链的形成是一个动态过程，所以有必要给出颗粒间距和倾斜度沿流向的变化(图 3.10)。由图 3.10 并结合图 3.8 和图 3.9 可知，颗粒链的倾斜度 IH 在颗粒迁移的初始阶段($x/H\leqslant300$)没有变化，当 P_1 离开颗粒链后，IH 才开始变小。当 $x/H\approx750$ 时，新的颗粒链已形成，此时倾斜度又保持不变。就颗粒间距沿流向位置的变化而言，当 $x/H\leqslant300$ 时，颗粒平均间距缓慢增加约 1.6%；在 $x/H\approx300\sim750$ 范围，颗粒平均间距增加了约 5.1%；当 $x/H>750$ 时，颗粒平均间距几乎没有变化，说明颗粒链中的颗粒平均间距在下游是相对稳定的。

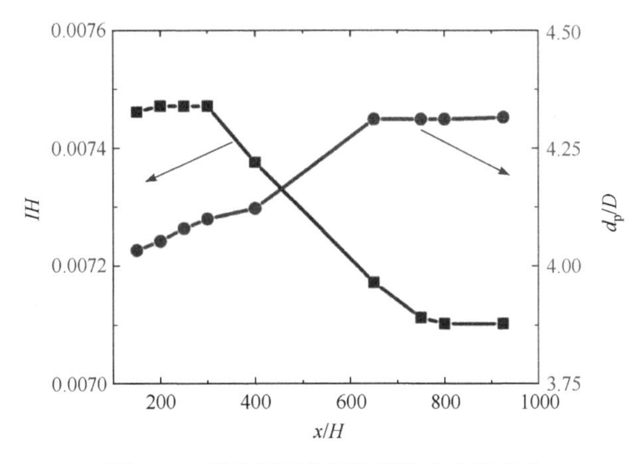

图 3.10　颗粒间距和倾斜度沿流向的变化

3.2.3.1　颗粒体积浓度对颗粒成链的影响

颗粒体积浓度与流场中的颗粒数量直接相关，在保持阻塞率和 Re 数不变的情况下(k=0.33，Re=32)，取颗粒数 N=6、10、14、16，对应的颗粒体积浓度分别为 $\Phi=100\%\times N\times\pi\times(D\times0.5)^2/(L\times H)$=2.4%、4.0%、5.6%、6.4%，在这四种浓度情况下分析颗粒体积浓度对颗粒链形成的影响。

对于 6 个颗粒的情形(Φ=2.4%)，图 3.11 给出了颗粒进入流场后相邻颗粒的间距、颗粒平均间距、倾斜度沿流向的变化以及颗粒在不同流向位置处的分布。颗粒在进口处随机分布，进入流场后如图 3.11(c)所示，在 x/H≈10 处，颗粒尚未到达 y 方向的平衡位置，相邻两颗粒的间距大小不一；在 x/H≈60 处，颗粒已迁移至 y 方向的平衡位置而形成颗粒链，相邻两颗粒的间距趋于相等；在 x/H≈800 处，颗粒链已完全形成，相邻两颗粒的间距增大且均匀。

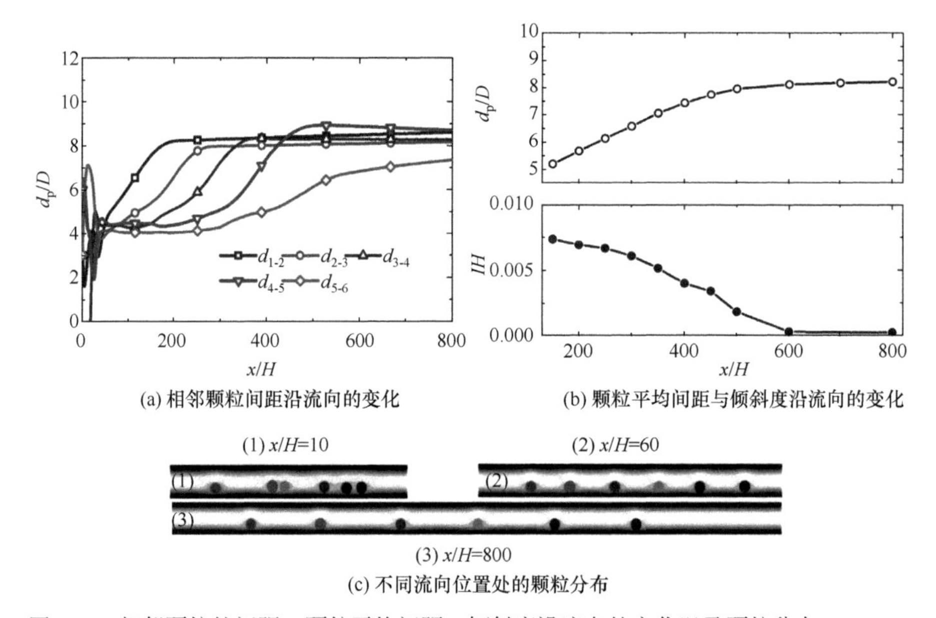

(a) 相邻颗粒间距沿流向的变化

(b) 颗粒平均间距与倾斜度沿流向的变化

(1) x/H=10　　(2) x/H=60

(3) x/H=800

(c) 不同流向位置处的颗粒分布

图 3.11　相邻颗粒的间距、颗粒平均间距、倾斜度沿流向的变化以及颗粒分布(Φ=2.4%)

在图 3.11(a)中，相邻两颗粒的间距在初始阶段无规则变化，在 $x/H > 50$ 后，尽管不同的相邻两颗粒的间距趋于稳定值的起点不同，但间距都逐渐增大，然后都趋向于一个稳定值。$d_{5\text{-}6}$ 与其他间距的稳定值稍有不同，原因是颗粒 6 是最尾的颗粒，不像其他颗粒有两边颗粒的同时作用。在图 3.11(b)中，颗粒平均间距沿流向逐渐增大，当 $x/H > 700$ 后，颗粒平均间距趋于约为 8.2 的稳定值。但是，倾斜度沿流向的变化正好相反，倾斜度沿流向逐渐减小，当 $x/H > 600$ 后，倾斜度的稳定值为 0。

在相同条件下，颗粒浓度 Φ=4.0% (10 个颗粒)的结果如图 3.8～图 3.10 所示、颗粒浓度 Φ=5.6% (14 个颗粒)和 6.4% (16 个颗粒)的结果如图 3.12 所示。图 3.12(a)、(b)分别给出了 Φ=5.6%和 6.4%时相邻颗粒的间距沿流向的变化，可见随着颗粒浓度 Φ 的增加，颗粒成链的现象变得明显，相邻颗粒的间距在较短的流向距离内趋向一致并保持稳定。图 3.12(c)、(d)则分别给出了 Φ=5.6%和 6.4%时颗粒在不同流向位置处的分布，在图 3.12(c)中，x/H=1000 处的颗粒间距明显比 x/H=241.4 处的颗粒间距更均匀，而在图 3.12(d)中，x/H=800 处的颗粒间距很均匀。

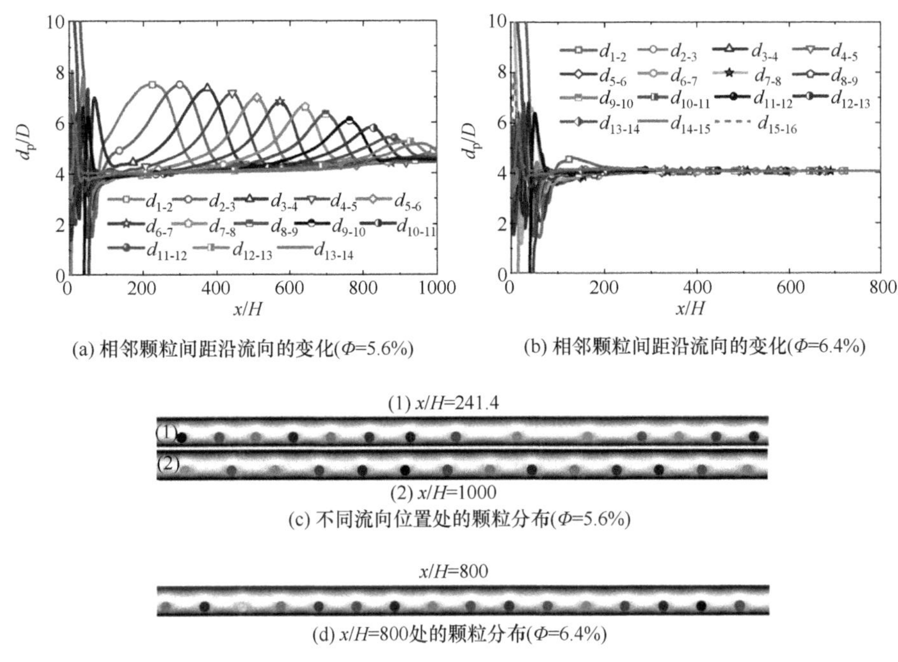

(a) 相邻颗粒间距沿流向的变化(Φ=5.6%)　(b) 相邻颗粒间距沿流向的变化(Φ=6.4%)

(c) 不同流向位置处的颗粒分布(Φ=5.6%)

(d) x/H=800处的颗粒分布(Φ=6.4%)

图 3.12　两种颗粒体积浓度情况下相邻颗粒的间距以及颗粒分布

图 3.13 给出了倾斜度、颗粒平均间距与颗粒浓度之间的关系。由图 3.13(a)可见，随着颗粒浓度 Φ 的增加，倾斜度 IH 经历了迅速增加—缓慢增加—缓慢减少—迅速减少的过程。这是因为随着颗粒浓度的增加，颗粒链的第一个颗粒更趋于平衡位置，最后一个颗粒更偏离平衡位置。当浓度增加到 6.4%时，由于颗粒链的第一个颗粒与最后一个颗粒的相互作用(x 方向周期性边界条件导致)，倾斜度略微有所降低。

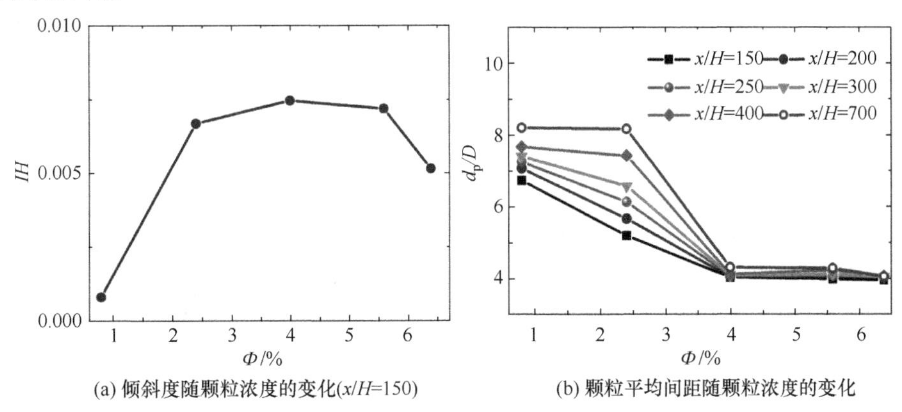

(a) 倾斜度随颗粒浓度的变化(x/H=150)　(b) 颗粒平均间距随颗粒浓度的变化

图 3.13　颗粒浓度对颗粒链倾斜度和颗粒平均间距的影响

由图 3.13(b)可见，在 Φ<4%的范围内，在不同的流场位置处，颗粒平均间距随着颗粒浓度的增加而减小；当 Φ>4%时，颗粒平均间距几乎不随颗粒浓度的变化而变化。此外，当颗粒浓度较低(Φ<4%)时，颗粒平均间距随流向位置的增加而增加；当颗粒浓度增加(Φ>4%)后，颗粒平均间距也几乎不随流向位置的变化而变化。

3.2.3.2　*Re* 数对颗粒成链的影响

图 3.14 给出了不同 *Re* 数下相邻颗粒间距沿流向的变化以及颗粒在槽道中的分布。由图 3.14(a)和(b)可见，相邻颗粒间距在初始阶段为无规则变化，这一阶段在小 *Re* 数(*Re*=10)情况下维持的时间更长；当颗粒迁移到一定的流向位置后，颗粒间距沿流向的变化呈现出有规律的振荡后趋于一稳定值，大 *Re* 数(*Re*=100)情况下的振荡幅度较小。此外，*Re*=10 时相邻颗粒间距沿流向的变化速率明显大于 *Re*=100 时的情形。图 3.14(c)为不同 *Re* 数下颗粒的分布，说明小 *Re* 数下颗粒间距较大。

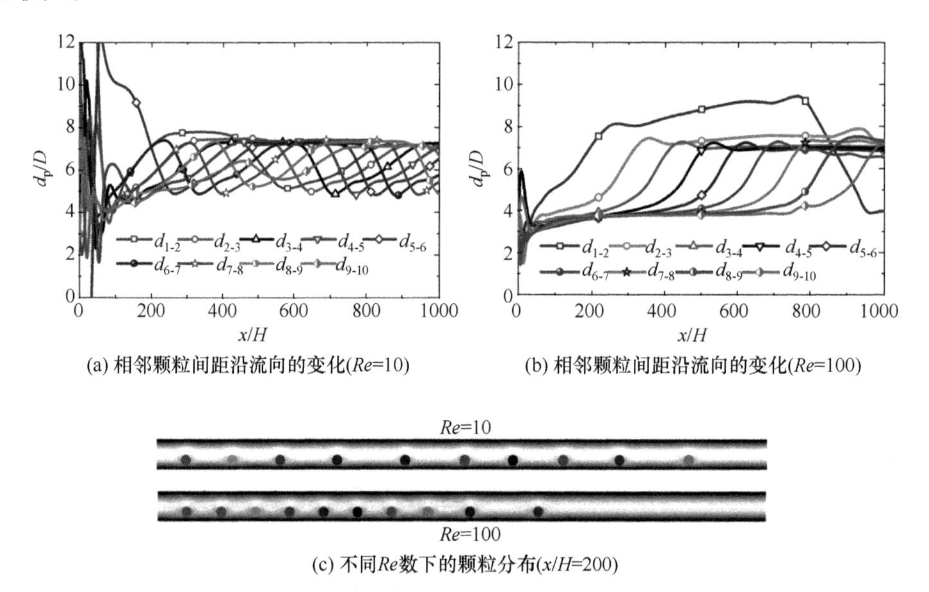

(a) 相邻颗粒间距沿流向的变化(*Re*=10)

(b) 相邻颗粒间距沿流向的变化(*Re*=100)

(c) 不同*Re*数下的颗粒分布(x/H=200)

图 3.14　不同 *Re* 数下相邻颗粒间距沿流向的变化以及颗粒分布(Φ=4%, k=0.33)

增加颗粒体积浓度至 Φ=6.4%，不同 *Re* 数下相邻颗粒间距沿流向的变化如图 3.15 所示，*Re*=32 时，颗粒间距在经过初始阶段($x/H\approx200$)的无规则变化后都趋向于一个稳定值($d_p/D\approx4$)；而 *Re*=100 时，颗粒间距先是经历初始阶段的无规则变化，然后呈现有规律的振荡，到了比较下游的位置才趋于一个稳定值。

Re 数对颗粒链倾斜度和颗粒平均间距的影响如图 3.16 所示，可见倾斜度随 *Re* 数的增加而增大，但增加的速率并非常数，在 30<*Re*<60 范围内，增加的速率

比较小。在图 3.16(b)中，颗粒平均间距则随 Re 数的增加而变小，这与 Kahkeshani 等[4]的实验结论一致；颗粒间距变小的速率也因 Re 数和颗粒体积浓度的不同而有差异。颗粒浓度较低时，在 $10<Re<30$ 范围内，颗粒间距随 Re 数的增加减小得较快；在 $Re>30$ 的范围内，颗粒间距随 Re 数的增加而缓慢减小。而颗粒浓度较高时，则没有上述现象。在同一流向位置，颗粒体积浓度越高，颗粒平均间距越小。

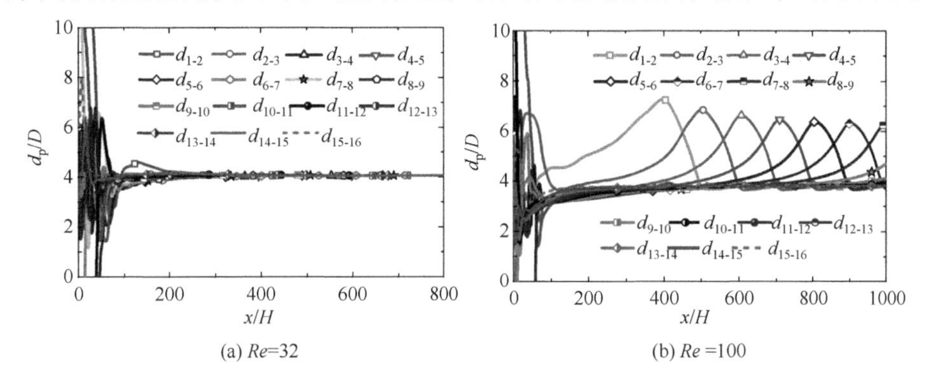

图 3.15　不同 Re 数下相邻颗粒间距沿流向的变化（Φ=6.4%）

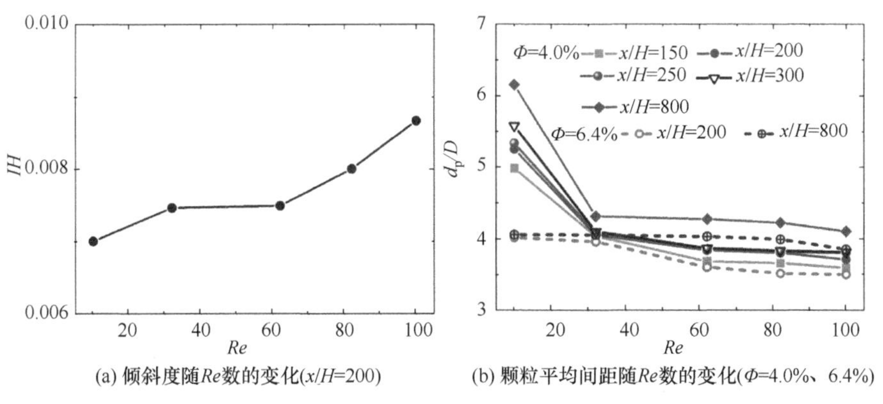

图 3.16　Re 数对颗粒链倾斜度和颗粒平均间距的影响

3.2.3.3　阻塞率对颗粒成链的影响

图 3.17(a)、(b)是阻塞率 k=0.2 和 0.4 时相邻颗粒间距沿流向的变化，在小阻塞率时(k=0.2)，颗粒间距在经过初始阶段($x/H\approx200$)的无规则变化后基本趋向于一个稳定值($d_p/D\approx5$)；在大阻塞率时(k=0.4)，壁面对颗粒的迁移有较大影响，颗粒间距先经历初始阶段的无规则变化，然后呈现缓慢的有规律的振荡。图 3.17(c)给出了阻塞率不同时颗粒在 x/H=200 流向位置的分布，两种情况下的颗粒已基本成链，但在小阻塞率情况下，颗粒间距已基本稳定，而在大阻塞率情况下，颗粒间距还将发生变化。

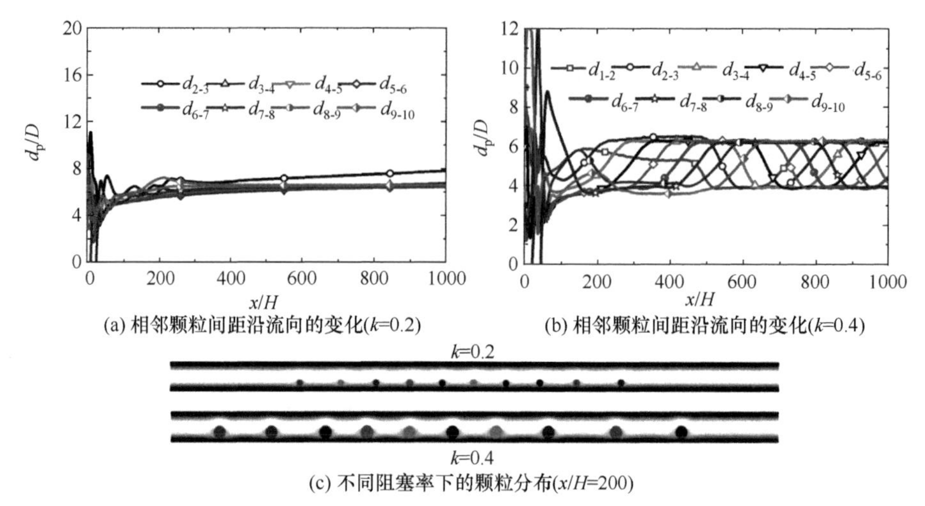

(a) 相邻颗粒间距沿流向的变化(k=0.2)　　(b) 相邻颗粒间距沿流向的变化(k=0.4)

(c) 不同阻塞率下的颗粒分布(x/H=200)

图 3.17　不同阻塞率时相邻颗粒间距以及颗粒分布(Re=32, Φ=4.0%)

阻塞率对颗粒链倾斜度和颗粒平均间距的影响如图 3.18 所示，在图 3.18(a)中，倾斜度随着阻塞率的增加而增加，壁面对颗粒迁移的影响不仅体现在上述的成链过程和颗粒间距上，也体现在颗粒成链后的平行度上，大阻塞率情况下的颗粒链平行度较差。在图 3.18(b)中，颗粒平均间距一方面随阻塞率的增加而减少，另一方面沿流向增加。

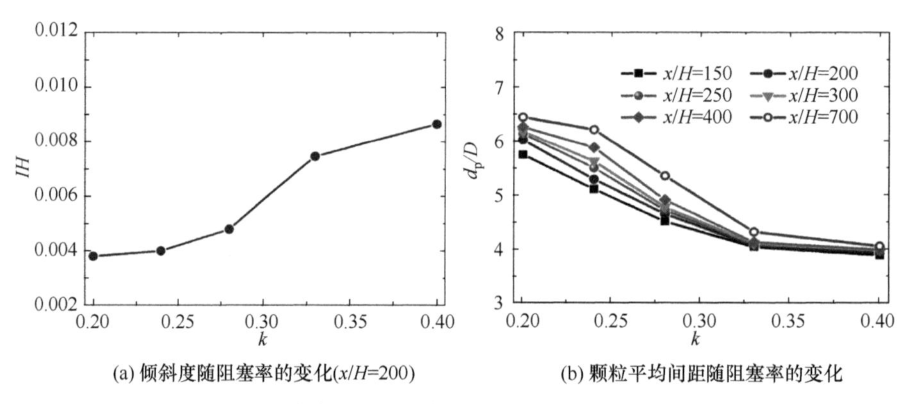

(a) 倾斜度随阻塞率的变化(x/H=200)　　(b) 颗粒平均间距随阻塞率的变化

图 3.18　阻塞率对颗粒链倾斜度和颗粒平均间距的影响

3.2.4　交错分布颗粒的成链

颗粒迁移形成的交错分布颗粒链能增加颗粒的通量，因而具有实际应用价值。将槽道中线上、下两侧的颗粒从右向左分别命名为：P_{u1}、P_{u2}、…、P_{u6}、和 P_{d1}、P_{d2}、…、P_{d6}。相邻两颗粒的间距从右向左分别记为：$d_{d1\text{-}u1}$、$d_{u1\text{-}d2}$、…、$d_{d6\text{-}u6}$。初始时刻，两排共 12 个颗粒并列置于槽道中线两侧，y 方向的位置分别为 0.25H 和 0.75H，颗粒阻塞率取 k=0.125、0.2、0.3 和 0.4，Re 数变化范围为 5～120。

3.2.4.1　Re 数对颗粒成链的影响

图 3.19 给出了两种 Re 数情况下交错分布颗粒在槽道中的分布，当 Re=32 时，一侧的颗粒大多数分布在另一侧相邻两个颗粒的中间位置，偶尔也有一侧的颗粒对出现(如左边的第 4、5 个颗粒)。与单排分布颗粒链的情形一样(图 3.9(c))，交错分布颗粒在成链过程中，颗粒前后会出现涡结构，但不同的是通常存在两个或两个以上的涡结构，涡结构的数量取决于颗粒的间距。一侧颗粒受到另一侧颗粒的影响，同侧相邻颗粒间的旋涡区被分隔成两个相对独立的区域，导致同侧相邻颗粒间的相互影响减弱，另一侧颗粒会迁移到这一侧两相邻颗粒的中间，形成间距相对稳定的交错分布颗粒链。此外，在大 Re 数的情况下，颗粒间距也较大。

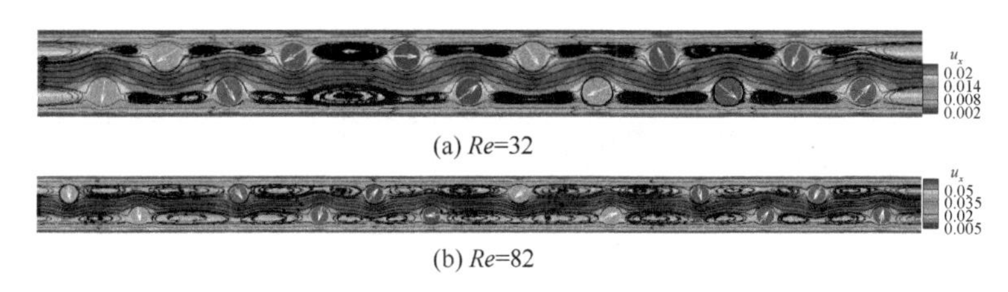

(a) Re=32

(b) Re=82

图 3.19　交错分布颗粒链的分布及其涡结构(k=0.3)

图 3.20 给出了四种 Re 数情况下交错分布颗粒链中相邻颗粒间距沿流向的变化，当 Re=14 时，颗粒间距在 x/H<100 的区域呈现无规律变化，颗粒尚未成链，甚至还出现极大间距的情况($d_{\text{u6-d6}}$)，但在 x/H>100 的区域，颗粒间距趋于一稳定值($d_p/D \approx 2.5$)，$d_{\text{u4-u5}}$ 的稳定值较大是由于同为上侧两颗粒的间距，而非上下侧交错颗粒的间距。当 Re=32 时，颗粒间距在经历了初始阶段无规律变化后，很快就趋于稳定值，与前面不同的是，不同间距的稳定值不同，但间距都基本分布在 2～3 之间，只有同侧颗粒间距 $d_{\text{u5-u6}}$ 的稳定值稍大一些。当 Re=82 时，颗粒间距沿流向的变化与以上两种情况完全不同，颗粒间距沿流向呈现持续的周期性变化，在远下游(x/H=1200)，颗粒间距尚未达到一稳定值，但同侧的颗粒对已经消失。对于更大 Re 数的情形(Re=120)，颗粒间距沿流向变化的情形与 Re=82 数的情形类似，不同的是周期性变化的幅度更大，更无规律性。

图 3.21 是不同 Re 数下交错分布颗粒链中颗粒的运动轨迹，在图 3.21(a)的小 Re 数(Re=32)情况下，上下两侧的颗粒几乎都在各自一侧运动，颗粒在初始阶段做无规律运动后，接着是沿流动方向的平行运动，平行运动所在的 y 方向的位置接近于单颗粒运动时的平衡位置。当 Re 数增加到 82 时，如图 3.21(b)所示，颗粒

的轨迹变得不规则，相邻颗粒的相互作用导致颗粒沿 y 方向在单颗粒的平衡位置附近波动。

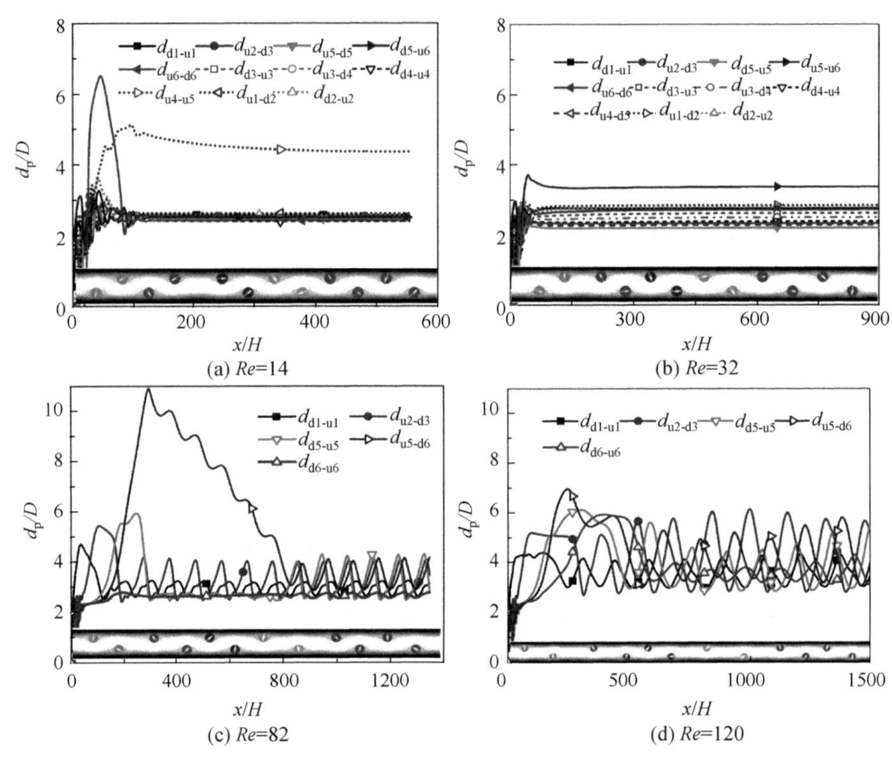

图 3.20　不同 Re 数下交错分布颗粒链中相邻颗粒间距沿流向的变化(k=0.3)

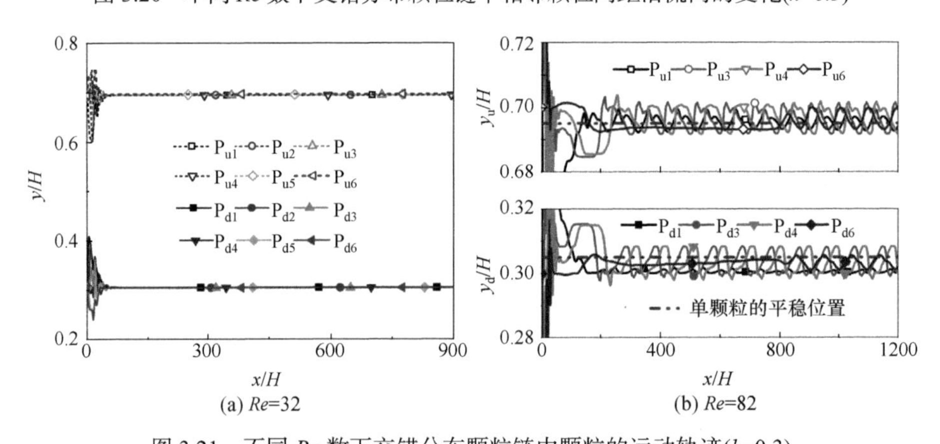

图 3.21　不同 Re 数下交错分布颗粒链中颗粒的运动轨迹(k=0.3)

3.2.4.2　阻塞率对颗粒成链的影响

图 3.22 是不同阻塞率下交错分布颗粒链中颗粒间距沿流向的变化，在小阻塞

率 k=0.125 情况下(图 3.22(a))，$d_{u5\text{-}u6}$ 是最左边上侧两个颗粒的间距，由于位于同一侧，所以间距比较大，其余上下两侧相邻颗粒的间距在沿下游发展过程中都趋于 $d_p/D≈5.8$ 的稳定值。在 k=0.2 的情况下(图 3.22(b))，阻塞率略有增加，$d_{u4\text{-}u5}$ 是上侧由右至左第 4 个和第 5 个颗粒的间距，位于同一侧的两个颗粒的间距较大，其余上下两侧相邻颗粒的间距最终都趋于 $d_p/D≈3.8$ 的稳定值，该值比图 3.22(a) 情形下的 5.8 小。k=0.3 的情况(图 3.22(c))与图 3.22(a)和(b)的情形相似，只是颗粒间距的最终稳定值更小，$d_p/D≈2.5$。对于最大阻塞率(k=0.4)的情形(图 3.22(d))，相邻颗粒位于同侧的情况由前面的一对变成了两对，且颗粒间距的最终稳定值在四种情形中最小，$d_p/D≈1.7$。通过比较四种不同阻塞率的情形，可见阻塞率对交错分布颗粒链中的颗粒间距有明显影响，随着阻塞率的增大，不仅会使相邻颗粒位于同侧这一现象的可能性增加，即颗粒更不容易形成交错分布的颗粒链，而且还会使颗粒间距的最终稳定值变小。

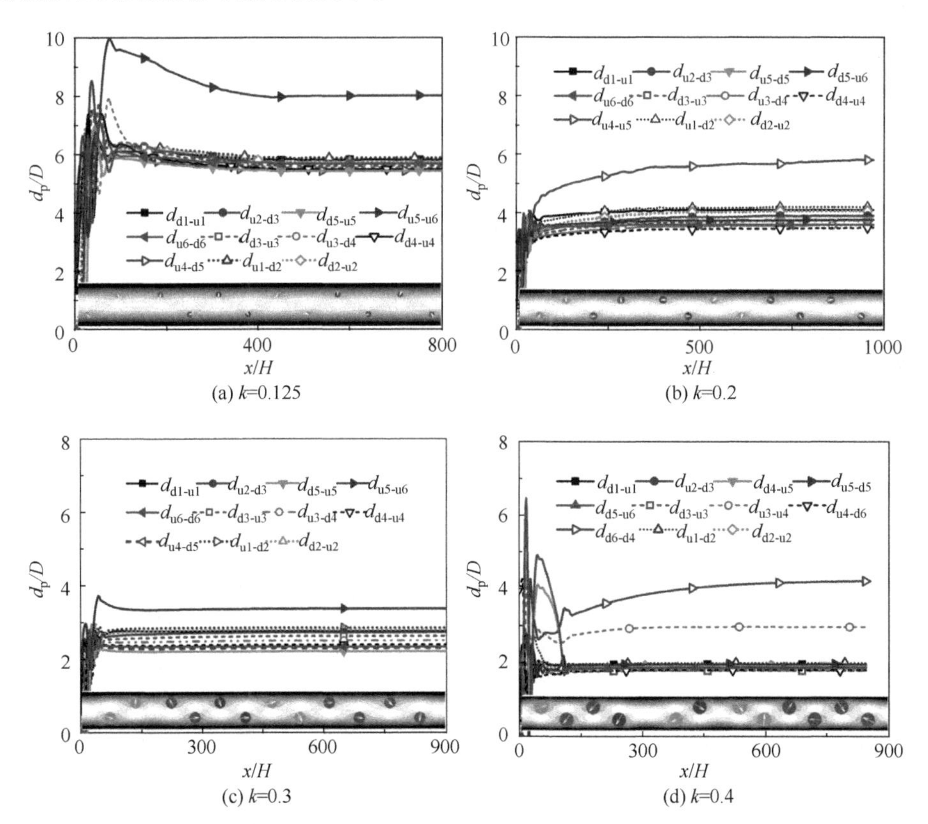

图 3.22　不同阻塞率下交错分布颗粒链中颗粒间距沿流向的变化 (Re=32)

图 3.23 给出与图 3.22 一样、但 Re 数更大的结果(Re=82)，与图 3.22 相比，可见大 Re 数时的情形完全不同，相邻颗粒位于同侧的可能性减小，颗粒更容易

形成交错分布的颗粒链。除了 k=0.4 的情形外，颗粒间距在远下游都还未达到一个稳定值，相邻颗粒间距沿流向变化时，沿 y 方向的振幅明显增加，且随着 k 的增加，振荡的规律性增强。

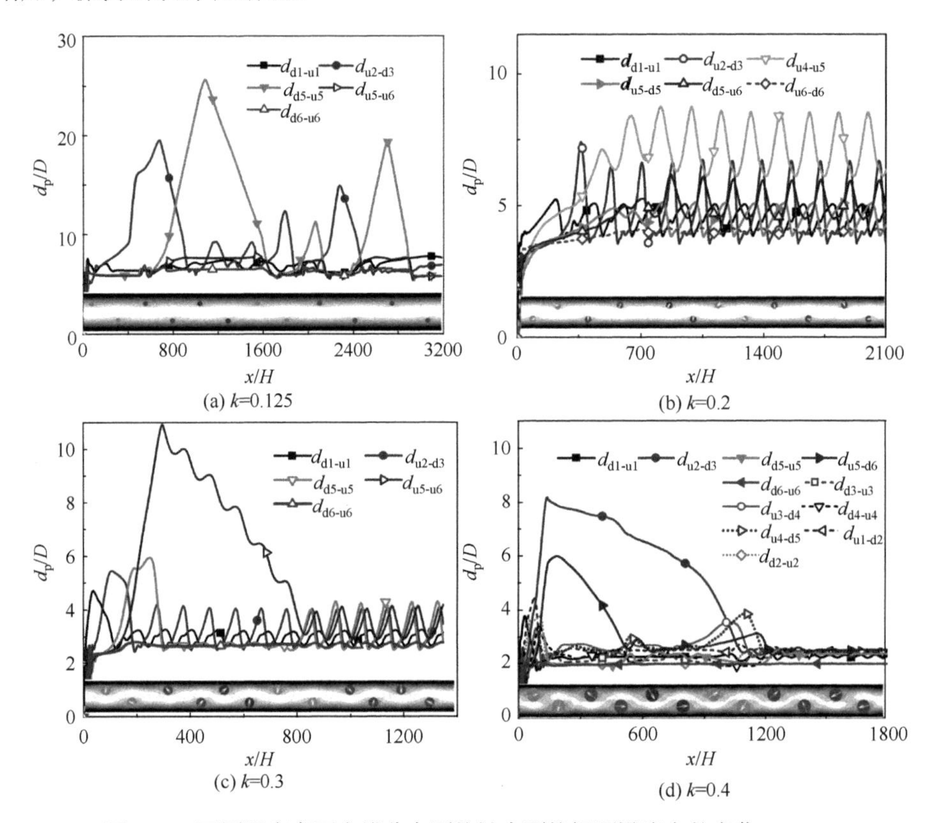

图 3.23　不同阻塞率下交错分布颗粒链中颗粒间距沿流向的变化(Re=82)

3.2.4.3　稳定间距的交错分布颗粒链

1) 阻塞率和 Re 数对形成稳定间距的交错分布颗粒链的影响

图 3.24 给出了初始交错分布的颗粒进入槽道后的分布，其中图 3.24(a)是高阻塞率、低 Re 数的情况，可见颗粒沿着下游迁移，直到 x/H=45.6 都还没有形成稳定间距交错分布的颗粒链，这是由于在高阻塞率、低 Re 数情况下，流体的惯性作用对颗粒迁移的影响较小，颗粒间的相互作用占主导地位，相互作用的结果导致颗粒间距沿着流动方向不断增加，不易形成交错分布的颗粒链。比较图 3.24(a)、图 3.22(d)、图 3.23(d)可知，只有当 Re 数超过一临界值时，流体的惯性才能压制颗粒间的相互作用而形成稳定间距的交错分布颗粒链，而图 3.24(a)中的 Re 数太小。

相比于图 3.24(a)，图 3.24 (b)中的阻塞率更小、但 Re 数更高，可见颗粒沿下游迁移的过程中，在 x/H=256.2 和 819.2 的位置，虽然上下两侧的颗粒是交错分布的，但是还没有形成稳定的颗粒间距，因为高 Re 数下流体惯性作用的增强，使得颗粒间回流区的范围增大，而在小阻塞率情况下，上下两侧的颗粒对另一侧颗粒的作用减弱，一侧颗粒不易因另一侧颗粒的作用而迁移到另一侧。图 3.24(b)中显示在 x/H=3181.8 的位置，具有稳定颗粒间距的交错分布的颗粒链已形成。

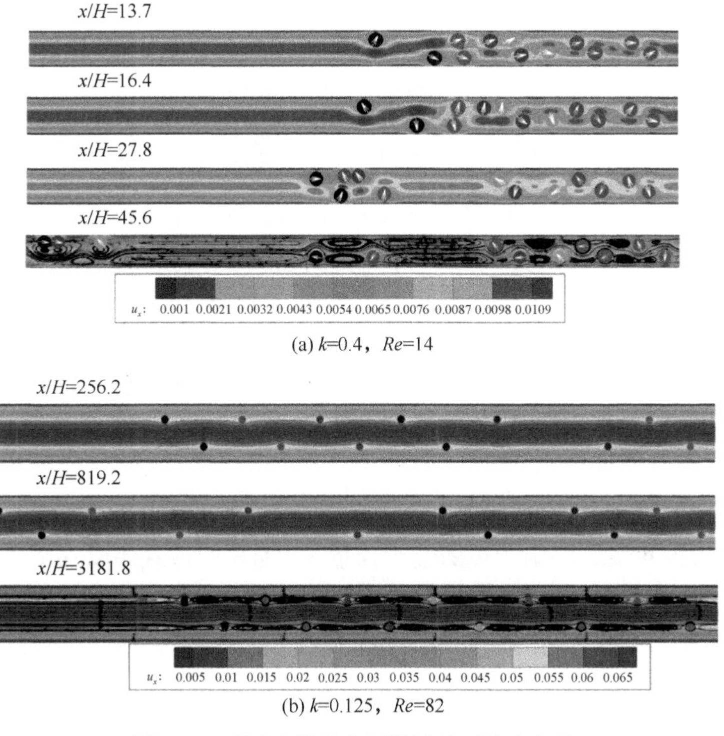

(a) k=0.4，Re=14

(b) k=0.125，Re=82

图 3.24　形成交错分布颗粒链的不稳定条件

由图 3.19、图 3.21、图 3.23 可知，颗粒迁移过程中 y 方向的位置会在单颗粒平衡位置上下波动，且波动的幅度随 Re 数的增加而增大。阻塞率越小，颗粒间距变化的范围就越大，当颗粒间距变化到最大值时，颗粒又会因流场的作用和颗粒间相互作用而相互靠近，然而，这是一个非常缓慢的动态过程。

2) 颗粒形成稳定间距的交错分布颗粒链的条件

图 3.25 给出了颗粒形成稳定间距、交错分布颗粒链的条件，其中分成如下四种情形。

(1) 如图 3.20(a)(b)、图 3.22 所示，颗粒在迁移过程中形成稳定间距的交错分布颗粒链，这种情形称为稳定状态，如图 3.25 中的圆点所示。

(2) 如图 3.24(a)所示，交错分布颗粒的间距呈不规则变化，这种情形称为不稳定状态，如图 3.25 中的倒三角所示。

(3) 如图 3.23(d)所示，交错分布颗粒的间距在一个范围内波动后最终趋于稳定，这种情形称为亚稳定状态，如图 3.25 中的方形所示。

(4) 如图 3.20(c)(d)、图 3.23(b)(c)所示，交错分布颗粒的间距沿流向变化显著，且始终在一个稳定范围内波动，这种情形称为动态，如图 3.25 中的五角星所示。

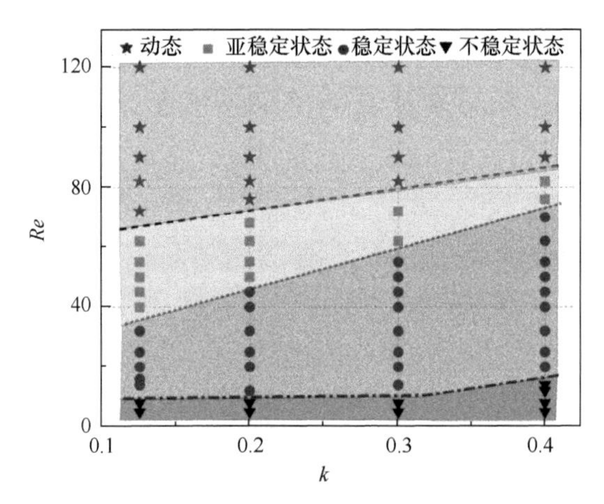

图 3.25　交错分布颗粒链的四种状态相图

由图 3.25 可见，稳定间距的交错分布颗粒链的形成主要取决于 Re 数和阻塞率，在不同阻塞率下存在三个临界 Re_{c1} 数，即 Re_{c1}、Re_{c2} 和 Re_{c3}。当 $Re<Re_{c1}$(图 3.25 中的点划线)时，交错分布颗粒的间距呈不规则变化，属于不稳定状态；当 $Re_{c1}<Re<Re_{c2}$(图 3.25 中的圆点线)时，形成稳定间距的交错分布颗粒链，属于稳定状态；当 $Re_{c2}<Re<Re_{c3}$(图 3.25 中的虚线)时，交错分布颗粒的间距在一个范围内波动后最终趋于稳定，属于亚稳定状态；当 $Re>Re_{c3}$ 时，交错分布颗粒的间距沿流向变化显著，且始终在一个稳定范围内波动，属于动态。此外，在图 3.25 中给定的 Re 数范围内，随着阻塞率的增加，处于不稳定状态和稳定状态的 Re 数范围增大，但处于亚稳定状态和动态的 Re 范围缩小。

3.2.4.4　颗粒平均间距与 Re 数和阻塞率的关系

图 3.26 给出了形成稳定间距交错分布颗粒链时，不同 Re 数和阻塞率下的颗粒平均间距 d_p/D，可见 d_p/D 随阻塞率的增加而变小，但随 Re 数的增加而增大，且阻塞率对颗粒平均间距的影响比 Re 数更显著。Kahkeshani 等[4]和 Gao 等[8]在单排分布颗粒链中，却发现颗粒平均间距随 Re 数的增加而变小。

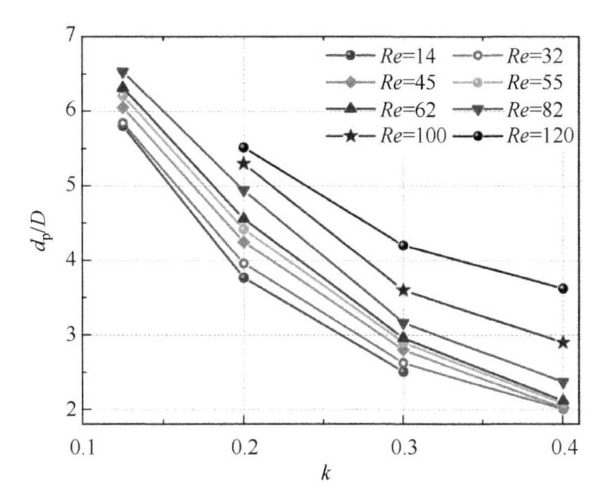

图 3.26　交错分布颗粒链的颗粒平均间距与 Re 数和阻塞率的关系

3.3　椭圆形颗粒的迁移与成链

现有研究大多关注球形或圆形颗粒的迁移及颗粒自组织成链的现象，但在自然界和实际应用中存在许多非球形颗粒，非球形颗粒与流体的相互作用使得颗粒的迁移过程更复杂。以下叙述椭圆形颗粒迁移及颗粒自组织成链，首先对用于椭圆形颗粒迁移的数值模拟方法进行验证。

3.3.1　流场描述

椭圆形颗粒在槽道中的迁移如图 3.27 所示，槽道长度和宽度分别为 L 和 H，椭圆形颗粒长轴为 D，相邻两颗粒的质心间距为 d_p，颗粒在 y 方向的平衡位置为 y_{eq}，颗粒长径比为 $\alpha=a/b$(a 和 b 是颗粒的半长轴和半短轴)，阻塞率 k 定义为 $k=D/H$。与圆形颗粒的情形一样，数值模拟时 x 方向采用周期性边界条件，通过试算，在保证计算结果对网格数无依赖性的情况下，选择计算域的长度×宽度为 $1500\times140\Delta x$。对于多颗粒而言，单排和交错分布颗粒链的周期性边界条件长度分

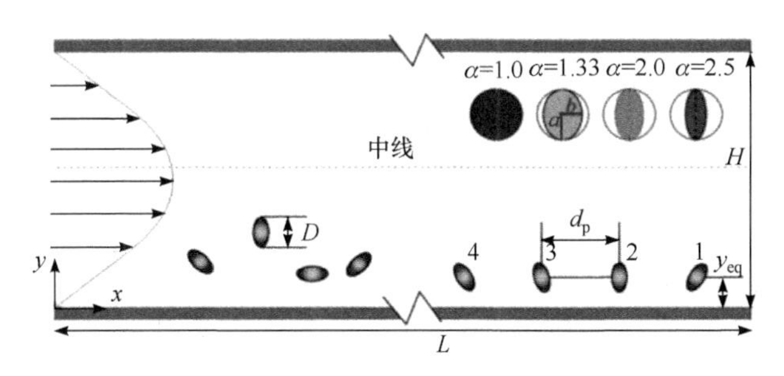

图 3.27　椭圆形颗粒在槽道中的迁移示意图

别采用 L=3000Δx 和 L=4000Δx。颗粒的浓度通过在同一长度计算域中变化颗粒数量的方式来改变。

3.3.2 数值模拟方法验证

为验证数值模拟方法,计算了一个椭圆形颗粒在牛顿流体剪切流场中的运动,图 3.28 给出了椭圆形颗粒的角速度ω和取向角 θ 随时间的变化，图中还给出了 Aidun 等[9]在同样参数下的计算结果，可见二者吻合很好。

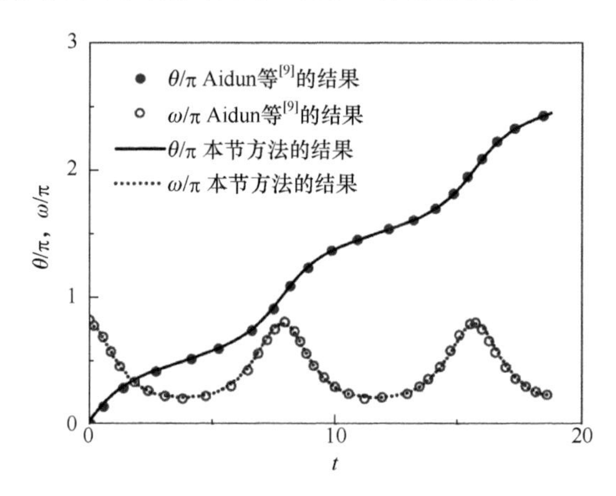

图 3.28　椭圆形颗粒的角速度和取向角随时间的变化

3.3.3 单椭圆颗粒的迁移

以下讨论颗粒长径比、阻塞率、Re 数对单椭圆形颗粒迁移时的影响。

3.3.3.1　颗粒长径比的影响

长径比是椭圆形颗粒几何形状的关键特征，在以下计算中，颗粒长径比的取值范围是α=1.0～2.86。图 3.29 给出了初始位于进口 y_{in}=0.25 和 0.4 处的颗粒进入流道后的迁移轨迹，可见相同长径比、不同初始位置的颗粒，最终将迁移到相同的 y 方向的平衡位置，但长径比不同的颗粒，其平衡位置也不同。这一结果说明，前面提到的 Segré-Silberberg 效应在椭圆形颗粒迁移时也同样出现，只是球形或圆形颗粒(α=1)的平衡位置与椭圆形颗粒的平衡位置不同。此外，椭圆形颗粒由于形状上的非各向同性，使得在迁移过程中存在周期性波动的轨迹，且波幅随长径比的增加而增加。

由于椭圆形颗粒的迁移轨迹呈周期性变化，可以将颗粒在一稳定旋转周期内的平均质心位置定义为平衡位置,图 3.30(a)给出了平衡位置(y_{eq}/H)与长径比α的关系，可见随着α的增大，y_{eq}/H 的值变小，即圆形颗粒(α=1.0)比椭圆形颗粒更靠近

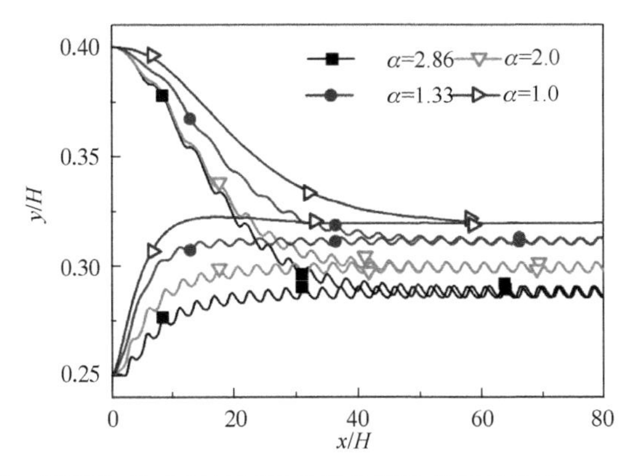

图 3.29　位于不同初始位置且不同长径比颗粒的运动轨迹 (Re=32, k=0.33)

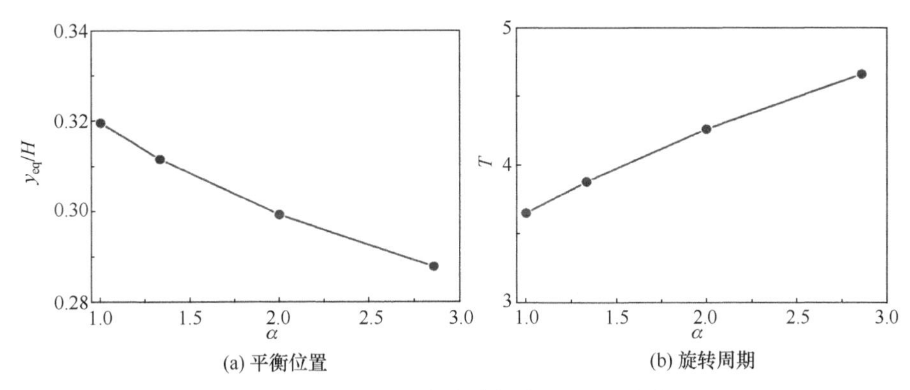

图 3.30　椭圆形颗粒平衡位置与旋转周期随长径比的变化(Re=32, k=0.33)

槽道中心线。定义无量纲颗粒旋转周期为 $T=T_0/(H/U_0)$(其中 T_0 为颗粒迁移到平衡位置时旋转一圈的时间间隔)，图 3.30(b)给出了旋转周期与长径比α的关系，可见旋转周期与长径比成正比，这与 Jeffery[10]的结论一致，即大长径比的椭圆形颗粒具有更大的旋转周期。

3.3.3.2　阻塞率的影响

阻塞率的取值范围是 k=0.2～0.5，颗粒初始分别从 y_{in}=0.25 和 0.4 的位置进入流道，图 3.31 给出了颗粒迁移轨迹，可见 Segré-Silberberg 效应依然存在，颗粒轨迹波动幅度随阻塞率 k 增加而增大，在 k 较大情况下，颗粒更快迁移到平衡位置，即所需的迁移距离更短，这与球形颗粒的结论[11]一致。

图 3.32(a)给出了椭圆形颗粒平衡位置 y_{eq}/H 与阻塞率 k、长径比α的关系，可见 y_{eq}/H 随 k 的增加和α的减小而单调增加。图 3.32(b) 给出了旋转周期与阻塞率 k 的关系，可见 k 越大，颗粒的旋转周期 T 越长。

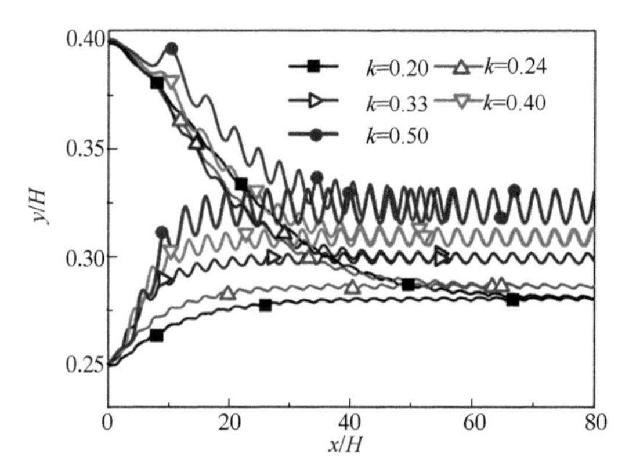

图 3.31　阻塞率对颗粒运动轨迹的影响 (Re=32, α=2.0)

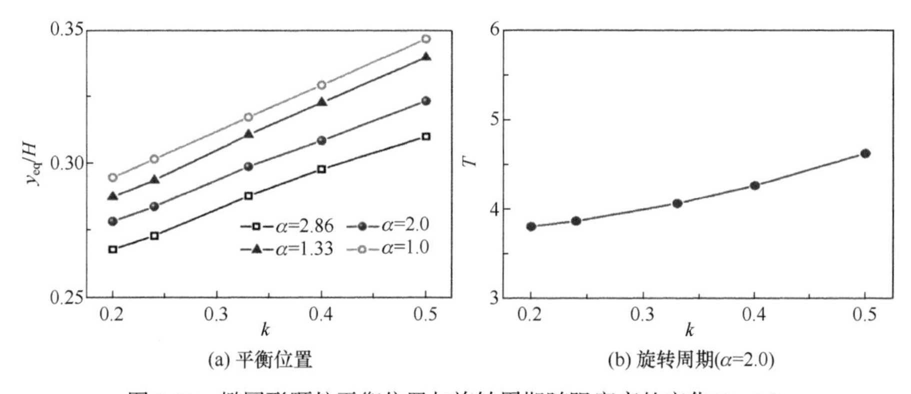

图 3.32　椭圆形颗粒平衡位置与旋转周期随阻塞率的变化(Re=32)

3.3.3.3　Re 数的影响

Re 数的取值范围为 Re=10～100，图 3.33 给出了长径比α=2.86 和 1.33 时不同 Re 数下的颗粒迁移轨迹，可见α较大时(α=2.86)，Re 数越小，颗粒的平衡位置越靠近壁面；而α较小时(α=1.33)，颗粒的平衡位置随 Re 数的增加而靠近壁面，但这一现象不是很明显。

不同长径比颗粒的平衡位置与 Re 数的关系如图 3.34(a)所示，可见随着长径比α的增加，颗粒平衡位置离中线更远。圆形颗粒(α=1)的平衡位置随 Re 数的增加而偏离槽道中线，这与 Choi 等[12]的结论一致。但对于椭圆形颗粒而言，平衡位置与 Re 数的关系取决于颗粒的长径比，当α=1.33 时，随着 Re 数的增加，平衡位置先靠近中线然后缓慢地离开中线，而当α=2.86 和 2.0 时，随着 Re 数的增加，在小 Re 数下，平衡位置靠近中线；在大 Re 数下，靠近中线的幅度变小且最后趋于稳定值。图 3.34(b)给出了α=2.86 和 1.33 时旋转周期与 Re 数的关系，可见颗粒的旋转周期随 Re 的增大而减小。

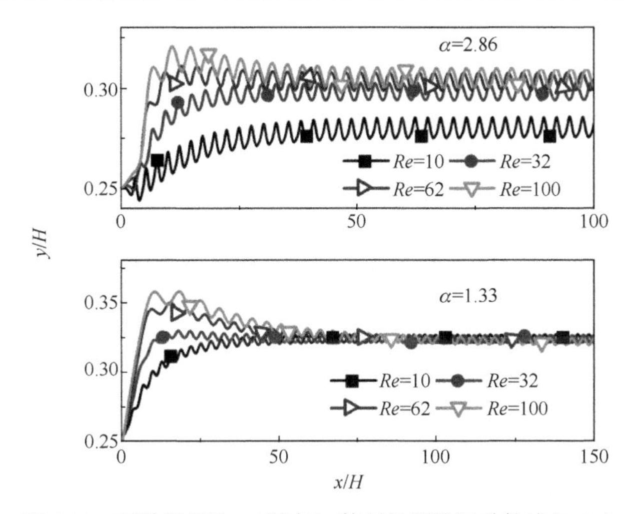

图 3.33　两种长径比、不同 Re 数下的颗粒运动轨迹(k=0.4)

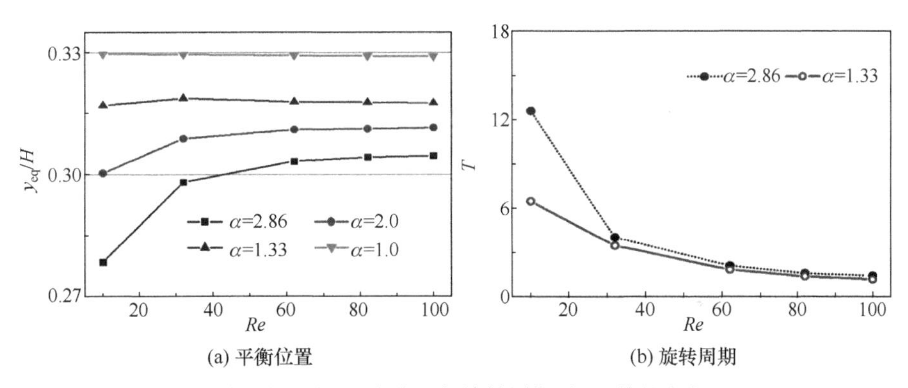

图 3.34　椭圆形颗粒平衡位置与旋转周期随 Re 数的变化(k=0.4)

3.3.4　单排分布颗粒链的形成

以下介绍椭圆颗粒单排分布颗粒链的形成以及颗粒长径比、颗粒浓度、Re 数以及阻塞率对颗粒成链的影响。

图 3.35 给出了在特定的颗粒长径比、Re 数和阻塞率的情况下，单排分布的椭圆颗粒形成颗粒链的动态过程。图 3.35(a)给出了颗粒在迁移时的轨迹，其中 P_1、P_2、⋯、P_{10} 分别代表颗粒 1 到 10，可见随机分布的颗粒在进入流场后先往 y 方向的平衡位置附近迁移，在这一过程中颗粒也在做旋转运动，使得颗粒的轨迹呈现波动，这与前面所述的圆形颗粒光滑的轨迹不同。图 3.35(a)中的方框是 x/H≈150 和 1400 处，颗粒 P_1，P_2，P_9，P_{10} 和 P_1，P_4，P_9，P_{10} 的轨迹，此时单排颗粒尚未迁移到单颗粒时 y 方向的平衡位置，前后颗粒的连线是倾斜的，因而可用前述的无量纲倾斜量 IH 来描述颗粒链沿流向的倾斜度。

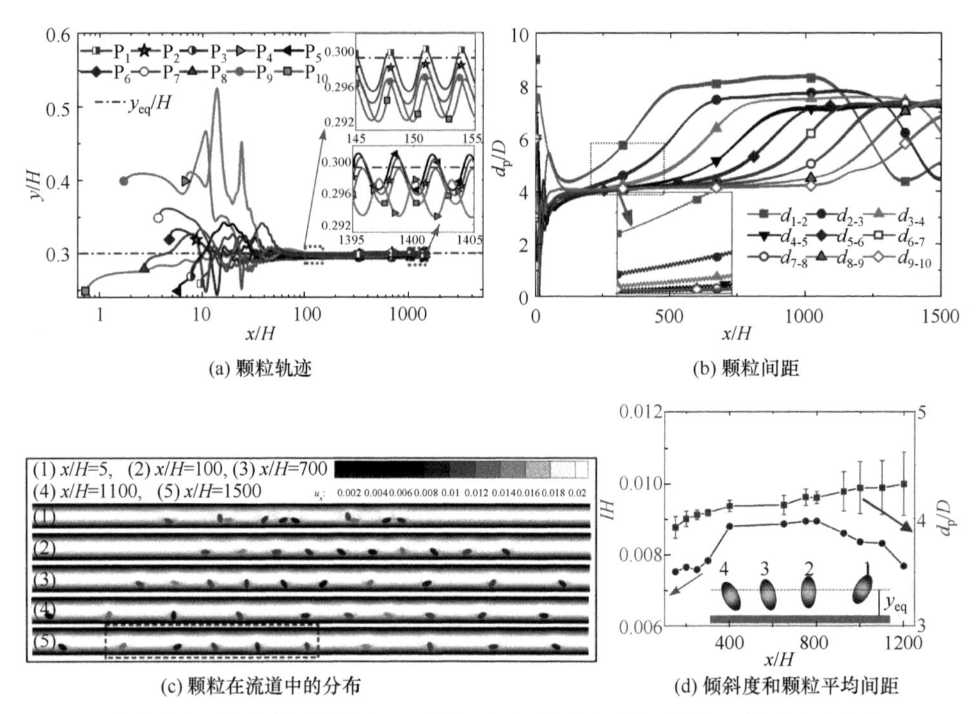

图 3.35　单排分布颗粒链的颗粒轨迹、颗粒间距、倾斜度和颗粒平均间距沿流向的变化 (α=2.0, Re=32, k=0.33)

图 3.35(b)给出了颗粒间距沿流向的变化，其中 $d_{1\text{-}2}$、$d_{2\text{-}3}$、…、$d_{9\text{-}10}$ 代表下标所示的两个相邻颗粒的间距，可见在 x/H<1500 的范围内，中间几个颗粒的间距如 $d_{4\text{-}5}$、$d_{5\text{-}6}$、$d_{6\text{-}7}$、$d_{7\text{-}8}$ 已趋于一稳定值，但前后几个颗粒的间距还处于波动之中，稳定间距的颗粒链尚未形成。

图 3.35(c)给出了在五个不同的流向位置颗粒在流道中的分布，图中的灰度表示流场的速度。在 x/H=5 的位置，颗粒不仅没有形成均匀的间距，而且有些颗粒尚未到达 y 方向的平衡位置。在 x/H=100 的位置，颗粒已基本到达 y 方向的平衡位置且颗粒间距基本均匀，但这一阶段的均匀间距是不稳定的，在 x/H=700 和 1100 的位置，颗粒间距又变得不均匀，直到 x/H=1500 的位置，颗粒的间距又变得更均匀。

图 3.35(d)给出了倾斜度和颗粒平均间距沿流向的变化，可见倾斜度经历了一个从小到大、再变小的过程，即颗粒最终都趋于稳定在 y 方向的平衡位置。颗粒平均间距则沿着流向缓慢增加，在 x/H=150 到 1400 的范围内，颗粒平均间距才增加约 10%。

3.3.4.1　颗粒长径比的影响

颗粒长径比的取值范围为 α=1.0～2.5，图 3.36(a)、(b)给出了 α=1.67 和 2.5

时颗粒间距沿流向的变化，可见在两种颗粒长径比下，颗粒间距沿流向的变化相似，但对大长径比颗粒而言，颗粒链中的上游颗粒在更长的迁移距离内保持稳定的间距，即细长椭圆颗粒形成的颗粒链能在更长的距离内保持颗粒间距的稳定。

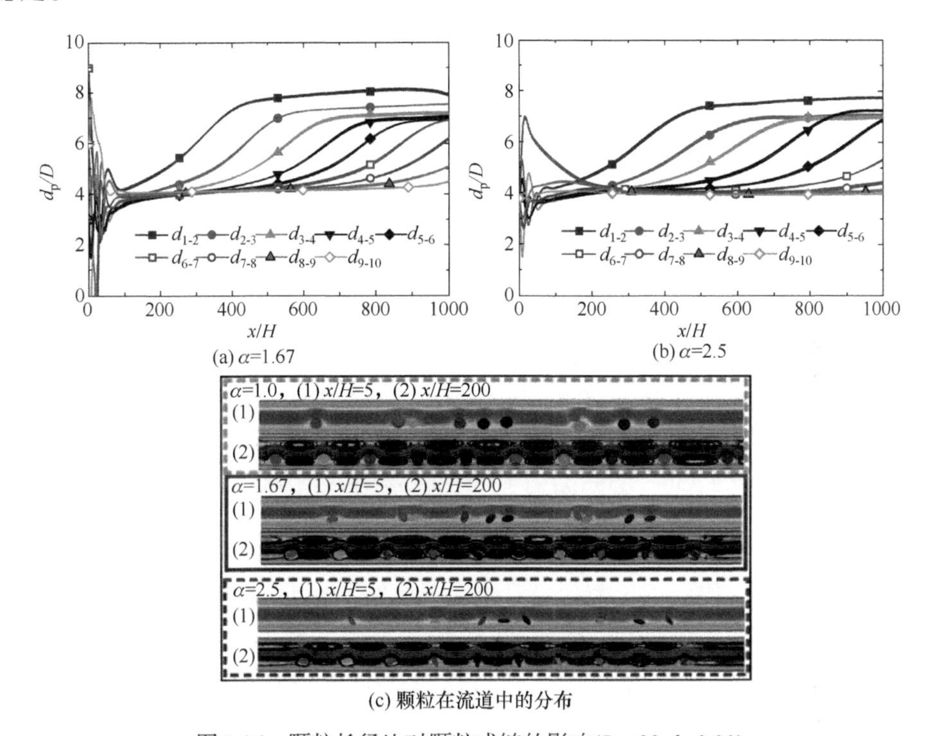

(a) α=1.67　(b) α=2.5

(c) 颗粒在流道中的分布

图 3.36　颗粒长径比对颗粒成链的影响(Re=32, k=0.33)

图 3.36(c)给出了不同颗粒长径比时在两个流向位置的颗粒分布，可见在颗粒的同侧和另侧的相邻颗粒之间存在明显的涡结构，且长径比α越大，相邻两个颗粒之间的涡结构尺度越大。相比于 x/H=5 的位置，颗粒在 x/H=200 位置上成链的现象更明显，即颗粒几乎都位于相同的 y 方向的平衡位置且颗粒间距基本相同。

图 3.37 给出了在不同流向位置，倾斜度和颗粒平均间距与颗粒长径比的关系，可见总体上倾斜度随着长径比的增大而增大，因为大长径比颗粒在迁移过程中其质心的摆动幅度更大，颗粒更不容易一起到达平衡位置。随着颗粒长径比的增加，颗粒平均间距尽管在局部平缓下降甚至略有增加，但总体上呈下降的趋势，因为大长径比的颗粒具有较长的旋转周期，在较长的周期内，颗粒长轴指向流动方向，这使得颗粒间的涡结构范围变小，因而颗粒平均间距也随之变小。

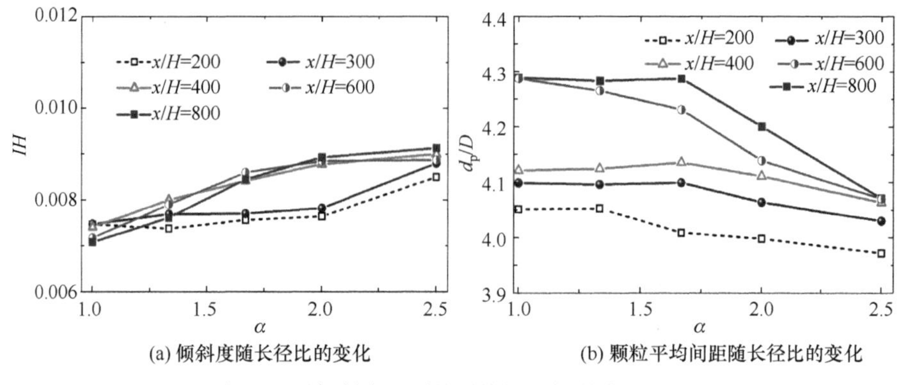

(a) 倾斜度随长径比的变化　　(b) 颗粒平均间距随长径比的变化

图 3.37　长径比对倾斜度和颗粒平均间距的影响(Re=32, k=0.33)

3.3.4.2　颗粒体积浓度的影响

当流道中的颗粒数量取 N=2、6、10、14、16 时，相应的颗粒浓度为 Φ=0.4%、1.2%、2.0%、2.8%和 3.2%。图 3.38(a)给出了 Φ=0.4%时颗粒间距沿流向的变化，可见在初始阶段，颗粒间距迅速增加，接着增速变慢，圆形颗粒的间距大于椭圆颗粒的间距。在 x/H =50～250 范围内，椭圆颗粒间距比圆形颗粒间距增长慢。此外，图中的颗粒分布说明，圆形颗粒间的涡旋尺度大于椭圆颗粒的情形，这与图 3.36(c)的结果一致。

图 3.38(b)给出了当浓度增加到 Φ=1.2%时的颗粒间距沿流向的变化，可见颗粒间距在经过进口处的无规则变化之后逐渐稳定下来，而且间距逐渐增大，但不同相邻颗粒间距的增幅不同。从图中给出的两个流向位置处颗粒的分布，可以直观地看到颗粒间距的增加。

继续增加颗粒的浓度，图 3.38(c)、(d)分别给出 Φ=2.8%和 3.2%时颗粒间距沿流向的变化，可见与低浓度时的情形有所不同，颗粒浓度的增加使得颗粒间的相互作用增强，这导致所有的颗粒间距在某个流向位置(图 3.38(c)中 x/H ≈500)已趋于一个稳定值(图 3.38(c)中 d_p/D ≈4)，高浓度情况下(图 3.38(d))更明显。这种情况

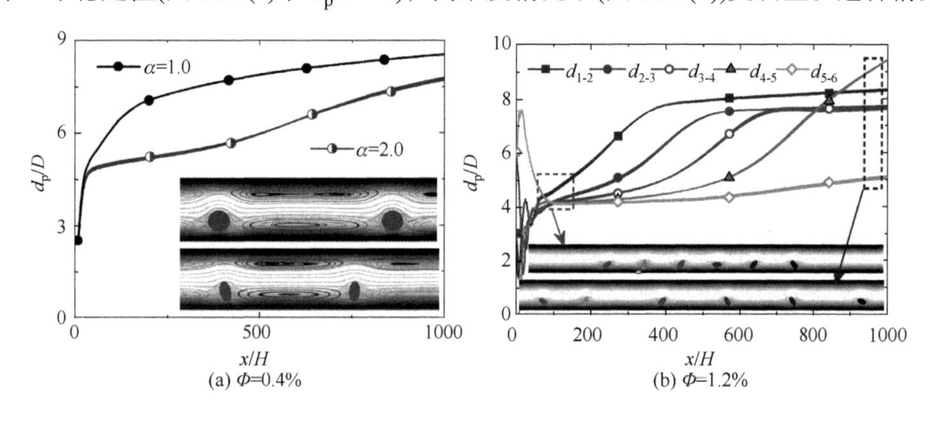

(a) Φ=0.4%　　(b) Φ=1.2%

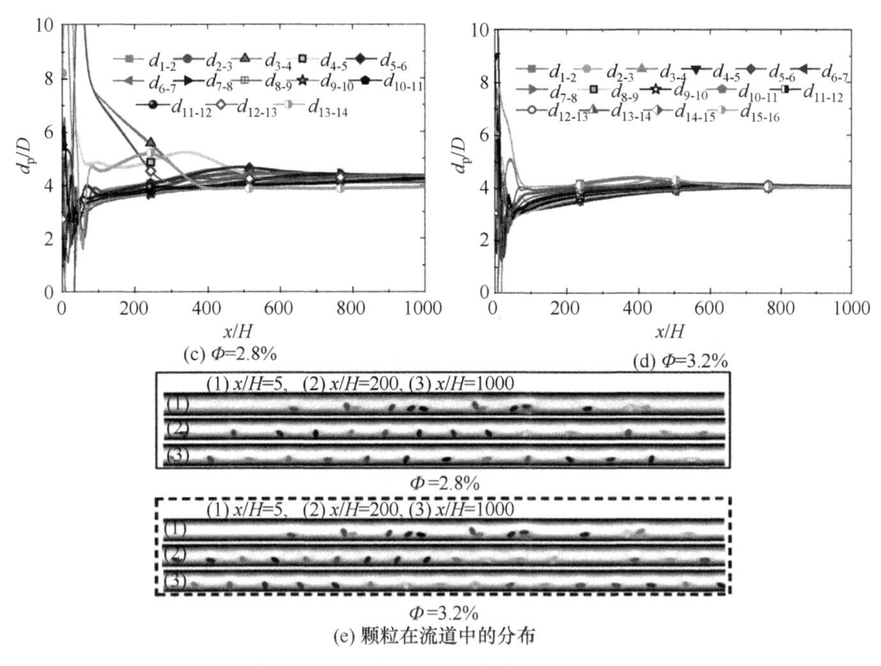

(e) 颗粒在流道中的分布

图 3.38　颗粒浓度对颗粒成链的影响（α=2.0, Re=32, k=0.33）

标志着稳定颗粒间距的颗粒链已形成。图 3.38(e)给出了 Φ= 2.8%和 3.2%时颗粒在三个流向位置处的分布，可以直观地看到，颗粒沿着流向逐渐形成了均匀间距的颗粒链。

图 3.39(a)给出了椭圆和圆形颗粒链倾斜度随颗粒浓度的变化，可见椭圆颗粒的倾斜度比圆形颗粒的倾斜度大，且倾斜度随颗粒浓度的增加而增加；而圆形颗粒在浓度较高时倾斜度减小。

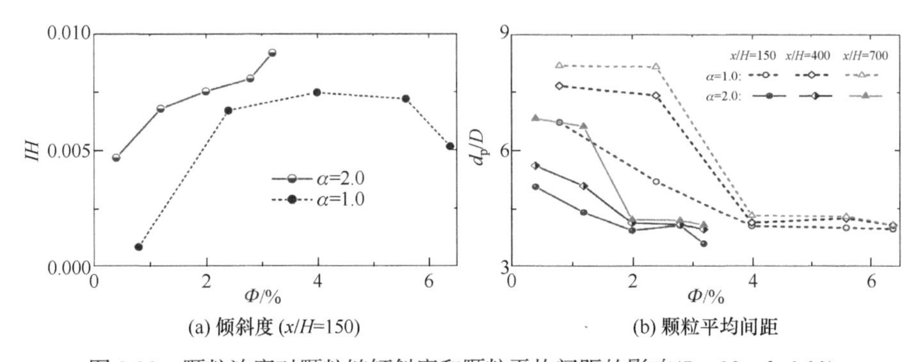

(a) 倾斜度 (x/H=150)　　(b) 颗粒平均间距

图 3.39　颗粒浓度对颗粒链倾斜度和颗粒平均间距的影响(Re=32、k=0.33)

图 3.39(b)给出了椭圆和圆形颗粒平均间距随颗粒浓度的变化，可见颗粒平均间距都随浓度的增加而先迅速减小，然后缓慢减小。由于椭圆颗粒具有更大的倾

斜度和更小的旋涡尺度，因此在不同的流向位置，椭圆颗粒链的颗粒间距都比圆形颗粒链的颗粒间距小。

3.3.4.3　*Re* 数的影响

图 3.40 给出了两种 *Re* 数下颗粒在流道中的分布，可见在相同的流向位置，随着 *Re* 数的增大，颗粒之间的涡结构尺度减小，颗粒间距变得均匀。

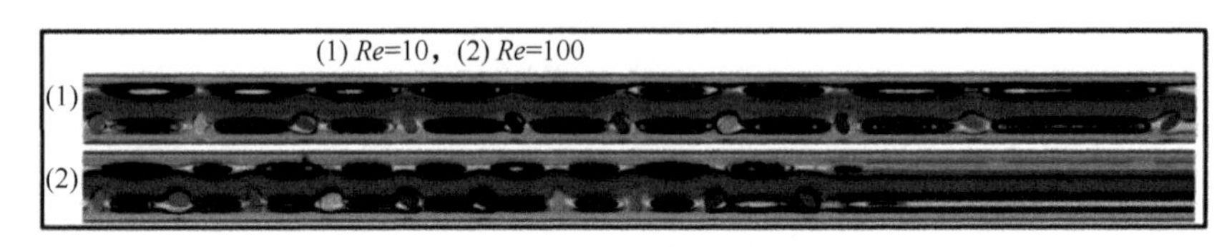

图 3.40　两种 *Re* 数下颗粒在流道中的分布（α=2.0, k=0.33, Φ=2.0%, x/H=200）

图 3.41(a)、(b)是颗粒浓度 Φ=2.0%时在两种 *Re* 数下颗粒间距沿流向的变化，可见在 x/H<1000 范围内的两种 *Re* 数下，颗粒间距都趋于一稳定值，只是值的大小有差异，*Re* 数越大，稳定值的差异也越大。图 3.41(c)、(d)是颗粒浓度 Φ=3.2%时在两种 *Re* 数下颗粒间距沿流向的变化，与图 3.41(a)、(b)的情形相比，可见随着颗粒浓度的增加，颗粒间距在沿流向发展过程中存在明显的波动，到达稳定间距所需的流向距离更长。

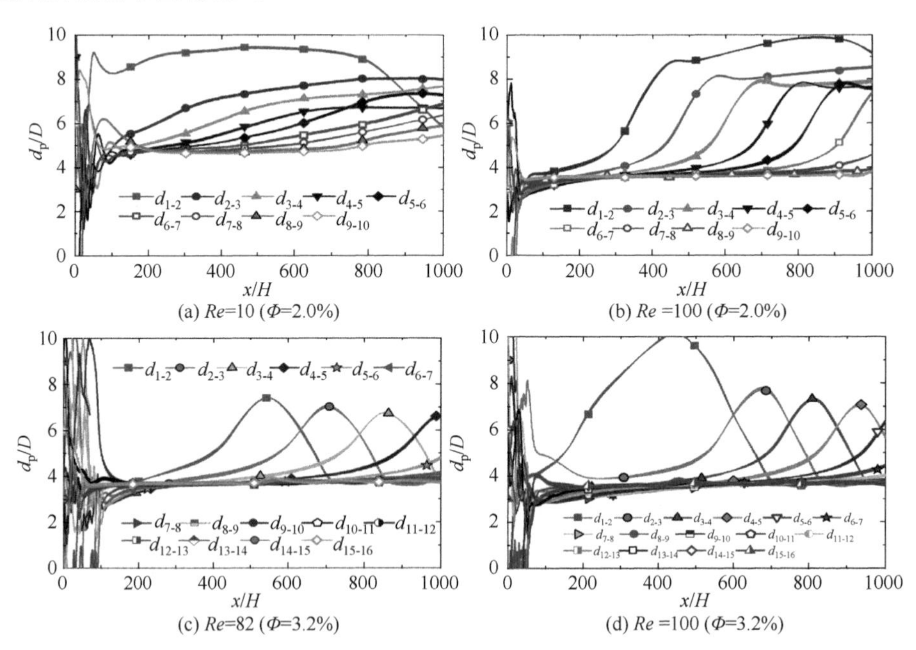

(a) *Re*=10 (Φ=2.0%)　　(b) *Re* =100 (Φ=2.0%)

(c) *Re*=82 (Φ=3.2%)　　(d) *Re* =100 (Φ=3.2%)

图 3.41　*Re* 数对颗粒间距的影响（α=2.0, k=0.33）

Re 数对颗粒链倾斜度和颗粒平均间距的影响如图 3.42 所示，在图 3.42(a)中随着 *Re* 数的增大，颗粒链倾斜度也增加，这是大 *Re* 数下流场惯性对颗粒的作用所致。此外，椭圆颗粒情形下的倾斜度增幅大于圆形颗粒的情形，这是椭圆颗粒迁移过程中轨迹的波动性更强所致。在图 3.42(b)中颗粒平均间距都随着 *Re* 数的增大而减小，且对不同颗粒浓度的情形，减小的趋势一致。越往下游，颗粒平均间距越大。

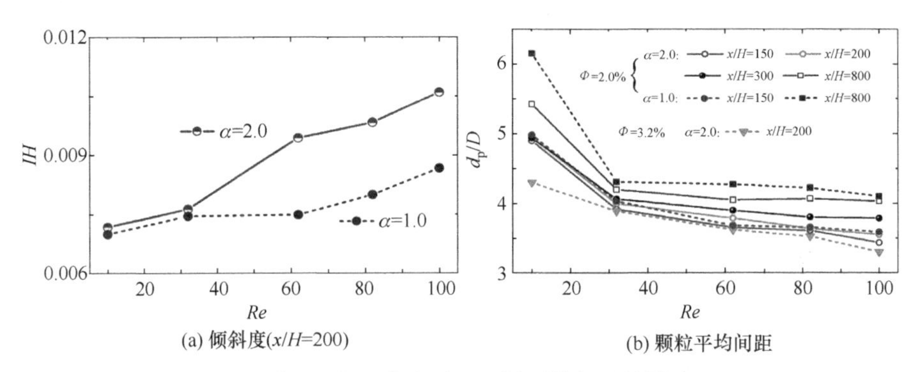

图 3.42　*Re* 数对颗粒链倾斜度和颗粒平均间距的影响(k=0.33)

3.3.4.4　阻塞率的影响

阻塞率分别取 $k=0.24$、0.28、0.33 和 0.40。图 3.43 给出了两种阻塞率下颗粒间距沿流向的变化，可见在小阻塞率时，大部分的颗粒间距很快就趋于一个稳定值，而大阻塞率的情况要稍微慢一些。

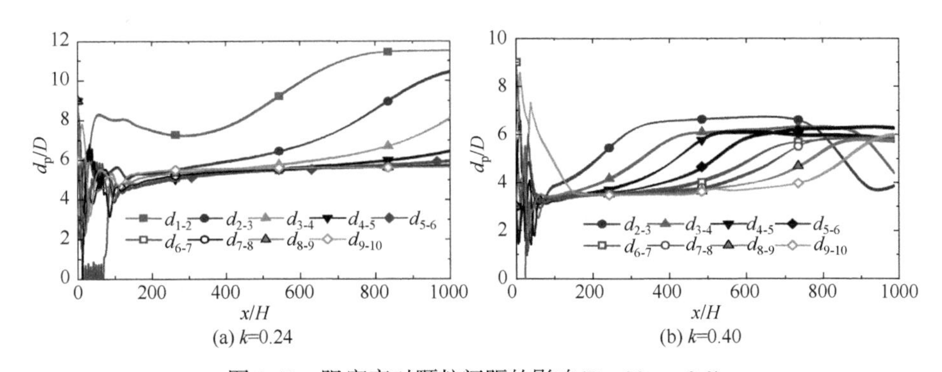

图 3.43　阻塞率对颗粒间距的影响(Re=32, α=2.0)

图 3.44 给出了阻塞率对颗粒链倾斜度和颗粒平均间距的影响，可见倾斜度随阻塞率的增加而增大，且椭圆颗粒的倾斜度大于圆形颗粒。颗粒平均间距随阻塞率的增加而减小，且在大阻塞率下有小幅度的减小；圆形颗粒间距大于椭圆颗粒的间距；越往下游，颗粒平均间距越大。

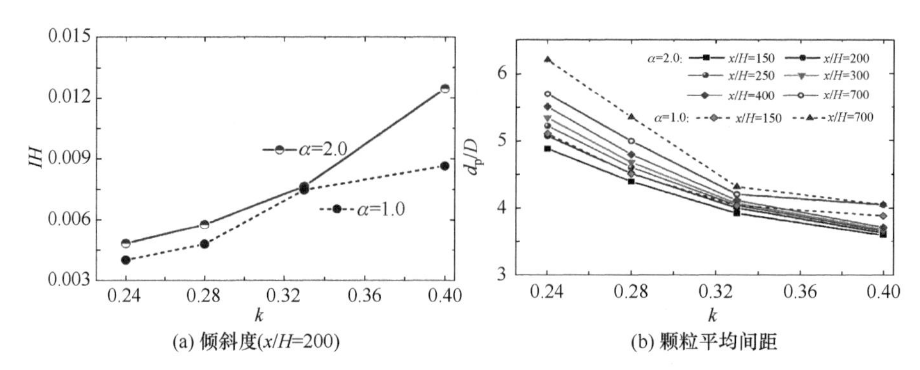

图 3.44　阻塞率对颗粒链倾斜度和颗粒平均间距的影响(k=0.33)

3.3.5　交错分布颗粒链的形成

以下介绍椭圆颗粒交错分布颗粒链的形成以及颗粒长径比、颗粒浓度、Re 数以及阻塞率对颗粒成链的影响。

初始时刻，位于入口处 $y_{\text{in}}/H = 0.25$ 和 0.75 位置的两排椭圆形颗粒进入流场后，将形成交错分布的颗粒链，图 3.45 为三个不同流向位置处颗粒的分布，可见颗粒沿流向逐渐形成颗粒间距稳定、均匀的两排交错颗粒链。

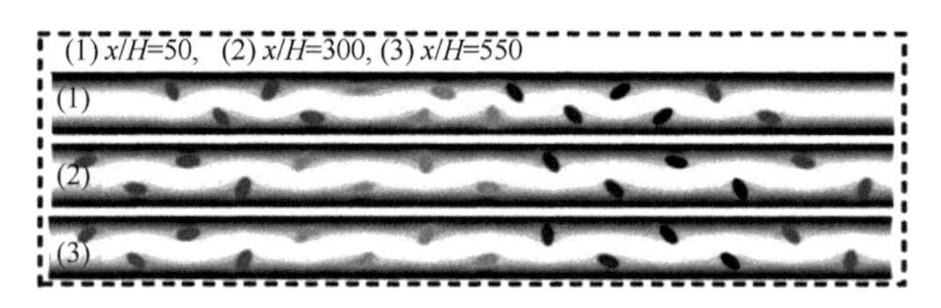

图 3.45　椭圆颗粒交错分布颗粒链的形成

图 3.46 给出了颗粒轨迹和颗粒间距沿流向的变化，图 3.46(a)中上下两张图分

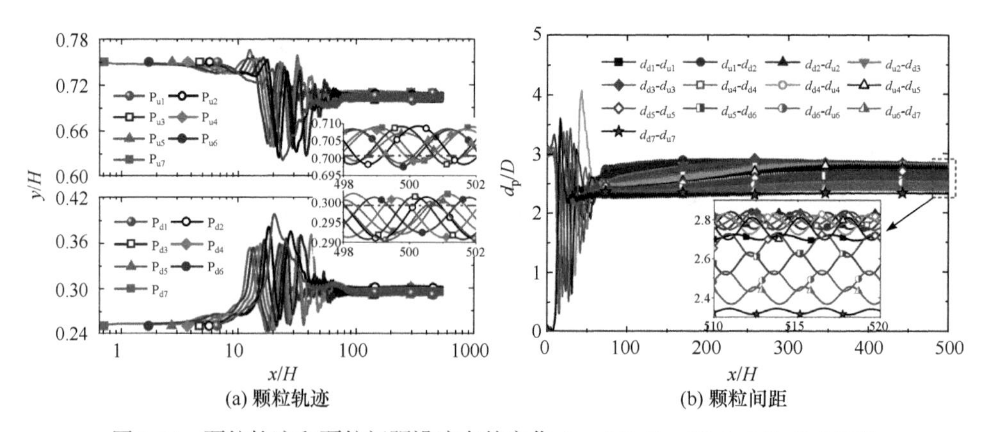

图 3.46　颗粒轨迹和颗粒间距沿流向的变化（α= 2.0, Re= 32, k=0.3, Φ=2.8%）

别代表上下两排颗粒的轨迹，可见椭圆形颗粒在刚进入流道时，其轨迹还比较平稳，但在约 10<x/H<100 的范围内，颗粒的轨迹呈现波动，在 x/H>100 后，颗粒趋于 y 方向的平衡位置。图 3.46(b)表明，颗粒的间距在初始阶段经过一阵大波动后，围绕一稳定值做小波动变化，当小波动消失后，间距稳定、均匀的两排交错颗粒链便已形成。

3.3.5.1　颗粒长径比的影响

图 3.47 给出了不同长径比椭圆颗粒的交错分布颗粒链，可见在 x/H=700 的流向位置，稳定、均匀间距的颗粒链已经形成，同排相邻颗粒间存在两个明显的涡结构。

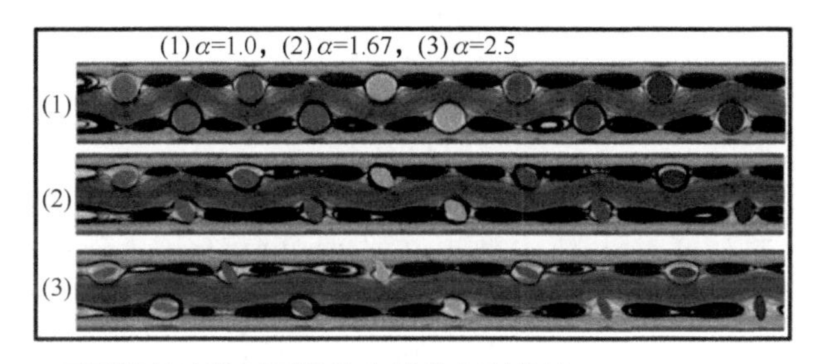

图 3.47　不同长径比椭圆颗粒的交错分布颗粒链(Re=32, k=0.33, x/H=700)

图 3.48 是不同长径比椭圆颗粒间距沿流向的变化，图 3.48(a)中圆形颗粒(α=1.0)的间距(指的是上下两排相邻颗粒的水平间距)在经过初始阶段的无规则变化后，很快就趋于一稳定值，但各间距的稳定值不同。图 3.48(b)中对小长径比的椭圆颗粒而言，其间距的变化趋势与圆形颗粒的情形差不多，只是到达稳定值的过程更长一些。图 3.48(c)是大长径比椭圆颗粒的情形，可见颗粒间距不是很快地趋于稳定值，而是有规律地以波幅不断减小的方式波动，直到 x/H=700 的位置，颗粒间距尚未到达稳定值。图 3.48(d)给出了颗粒平均间距与长径比的关系，可见随着颗粒长径比的增加，颗粒平均间距也增大，这是由于大长径比的颗粒在流场

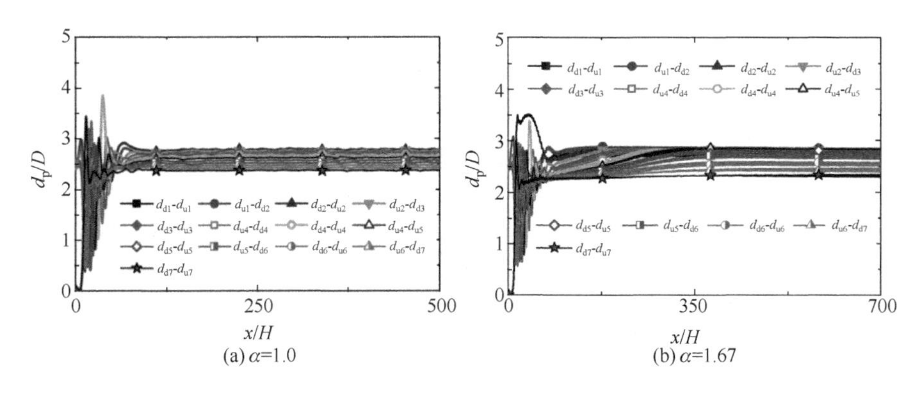

(a) α=1.0　　(b) α=1.67

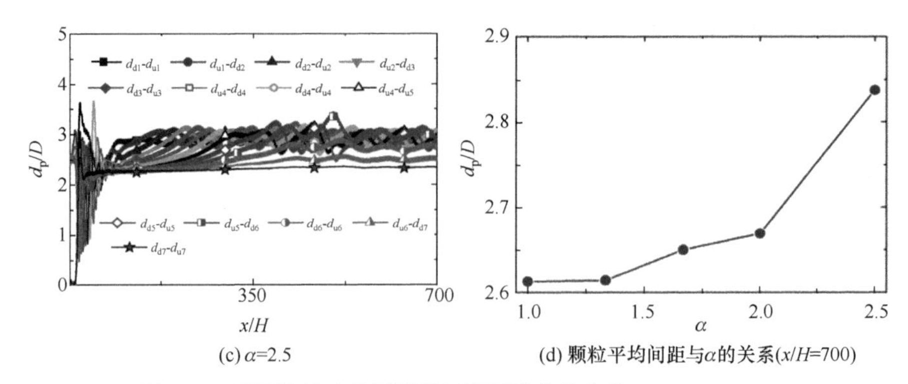

(c) α=2.5　　　(d) 颗粒平均间距与α的关系(x/H=700)

图 3.48　不同长径比椭圆颗粒间距沿流向的变化(Re=32, k=0.33)

中具有较大的影响范围，流场对颗粒的作用以及颗粒间的相互作用导致相邻颗粒间有更大的空间。

3.3.5.2　颗粒体积浓度的影响

取颗粒数 N = 2，8，14 和 20 时，分别对应的颗粒浓度为 Φ= 0.3%，1.2%，2.0%和 3.0%。图 3.49 给出了两种不同颗粒浓度下椭圆颗粒的交错分布颗粒链，可见随着颗粒向下游迁移，稳定、均匀间距的颗粒链逐渐形成，此时同排相邻颗粒间存在两个明显的涡结构。

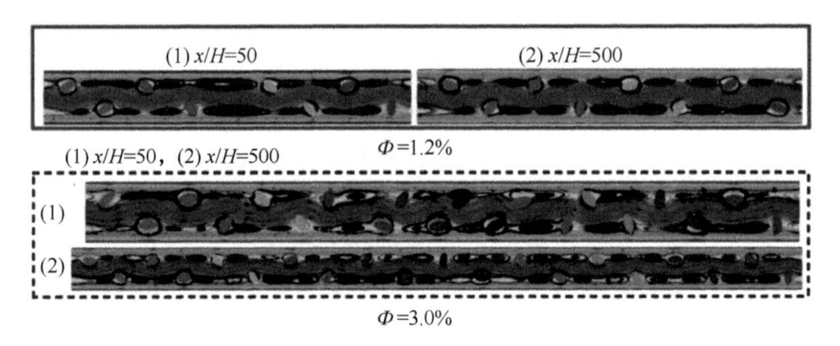

图 3.49　两种不同颗粒浓度下椭圆颗粒的交错分布颗粒链(Re=32, k=0.33, α=2.0)

图 3.50 是不同颗粒浓度情况下颗粒间距沿流向的变化，由图 3.50(a)可见，最低浓度下的颗粒相互作用特征不明显，椭圆颗粒间距经过急剧减小、增大、缓慢减小、急剧减小，最后趋向一个稳定值，而圆形颗粒(α=1.0)的间距则很快地趋向于一个稳定值，且该值与椭圆颗粒间距的稳定值一致。随着颗粒浓度的增加，图 3.50(b)和(c)给出了相应的结果，可见颗粒间距都是在经过初始的无规律变化后趋向于不同的稳定值，只是在图 3.50(c)颗粒浓度较高的情况下，颗粒间距到达稳定值的过程更长。图 3.50(d)给出了颗粒链中颗粒平均间距随颗粒浓度的变化，可见当颗粒浓度 Φ 从 0.3%增加到 1.2%时，颗粒平均间距增加很明显，然而当 Φ 继

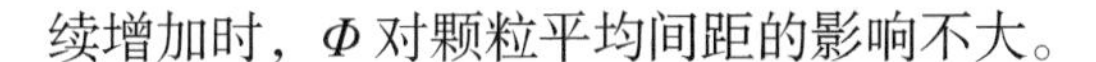
续增加时，Φ 对颗粒平均间距的影响不大。

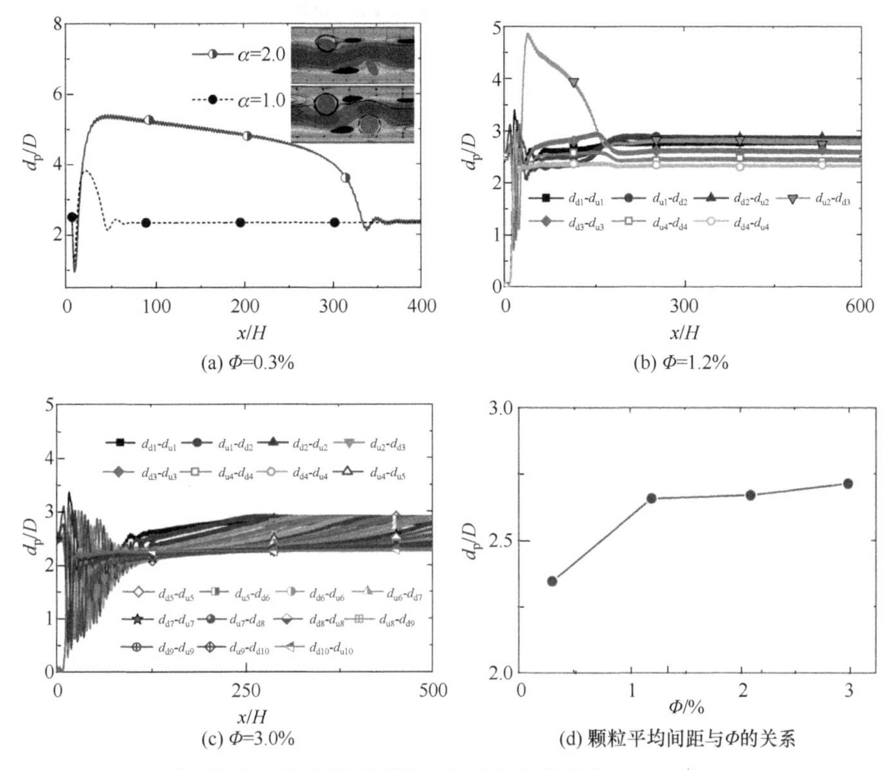

(a) Φ=0.3%　(b) Φ=1.2%

(c) Φ=3.0%　(d) 颗粒平均间距与Φ的关系

图 3.50　不同颗粒浓度情况下颗粒间距沿流向的变化(Re=32, k=0.33, α=2.0)

3.3.5.3　Re 数的影响

图 3.51 给出了两种 Re 数下交错分布颗粒在不同流向位置的分布，可见在低 Re 数(Re=5)下，交错分布的颗粒迁移很不稳定，初始为上下交错分布的颗粒进入流道后，在 x/H=25 流向位置，颗粒仍保持上下交错分布，但颗粒的间距差别很大，到了 x/H=60 的位置，颗粒间距的差别更大，到了 x/H=68 和 80 的位置，不仅颗粒间距的差别大，甚至出现了相邻两个颗粒为同侧的情况，可见在这样的情况下交错分布的颗粒链难以形成。而在较高 Re 数(Re=62)下，虽然五个不同流向位置处颗粒间距存在差别，但这五个位置上的颗粒始终保持上下颗粒交错分布，尤其是在 x/H=1000 的位置，上下两排颗粒不仅基本处于 y 方向上的平衡位置，而且相邻颗粒的间距趋于相同，这表明交错分布的颗粒链已初步形成。当然，由于大 Re 数下的流场对流效应比较强，所以要在比较下游的位置，交错分布的颗粒链才能形成。

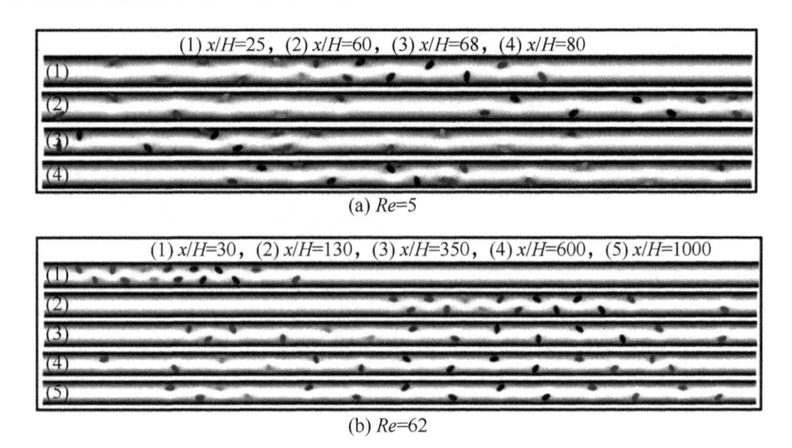

(a) Re=5

(b) Re=62

图 3.51　两种 Re 数下交错分布颗粒在不同流向位置的分布 (k=0.33, α=2.0)

以上说明 Re=5 和 Re=62 的两种 Re 数下，交错分布颗粒在成链方面有不同的结论，为了进一步缩小导致不同结论的 Re 数的范围，图 3.52 给出了 Re=16 情况下交错分布颗粒间距沿流向的分布，可见颗粒间距经过最初无规则的变化后，很快就趋向于一个稳定值，该值对不同的相邻两个颗粒略有不同，其中的 $d_{\text{d4-u4}}$ 最大，这在图 3.52 中下方的颗粒分布也可看出，说明此时交错分布颗粒链已经初步形成。

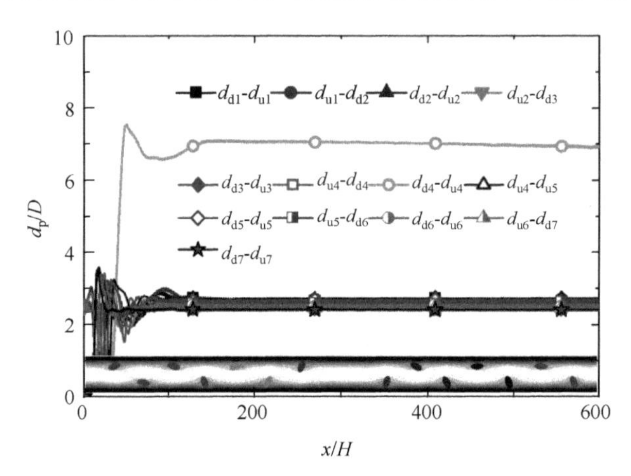

图 3.52　交错分布颗粒间距沿流向的分布(k=0.33, α=2.0, Re=16)

3.3.5.4　阻塞率的影响

图 3.53 是大长径比颗粒(α=2.0)、小 Re 数(Re=32)下交错分布颗粒间距沿流向的分布，在图 3.53(a)的阻塞率较小的情况下，颗粒间距在经过了初始阶段的无规律变化后，进入到缓慢的、接近周期性波动的阶段，各间距值的差异在小于 1 的范围。当阻塞率增加到图 3.53(b)的情况，颗粒间距很快就趋近于一个稳定值，且

各间距值的差异在小于 0.5 的范围，可见在大长径比颗粒、小 *Re* 数的前提下，阻塞率越大，颗粒越容易形成交错分布的颗粒链。

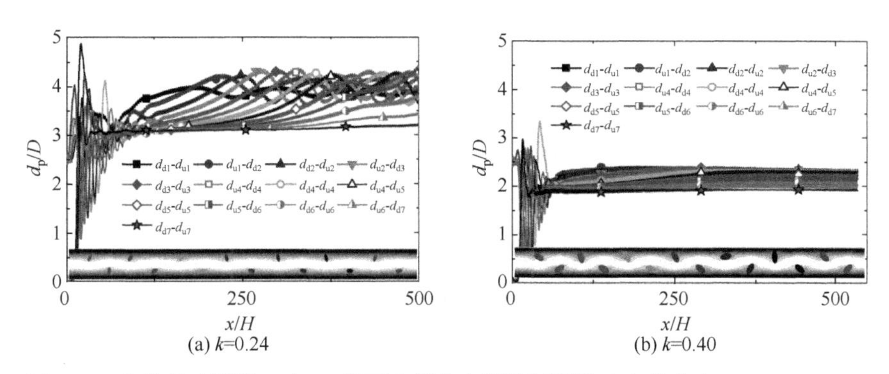

(a) k=0.24　　(b) k=0.40

图 3.53　大长径比颗粒、小 *Re* 数下交错分布颗粒间距沿流向的分布（α=2.0, Re=32）

与图 3.53 不同，图 3.54 给出了小长径比(α=1.33)颗粒、大 *Re* 数(Re=62)下交错分布颗粒间距沿流向的分布，与图 3.53 的情形相比，此时颗粒间距沿流向变化时的波动幅度增大，各间距值的差异也增大，颗粒间距在远下游处(x/H=1000)还没有达到均匀的状态，即稳定、均匀间距的颗粒链尚未形成，可见在小长径比颗粒、大 *Re* 数的情况下，交错分布的颗粒链更不易形成。

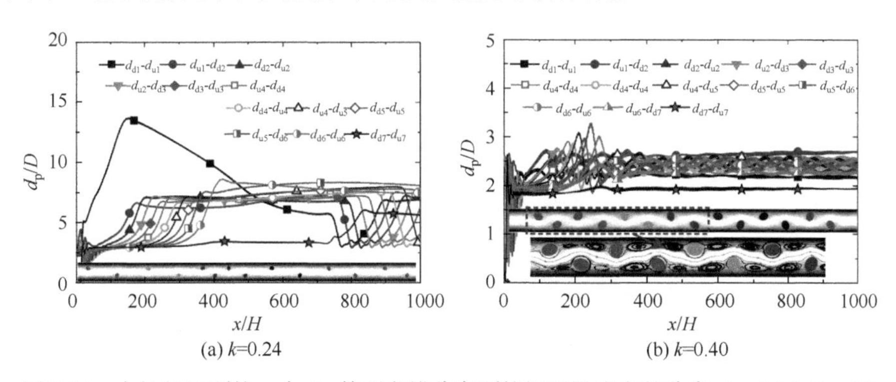

(a) k=0.24　　(b) k=0.40

图 3.54　小长径比颗粒、大 *Re* 数下交错分布颗粒间距沿流向的分布（α=1.33, Re=62）

图 3.55 给出了在相同 *Re* 数下大长径比颗粒、小阻塞率以及小长径比颗粒、大阻塞率情况下交错分布颗粒的运动轨迹。在图 3.55(b)中的大阻塞率、小长径比颗粒情况下，上下两侧的颗粒在各自一侧的较小的 y 方向范围内运动，且上下两侧 y 方向的活动带保持平行。图 3.55(a)中的小阻塞率、大长径比颗粒情况则不一样，颗粒的轨迹沿流向不仅出现波动，而且相对平稳的状态和波动交替出现，颗粒在 x/H=1000 的位置尚未形成一个相对稳定的轨迹。可见，在 *Re* 数相同的情况下，交错分布的颗粒链在大阻塞率、小长径比情况下更容易形成。

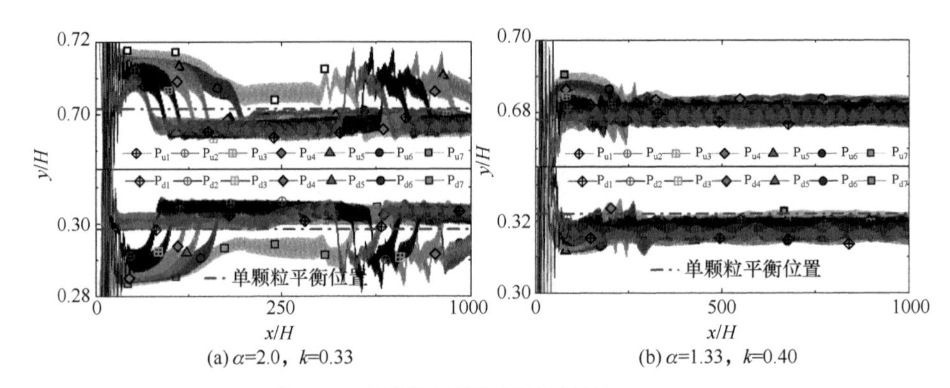

(a) α=2.0，k=0.33　　(b) α=1.33，k=0.40

图 3.55　交错分布颗粒的运动轨迹(Re=62)

图 3.56 给出了在不同阻塞率和颗粒长径比情况下颗粒平均间距与 Re 数的关系，可见颗粒平均间距随着 Re 数和长径比的增加以及阻塞率的减小而增加。各颗粒间距的振荡幅度和相邻颗粒间涡结构尺度的增大是颗粒平均间距增加的主要原因。比较三个参数对颗粒平均间距的影响，可见阻塞率和 Re 数对颗粒平均间距的影响大于颗粒长径比的影响，只是当阻塞率和 Re 数较大时(k=0.4, Re>40)，颗粒长径比对颗粒平均间距的影响比较明显(如图 3.56 中绿线所示)。

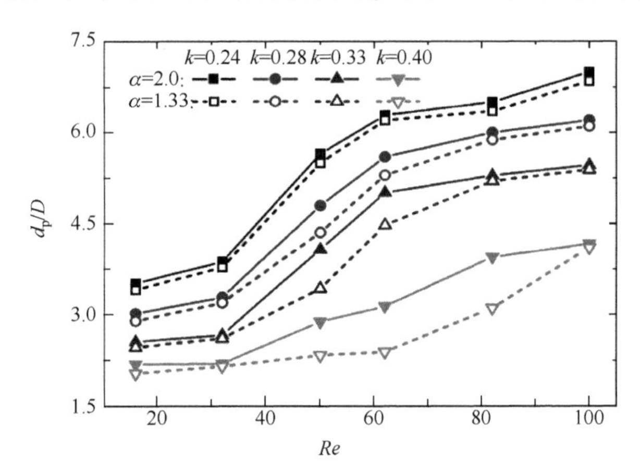

图 3.56　交错分布颗粒链中颗粒平均间距与 Re 数的关系

3.3.5.5　颗粒形成稳定间距的交错分布颗粒链的条件

图 3.57 给出了颗粒形成稳定间距、交错分布颗粒链的条件，其中分成如下四种情形。

(1) 颗粒在迁移过程中形成稳定间距的交错分布颗粒链，这种情形称为稳定状态，如图 3.57 中的圆点所示。

(2) 交错分布颗粒的间距呈不规则变化，这种情形称为不稳定状态，如图 3.57

中的倒三角所示。

(3) 交错分布颗粒的间距在一个范围内波动后最终趋于稳定，这种情形称为亚稳定状态，如图3.57中的方形所示。

(4) 交错分布颗粒的间距沿流向变化显著，且始终在一个稳定范围内波动，这种情形称为动态，如图3.57中的五角星所示。

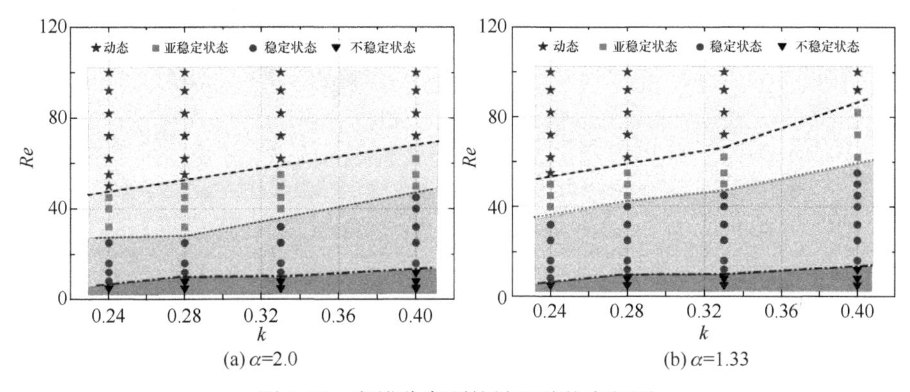

图3.57　交错分布颗粒链四种状态相图

可见是否形成稳定间距、交错分布椭圆形颗粒链，取决于 Re、k 和α。存在一个形成稳定间距、交错分布颗粒链的临界 Re 数 Re_c，Re_c随 k 的增加而增加，并且对α的变化不敏感。随着 Re 数的增加，在 k 较低且α较大的情况下，交错分布颗粒链的间距更可能在一定范围内波动(亚稳定状态)，或当 Re 数大于 Re_c时，交错颗粒链动态模式形成，此时 Re_c随着 k 的增加和α的减小而增加。

3.4　矩形颗粒对的迁移

矩形颗粒的情形在实际应用中也很常见，矩形颗粒虽然与椭圆颗粒有相似之处，如都存在主轴，但也有不同的地方。以下介绍矩形颗粒对的迁移以及颗粒长径比、Re 数对颗粒的间距、平衡位置、取向角的影响，并与椭圆颗粒对的结果进行比较。

3.4.1　矩形颗粒对的描述及模拟方法验证

如图3.58所示，矩形或椭圆颗粒对初始沿中心线的一侧或两侧排列，由长宽比$\alpha=a/b$ 表征颗粒的形状，$2a$ 和 $2b$ 分别表示矩形颗粒的长度和宽度或椭圆颗粒的长轴和短轴；槽道的长和宽分别为 $L = 2000\Delta x$ 和 H=$140\Delta x$ (Δx=1)；阻塞率定义为 k=$2(a^2+b^2)^{0.5}/H$(矩形颗粒)和 k=$2a/H$(椭圆颗粒)，以下的计算取 k=0.33；Re 数定义为 Re=$\rho U_{max}H/\mu$ (ρ、U_{max}、μ 分别为流体密度、最大速度和黏度)；用 P_1 和 P_2 分别表示 2 个颗粒，对应的颗粒长轴与流动方向的夹角定义为 θ_1 和 θ_2；颗粒的平衡位置定义为离壁的无量纲距离 y_{eq}/H。

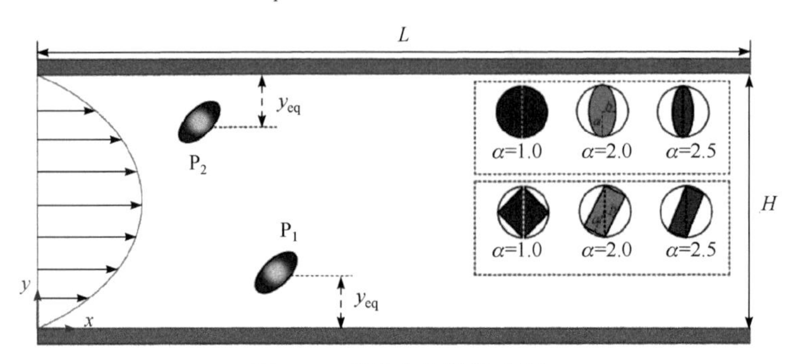

图 3.58　流场与颗粒示意图

采用本节的计算方法对 Couette 流中矩形颗粒的迁移进行数值模拟，并将颗粒取向角 θ 随时间的变化与 Jeffery[10]的理论解(3-1)进行比较，结果如图 3.59 所示，可见二者吻合得较好。

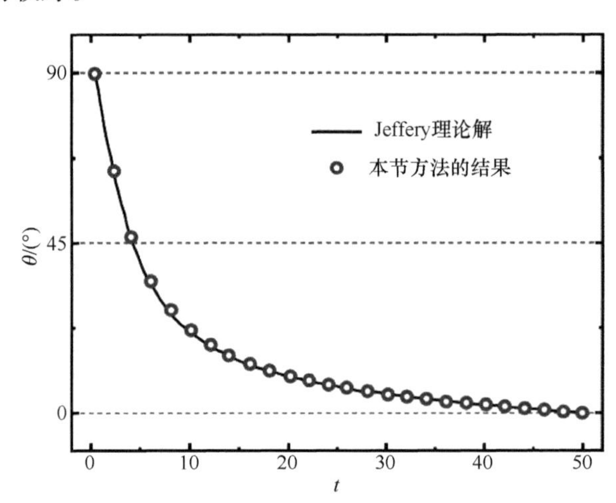

图 3.59　颗粒取向角 θ 随时间变化结果的比较

$$\tan\theta = \frac{1}{r_e}\tan\left[-\dot{\gamma}t\frac{r_e}{r_e^2+1} + \arctan(r_e\tan\theta_0)\right], \tag{3-1}$$

式中 θ_0 是颗粒初始取向角，$\dot{\gamma}$ 是应变率，r_e=7.99，阻塞率 k=0.33。

3.4.2　单个颗粒的迁移

图 3.60 是不同长宽比的矩形颗粒和椭圆颗粒的轨迹，可见具有相同长宽比 α 但位于不同初始 y 方向位置的颗粒(y_{in}/H=0.25 和 0.4)，在沿着下游的迁移过程中，

其轨迹最终将在相同的y方向平衡位置振荡，即第1章介绍的Segré-Silberberg效应此时也同样存在。图3.60(b)中α=1的轨迹曲线没有出现振荡，这是因为圆形颗粒质心的轨迹在迁移过程中是稳定的，而其他形状的颗粒由于旋转，其质心的轨迹在迁移过程中要不断地变化。当颗粒的长宽比较大时(α=2.50)，椭圆颗粒比矩形颗粒的平衡位置更靠近壁面。总体而言，矩形颗粒达到y方向平衡位置所需的时间更短。

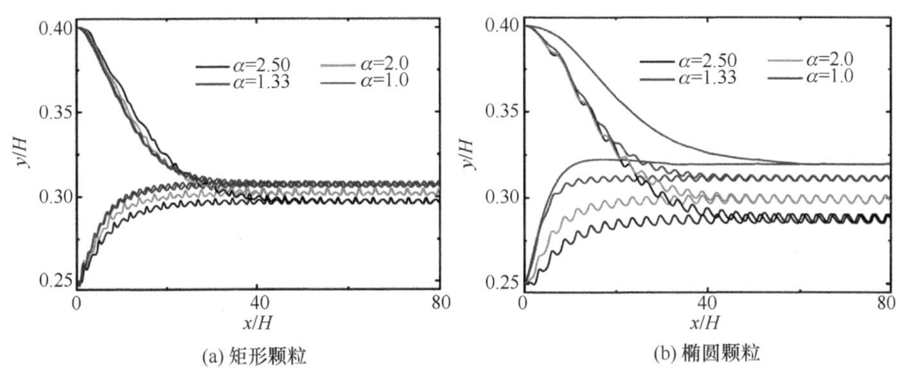

图3.60 不同长宽比的矩形颗粒和椭圆颗粒的轨迹(Re=32)

3.4.3 颗粒对的间距和取向变化

如前所述，圆形或球形颗粒在迁移到平衡位置后倾向于形成均匀间隔的颗粒列，初始平行排列和交错排列的矩形颗粒对和椭圆颗粒对，在惯性迁移过程中的颗粒间距沿流向的变化如图3.61所示，与方形或圆形颗粒对(α=1.0)的平滑曲线相比，矩形颗粒对和椭圆颗粒对的间距在变化过程中呈现出小幅度的波动。对于初始平行排列的颗粒对而言，在图3.61中给出的流向范围内，颗粒间距沿流向持续地增加，还没有达到稳定；矩形颗粒对长宽比α的变化对颗粒间距变化的影响不

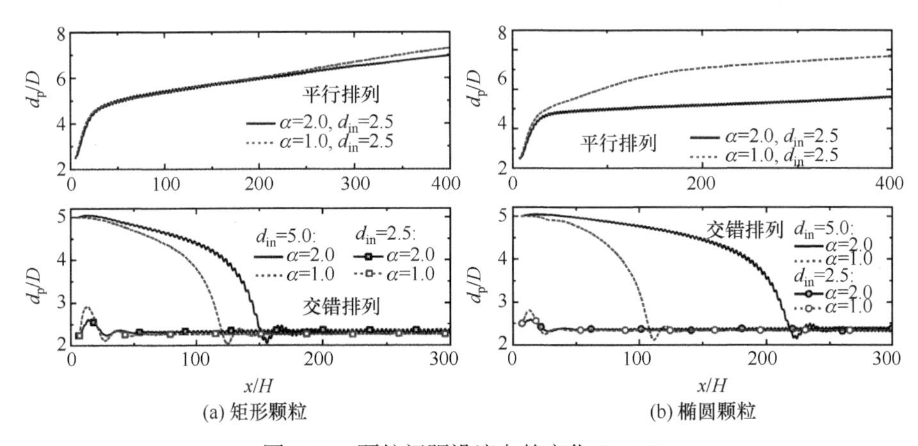

图3.61 颗粒间距沿流向的变化(Re=32)

大，而椭圆颗粒对随着长宽比的增大，颗粒间距沿流向的变化变得缓慢。对于初始交错排列的颗粒对而言(两个颗粒分别位于 y_{in}/H=0.25 和 0.75 的位置)，当颗粒对迁移到平衡位置时，颗粒间距已趋于稳定；而且无论颗粒对的初始间距是 2.5 还是 5.0，最终颗粒对的稳定间距都是一样的；颗粒对达到稳定间距所需的流向长度随着颗粒长宽比的增加而增加。

颗粒初始分布在通道中心线的两侧，在后续迁移中到达平衡位置后，将在平衡位置上旋转。如图 3.62(a)、(b)所示，矩形颗粒对和椭圆颗粒对的取向角呈直角关系，即$|\cos(\theta_1)|=|\sin((0.5n+1)\pi\pm\theta_1)|\approx|\sin(\theta_2)|$，这里 $n=0, 1, 2, \cdots$。然而，如图 3.62(c)、(d)所示，方形颗粒对和圆形颗粒对的取向角没有呈直角关系。以下将主要比较 θ_1 的余弦值和 θ_2 的正弦值，以分析颗粒在稳定旋转周期中的旋转特性。

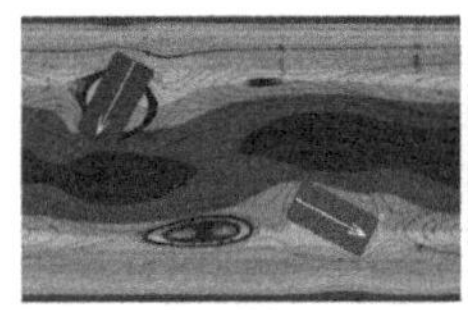
(a) 矩形颗粒(α=2.0)

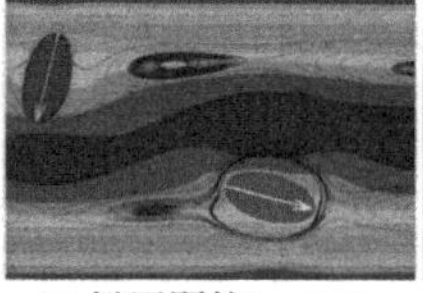
(b) 椭圆颗粒(α=2.0)

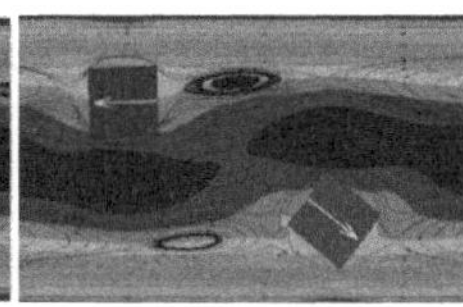
(c) 方形颗粒

(d) 圆形颗粒

图 3.62　颗粒的交错分布(Re=32)

图 3.63 是颗粒对取向角的对应关系，其中 θ_1 和 θ_2 是颗粒 1 和颗粒 2 的长轴与流动方向的夹角。如图 3.63(a)、(b)所示，在颗粒初始为交错分布的情况下，圆形颗粒对和方形颗粒对(α=1.0)的取向角对应关系曲线为一椭圆，椭圆颗粒对(α=2.0)的取向角对应关系曲线更靠近对角线(虚线)，这意味着两个颗粒之间可以形成垂直的取向角。矩形颗粒对(α=2.0)的取向角对应关系曲线则出现部分的弯曲，颗粒的长宽比越大，颗粒取向角处于水平($\cos\theta_1\approx\pm1$)位置的时间越长，即矩形颗粒对在旋转中更趋向于水平取向，这与单个颗粒的情形一致[13]。

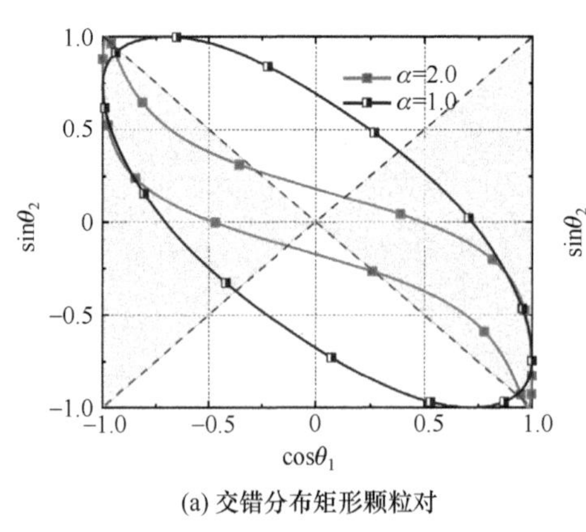

(a) 交错分布矩形颗粒对

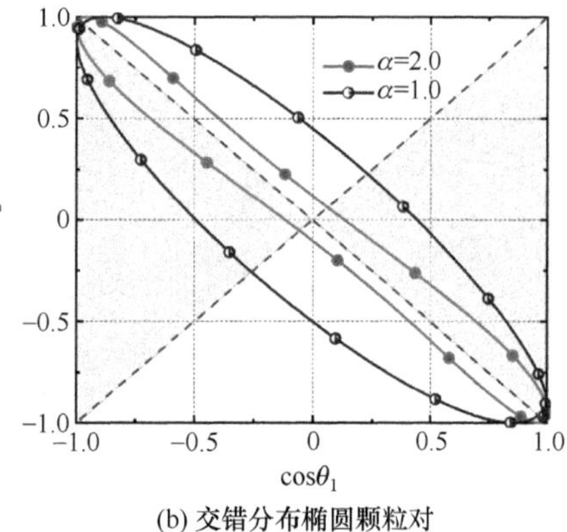

(b) 交错分布椭圆颗粒对

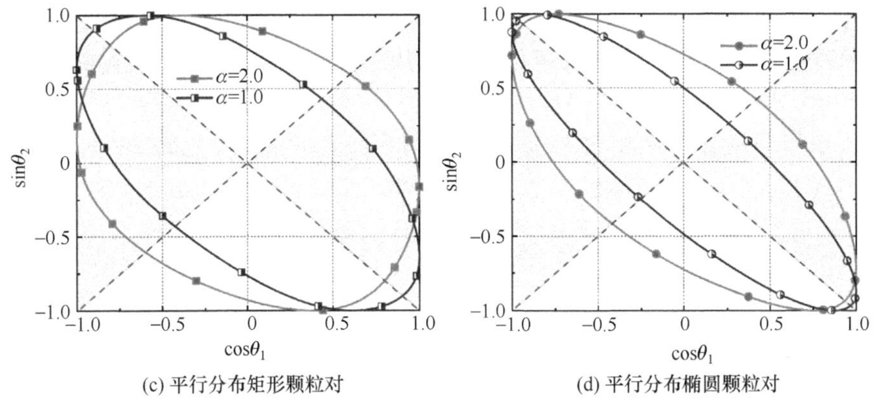

(c) 平行分布矩形颗粒对　(d) 平行分布椭圆颗粒对

图 3.63　颗粒对取向角的对应关系(Re=32)

图 3.64 是平行分布颗粒对的情形,可见颗粒的间距明显大于图 3.62 中交错分布颗粒对的情形，且两个颗粒对的取向角没有形成垂直的关系。在图 3.63(c)和(d)中颗粒初始为平行分布的情况下，圆形颗粒对和方形颗粒对的取向角对应关系曲线同样也是椭圆，但矩形颗粒对和椭圆颗粒对的取向角对应关系曲线与图 3.63(a)和(b)中交错分布的情形完全不同，取向角对应关系曲线远离对角线(虚线)，这进一步说明两个颗粒对的取向角难以形成垂直的关系。

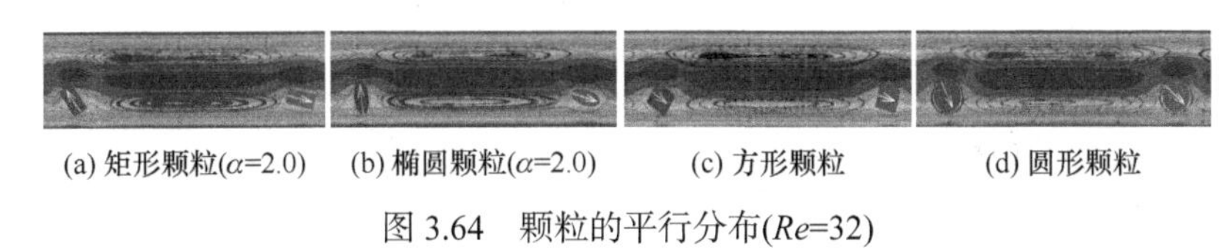

(a) 矩形颗粒(α=2.0)　(b) 椭圆颗粒(α=2.0)　(c) 方形颗粒　(d) 圆形颗粒

图 3.64　颗粒的平行分布(Re=32)

由图 3.63 可知，对于方形颗粒对而言，无论初始是平行排列还是交错排列，其取向角对应关系的曲线都是一个椭圆，只是椭圆的长短轴比不同而已。而对于矩形颗粒对，初始平行排列时取向角对应关系曲线与初始交错排列时的曲线完全不同。可见矩形颗粒对初始的排列方式对其后续的取向变化有较大的影响。对圆形颗粒对，在初始平行排列和交错排列情况下，其取向角对应关系的曲线都是椭圆且几乎一样，且椭圆的形状比方形颗粒的情形要更细长一些，说明圆形颗粒初始的排列方式对其后续的取向变化影响很小。而对于椭圆颗粒对，初始的排列方式对其后续的取向变化有较大影响。

3.4.4　颗粒长宽比和 *Re* 数对颗粒惯性聚焦和旋转的影响

在 3.4.3 节中提到,初始平行排列的颗粒对间距在模拟的流向距离内尚未达到稳定，而交错排列的、不同长宽比的矩形颗粒对和椭圆颗粒对沿着流向发展都将形成稳定的间距，所以下面只分析初始交错排列颗粒对的惯性聚焦和旋转特性。

图 3.65(a)给出了在不同长宽比下单个颗粒、交错分布矩形颗粒对和椭圆颗粒对的平衡位置，可见颗粒对的平衡位置比单个颗粒的平衡位置更靠近壁面，且随着长宽比的增大，颗粒的平衡位置更靠近壁面。图 3.65(b)给出了不同长宽比下交错分布矩形颗粒对和椭圆颗粒对的间距，可见随着颗粒长宽比的增大，颗粒对的间距也增大,且在相同长宽比的情况下椭圆颗粒对的间距大于矩形颗粒对的间距。

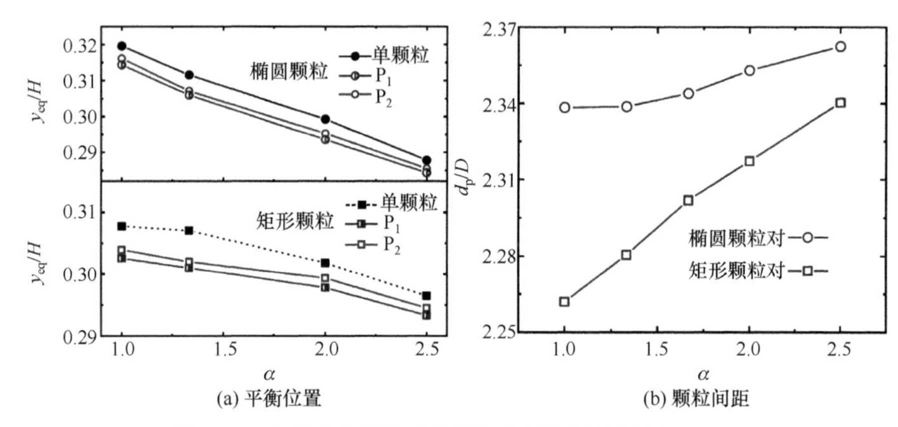

(a) 平衡位置　　(b) 颗粒间距

图 3.65　交错分布颗粒对的平衡位置和颗粒间距(Re=32)

图 3.66 给出了在不同长宽比下颗粒对取向角的对应关系，可见随着长宽比的增加，椭圆颗粒对取向角对应关系曲线向对角线(虚线)靠近，矩形颗粒对取向角对应关系曲线虽然也更靠近对角线，但一直保持部分弯曲，所以当颗粒对形成稳定的交错排列时，颗粒越细长，两个颗粒的取向角越容易形成垂直的关系。

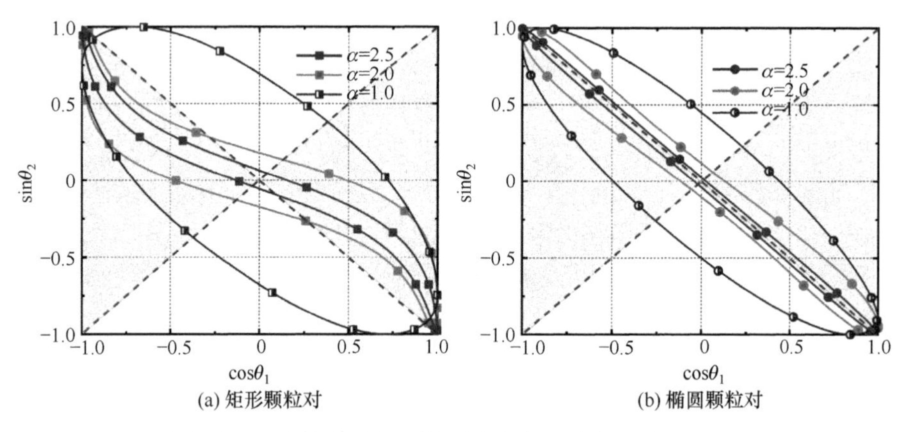

(a) 矩形颗粒对　　(b) 椭圆颗粒对

图 3.66　不同长宽比下颗粒对取向角的对应关系(Re=32)

图 3.67(a)是不同 Re 数下交错分布颗粒对的平衡位置，可见颗粒对的平衡位置比单个颗粒的平衡位置更靠近壁面；随着 Re 数的增加，矩形颗粒对和圆形颗

粒对的平衡位置更靠近壁面，而椭圆颗粒对的平衡位置则几乎没有变化。图 3.67(b)是不同 Re 数下交错分布颗粒对的颗粒间距，可见颗粒对的间距随着 Re 数的增加而增加，圆形颗粒对的间距总是大于方形颗粒对的间距，而椭圆颗粒对的间距在小 Re 数时大于、在大 Re 数时小于矩形颗粒对的间距。

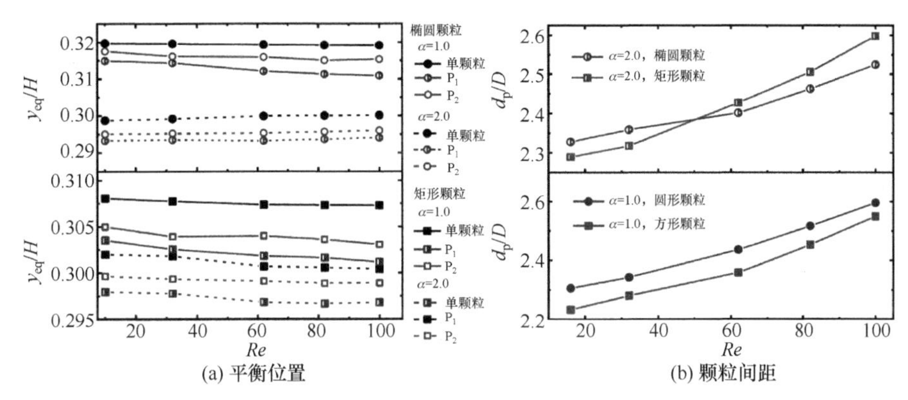

(a) 平衡位置　(b) 颗粒间距

图 3.67　交错分布颗粒对的平衡位置和颗粒间距

图 3.68 是不同 Re 数下颗粒 1 与颗粒 2 取向角的对应关系，可见随着 Re 数的增加，颗粒 1 与颗粒 2 取向角对应关系曲线逐渐远离对角线(虚线)。图 3.68(b)中当 Re=100 时，椭圆颗粒 1 与椭圆颗粒 2 取向角对应关系曲线与图 3.63(b)中圆形颗粒 1 与圆形颗粒 2 的曲线几乎一致。图 3.68(a)中矩形颗粒 1 与矩形颗粒 2 取向角对应关系曲线在不同 Re 数下存在相似性，随着 Re 数的增加，矩形颗粒对的取向角处于水平($\cos\theta_1 \approx \pm 1$)位置的时间越长。

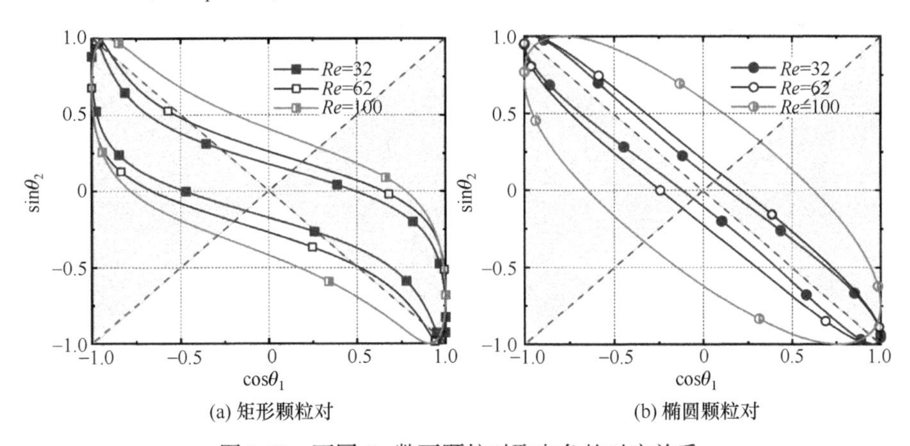

(a) 矩形颗粒对　(b) 椭圆颗粒对

图 3.68　不同 Re 数下颗粒对取向角的对应关系

参 考 文 献

[1] Wen B H, Li H B, Zhang C Y, et al. Lattice-type-dependent momentum-exchange method for

moving boundaries. Physical Review E, 2012, 85: 016704.

[2] Yan Y, Morris J F, Koplik J. Hydrodynamic interaction of two particles in confined linear shear flow at finite Reynolds number. Physics of Fluids, 2007, 19(11): 113305.

[3] Hood K, Roper M. Pairwise interactions in inertially driven one-dimensional microfluidic crystals. Physical Review Fluids, 2018, 3: 094201.

[4] Kahkeshani S, Haddadi H, Di Carlo D. Preferred interparticle spacing in trains of particles in inertial microchannel flows. Journal of Fluid Mechanics, 2016, 786: R3.

[5] Hur S C, Tse H T, Di Carlo D. Sheathless inertial cell ordering for extreme throughput flow cytometry. Lab on A Chip, 2010, 10: 274-280.

[6] Lee W, Amini H, Stone H A. Dynamic self-assembly and control of microfluidic particle crystals. Proceedings of the National Academy of Sciences, 2010, 107(52): 22413-22418.

[7] Pan Z H, Zhang R, Yuan C, et al. Direct measurement of microscale flow structures induced by inertial focusing of single particle and particle trains in a confined microchannel. Physics of Fluids, 2018, 30: 081703.

[8] Gao Y F, Magaud P, Baldas L, et al. Self-ordered particle trains in inertial microchannel flows. Microfluidics and Nanofluidics, 2017, 21: 154.

[9] Aidun C K, Lu Y N, Ding E J. Direct analysis of particulate suspensions with inertia using the discrete Boltzmann equation. Journal of Fluid Mechanics, 1998, 373: 287-311.

[10] Jeffery G B. The motion of ellipsoidal particles immersed in a viscous fluid, Proc. R. Soc. Lond. Ser. A Math. Phys. Eng. Sci., 1922, 102: 161-179.

[11] Su J H, Chen X D, Hu G Q. Inertial migrations of cylindrical particles in rectangular microchannels: Variations of equilibrium positions and equivalent diameters. Physics of Fluids, 2018, 30: 032007.

[12] Choi Y S, Seo K W, Lee S J. Lateral and cross-lateral focusing of spherical particles in a square microchannel. Lab on A Chip, 2011, 11: 460-465.

[13] Hu X, Lin J Z, Guo Y, et al. Motion and equilibrium position of elliptical and rectangular particles in a channel flow of a power-law fluid. Powder Technology, 2021, 377: 585-596.

第 4 章　幂律流体二维槽道流中的颗粒迁移

在自然界和实际应用中，颗粒在幂律流体中迁移的情形很普遍。如第 2 章所述，幂律流体是非牛顿流体的一种形式，具有剪切变稀、剪切增稠的性质。本章介绍幂律流体二维槽道流中颗粒的迁移及其自组织成链的规律和机理。

4.1　幂律流体及颗粒迁移模拟方法验证

本节首先对本章所用的数值模拟方法进行验证。

4.1.1　幂律流体二维槽道流速度分布

对幂律流体二维槽道流进行了数值模拟，得到的速度剖面如图 4.1 所示(n 是幂律指数)，图中还与解析解[1] (4-1)、(4-2)进行了比较，可见二者吻合得很好。

$$u_y = 0, \tag{4-1}$$

$$u_x = U\left[1-\left(\left|1-\frac{2y}{H}\right|\right)^{\frac{n+1}{n}}\right], \quad 0 \leqslant y \leqslant H. \tag{4-2}$$

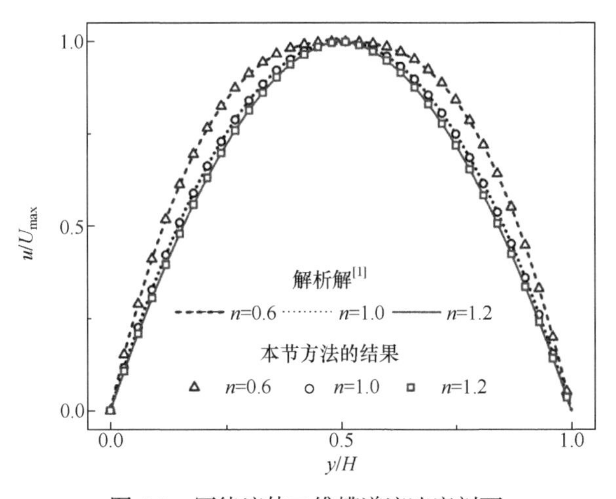

图 4.1　幂律流体二维槽道流速度剖面

4.1.2 幂律流体方腔顶部驱动流速度分布

对幂律流体方腔顶部驱动流进行了数值模拟，得到的速度剖面如图 4.2 所示，图中还给出了其他数值模拟的结果，可见吻合得很好。

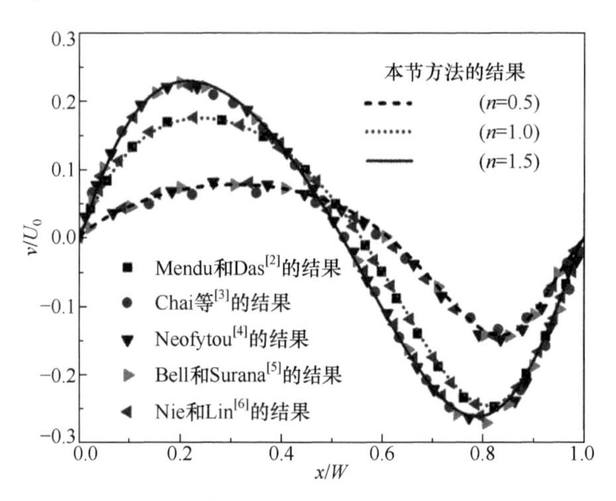

图 4.2 幂律流体方腔顶部驱动流速度剖面(Re=100)

4.1.3 幂律流体 Couette 流中颗粒的迁移轨迹

为验证数值模拟方法在处理幂律流体中颗粒迁移的可靠性，对幂律流体 Couette 流中颗粒的迁移轨迹进行了数值模拟，给出了一个迁移颗粒在经过一个中心点固定且只做旋转运动的颗粒时的轨迹，结果如图 4.3 所示，图中还给出了其他数值模拟的结果，可见在不同幂律指数下的两个结果符合得很好。

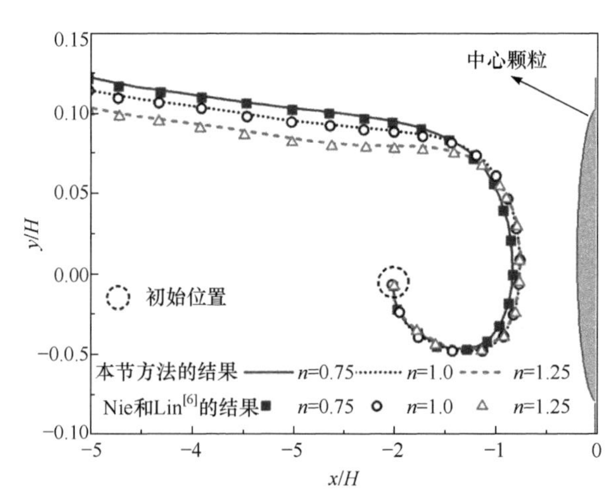

图 4.3 迁移颗粒在幂律流体 Couette 流中绕过固定颗粒的轨迹

4.2　圆形颗粒的迁移与成链

泊肃叶(Poiseuille)流如图 3.1 所示，流场的 Re 数定义为 $Re=\rho U_0 2^{-n}H^n/m$，其中 U_0 为最大速度，m 是幂律系数，计算域与图 3.1 相同。

4.2.1　单个圆形颗粒的惯性迁移

4.2.1.1　颗粒轨迹

图 4.4 给出了单个圆形颗粒在不同幂律指数、垂向初始位置和阻塞率下的惯性迁移轨迹。颗粒的迁移与流体对颗粒施加的力有关，该力与流体黏度成正比，也与局部剪切率有关，流体黏度的变化可以由幂律指数的变化体现，所以图 4.4 给出了不同幂律指数下的结果。

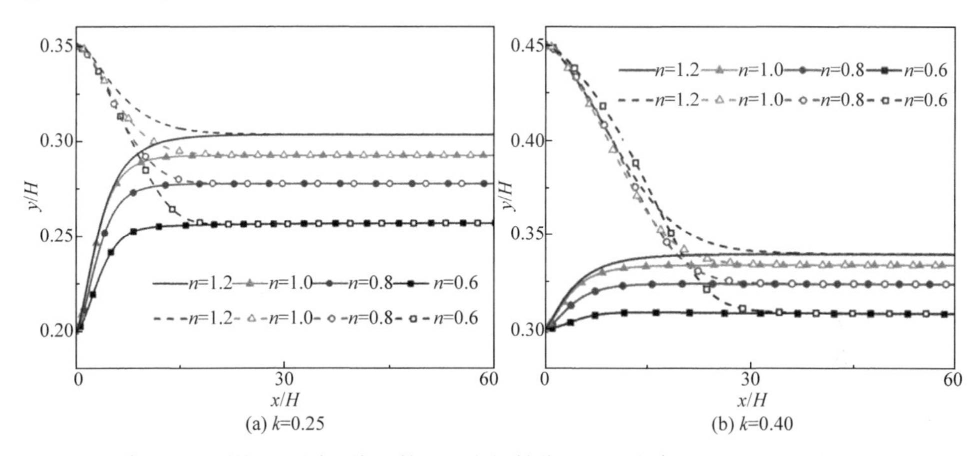

图 4.4　单个圆形颗粒在不同幂律指数、垂向初始位置和阻塞率下的惯性迁移轨迹 (Re=40)

在阻塞率 k=0.25 的图 4.4(a)中，颗粒的垂向初始位置为 y_{in}/H=0.2 和 0.35，可见当幂律指数 n 相同时，垂向初始位置不同的颗粒最终都迁移到相同的垂向平衡位置 y_{eq}/H，且 y_{eq}/H 随 n 的增大而更靠近槽道中心。在阻塞率 k=0.40 的图 4.4(b)中，颗粒的垂向初始位置为 y_{in}/H=0.3 和 0.45，与图 4.4(a)相比，除了有相同的性质外，颗粒的平衡位置 y_{eq}/H 随阻塞率 k 的增加而增大，说明在大阻塞率下颗粒的垂向平衡位置更靠近槽道中心。

4.2.1.2　颗粒的垂向平衡位置

图 4.5 是不同阻塞率和 Re 数时颗粒垂向平衡位置与幂律指数的关系，可见颗粒垂向平衡位置 y_{eq}/H 随 n 和 k 的增大而更靠近槽道中线。当 k=0.40 时，随着 Re

数的增加，y_{eq}/H 更靠近壁面，而 k=0.25 时，y_{eq}/H 随 Re 数的变化不明显。

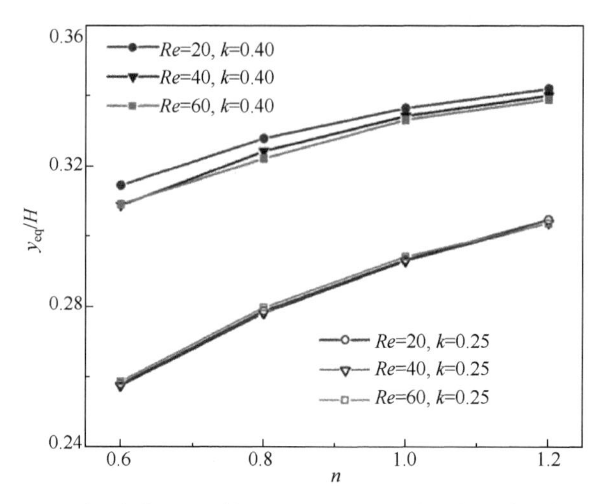

图 4.5　不同阻塞率和 Re 数时颗粒垂向平衡位置与幂律指数的关系

4.2.2　圆形颗粒单排颗粒链的形成

以下分析圆形颗粒单排颗粒链的形成，颗粒的命名、编号、排序与 3.3 节中所叙述的一样。

4.2.2.1　幂律指数对颗粒成链的影响

首先分析在不同幂律指数下两个颗粒的迁移，图 4.6(a)给出了幂律指数对两个颗粒间距的影响，可见两个颗粒在同一垂向位置进入流场后，颗粒间距在初期迅速增加，然后缓慢增加，且增加的程度与幂律指数 n 成反比，在图中的迁移距离 x/H=200～700 范围内，剪切变稀(n=0.6)和剪切增稠(n=1.2)流体中的颗粒间距增加率约为 25.6%和 11.0%。

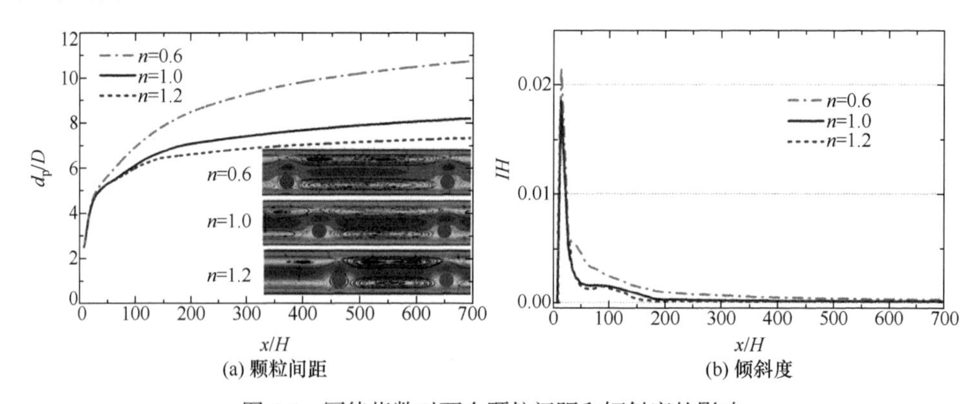

(a) 颗粒间距　　(b) 倾斜度

图 4.6　幂律指数对两个颗粒间距和倾斜度的影响

图 4.6(b)给出了幂律指数对两个颗粒倾斜度的影响，可见两个颗粒在沿下游的迁移过程中，沿流向的倾斜度先迅速增加，然后迅速减小，最终趋向于一个稳定值，倾斜度达到稳定值最快的是在剪切增稠流体中，其次是牛顿流体，最慢是剪切变稀流体。

图 4.7 是不同幂律指数下 10 个颗粒的间距、轨迹和单排颗粒链的形成过程，

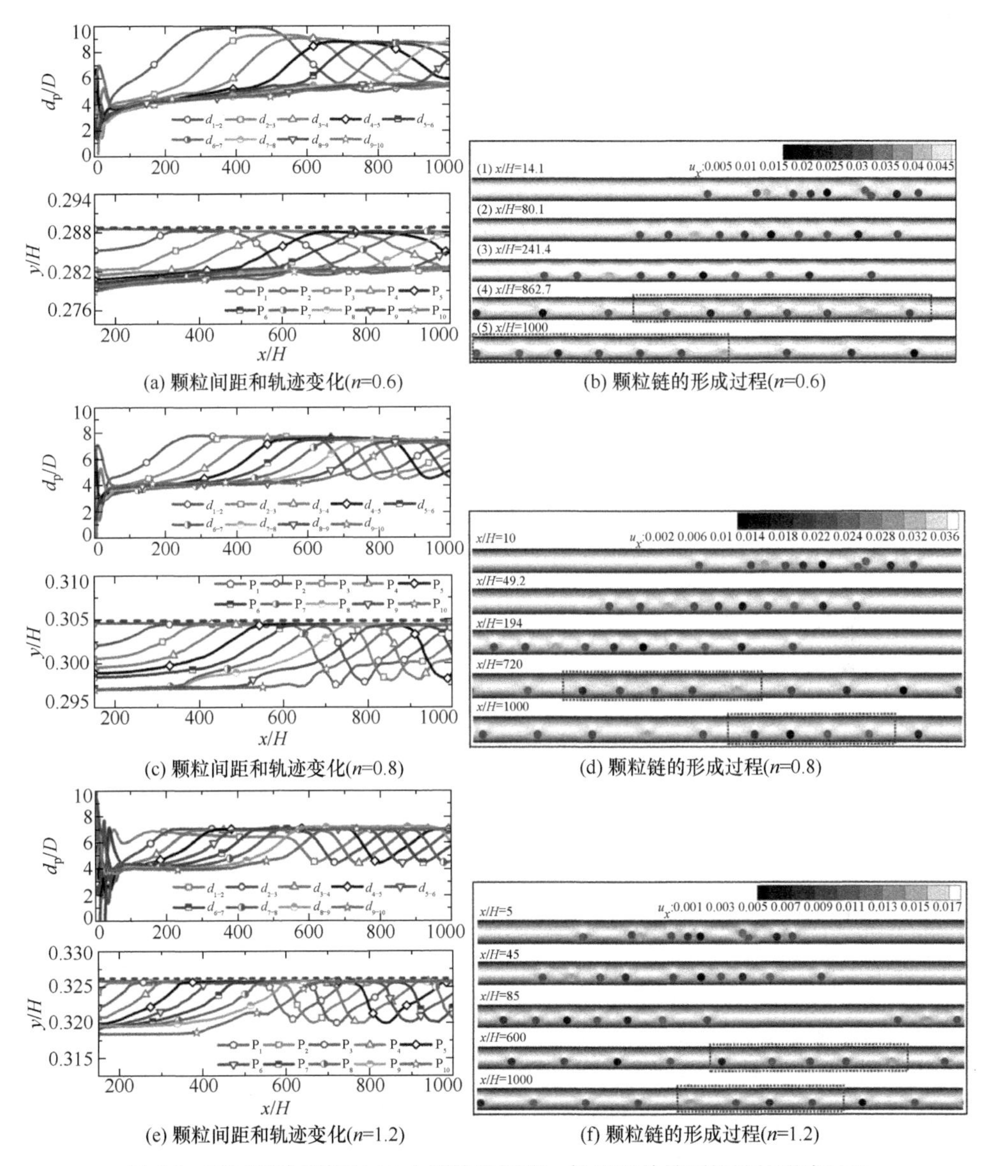

(a) 颗粒间距和轨迹变化(n=0.6)　(b) 颗粒链的形成过程(n=0.6)

(c) 颗粒间距和轨迹变化(n=0.8)　(d) 颗粒链的形成过程(n=0.8)

(e) 颗粒间距和轨迹变化(n=1.2)　(f) 颗粒链的形成过程(n=1.2)

图 4.7　不同幂律指数下 10 个颗粒的间距、轨迹和单排颗粒链的形成过程

可见颗粒都会惯性迁移到垂向的平衡位置(图中红色虚线)附近，说明多颗粒在幂律流体中惯性迁移时同样存在 Segré-Silberberg 效应。当颗粒迁移到平衡位置附近后，将形成单排分布的颗粒链，此时颗粒的垂向位置也动态地离开或靠近单颗粒的平衡位置。图 4.7(b)、(d)、(f)说明，颗粒在幂律流体中形成颗粒链的过程也是动态的(如虚线框所示)，且这种特性与幂律指数无关。

在图 4.7(a)、(c)、(e)中，颗粒链中颗粒的垂向平衡位置随着幂律指数 n 的增加而更靠近槽道中线，在 n=0.6 的剪切变稀流体中，颗粒链的垂向位置沿流向不断增加，且上游的颗粒间距保持相同的增加速率。而在 n=0.8 的剪切变稀流体、n=1.2 的剪切增稠流体中，上游的颗粒将会在低于垂向平衡位置上保持较长的迁移距离，颗粒间距也同样在较长的迁移距离内保持稳定。

在不同流向位置，颗粒倾斜度 IH 和平均颗粒间距与幂律指数 n 的关系如图 4.8 所示。由图 4.8(a)可知，n 对 IH 有较大影响，在 x/H=150 处，IH 随 n 的增加而减小，即倾斜度在剪切变稀流体中最大，因此剪切变稀流体中的下游颗粒比在牛顿流体和剪切增稠流体中更快地离开颗粒链。在 x/H=150～800 的范围，IH 在剪切变稀流体中迅速减小，尤其是 n=0.6 的情形；而在 x/H=150～300 的范围，IH 在牛顿流体和剪切增稠流体中保持不变，在 x/H=400～800 的范围，剪切增稠流体中的 IH 比在牛顿流体中的 IH 减小得更快。

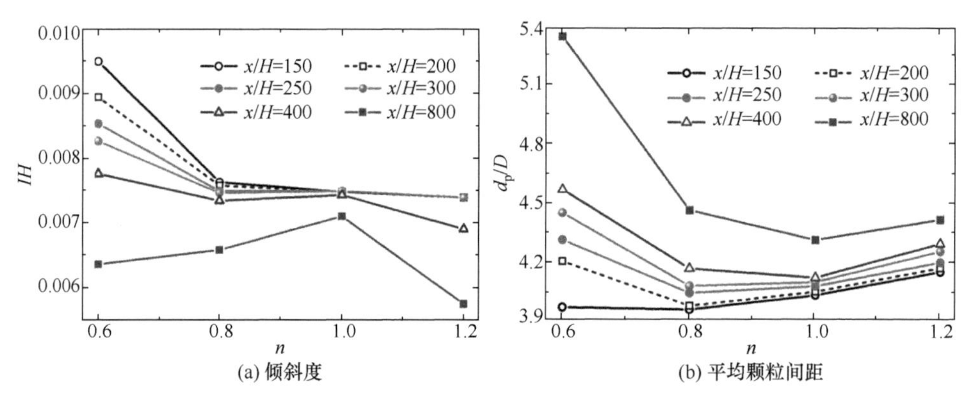

图 4.8　不同流向位置处颗粒倾斜度和平均颗粒间距与幂律指数的关系

由图 4.8(b)可知，颗粒链中的平均颗粒间距 d_p/D 沿下游增加，但在不同的下游位置，幂律指数 n 对 d_p/D 的影响不同。在 x/H=150 处，d_p/D 随 n 的增加而单调增加，随着沿下游发展，n=0.6 的剪切变稀流体中的 d_p/D 增幅大于在 n =0.8 的剪切变稀流体、n =1.0 的牛顿流体和 n =1.2 的剪切增稠流体中 d_p/D 的增幅。在 x/H⩽300 范围，d_p/D 随着 n 从 0.8 增加到 1.2 而单调增加，而且在 x/H=800 处，颗粒在 n=0.8 的剪切变稀流体中达到第二大颗粒间距，而在牛顿流体中的 d_p/D 一直小于在剪切增稠流体中的 d_p/D。

4.2.2.2　颗粒体积浓度对颗粒成链的影响

颗粒的体积浓度与颗粒数量相关，在阻塞率和 Re 数不变时，取颗粒数 N=6、10、14、16，对应的颗粒体积浓度分别为 $\Phi=100\%\times N\times\pi\times(D\times0.5)^2/(L\times H)$=2.4%、4.0%、5.6%、6.4%，以下在这四种浓度情况下分析颗粒体积浓度对颗粒链形成的影响。

Φ=2.4%情况下，不同幂律指数时颗粒间距 d_p/D、倾斜度 IH 和颗粒链的形成过程如图 4.9 所示，初始随机分布的颗粒很明显地自组织形成颗粒链，颗粒链沿流向 IH 的变化与两个颗粒(图 4.6)的情形一致，但幂律指数 n 对 Φ=2.4%时 d_p/D 的影响与两个颗粒情形的结果不同。如图 4.9(d)所示，颗粒在剪切变稀流体中的 IH 最大，上游颗粒形成颗粒链时的 d_p/D 较小。而颗粒在剪切增稠流体中的 IH 最小、颗粒链中的 d_p/D 较大。在下游位置，剪切变稀流体中的 IH 减小，流动阻力降低，这使下游颗粒更快地离开颗粒链，当到了颗粒间的相互作用可以忽略时，d_p/D 的变化与两个颗粒情形的结果一致，d_p/D 随 n 的降低而增大。

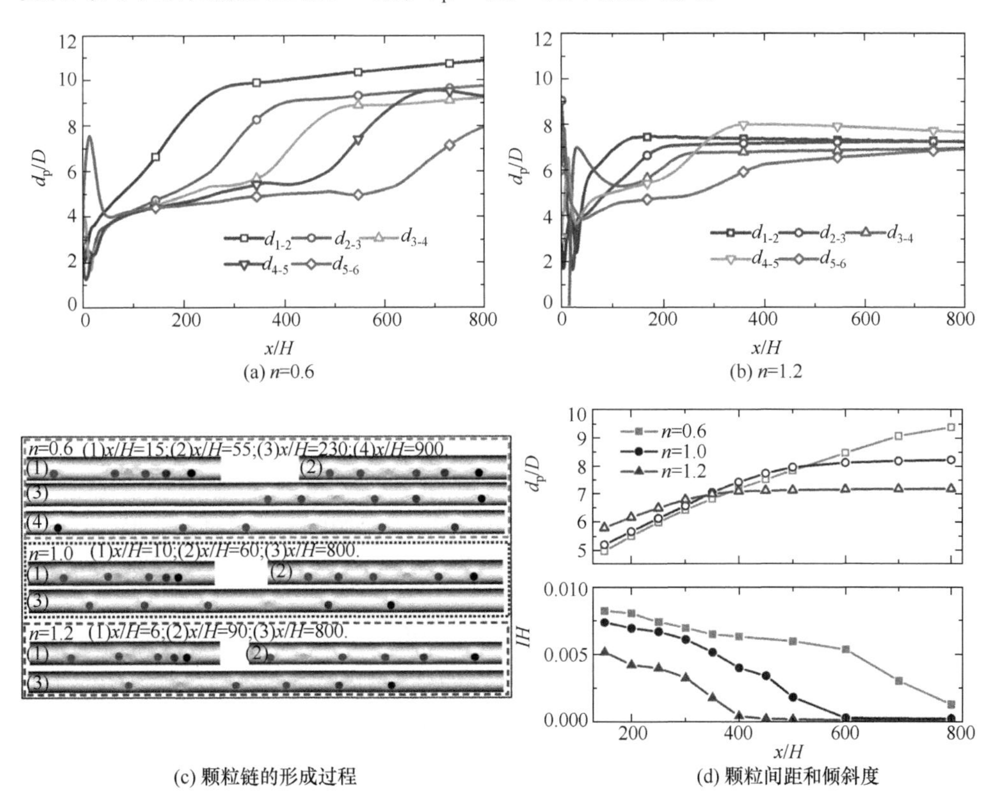

图 4.9　不同幂律指数下颗粒间距、倾斜度和颗粒链的形成过程（Φ=2.4%, k=0.33, Re=32）

对于更高颗粒体积浓度的情形(Φ=4.0%、5.6%、6.4%)，结果如图 4.7、图 4.10～

图 4.13 所示，颗粒成链的动态过程很明显，上游颗粒沿着流向较长一段距离内保持相对稳定的颗粒间距，且颗粒链的长度随颗粒浓度Φ的增加而增加。幂律指数 n 对颗粒链形成的影响因不同的Φ而异，当Φ=5.6%时(图 4.10)，在剪切变稀流体中的颗粒间距 d_p/D 不断增加且最快达到相同的间距，其次是在牛顿流体中，最慢是在剪切增稠流体中。对于Φ=6.4%的情形(图 4.11)，形成颗粒链所需的流向距离随Φ的增加而变短，颗粒在剪切增稠流体中迁移时，流体惯性作用较弱，在颗粒间相互作用下形成一间距稳定的交错颗粒对时，颗粒间距小于单排颗粒链的情形(图 4.12(a))。

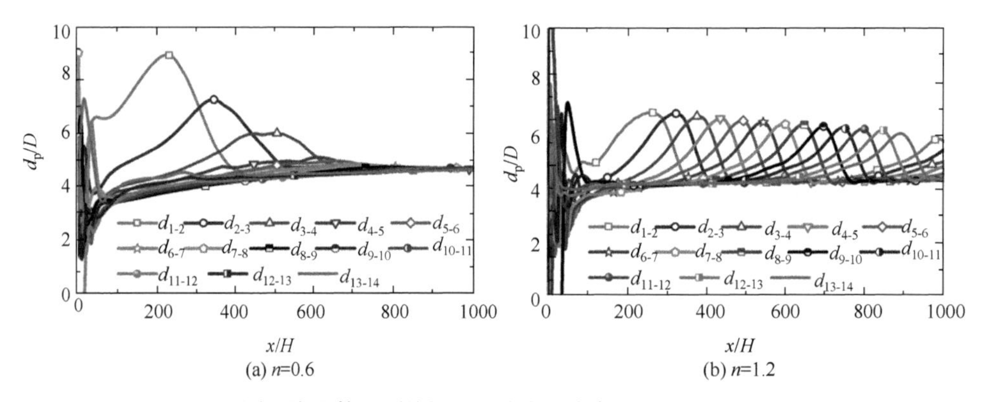

图 4.10　不同幂律指数下颗粒间距沿流向的变化(Φ=5.6%, k=0.33, Re=32)

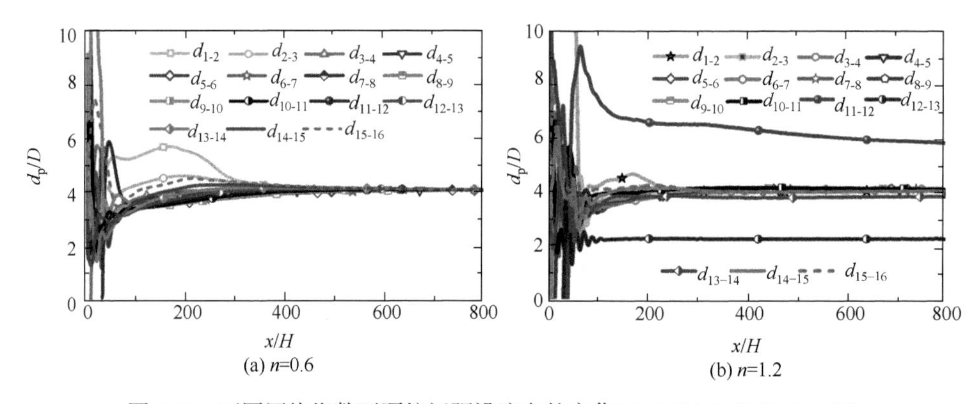

图 4.11　不同幂律指数下颗粒间距沿流向的变化(Φ=6.4%, k=0.33, Re=32)

在流向距离 x/H=150 处，颗粒链倾斜度 IH 与颗粒浓度Φ的关系如图 4.12(b)所示，随着Φ从 0.8%增加到 4.0%，IH 的值迅速增加。对于更高Φ的情形，IH 的值变小。单排分布的颗粒链形成于上游位置，颗粒链的长度随着Φ的增加而增加。

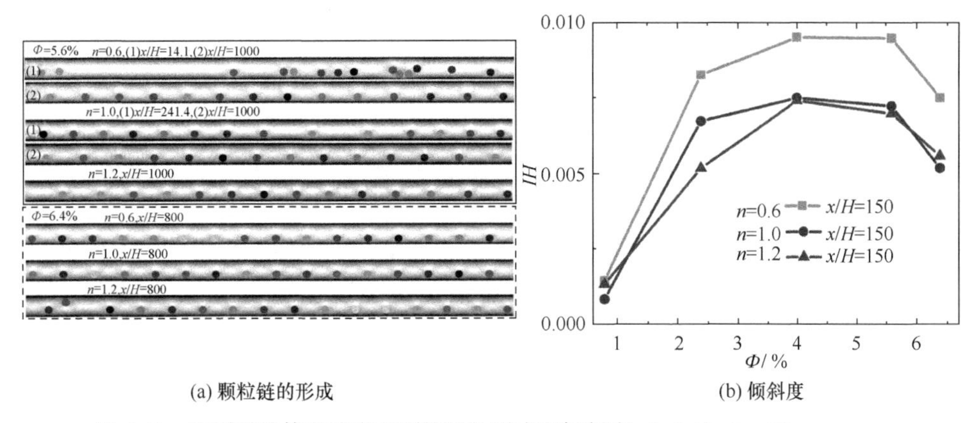

(a) 颗粒链的形成　　(b) 倾斜度

图 4.12　不同颗粒体积浓度下颗粒链的形成和倾斜度 (k=0.33, Re=32)

不同颗粒体积浓度和幂律指数下，颗粒间距沿流向的变化如图 4.13 所示，可见颗粒间距 d_p/D 随Φ的增加而变小，d_p/D 在剪切变稀流体中减小最快，其次是在牛顿流体中，最慢的是在剪切增稠流体中。低浓度时，d_p/D 随流向距离的增加而迅速增加，在Φ=4.0%～6.4%范围内，流向距离 x/H 从 150 增加到 700 时，d_p/D 增加缓慢，这意味着此时颗粒链中的颗粒间距是相对稳定的。

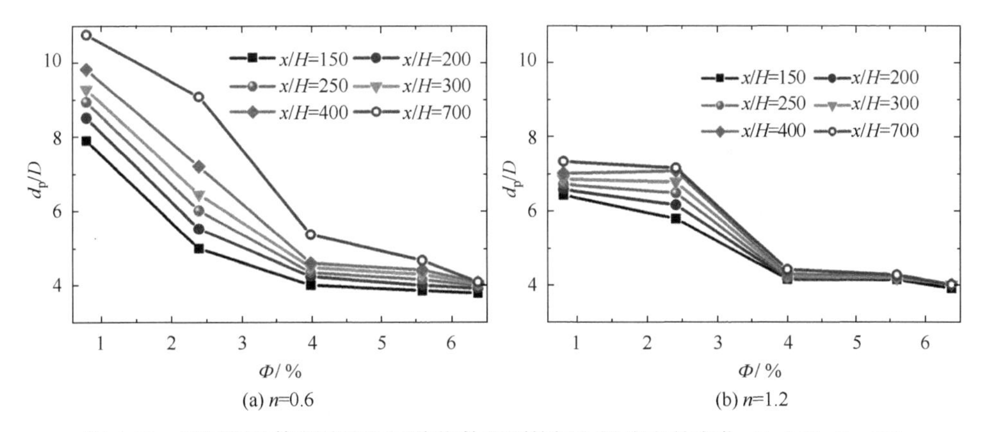

(a) n=0.6　　(b) n=1.2

图 4.13　不同颗粒体积浓度和幂律指数下颗粒间距沿流向的变化 (k=0.33, Re=32)

4.2.2.3　Re 数对颗粒成链的影响

取 Re 数为 10 和 100，分析Φ=4.0%颗粒浓度下颗粒自组织成链的过程，结果如图 4.14 所示，可见在低 Re 数时(Re=10)，剪切变稀流体中的颗粒链动态形成，而在剪切增稠流体中颗粒间距变得不稳定。在高 Re 数时(Re=100)，颗粒链上游的颗粒在较长迁移距离内保持稳定间距，而在剪切变稀流体中，颗粒间距随着流向距离的增加而增加。

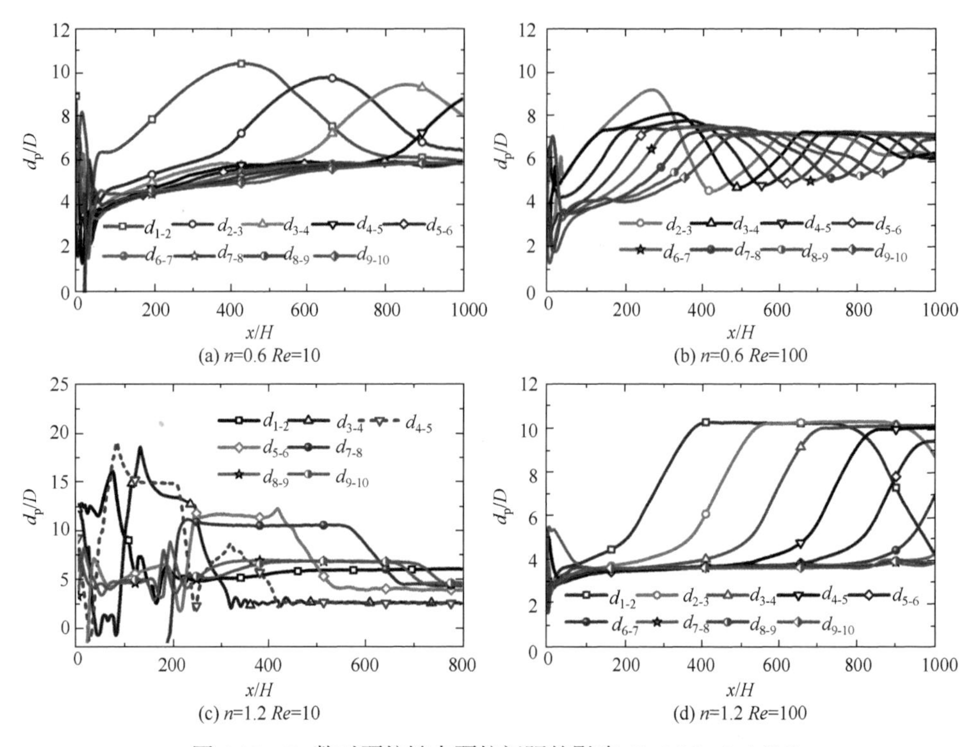

图 4.14 Re 数对颗粒链中颗粒间距的影响 (k=0.33, Φ=4.0%)

在流向距离 x/H=200 处，不同 Re 数下颗粒链中颗粒的分布如图 4.15(a)所示，Re 数对颗粒链倾斜度 IH 的影响如图 4.15(b)所示，可见 IH 的值随 Re 数的增加和 n 的降低而单调增加。在剪切变稀流体中，IH 的值随 Re 数的增加而增加的幅度大于在牛顿流体和剪切增稠流体中的情形。

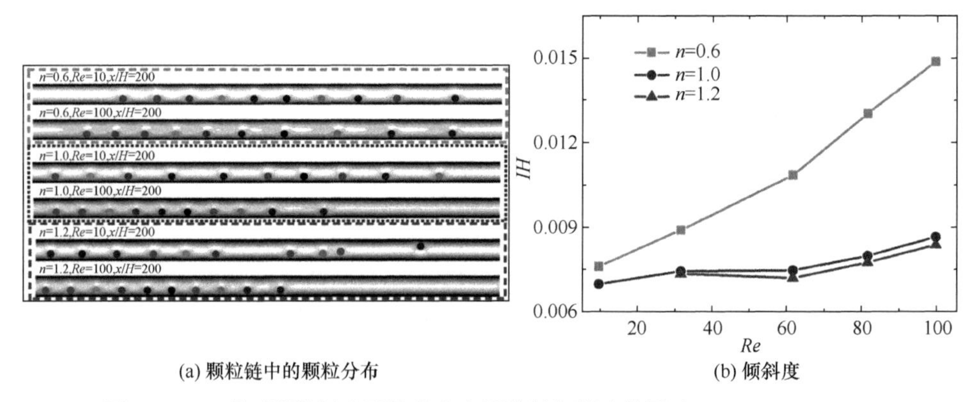

图 4.15 Re 数对颗粒链中颗粒分布和颗粒链倾斜度的影响 (k=0.33, Φ=4.0%)

在更高颗粒体积浓度(Φ=6.4%)和大 Re 数(Re=100)下，颗粒间距在不同幂律指数下沿流向的变化如图 4.16 所示，可见在图 4.16(b)的剪切增稠流体中，颗粒间距的振幅大于图 4.16(a)中剪切变稀流体的情形，在剪切变稀流体中，颗粒间距很快达到稳定值，这与低 *Re* 数(*Re*=32)时的结果一致。

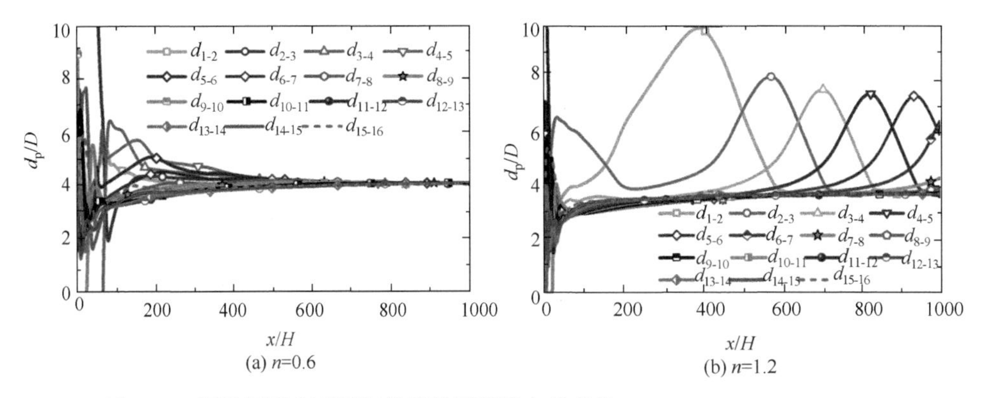

图 4.16　颗粒间距在不同幂律指数下沿流向的变化 (k=0.33, Φ=6.4%, Re=100)

在剪切变稀和剪切增稠流体中，不同颗粒浓度和不同流向位置处颗粒间距与 *Re* 数的关系如图 4.17 所示，可见在不同幂律指数 n 和流向距离 x/H 处，*Re* 数对颗粒间距 d_p/D 的影响不同。在剪切变稀流体的图 4.17(a)中，对Φ=4.0%而言，当 *Re* 在 10 到 62 的范围变化时，d_p/D 随 *Re* 数的增加而减小；而 *Re* 在 62 到 100 的范围变化时，d_p/D 随 *Re* 数的增加而增加。在剪切增稠流体的图 4.17(b)中，d_p/D 随 *Re* 数的增加而单调减小，d_p/D 在剪切增稠流体中随 *Re* 数的变化比剪切变稀流体中的情形更明显，d_p/D 随 *Re* 数增加而迅速减小。对Φ=6.4%而言，随着 *Re* 数的增加，d_p/D 在剪切增稠流体中减小的速率大于在剪切变稀流体中的情形。

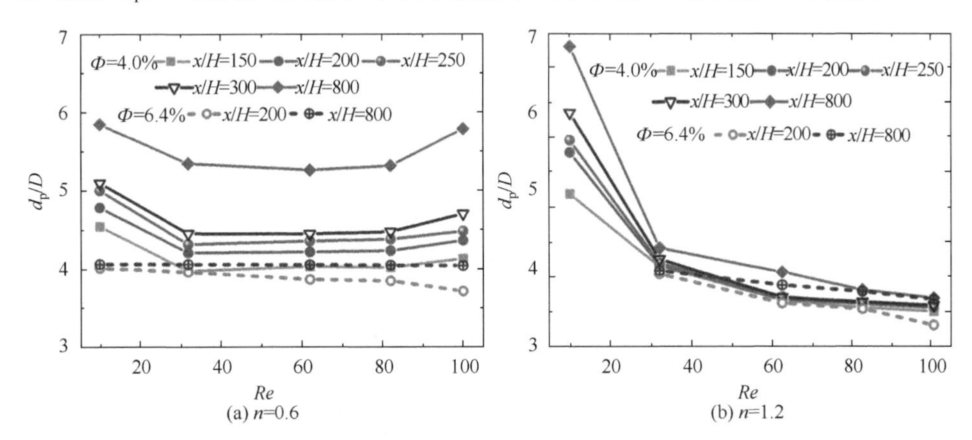

图 4.17　不同颗粒浓度和不同流向位置处颗粒间距与 *Re* 数的关系 (k=0.33)

4.2.2.4　阻塞率对颗粒成链的影响

取阻塞率为 k=0.2 和 0.4，分析 Φ=4.0%颗粒浓度下颗粒自组织成链的过程，结果如图 4.18 所示，可见在 k=0.2 的剪切变稀流体中(图 4.18(a))，上游形成的颗粒链在较长流向距离内保持稳定，颗粒链中的颗粒间距 d_p/D 随着流向距离的增加而缓慢增加。而在 k=0.2 的剪切变稀流体中(图 4.18(b))，颗粒链保持稳定颗粒间距的流向距离更短，动态形成颗粒链的过程更明显，d_p/D 也同样保持递增的状态。在剪切增稠流体中(图 4.18(c)、(d))，上游颗粒的 d_p/D 保持不变。

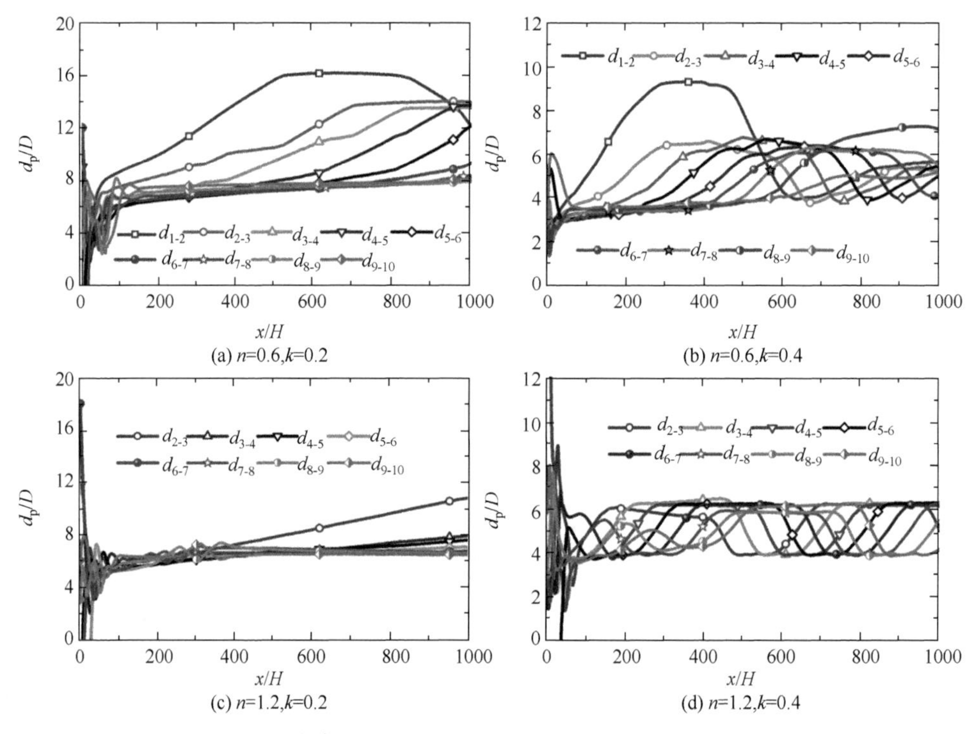

图 4.18　阻塞率对颗粒链中颗粒间距的影响 (Re=32, Φ=4.0%)

在流向距离 x/H=200 处，不同阻塞率 k 下颗粒链中颗粒的分布如图 4.19(a)所示，阻塞率对颗粒链倾斜度 IH 的影响如图 4.19(b)所示，可见倾斜度 IH 的值随着 k 的增加和幂律指数 n 的减小而增加。当 k 较大时，上游颗粒保持稳定间距的流向距离变短，在剪切变稀流体中这一现象最明显，其次是牛顿流体和剪切增稠流体。而随着 k 的减小，颗粒链上游颗粒受到颗粒间的相互作用减弱，形成的颗粒链能在较长的流向距离内保持稳定的颗粒间距。

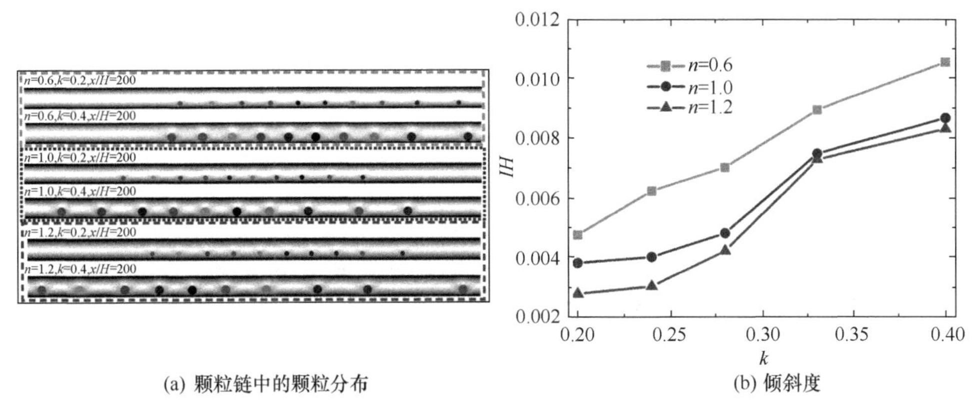

(a) 颗粒链中的颗粒分布　(b) 倾斜度

图 4.19　阻塞率对颗粒链中颗粒分布和颗粒链倾斜度的影响 (Re=32, Φ=4.0%)

不同流向位置处颗粒间距与阻塞率的关系如图 4.20 所示，可见颗粒间距 d_p/D 随着阻塞率 k 的增加而减小，在剪切变稀流体中减小速率最快。在剪切变稀流体中，d_p/D 沿流向距离的变化比较明显，在剪切增稠流体中变化不明显。

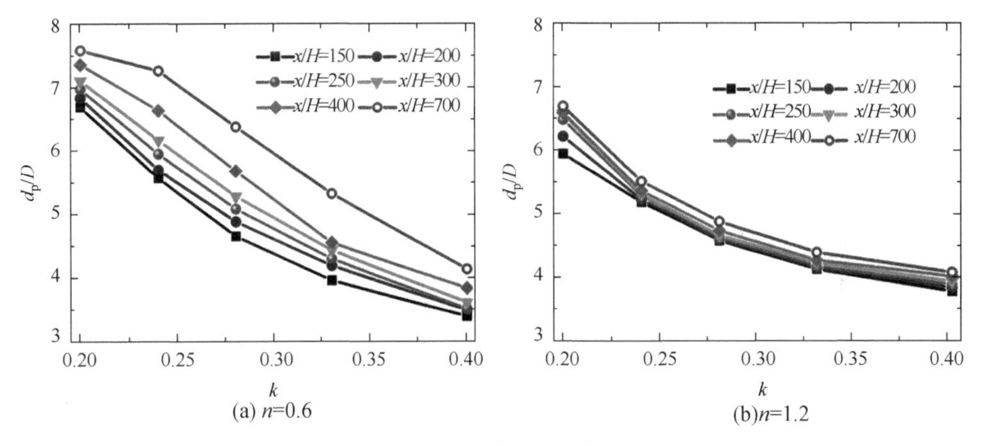

(a) n=0.6　(b) n=1.2

图 4.20　不同流向位置处颗粒间距与阻塞率的关系 (Re=32, Φ=4.0%)

4.2.3　圆形颗粒交错颗粒链的形成

以下介绍圆形颗粒交错颗粒链的形成，将槽道中线上、下两侧的颗粒从右向左分别命名为：P_{u1}、P_{u2}、…、P_{u6}、和 P_{d1}、P_{d2}、…、P_{d6}。相邻两颗粒的间距从右向左分别记为：$d_{d1\text{-}u1}$、$d_{u1\text{-}d2}$、…、$d_{d6\text{-}u6}$。初始时刻，两排共 12 个颗粒并列置于槽道中线两侧，垂向位置分别为 0.25H 和 0.75H。

4.2.3.1　幂律指数对颗粒成链的影响

与 3.4 节颗粒在牛顿流体中形成交错分布颗粒链的结果类似，在不同的幂律指数下，初始时刻分布在通道中线两侧的颗粒将惯性迁移到各自的平衡位置附近，形成交错分布的颗粒链，最终的颗粒链以及流场中回流区的结构如图 4.21 所示。以颗粒 P_{u2} 为例，在该颗粒前后有两个回流区，由于受到对面颗粒 P_{d2} 的影响，P_{u2} 和 P_{u3} 间形成两个相对独立的回流区，P_{d2} 迁移到 P_{u2} 和 P_{u3} 的中间。图 4.21 表明，当 n=0.6 时，颗粒间距和回流区的尺度最大，其次是 n=0.8 和 1.2 的情形，即交错分布颗粒链的颗粒间距和回流区的尺度随幂律指数的增加而降低。

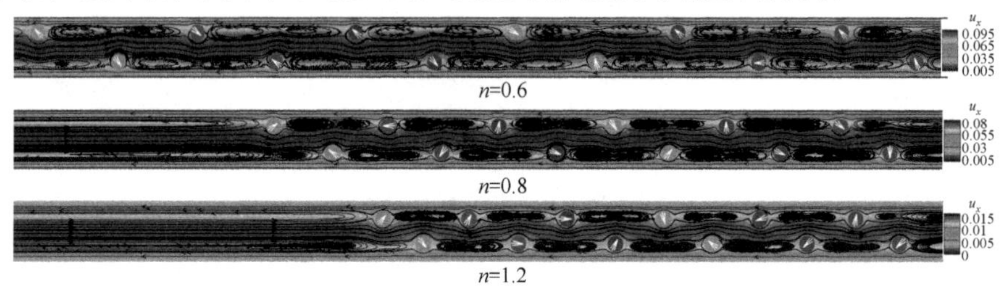

图 4.21　交错分布颗粒链及其回流区结构 (Re=40, k=0.25)

不同幂律指数下交错分布颗粒的间距和轨迹如图 4.22 所示，其中还给出了颗粒间距和轨迹的局部放大图。当 n=0.6 时，颗粒间距最大且最终趋于一稳定值。由图 4.22(b)可见，颗粒轨迹最终都稳定在单颗粒的平衡位置附近，由于颗粒间的相互作用，多颗粒的平衡位置会稍微偏离单颗粒的平衡位置，这与单排分布颗粒链的结果一致。当 n=0.8 时，颗粒链的颗粒间距出现振荡，最下游的 P_{u1} 和 P_{d1} 与上游其他颗粒没有相互作用，所以颗粒间距 $d_{d1\text{-}u1}$ 的振荡最先趋于稳定。由图 4.22(d)可见，颗粒间的相互作用导致颗粒在单颗粒平衡位置附近以正弦方式振荡。由图 4.22(e)、(f)可见，当颗粒在 n=1.2 的剪切增稠流体中迁移时，颗粒间距最终都趋于稳定，且各颗粒的平衡位置同样也偏离单颗粒的平衡位置。颗粒在剪切增稠流体中迁移时受到较大的流体作用力，使得颗粒惯性迁移形成颗粒链的过程变得较慢，与剪切变稀流体相比，更不容易形成颗粒链，所以流体剪切变稀的作用有利于提高颗粒计数和分离的效率。

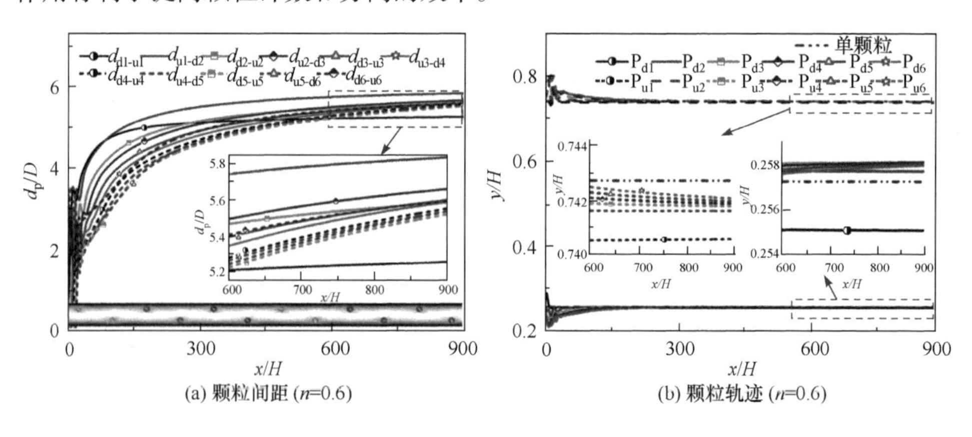

(a) 颗粒间距 (n=0.6)　　(b) 颗粒轨迹 (n=0.6)

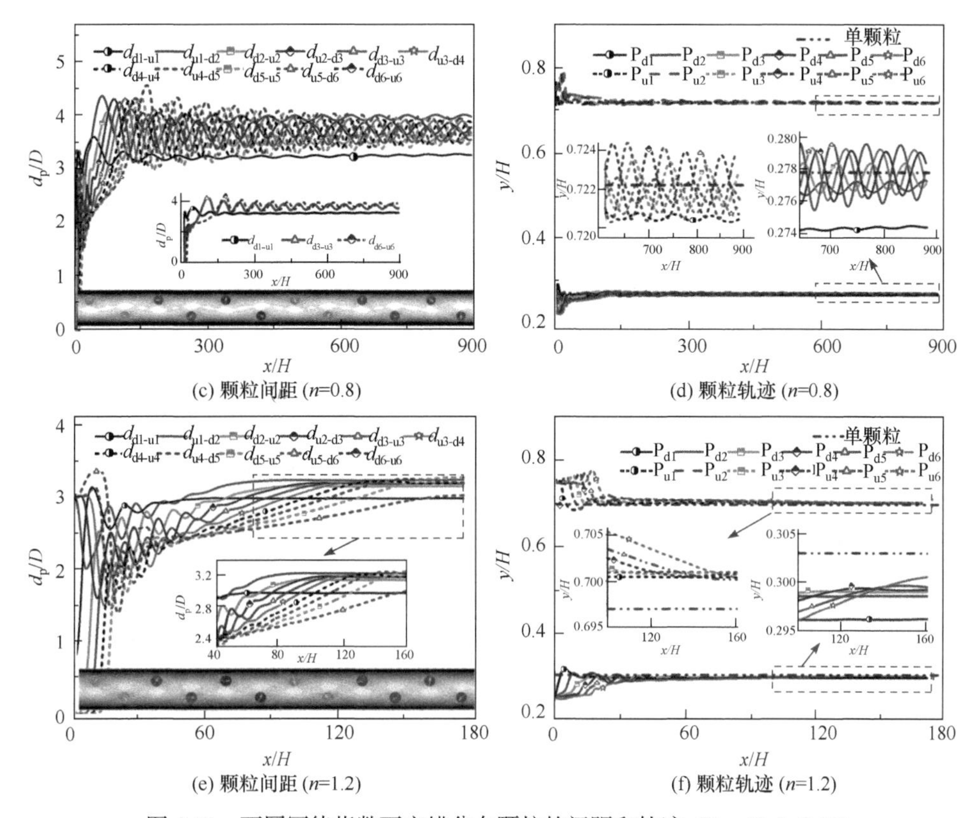

(c) 颗粒间距 (n=0.8)　(d) 颗粒轨迹 (n=0.8)

(e) 颗粒间距 (n=1.2)　(f) 颗粒轨迹 (n=1.2)

图 4.22　不同幂律指数下交错分布颗粒的间距和轨迹 (Re=40, k=0.25)

4.2.3.2　Re 数对颗粒成链的影响

不同 Re 数和幂律指数 n 下，交错分布颗粒链中的颗粒间距如图 4.23 所示，其中给出了颗粒链的最终状态和颗粒间距变化的局部放大图。由图 4.23(a)(n=0.6，Re=20)、图 4.22(a)(n=0.6，Re=40)、图 4.23(b)(n=0.6，Re=60)可见，在剪切变稀流体中，颗粒间距 d_p/D 随 Re 数的增加而增大并在 Re=40 时趋于稳定，d_p/D 的振幅则随 Re 数的增加而减小，这是因为随着 Re 数增加，d_p/D 迅速增加，导致颗粒间相互作用减弱以至颗粒间距趋于稳定。在剪切增稠流体中，d_p/D 的振幅则随 Re 数的增加而增大，这与牛顿流体中的结果一致，而且 d_p/D 也随 Re 数的增加而缓慢增加。所以，合理选择 Re 数将会显著提高颗粒在非牛顿流体中惯性迁移形成均匀间距颗粒链的效率。

4.2.3.3　阻塞率对颗粒成链的影响

不同阻塞率 k 和幂律指数 n 下交错分布颗粒的间距如图 4.24 所示，可见在图 4.24(a)、(b)的剪切变稀流体中，颗粒间距 d_p/D 的振幅随 k 的增加而增大，因

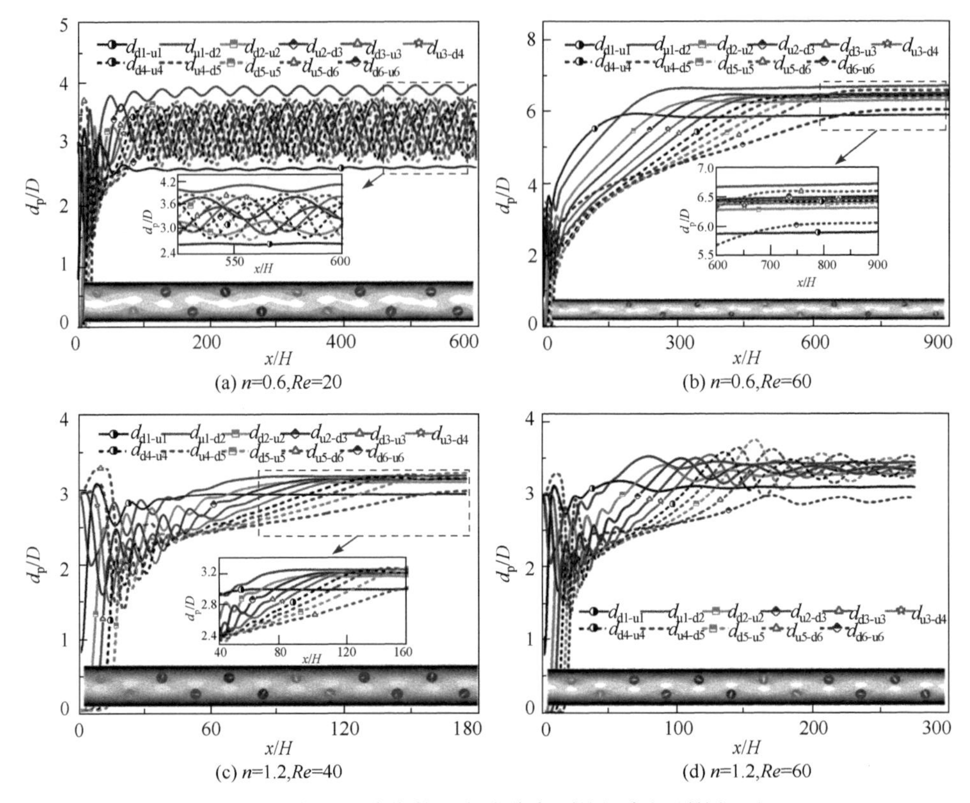

(a) n=0.6,Re=20　　(b) n=0.6,Re=60

(c) n=1.2,Re=40　　(d) n=1.2,Re=60

图 4.23　不同 Re 数和幂律指数下交错分布颗粒链中的颗粒间距 (k=0.25)

为当 k 较大时，颗粒间的相互作用也较大，从而导致颗粒间距的不稳定。在图 4.24(c)、(d)剪切增稠流体中，当 k=0.25 时，颗粒间距比较稳定；当 k 增加到 0.4 时，颗粒间距依然比较稳定，只是在一个小范围内有小幅度的波动，这一结果与牛顿流体中的结果一致。颗粒链形成后的变化过程如图 4.25 所示，可见颗粒间距和回流区的结构都不再稳定。

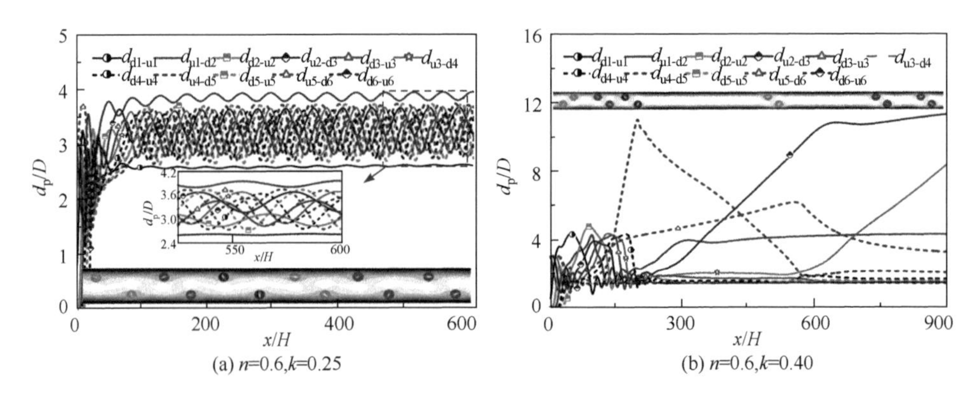

(a) n=0.6,k=0.25　　(b) n=0.6,k=0.40

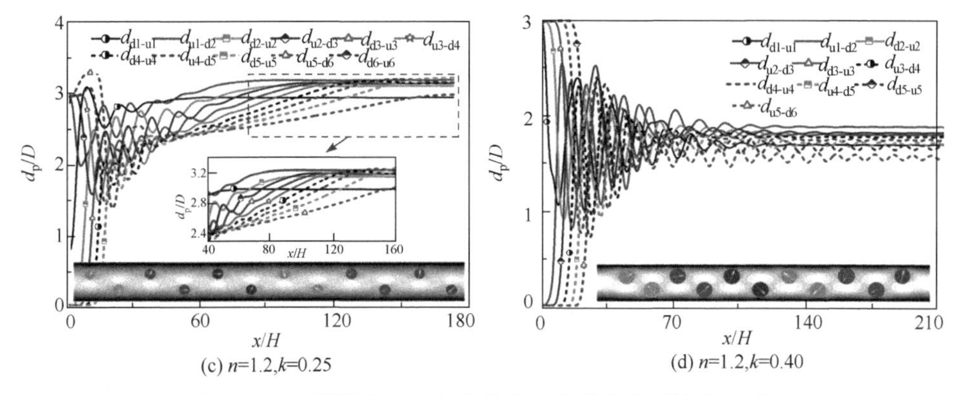

图 4.24　不同阻塞率和幂律指数下交错分布颗粒的间距

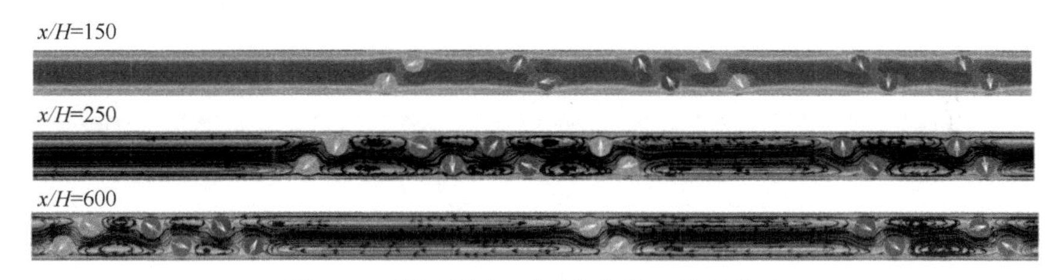

图 4.25　颗粒链在不同流向位置处的分布

4.2.3.4　颗粒平均间距

由于交错分布颗粒链中相邻两颗粒的间距是相对稳定的，所以图 4.26 给出了最终形成颗粒链时的颗粒平均间距，可见颗粒平均间距受幂律指数和 Re 数的影响，其中幂律指数的影响最显著，这与单排分布颗粒链有所区别。颗粒间距随着幂律指数的增加而迅速减小，随着 Re 数的增加而增加。

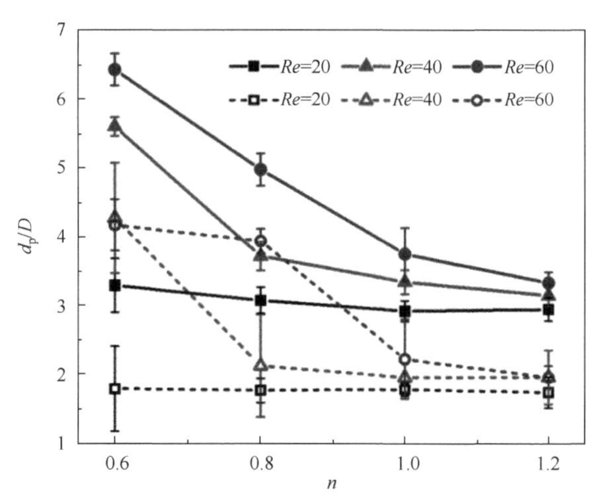

图 4.26　交错分布颗粒链的颗粒平均间距

综上所述，幂律流体中单侧分布的颗粒会动态形成均匀间距的单排颗粒链，颗粒沿流向的倾斜度是造成动态的主要原因。形成颗粒链后，随着幂律指数的增加，颗粒间距增大，倾斜度减小，而颗粒间距则随着迁移距离的增加而增加。随着颗粒体积浓度的增加，颗粒链的动态过程变得更明显，且颗粒链的长度增加、颗粒间距减小。在不同的幂律指数下和在不同的流向位置，*Re* 数对颗粒间距的影响不同。在低 *Re* 数的剪切增稠流体中，颗粒不能成链，随着 *Re* 数的增加，颗粒链开始形成。而随着阻塞率的增加，颗粒间距变小，倾斜度增加，颗粒链的动态过程变得明显。

沿中线两侧分布的颗粒将迁移到槽道壁面附近的平衡位置形成交错分布的颗粒链。由于颗粒间的相互作用，颗粒的平衡位置与单个颗粒的情形不同，颗粒链中的颗粒间距基本趋于一个稳定值或在一定的范围内波动。在剪切变稀流体中，随着阻塞率的增加，颗粒间距的波幅也增大；随着 *Re* 数的增加，颗粒间距的振荡减小。而在剪切增稠流体中，阻塞率和 *Re* 数对颗粒间距振荡的作用则相反。交错分布颗粒链的颗粒间距随着幂律指数和阻塞率的增加而减小，随着 *Re* 数的增加而增大。

4.3　圆形颗粒在简单剪切流中的迁移

颗粒在图 4.27 所示的简单剪切流中迁移有其特殊的性质，Kulkarni 和 Morris[7]发现，两个中性悬浮颗粒在有限 *Re* 数的剪切流场中存在两种新的迁移轨迹，即旋转和反向运动。James[8]在黏弹性 Boger 流体中发现，颗粒在剪切流场中会向壁面迁移和聚集。本节介绍剪切变稀和剪切增稠、*Re* 数和阻塞率对颗粒迁移形成均匀间距颗粒链的影响。

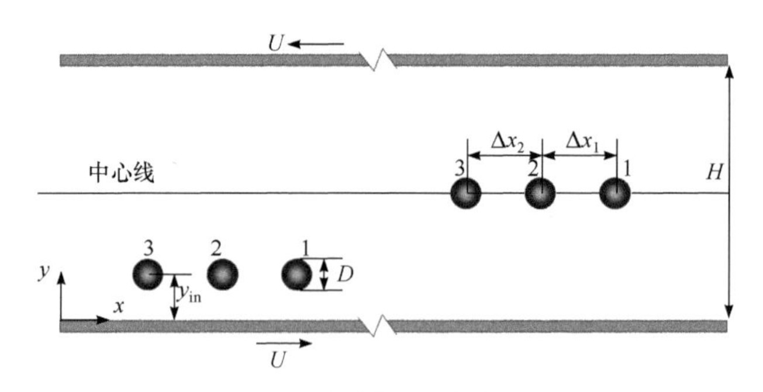

图 4.27　简单剪切流场与颗粒

4.3.1　流场描述与单颗粒迁移

在图 4.27 的流场中，初始时刻颗粒分布于距离下板 y_{in}=0.25H 的位置，x 方向为周期性边界条件。为比较颗粒间距的变化，定义颗粒间距比 $D_p=\Delta x_2/\Delta x_1=(x_3-x_2)/(x_2-x_1)$，其中 x_1、x_2、x_3 分别为颗粒 1、2、3 在水平方向的位置。对于幂律流体，Re 数定义为 $Re=\rho(2U)^{2-n}H^n/m$，U 为上下板的运动速度，m 是幂律系数。

图 4.28 为不同幂律指数下单颗粒沿垂向位置的变化，由图 4.28(a)可知，在幂律指数 n=0.6 的剪切变稀流体中，颗粒在小 Re 数时迁移到中线位置，随着 Re 数的增大，颗粒偏离中线，Re 数越大，颗粒离中线越远。当 n=0.8 和 1.0 时，如图 4.28(b)、(c)所示，颗粒在 Re=200 情况下都未能迁移到中线，而 Re<200 时颗粒最终迁移到中线位置。当 n=1.2(图 4.28(d))时，颗粒在 Re=200 情况下也能迁移到中线，且 Re 数越大，颗粒越快迁移到中线。

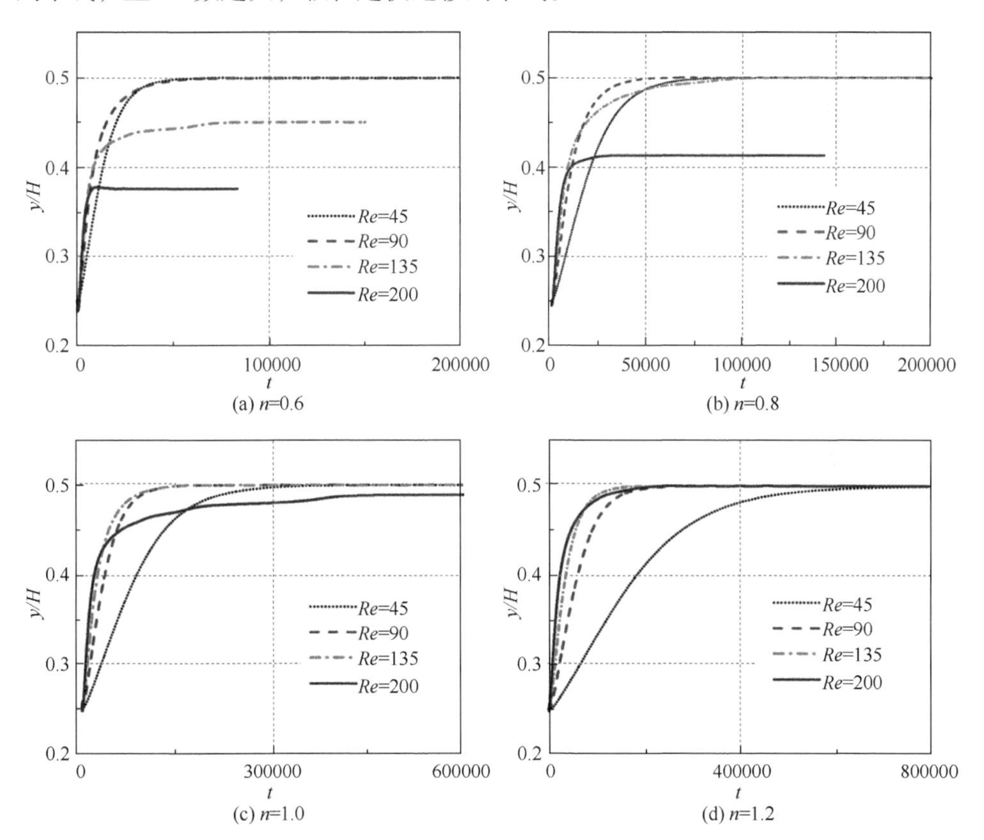

图 4.28　不同幂律指数下单颗粒沿垂向位置的变化 (k=0.25)

4.3.2　幂律指数对三个颗粒迁移的影响

初始间距相等且为 1.6D 的三个颗粒在流场中迁移，图 4.29 给出了不同幂律指数下三个颗粒的迁移轨迹。在图 4.29(a)的剪切变稀流体中，三个颗粒没有稳定在中线，而是在中线以下运动，这与图 4.28(a)的结果一致。在图 4.29(b)幂律指数更大的剪切变稀流体中，颗粒也未能稳定在中线，而是在中线附近转圈，这与单颗粒运动的结果不同。在图 4.29(c)所示的牛顿流体和图 4.29(d)所示的剪切增稠流体中，当颗粒迁移到中线后，三个颗粒在水平方向上几乎等间距分布，且颗粒在牛顿流体中迁移到中线时比在剪切增稠流体中更下游。

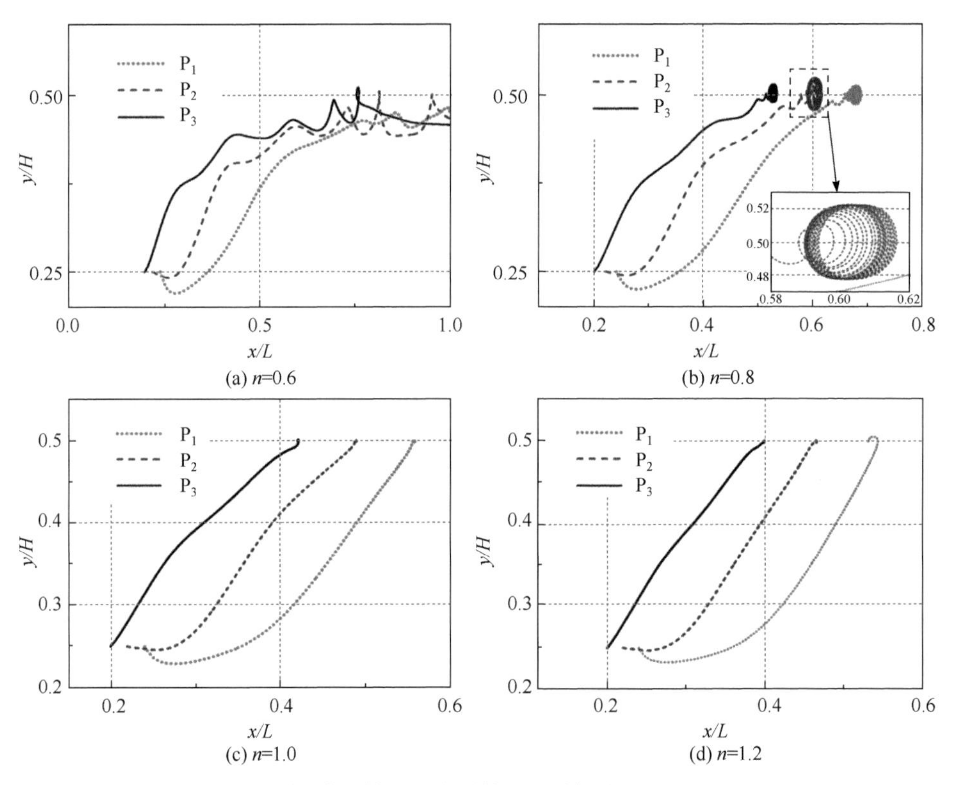

图 4.29　不同幂律指数下三个颗粒的迁移轨迹（k=0.25, Re=135）

4.3.3　*Re* 数对三个颗粒迁移的影响

不同 Re 数下，颗粒间距比随时间的变化如图 4.30 所示，可见在 n=0.6 的图 4.30(a)中，低 Re 数时的颗粒能形成均匀间距的颗粒链，但随着 Re 数的增大，颗粒间距比的波动开始增加，当 Re 数增加到 135 时，已不再形成均匀间距的颗粒链，这一现象在 n=0.8 的图 4.30(b)中也存在。当 Re=135 时，颗粒间距比出现正弦式的波动，且随着时间的推移，波动趋于稳定。当继续增大 Re 数时，颗粒间距比的波动幅度呈无规律的增加。

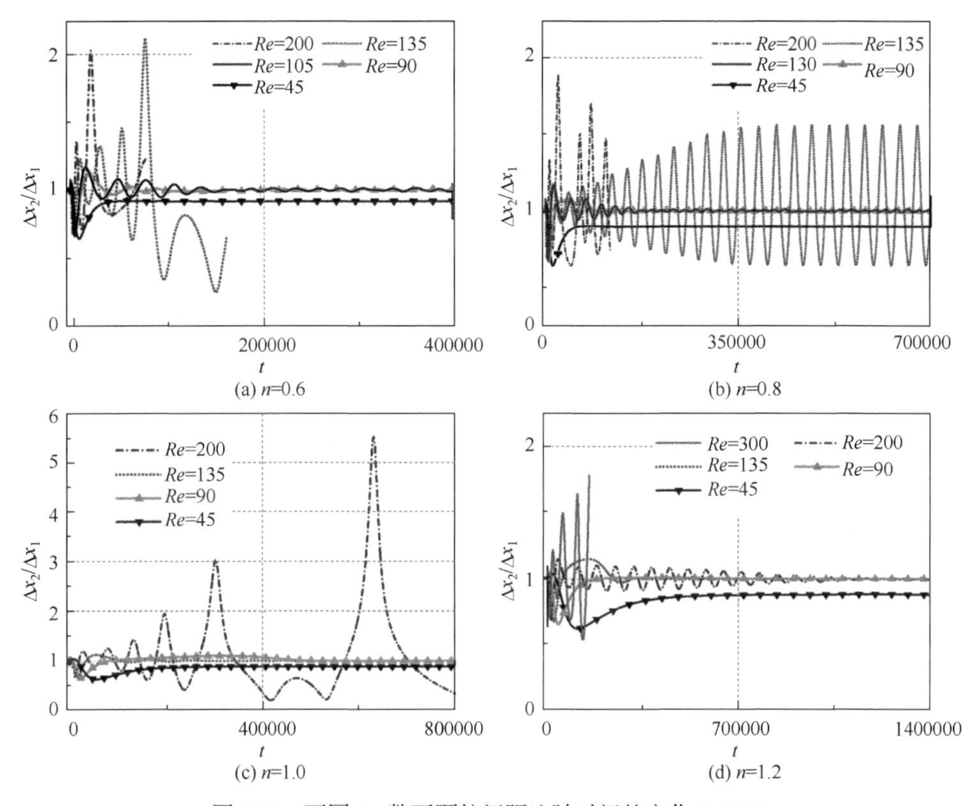

(a) n=0.6　(b) n=0.8　(c) n=1.0　(d) n=1.2

图 4.30　不同 Re 数下颗粒间距比随时间的变化(k=0.25)

图 4.30(d)是 n=1.2 的剪切增稠流体的情形，可见颗粒间距出现波动所对应的 Re 数增加，在 Re=200 时，颗粒还能形成均匀间距的颗粒链，当 Re=300 时，颗粒间距又出现无规律性的波动。可见幂律指数 n 越大，颗粒间距比越容易稳定地趋于 1，但趋于稳定所需的时间更长，而剪切变稀流体在较低 Re 数时，就可以很快形成均匀间距的颗粒链。在图 4.30 的四种幂律指数流体中，随着 Re 数的减小，颗粒间距比初始先波动，然后随着剪切时间的增加最终趋于 1，而在 Re=45 时，颗粒的间距比稳定地小于 1。

为直观说明三个颗粒的迁移过程，图 4.31～图 4.33 给出了不同幂律指数 n 时颗粒的迁移和流线图，颗粒中的白色箭头表示颗粒取向。在图 4.30 中，三个颗粒在剪切变稀流体中相互作用，其过程大致可以分为以下六个阶段：①颗粒从静止状态开始迁移，颗粒间距比迅速增加。②如图 4.31(a)所示，颗粒分离时，左边颗粒 P_3 先向中线迁移，且迁移速度大于颗粒 P_2 和 P_1 的迁移速度，Δx_2 比Δx_1 增加快，所以间距比增加。③如图 4.31(b)所示，P_2 和 P_1 受到下板的剪切作用，在惯性作用下也往中线迁移，但 P_1 位于 P_2 的下方，受到的剪切作用大，需比 P_2 更长的时间才能迁移到中线，所以 P_2 和 P_1 往中线迁移时的间距增大，而 P_3 受到流场的剪

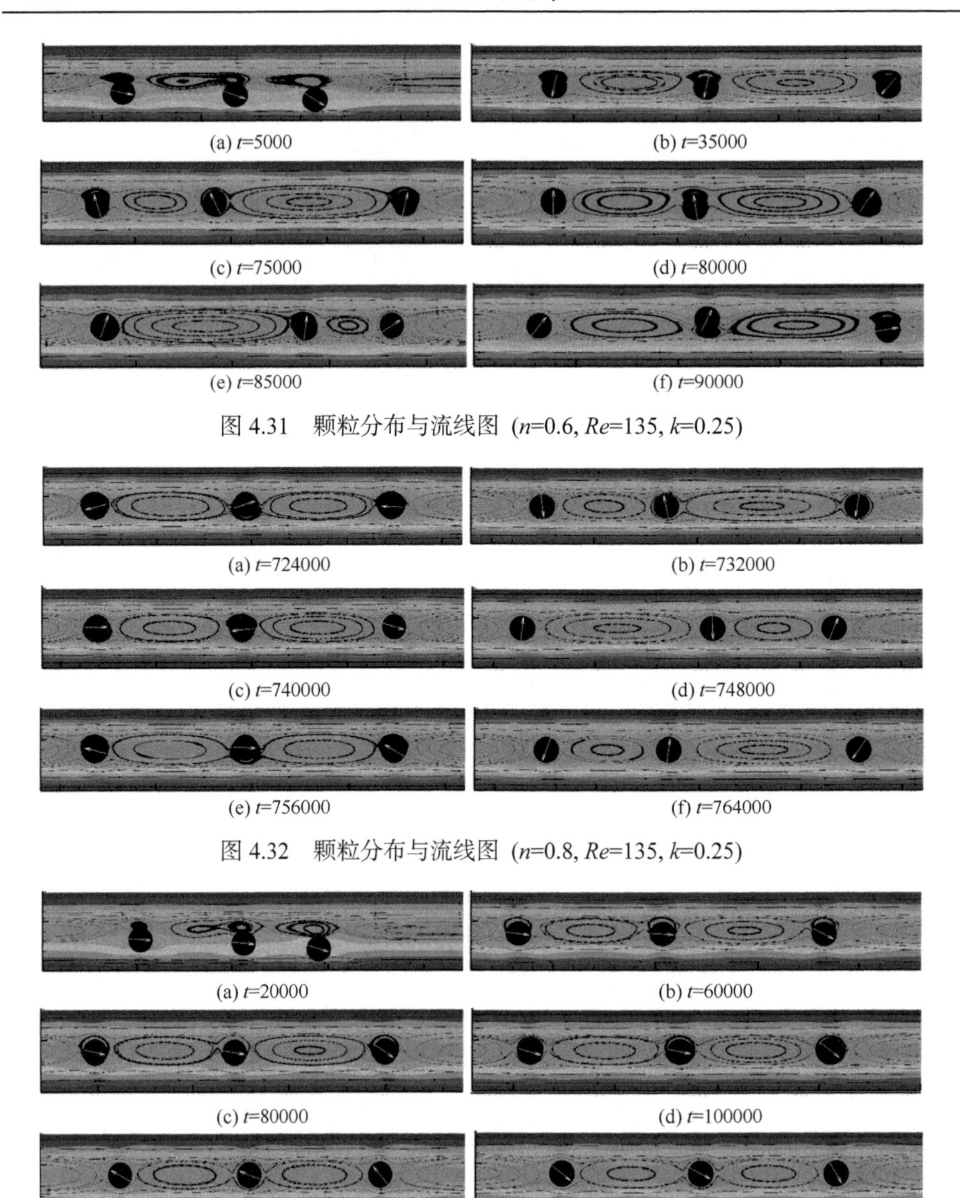

图 4.31　颗粒分布与流线图 (n=0.6, Re=135, k=0.25)

图 4.32　颗粒分布与流线图 (n=0.8, Re=135, k=0.25)

图 4.33　颗粒分布与流线图 (n=1.0, Re=135, k=0.25)

切作用弱，Δx_2 的增加速度小于Δx_1 的增加速度，所以颗粒间距比减小。④P_3 和 P_2 在剪切作用下相互靠近，当颗粒间距达到最小值时，颗粒间的作用力最大，此后颗粒分离；如图 4.31(c)、(d)所示，P_3 往上板方向迁移，受到上板向左的剪切作用而向左再次迁移到中线位置，P_2 向下板方向迁移，并在下板剪切作用下向 P_1 的方向靠近；如图 4.31(d)、(e)所示，由于Δx_1大，颗粒间的作用力小于流场的剪切作用，颗粒向左迁移，Δx_1减少，P_3向上游迁移过程中Δx_2增加，所以颗粒间距比增加。⑤如图 4.31(e)、(f)所示，当 P_2和 P_1在剪切作用下Δx_1达到最小值时，Δx_2达到最大值，在流场剪切作用下，P_3往 P_2方向迁移，P_2和 P_1再次分离，表现为 P_2向上板方向迁移，在上板剪切作用下向左迁移到中线，而 P_1向下板迁移，在剪切作用下向右再次迁移到中线，Δx_2减小，Δx_1增加，所以颗粒间距比再次减小。⑥颗粒的迁移重复④和⑤的过程，当 Re=135 时，颗粒在流场剪切作用下未能稳定在中线，颗粒不断靠近、分离、再靠近、再分离，颗粒间距比产生波动。

从图 4.30(b)可见，颗粒间距比的正弦式波动出现在 n=0.8 的剪切变稀流体中，以下分析发生正弦式波动的原因。当颗粒间距比的正弦式波动稳定后，颗粒的间距变化处于图 4.31 的第④、⑤阶段，即 P_3和 P_2在上下板剪切作用下相互靠近，如图 4.32(b)所示，此时Δx_1增加、间距比减小。当Δx_2达到最小值后，两者又开始分离，而由于 P_1与 P_2间距最大，受到颗粒间的作用力小于剪切力，P_1在剪切作用下又开始向 P_2靠拢，此时 P_3向上板迁移，在上板剪切作用下再次迁移到中线位置，而 P_2向下板迁移，在下板剪切作用下向 P_1方向迁移(图 4.32(c)、(d))，颗粒间距比增加。当Δx_1达最小值时，Δx_2达最大值，P_3开始向 P_2靠拢，而 P_2和 P_1又发生分离，分别向左和右迁移，此时颗粒间距比又开始增加(图 4.32(e)、(f))，如此重复，使颗粒间距比呈现正弦式波动。

在图 4.30(c)、(d)中，对 n=1.0 和 1.2 的流体而言，颗粒间距比都稳定为 1，间距比的变化相似，所以只给出 n=1.0 的流场如图 4.33 所示，其中图 4.33(e)、(f)为颗粒位置稳定后的结果。由图 4.33(a)可见，在初始时刻，颗粒间距的变化与剪切变稀流体(图 4.31)的第①、②阶段一样，颗粒间距比先增大后减小。当颗粒彼此分离后，由于 n 较大，流体黏度和流体作用在颗粒上的力增加，颗粒主要受流场剪切作用向下游迁移，而往中线的迁移变慢。图 4.33(b)、(d)中，颗粒还未稳定在中线前就在壁面剪切的作用下调整了间距。图 4.33(e)中，当颗粒最终迁移到中线位置时，颗粒间距已相等，颗粒间作用和流场的剪切作用平衡，形成了如图 4.33(f)所示的均匀间距的颗粒链。

4.3.4　阻塞率对三个颗粒迁移的影响

为分析阻塞率对形成颗粒链的影响，图 4.34 为大阻塞率(k=0.35)、不同 Re 数下颗粒间距比随时间的变化。由图 4.34(a)可见，在剪切变稀(n=0.6)的流体中，当 Re=160 时，颗粒间距比依然稳定，而在图 4.30(a)的 k=0.25 中，颗粒间距在 Re=135 时已大幅度波动。在图 4.34(b)剪切变稀(n=0.8)的流体中，当 Re=200 时，颗粒间距比出现正弦式波动，且随着时间的推移，呈现稳定的正弦式波动。在剪切变稀流体中，增大阻塞率 k 后，Re 数越大，颗粒间距比就越容易发生波动；但相对小阻塞率而言，需更大的 Re 数才能使颗粒间距比发生大幅度的波动。图 4.34(c)、(d)为颗粒在牛顿流体和剪切增稠流体中迁移的情形，与图 4.30(c)、(d)低阻塞率情形相比，颗粒间距比出现不同的变化，例如当 Re=45 时，颗粒间距比最终的稳定值大于 1，而当 Re=200 时，颗粒间距比最先趋向于稳定值 1；Re 数越小，颗粒间距比越大、达到稳定值所需的时间越长。

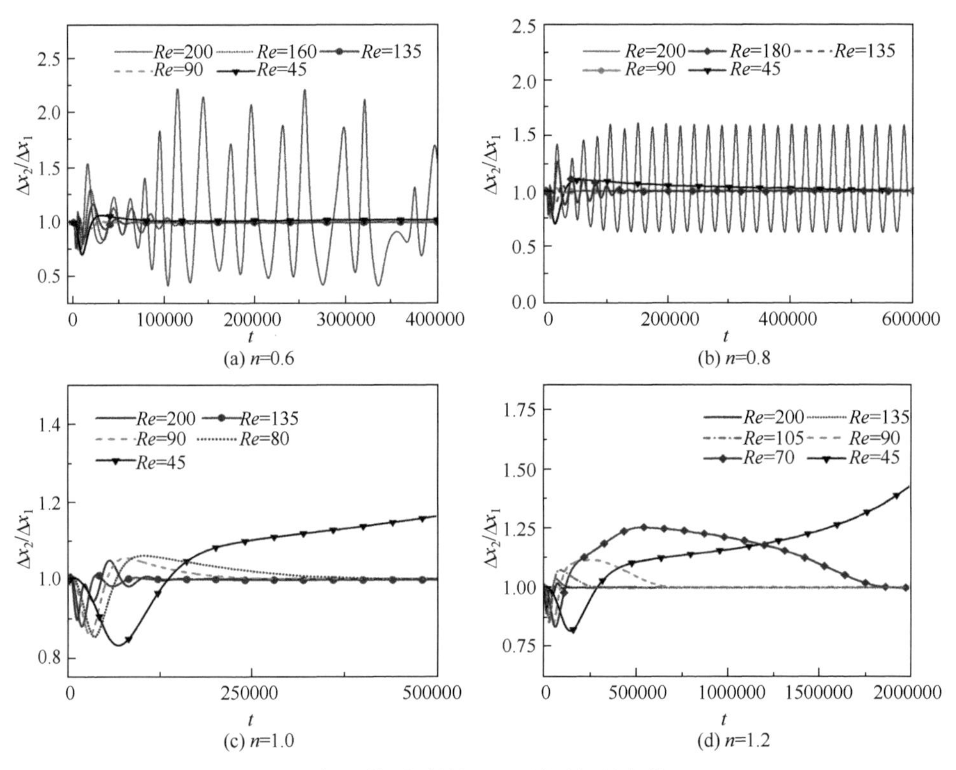

图 4.34　不同 Re 数下颗粒间距比随时间的变化 (k=0.35)

图 4.35 给出了当颗粒间距比稳定时，不同幂律指数下颗粒间距 d_p/D 与 Re 数的关系。由于 Re=45 时的 d_p/D 稳定但不相等，为便于比较，将三个颗粒的间距取平均值，图 4.35(a)中曲线的终点定义为颗粒间距比稳定时的临界 Re 数，大于该临界 Re 数，d_p/D 要发生波动。由图 4.35(a)可见，k=0.25 时，Re 数越小，d_p/D 越大，因为 Re 数较小时流场的剪切作用较弱，颗粒需迁移更长的距离和时间才能到中线位置。随着 Re 数的增大，流场的剪切作用增强，d_p/D 减小。继续增大 Re 数，颗粒间距比将出现波动。对比不同 n 的临界 Re 数可知，n 越小，临界 Re 数也越小，如 n=0.6、Re=105 时，颗粒间距比已开始波动；而在 n=1.2 的剪切增稠流体中，Re 数达到 175，颗粒间距比才开始出现小幅度的波动。

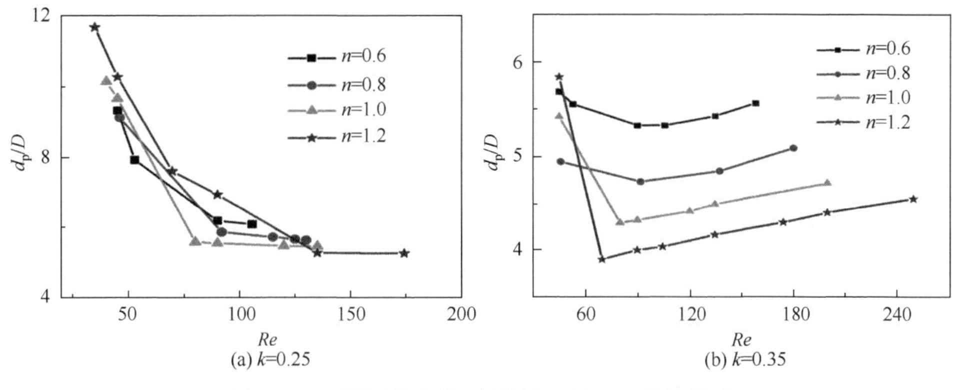

(a) k=0.25 (b) k=0.35

图 4.35 不同幂律指数下颗粒间距与 Re 数的关系

由图 4.35(b)可知，k=0.35 时 d_p/D 与 Re 数的关系与 k=0.25 时的情形不同。在剪切变稀流体中，虽然小 Re 数时 d_p/D 随 Re 数的增大而减小，但在 Re 数增大过程中，d_p/D 逐渐增加，这一现象在牛顿流体和剪切增稠流体中更明显。由图 4.34(c)、(d)可知，Re 数越大，颗粒间距比越快趋向于稳定值 1，因为大阻塞率(k=0.35)情况下，颗粒受到上下板的剪切作用和壁面作用更强，所以更容易稳定在中线位置。对于小阻塞率(k=0.25)的情况，当 Re 数较大时，颗粒间距比容易波动，所以当 d_p/D 稳定时，d_p/D 随 Re 数增大而增加只发生在大阻塞率的情况下。

由图 4.30 和图 4.34 可见，在 Re=45 的四种幂律流体中，当阻塞率较小时，颗粒间距比的稳定值都小于 1；当阻塞率较大时，剪切变稀流体的颗粒间距比稳定值等于 1，牛顿和剪切增稠流体的稳定值大于 1。图 4.36 比较了 Re=45 时两种直径的颗粒稳定后其间距比与幂律指数 n 的关系，可见 k=0.25 时，颗粒间距比随 n 的增大而减小；k=0.35 时，颗粒间距比随 n 的增加而增大。

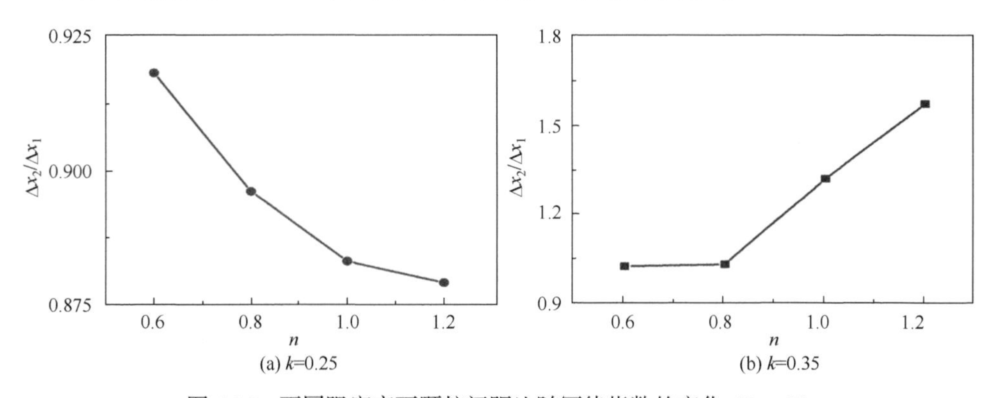

(a) k=0.25 (b) k=0.35

图 4.36 不同阻塞率下颗粒间距比随幂律指数的变化 (Re=45)

图 4.37 和图 4.38 为两种阻塞率时颗粒间距稳定后的流场图。如图 4.37 所示，在小阻塞率(k=0.25)时，颗粒离壁面较远，颗粒受流场的剪切作用往中线迁移，其中 P_3 最先往中线迁移，Δx_2 增加，靠近中线时，颗粒受剪切作用减弱而速度降低。P_2 和 P_1 在向下游迁移过程中，依次往中线迁移，该过程中Δx_1不断增加，且增加速度大于Δx_2的增加速度，最终 P_2 和 P_1 依次迁移到中线位置。由于阻塞率小，颗粒在中线位置时受到上下板的剪切作用较弱，且由图 4.37(a)可知，小 Re 数时颗粒间距大，颗粒间的相互作用力小，不会经历靠近、再分离的过程，而是保持小于 1 的稳定间距比。

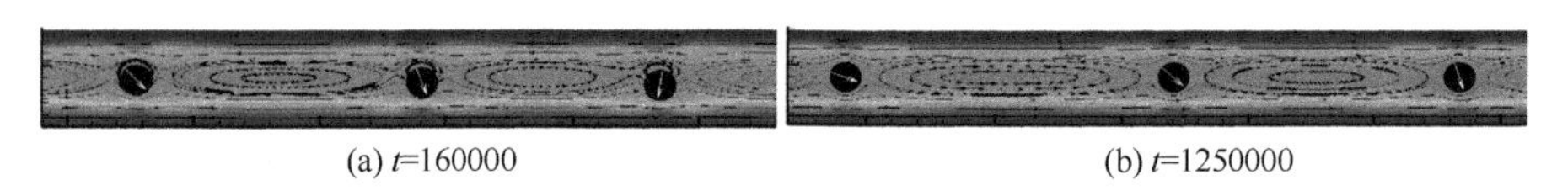

(a) t=160000　　(b) t=1250000

图 4.37　小阻塞率时不同时刻的颗粒间距 (k=0.25)

如图 4.38 所示，在大阻塞率(k=0.35)时，颗粒离壁面更近，初始时刻，颗粒下顶点离壁面才 2.5Δx，接近颗粒与壁面之间存在斥力的最小可能距离(Δr=2Δx)。所以颗粒开始迁移后，P_3 迁移时受壁面的影响较大，流体作用在颗粒上的力增加。在低 Re 数时，颗粒向中线迁移需要的时间更长，P_1 迁移到中线最慢，该颗粒在下板剪切作用下往中线迁移，此时Δx_1继续增加。由于小 Re 数时流场剪切作用弱，颗粒没有经历靠近、再分离的过程，并最终都稳定在中线位置，保持大于 1 的间距比。

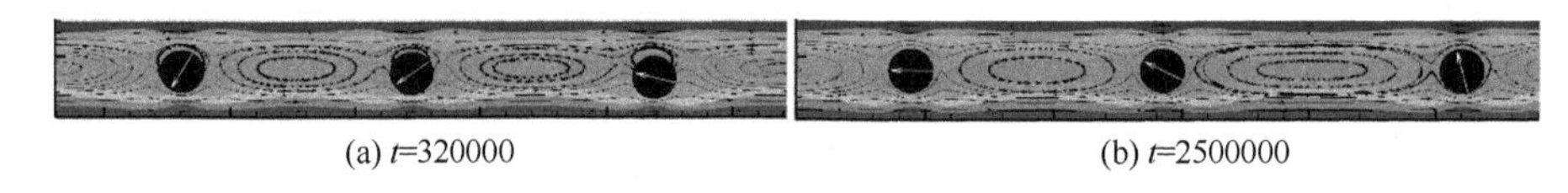

(a) t=320000　　(b) t=2500000

图 4.38　大阻塞率时不同时刻的颗粒间距 (k=0.35)

综上所述，单颗粒在简单剪切流场中因惯性作用而往中线迁移。在剪切变稀流体中，随着 Re 数的增大，颗粒容易偏离中线位置；随着幂律指数的增加，颗粒在高 Re 数时也能迁移到中线，且 Re 数越大，颗粒越快迁移到中线。在剪切变稀流体中，多颗粒在较低 Re 数时便可形成均匀的颗粒间距，且比在剪切增稠流体中更快形成颗粒链。在高 Re 数、低阻塞率时，颗粒间距波动变大。对小阻塞率情况，Re 数越大，颗粒间距越小。对大阻塞率情况，颗粒间距随 Re 数的增加而先减小后增加，对牛顿流体和剪切增稠流体而言，随着 Re 数增加，颗粒更容易形成均匀间距的颗粒链结构，因而可以通过调节 Re 数和幂律指数达到控制颗粒间距的目的。

4.4　椭圆和矩形颗粒的迁移

在自然界和实际应用中，存在许多非球形颗粒如大肠杆菌、酵母菌等在非牛顿流体中迁移的情形。对非球形颗粒而言，颗粒与非牛顿流体的相互作用更复杂，Despeyroux 等[9]给出了幂律流体中圆柱颗粒的实际迁移速度与由水动力相互作用引起的约束参数和流动性指数的关系。Ferec 等[10]发现，由于剪切变稀作用的影响，椭圆形颗粒的迁移会略微偏离 Jeffery 的理论解，但是当颗粒长径比很大时，这一偏离可以忽略不计。D'Avino 等[11]发现，当惯性作用可忽略时，椭球会在黏弹性流体槽道中横向迁移至通道中线或最近的壁面，至于往哪儿迁移取决于颗粒的初始位置和取向。Kaur 等[12]研究了流体弹性对单个球形和圆柱形颗粒迁移的影响，发现圆柱形颗粒与流动方向的夹角随着流体弹性的增大而减小。本节介绍幂律流体中椭圆形和矩形颗粒的迁移及自组织成链，分析流体幂律指数、*Re* 数、颗粒形状、阻塞率对颗粒迁移轨迹和平衡位置的影响。

4.4.1　流场描述与模拟方法验证

图 4.39 为中性悬浮的椭圆颗粒和矩形颗粒在槽道中迁移的示意图，x 方向为周期性边界条件，槽道的壁面为无滑移边界条件。颗粒长径比定义为$\alpha=a/b$，其中 $2a$ 和 $2b$ 是椭圆颗粒的长轴和短轴以及矩形颗粒的长度和宽度。椭圆形颗粒的阻塞率 k 定义为 $k=2a/H$，矩形颗粒阻塞率为 $k=((2a)^2+(2b)^2)^{0.5}/H$。

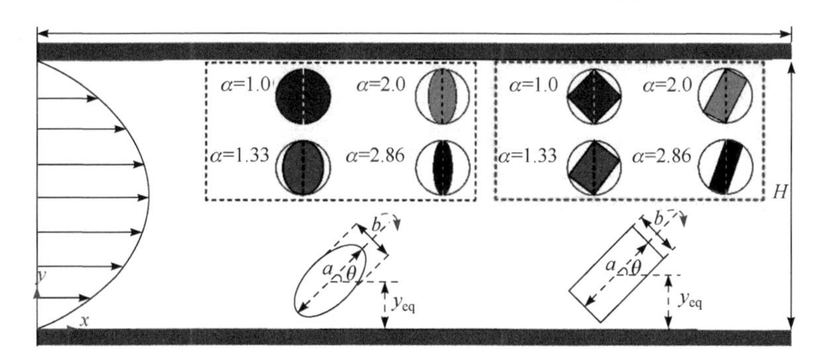

图 4.39　中性悬浮的椭圆颗粒和矩形颗粒在槽道中迁移的示意图

通过计算椭圆颗粒在槽道中迁移的轨迹，可以进行网格数无关性验证，其结果如图 4.40 所示，其中槽道高度从 $120\Delta x(\Delta x=1)$变化到 $240\Delta x$，可见当槽道高度从 $180\Delta x$ 变到 $240\Delta x$ 时，颗粒迁移轨迹的变化不明显，所以计算时采用了槽道高度为 $180\Delta x$、长度为 $L=15H$。

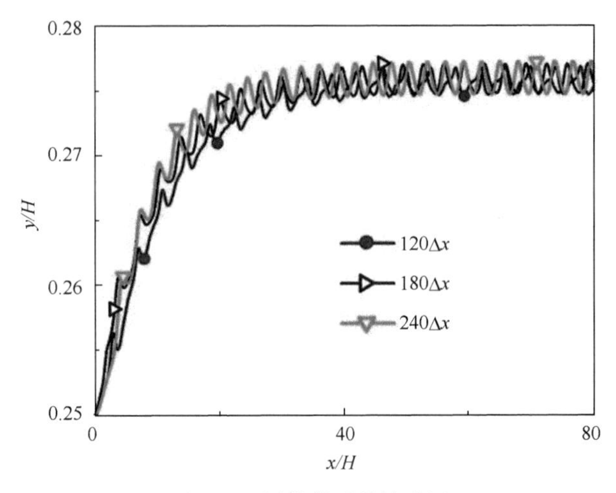

图 4.40 网格数无关性验证

4.4.2 幂律指数对颗粒迁移的影响

幂律指数 n 对椭圆颗粒和矩形颗粒在幂律流体中迁移的影响如图 4.41 所示，可见当 n 相同时，颗粒在不同的初始位置(y_{in}/H=0.25 和 0.4)都会迁移到相同的垂向平衡位置，换言之，椭圆颗粒和矩形颗粒在幂律流体槽道流中惯性迁移时，仍存在 Segré-Silberberg 效应。在剪切变稀流体中，颗粒从初始位置迁移到稳定的垂向平衡位置所需的流向距离最短，其次是在牛顿流体中，最长是在剪切增稠流体中。

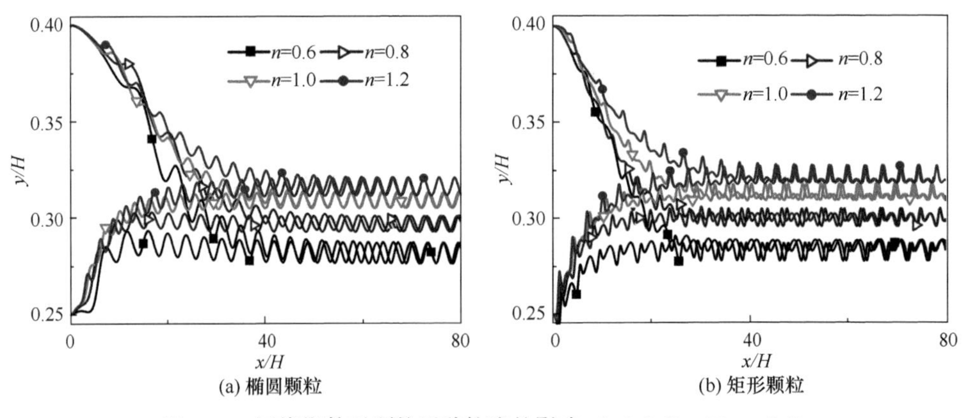

图 4.41 幂律指数对颗粒迁移轨迹的影响 (k=0.4, Re=32, α=2.0)

颗粒垂向平衡位置与幂律指数 n 的关系如图 4.42 所示，可见圆形颗粒(α=1)的垂向平衡位置比非圆形颗粒更靠近槽道中线。当颗粒长径比α相同时，矩形颗粒比椭圆颗粒的平衡位置更靠近中线，所以颗粒形状对颗粒平衡位置有影响。颗粒垂向平衡位置与中线的距离随 n 的增大而减小，即颗粒垂向平衡位置最靠近槽道中线的是在剪切增稠流体中，其次在牛顿流体中，最远是在剪切变稀流体中。

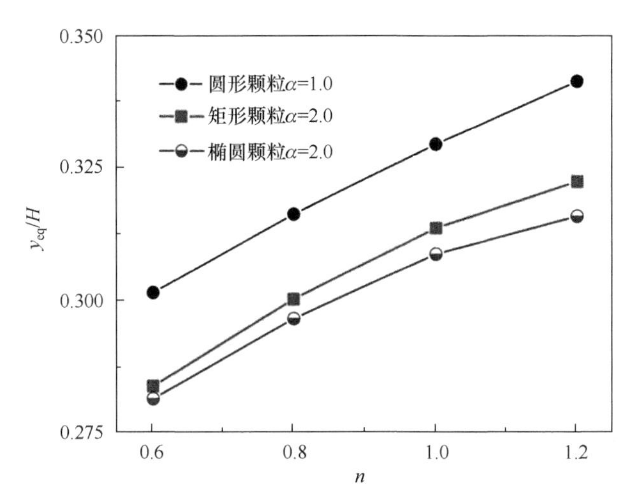

图 4.42　颗粒垂向平衡位置与幂律指数的关系 (k=0.4, Re=32)

非圆形颗粒无量纲旋转周期定义为 $T=T_0/(H/U_0)$，其中 T_0 是颗粒处于平衡位置时旋转一周所用的时间。幂律指数 n 对旋转周期 T 的影响如图 4.43 所示，可见在剪切变稀流体中，椭圆颗粒和矩形颗粒的 T 随 n 的增加而缓慢增加，但在牛顿流体和剪切增稠流体中，颗粒的 T 随 n 的增大而急剧增加。此外，矩形颗粒的 T 大于椭圆颗粒的 T。

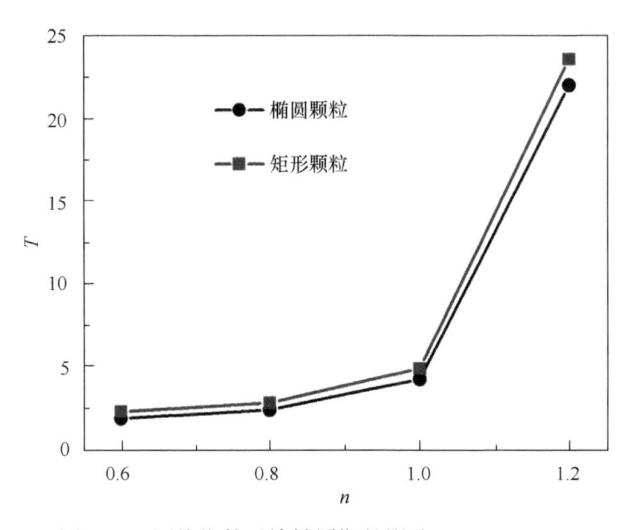

图 4.43　幂律指数对旋转周期的影响(k=0.4, Re=32)

幂律指数 n 对颗粒取向角 θ 的影响如图 4.44 所示，其中 $\cos\theta$=0 表示颗粒的长轴垂直于流动方向，cosθ=1 和−1 表示颗粒的长轴平行于流动方向，黄色和灰色区域分别代表颗粒往垂直方向和水平方向转动。由图 4.44 可见，n 对椭圆颗粒的θ没有影响，对矩形颗粒的θ影响较小。矩形颗粒取向角的凹形曲线比椭圆颗粒更宽，即矩形颗粒保持水平取向角的时间长于椭圆形颗粒。

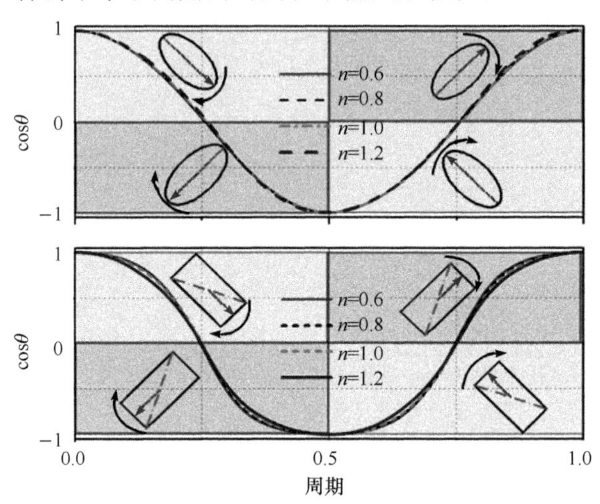

图 4.44　幂律指数对颗粒取向角的影响(k=0.4, Re=32)

4.4.3　颗粒长径比对颗粒迁移的影响

不同幂律指数下颗粒长径比α对颗粒轨迹的影响如图 4.45 所示，可见颗粒在不同垂向初始位置(y_{in}/H=0.25 和 0.4)开始迁移后，最终会在同一个垂向平衡位置附近旋转。椭圆颗粒和矩形颗粒的迁移轨迹与圆形颗粒不同，圆形颗粒的轨迹是一条光滑曲线(图 4.45(a)、(c)、(e)的蓝色曲线)。椭圆颗粒的垂向平衡位置随α的减小而更靠近槽道中线，但矩形颗粒的α对平衡位置的影响不如椭圆颗粒那么明显，颗粒轨迹的振幅随α的增加而增大。矩形颗粒从初始位置迁移到稳定的平衡位置的流向距离比椭圆颗粒的情形更短，这一现象在牛顿流体和剪切变稀流体中更明显。α对矩形颗粒的迁移距离影响不明显，而椭圆颗粒的迁移距离随α的减小而增加，即大长径比的椭圆颗粒更快到达平衡位置。

颗粒长径比α对颗粒垂向平衡位置的影响如图 4.46 所示，可见矩形颗粒和椭圆颗粒的平衡位置都随α的增大及幂律指数 n 的减小而远离槽道中线，椭圆颗粒的平衡位置减小速度比矩形颗粒快。在其他条件相同的情况下，对小α的情形，椭圆颗粒平衡位置高于矩形颗粒的平衡位置；对大α的情形，矩形颗粒平衡位置高于椭圆颗粒的平衡位置。

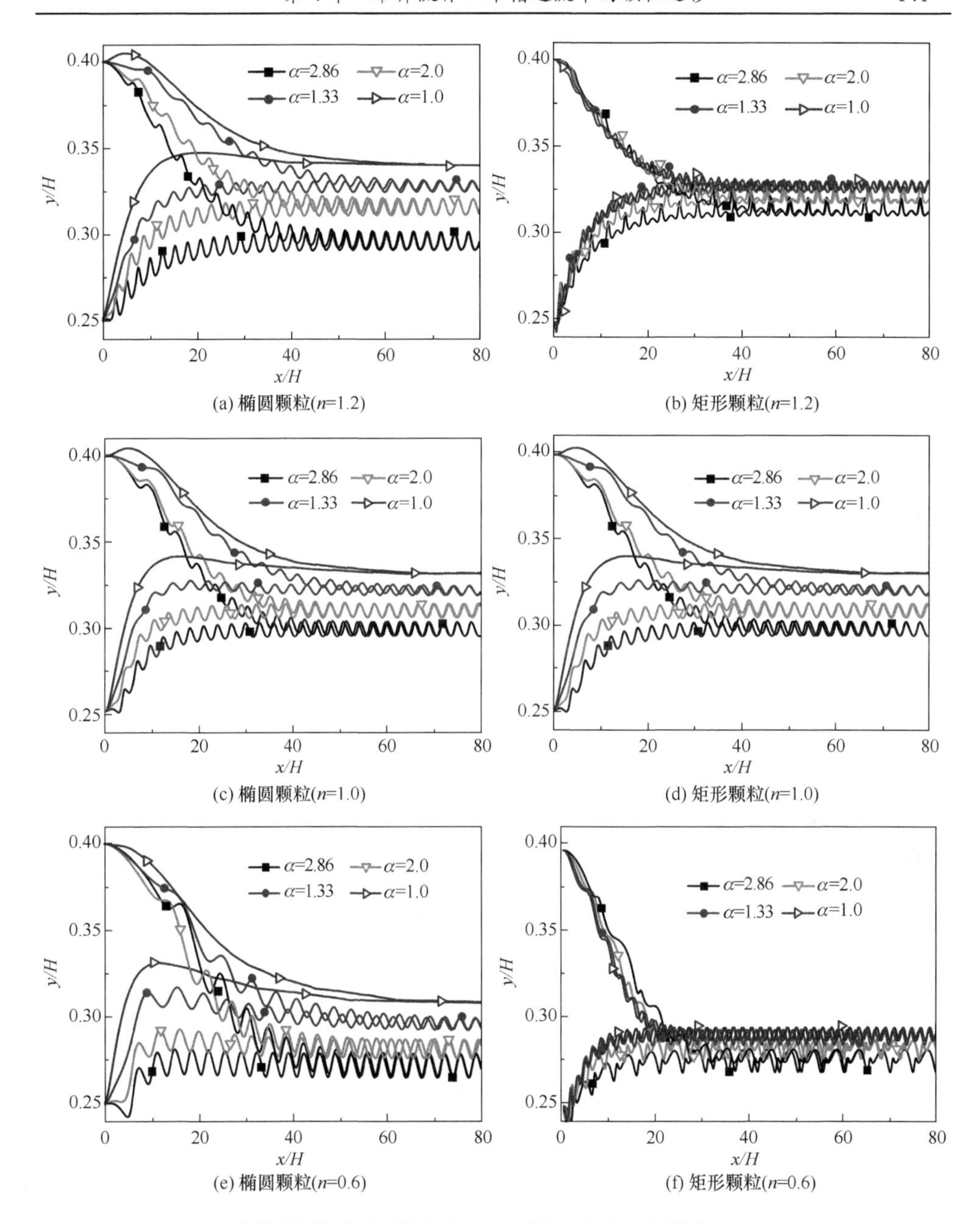

(a) 椭圆颗粒(n=1.2)　(b) 矩形颗粒(n=1.2)

(c) 椭圆颗粒(n=1.0)　(d) 矩形颗粒(n=1.0)

(e) 椭圆颗粒(n=0.6)　(f) 矩形颗粒(n=0.6)

图 4.45　不同幂律指数下颗粒长径比对颗粒迁移轨迹的影响 (k=0.4, Re=32)

一个旋转周期内，不同颗粒长径比α和幂律指数 n 下的颗粒垂向速度 U_y 如图 4.47 所示，可见 U_y 的振幅都随α的减小而降低，这一现象随着 n 的减小而更明显，U_y 值大幅度的振荡将导致颗粒轨迹更大的波动，对α=1 的圆形颗粒，振幅为 0。

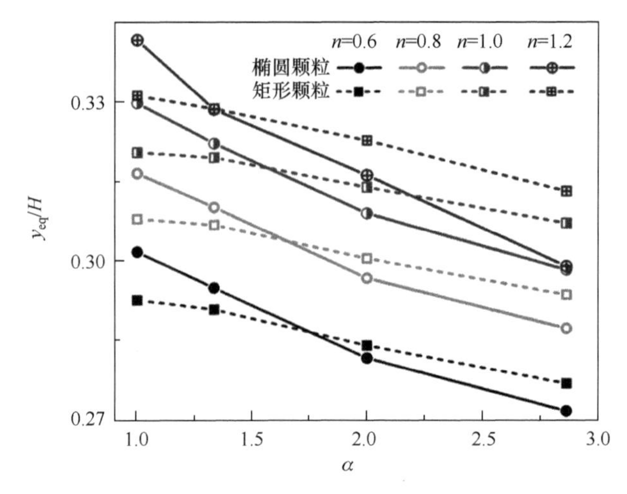

图 4.46　颗粒垂向平衡位置与颗粒长径比的关系 (k=0.4, Re=32)

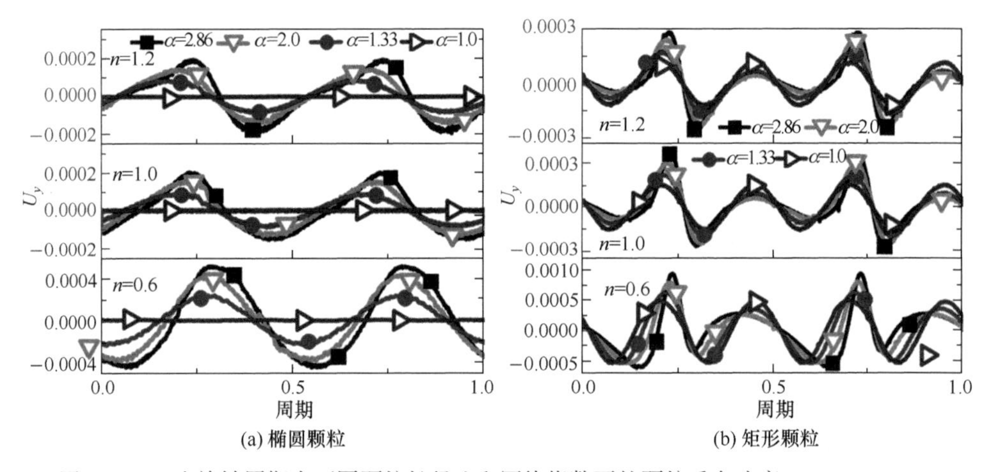

图 4.47　一个旋转周期内不同颗粒长径比和幂律指数下的颗粒垂向速度 (k=0.4, Re=32)

颗粒长径比α对颗粒旋转周期 T 的影响如图 4.48 所示，可见 T 随α的增大而增加，这与经典的 Jeffery 的结论一致，即细长颗粒在剪切流场中具有较大的旋转周期。此外，矩形颗粒的 T 比椭圆颗粒的 T 大。图 4.49 为颗粒长径比对颗粒取向的影响，通过比较图 4.44 和图 4.49 可知，α对取向角的影响比幂律指数 n 的影响大。α=2.86 的椭圆颗粒旋转到竖直取向角的时间比水平取向角的时间更长，因此，大长径比的椭圆颗粒将会保持较长时间的水平取向角，也因此造成了颗粒的平衡位置远离中线。矩形颗粒取向角曲线的凹形部分比椭圆颗粒更宽，说明其保持水平取向角的时间比椭圆颗粒更长。矩形颗粒取向角曲线的凹形部分随α的增大而变宽，这导致矩形颗粒的平衡位置离中线更远。

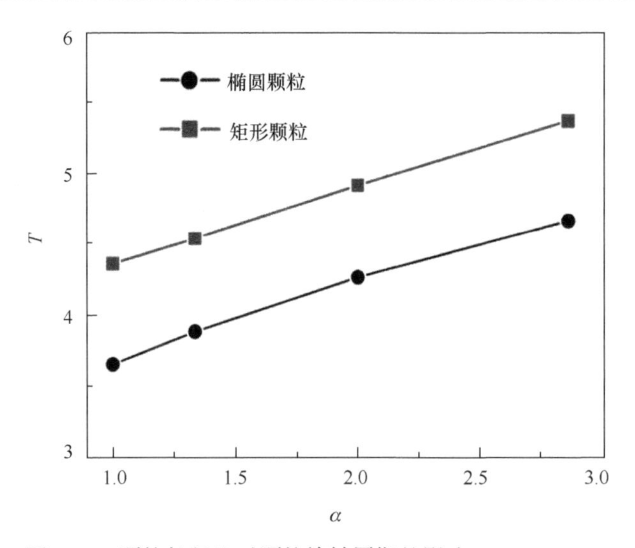

图 4.48　颗粒长径比对颗粒旋转周期的影响(k=0.4, Re=32)

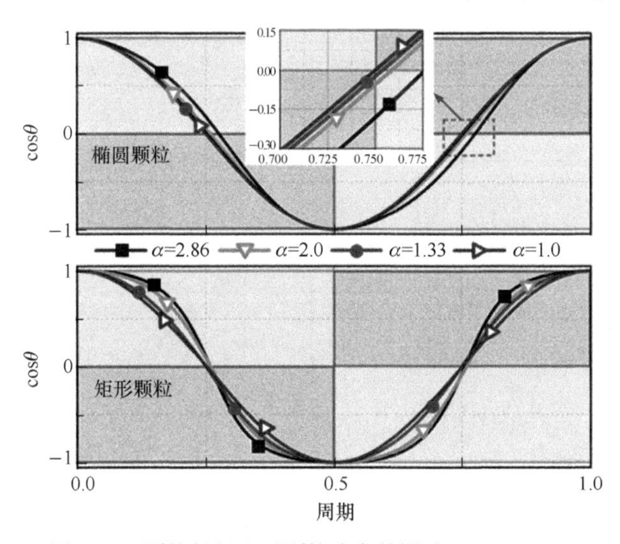

图 4.49　颗粒长径比对颗粒取向的影响(k=0.4, Re=32)

4.4.4　阻塞率对颗粒迁移的影响

不同幂律指数下阻塞率 k 对颗粒迁移轨迹的影响如图 4.50 所示。颗粒从不同的初始位置(y_{in}/H=0.25 和 0.4)开始迁移，最终会在相同的垂向平衡位置上做旋转运动。由于壁面约束作用随着 k 的增大而增加，所以颗粒迁移轨迹的振幅随着 k 的增大而增加。颗粒从初始位置迁移到平衡位置的流向距离随着 k 的减小而增加，即大颗粒更快迁移到平衡位置，这与球形颗粒的结论一致。

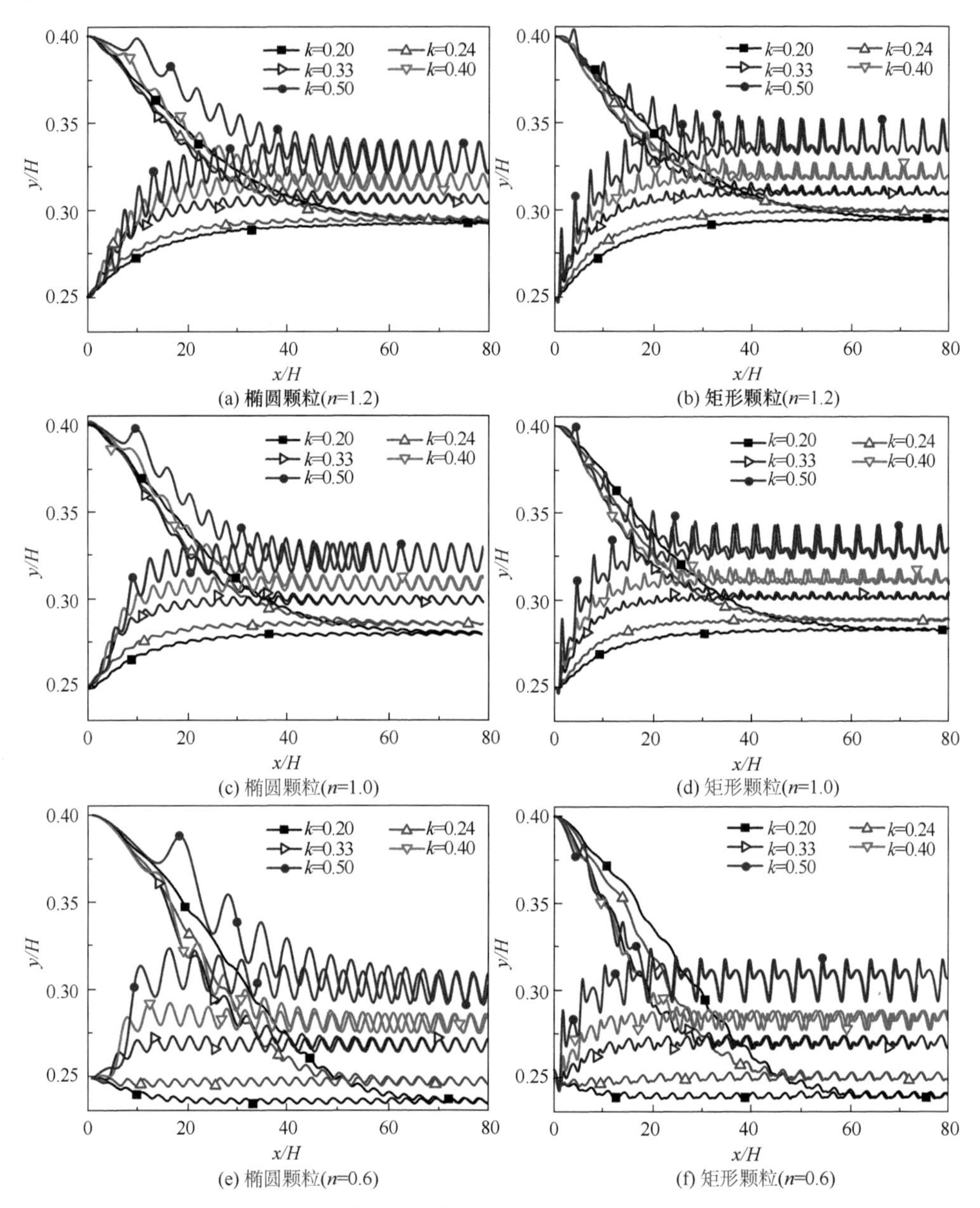

(a) 椭圆颗粒(n=1.2)　(b) 矩形颗粒(n=1.2)

(c) 椭圆颗粒(n=1.0)　(d) 矩形颗粒(n=1.0)

(e) 椭圆颗粒(n=0.6)　(f) 矩形颗粒(n=0.6)

图 4.50　不同幂律指数下阻塞率对颗粒迁移轨迹的影响 (α=2.0, Re=32)

阻塞率 k 对颗粒垂向平衡位置的影响如图 4.51 所示，可见颗粒的平衡位置随 k 的增大而更靠近槽道中线。颗粒在剪切增稠流体中的平衡位置最靠近槽道中线，随后依次是牛顿流体和剪切变稀流体。在相同条件下，矩形颗粒的平衡位置比椭圆颗粒更加靠近槽道中线。

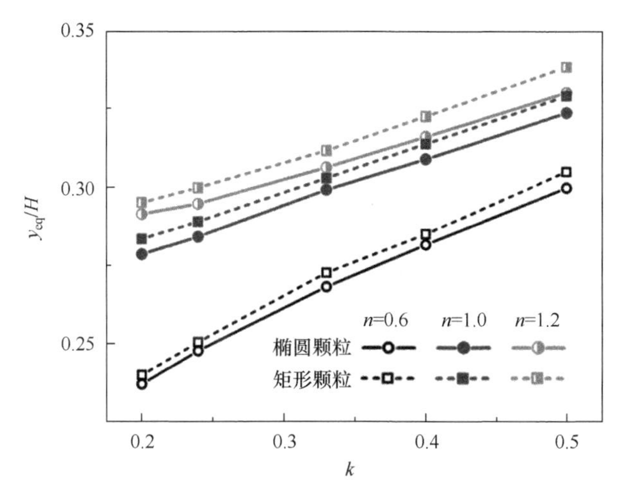

图 4.51 颗粒垂向平衡位置与阻塞率的关系(α=2.0, Re=32)

阻塞率 k 对颗粒旋转周期 T 的影响如图 4.52 所示,可见 T 随 k 的增大而增加,矩形颗粒的 T 比椭圆颗粒的 T 大。图 4.53 为阻塞率 k 对颗粒取向的影响,可见 k 对颗粒的取向几乎没影响,矩形颗粒取向角曲线的凹形部分在不同 k 下都比椭圆颗粒的更宽,表明矩形颗粒比椭圆颗粒保持更长时间的水平取向角。

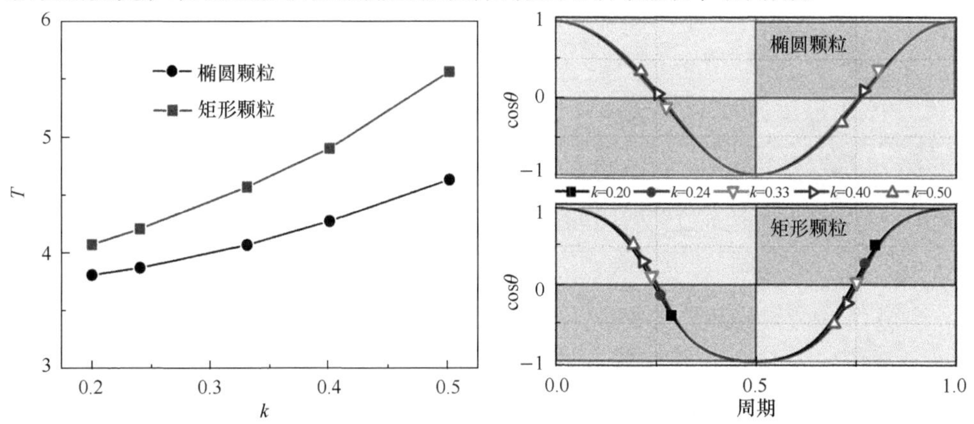

图 4.52 阻塞率对颗粒旋转周期的影响(α=2.0, Re=32)

图 4.53 阻塞率对颗粒取向的影响(α=2.0, Re=32)

4.4.5 *Re* 数对颗粒迁移的影响

椭圆颗粒和矩形颗粒在不同 Re 数和幂律指数 n 时的迁移轨迹如图 4.54 所示,可见矩形颗粒从初始位置迁移到稳定平衡位置的流向距离比椭圆颗粒的情形更短,且这一流向距离随 Re 数的增大而缩短。Re 数对椭圆颗粒和矩形颗粒迁移轨迹的影响不同，在不同 Re 数下，矩形颗粒的轨迹在相同幂律指数、阻塞率和长径比时，最终都在一近似相等的平衡位置振荡，而椭圆颗粒只有当长径比α=1.33以及在相同幂律指数、阻塞率和长径比时，不同 Re 数的颗粒轨迹最终才在近似相同的平衡位置振荡，且颗粒从初始位置迁移到平衡位置的流向距离与 Re 数的关系不如矩形颗粒那么明显。

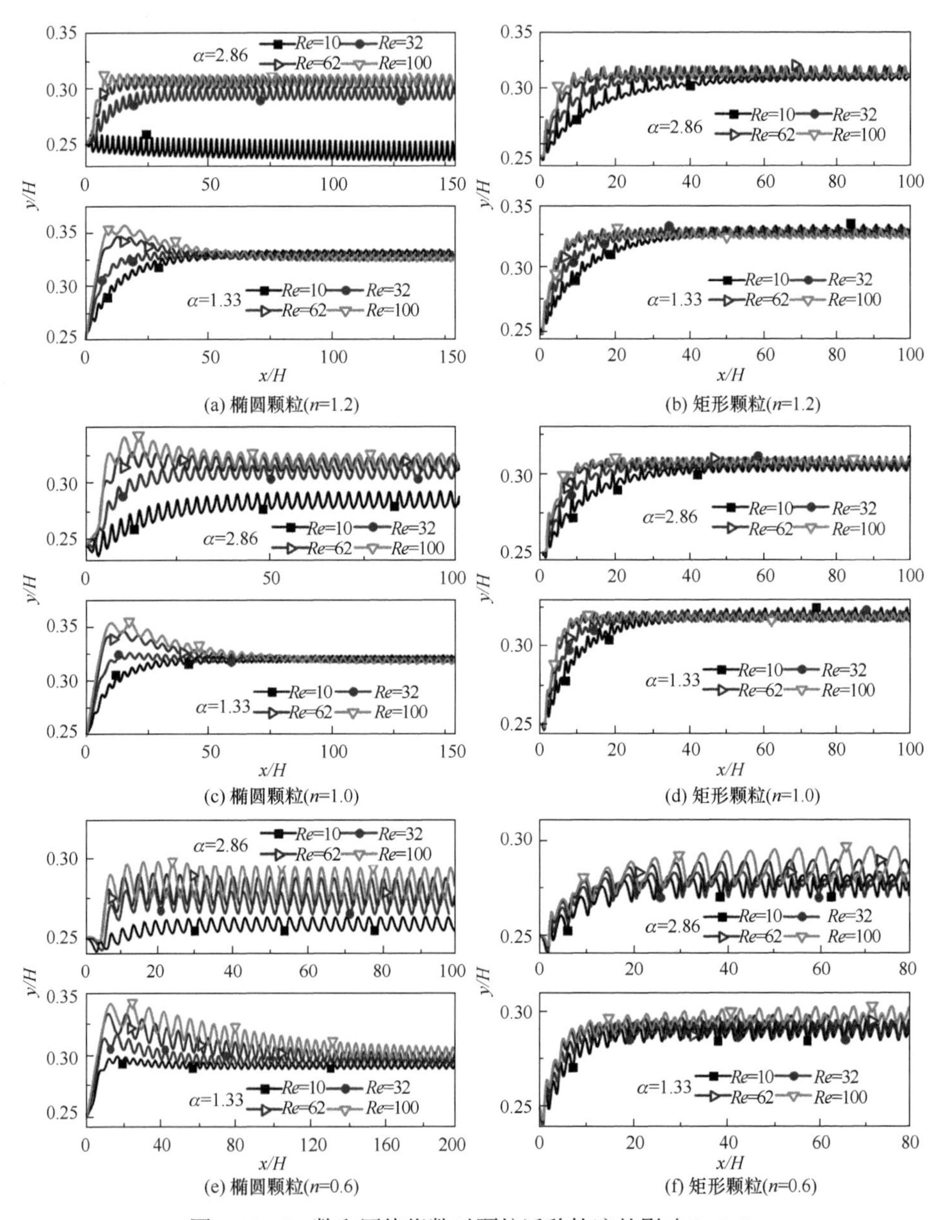

图 4.54　Re 数和幂律指数对颗粒迁移轨迹的影响(k=0.4)

矩形颗粒和椭圆颗粒垂向平衡位置与 Re 数的关系如图 4.55 所示，在图 4.55(a)中，随着 Re 数的增大，圆形颗粒在牛顿流体中略微远离中线，这与实验结果[13]一致。当长径比α=1.33 时，在剪切变稀流体中，椭圆和矩形颗粒的平衡位置更靠近槽道中线位置，而在剪切增稠流体中则远离中线。当α=2.86 时，如图 4.55(b)所示，在剪切变稀流体、牛顿流体和剪切增稠流体中，随着 Re 数的增加，椭圆颗粒和矩形颗粒的平衡位置更靠近槽道中线。Re=10、α=2.86 的椭圆颗粒在剪切增稠流体中的平衡位置比在牛顿流体和剪切变稀流体中的平衡位置更低，这与图 4.42 中平衡位置随幂律指数增加而增加的结论相反。

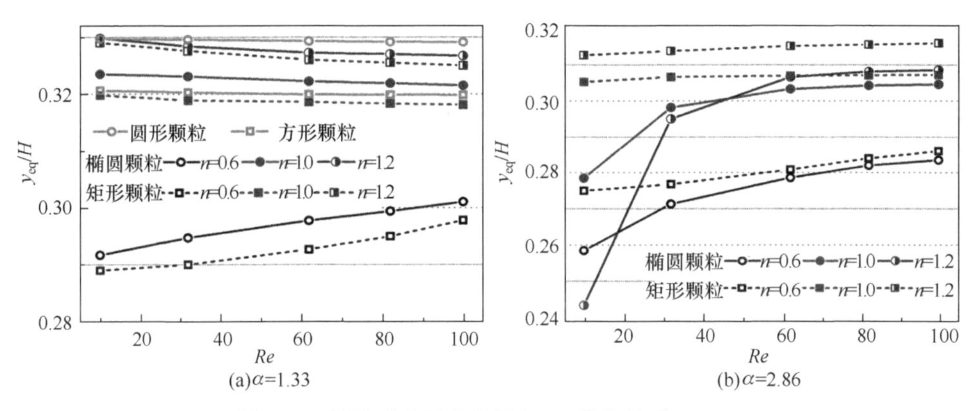

(a)α=1.33　　(b)α=2.86

图 4.55　颗粒垂向平衡位置与 Re 数的关系(k=0.4)

Re 数对颗粒旋转周期 T 的影响如图 4.56 所示，可见矩形颗粒在不同 Re 数时的 T 同样比椭圆颗粒的 T 大，而且矩形颗粒和椭圆颗粒的 T 随着 Re 数的增大而减小，这与 Masaeli 等[14]的实验结果一致。图 4.57 为 Re 数对矩形和椭圆颗粒取向的影响，在低 Re 数时(Re=10)，椭圆颗粒(尤其是大长径比颗粒)在剪切增稠流体中，将会保持更长时间的水平取向角，使颗粒平衡位置低于在牛顿流体和剪切变稀流体中的平衡位置。除了椭圆颗粒在剪切增稠流体中的曲线之外，其他曲线都表明 Re 数对颗粒取向的影响较小。矩形颗粒取向角曲线的凹形部分比椭圆颗粒的凹形部分更宽，表明矩形颗粒将会保持更长时间的水平取向角。而大长径比的颗粒也将保持更长时间的水平取向角，尤其在低 Re 数下的情形，这一结论可在实际应用中用于对细长颗粒的取向控制。

综上所述，椭圆颗粒和矩形颗粒在幂律流体中惯性迁移时，也会出现 Segré-Silberberg 效应，且颗粒将在平衡位置上做周期性的旋转运动。矩形颗粒从其初始位置迁移到稳定平衡位置所需的流向距离最短，其次是椭圆颗粒，最长是圆形颗粒和正方形颗粒。颗粒在剪切变稀流体中从其初始位置迁移到稳定平衡位置所需的流向距离最短，其次是牛顿流体，最长是剪切增稠流体。矩形颗粒的惯

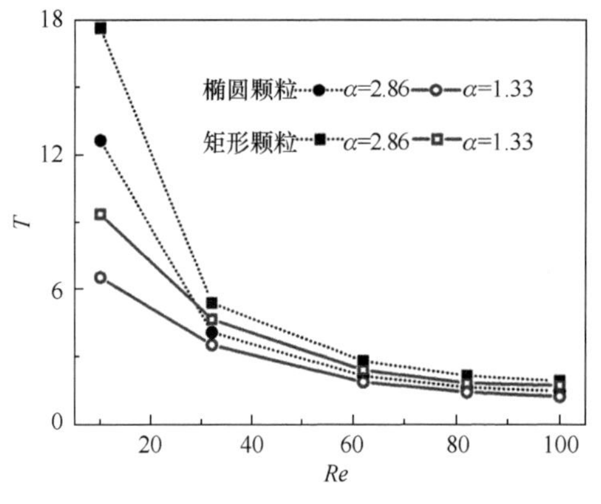

图 4.56　*Re* 数对颗粒旋转周期的影响(k=0.4)

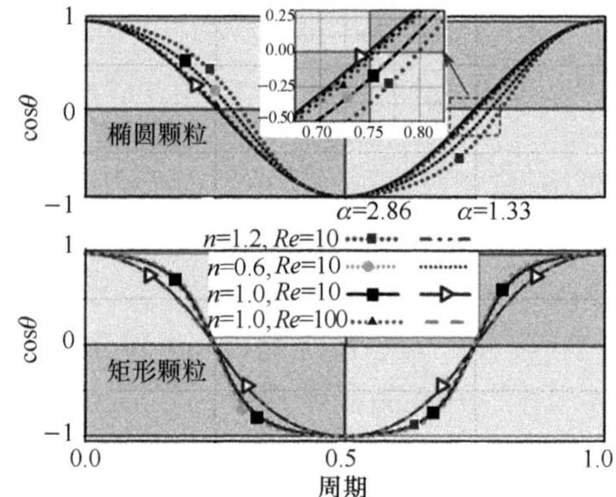

图 4.57　*Re* 数对颗粒取向的影响(k=0.4)

性迁移距离随着 *Re* 数的增大而减小，椭圆颗粒的惯性迁移距离对 *Re* 数的依赖性不像矩形颗粒那样明显。大长径比的颗粒在阻塞率较大时可以更快到达平衡位置，这意味着对于大阻塞率下的大长径比颗粒，可以选择较高的 *Re* 数以提高颗粒惯性聚集的效率。

对于椭圆颗粒和矩形颗粒，随着颗粒长径比的减小以及阻塞率的增加，颗粒的平衡位置离通道中心线更近。在惯性较小时，较大长径比的椭圆颗粒在剪切增稠流体中，惯性迁移的平衡位置低于在牛顿流体和剪切变稀流体中的平衡位置。对小长径比的颗粒而言，平衡位置与 *Re* 数之间的关系取决于幂律指数。

4.5　双尺度颗粒对的迁移

在自然界和实际应用中，存在不同尺度的颗粒在非牛顿流体中迁移的情形，以下介绍双尺度颗粒对在幂律流体中的迁移。

4.5.1　流场描述与模拟方法验证

间距为 l 的两个直径不同的颗粒 P_1 和 P_2 位于槽道中，两个颗粒的直径比为 $\beta=D_1/D_2$，阻塞率定义为 $k=D_1/H$，数值模拟中，槽道的长宽比为 $L/H=14:1$，*Re* 数定义为 $Re=\rho U_{max}2^{-n}H^n/m$，其中 U_{max} 为中心速度，m 是幂律系数。

为验证数值模拟方法对幂律流体中模拟颗粒迁移的可靠性，对幂律流体简单剪切流场中两个颗粒的迁移轨迹进行了数值模拟，结果如图 4.58 所示，图中两个颗粒初始平行位于流场中线上，水平间距为 l，图中还给出了 Yan 等[15]数值模拟的结果，可见两种结果符合得很好。图 4.59 是取不同槽道长度 L 时颗粒的数值模拟结果(Δx=1)，同时也给出了 Hu 等[16]的数值模拟结果，两者吻合较好，由于 L 取不同值时结果相差不大，所以以下结果计算时采用的是 $L=2100\Delta x$。

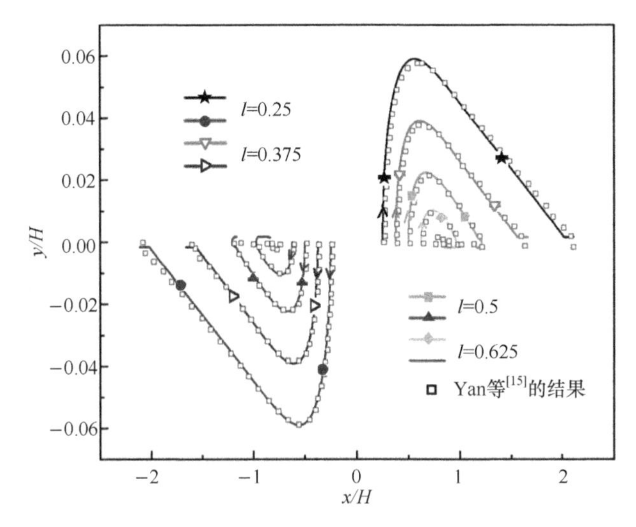

图 4.58　两个颗粒在幂律流体剪切流场中迁移轨迹

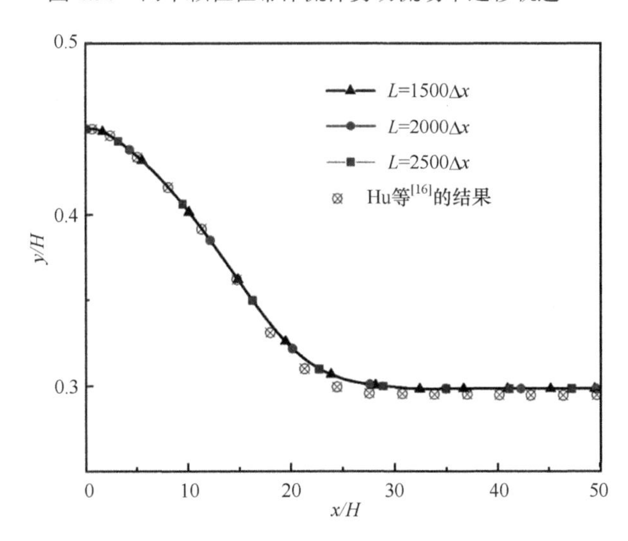

图 4.59　单个颗粒在幂律流体剪切流场中迁移轨迹

为了验证计算结果不依赖于网格数，取不同槽道宽度 H 和不同颗粒直径 D，对颗粒的轨迹进行计算，所得结果如图 4.60 所示，可见 H 取大于 $120\Delta x$、D 取大于 $15\Delta x$ 的结果差别不大，因此以下计算采用的是 $H=150\Delta x$、$D=18.75\Delta x$。

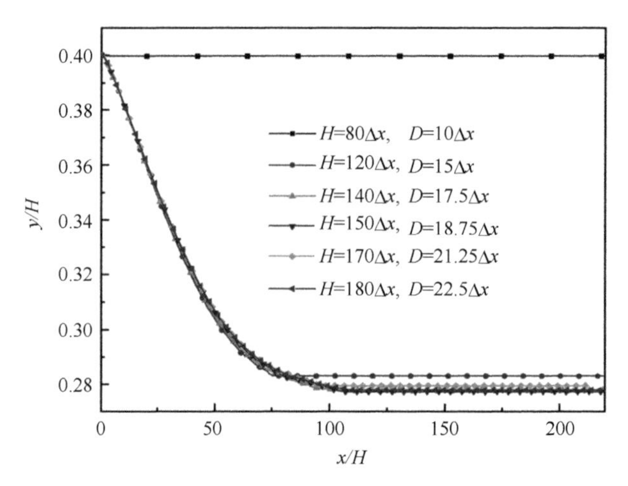

图 4.60　颗粒在幂律流体剪切流场中迁移轨迹

4.5.2　幂律指数对颗粒迁移的影响

具有不同直径的两个颗粒最初位于同一水平线上，初始颗粒间距 $l=2D$，D 是大颗粒的直径，图 4.61 给出了在不同直径比 β 和不同幂律指数 n 的情况下，两个颗粒间距 l/D 沿流向的变化。如图 4.61(a)所示，当 β=0.5 时(即小颗粒在下游)，在牛顿流体中(n=1)，l/D 沿流向先很快增大，然后缓慢地线性增大。在剪切增稠流体中(n=1.2)，l/D 沿流向的变化趋势与在牛顿流体中的情形相同，但增长率更大。在剪切变稀流体中(n=0.8)，l/D 先很快增大，然后缓慢减小，最终接近一个常数而达到稳定状态。在 β=1.2 的图 4.61(b)中，小颗粒在上游，对剪切变稀流体而言，l/D 沿流向先很快增大，然后缓慢地线性增加。但在牛顿流体和剪切增稠流体中，l/D 先很快增大，然后减小，最终接近一个常数而达到稳定状态，且牛顿流体中的常数比剪切增稠流体中的常数大，可见幂律指数明显地影响着两个颗粒的间距变化。

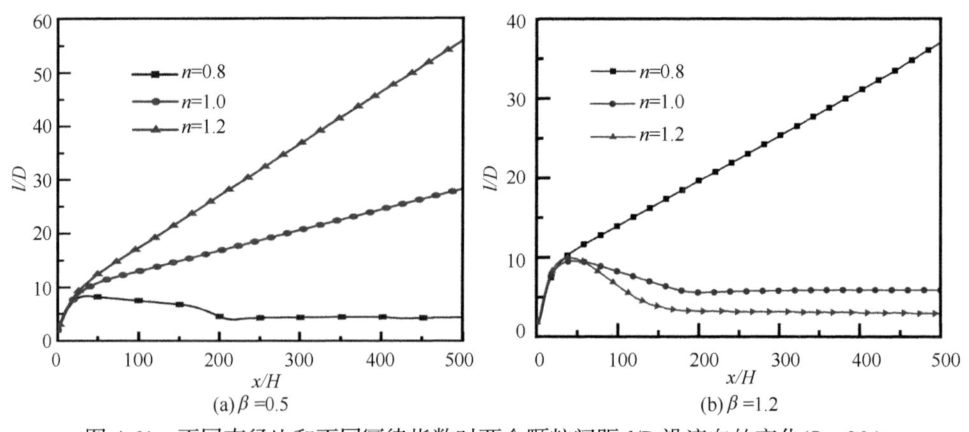

图 4.61　不同直径比和不同幂律指数时两个颗粒间距 l/D 沿流向的变化(Re=20)

4.5.3　*Re* 数对颗粒迁移的影响

为了便于比较，图 4.62 给出了牛顿流体中不同直径比 β 和不同 *Re* 数时两个颗粒间距 l/D 沿流向的变化。大颗粒在上游 β=0.5 的图 4.62(a)中，l/D 沿流向先很快增大，然后缓慢线性增加，但不同 *Re* 数下的增长率不同。到了一定的流向位置后，*Re* 数越大，增长率也越大，颗粒间距在同一流向位置也就越大，其原因是当大颗粒在上游时，后面的尾流区域对小颗粒的迁移有影响，*Re* 数越大，尾流区域对小颗粒迁移的影响也越大，使得颗粒的间距也越大。图 4.62(b)中大颗粒在下游，对于不同的 *Re* 数，l/D 沿流向先增大，最终趋向一个常数，因为上游小颗粒产生的尾流区域较小，即便 *Re* 数从 20 增大到 80，对下游大颗粒的迁移的影响也不大，因此在不同的 *Re* 数下，l/D 趋向的常数相差不大。

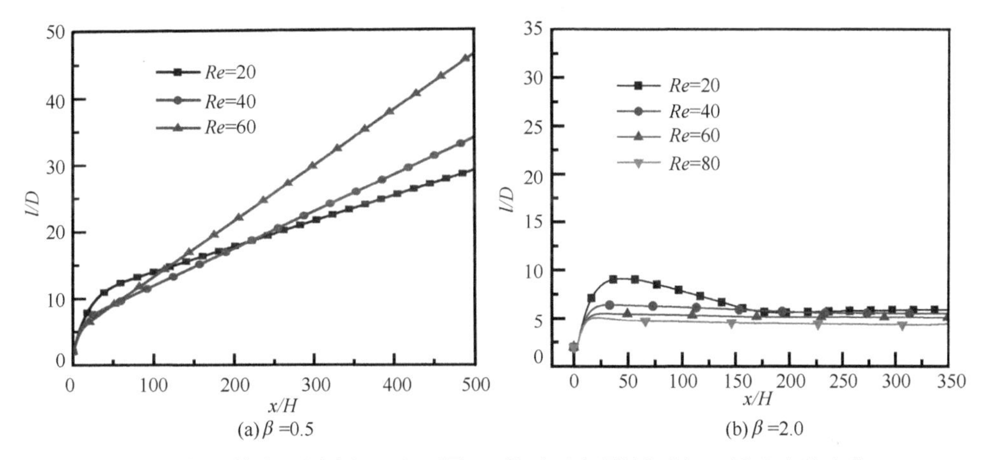

图 4.62　牛顿流体中不同直径比和不同 *Re* 数时两个颗粒间距 l/D 沿流向的变化(n=1)

剪切变稀流体中不同直径比 β 和不同 *Re* 数时两个颗粒间距 l/D 沿流向的变化如图 4.63 所示，可见结果与上述牛顿流体的结果相反，即大颗粒在上游时，l/D 沿流向先增大，最终趋向一个常数；大颗粒在下游时，l/D 沿流向先很快增大，然后缓慢线性增加，且 *Re* 数越大，增长率越小，颗粒间距在同一流向位置也越小。

图 4.64 是剪切增稠流体中不同直径比 β 和不同 *Re* 数时两个颗粒间距 l/D 沿流向的变化，可见大颗粒在上游的图 4.64(a)中，与牛顿流体中的情况类似，l/D 先很快增大，然后缓慢增加，不同的是 *Re* 数越大，增长率越小。大颗粒在下游的图 4.64(b)中，l/D 的变化也与牛顿流体中的情形类似，l/D 先增大并最终趋向一个常数。图 4.64 中，无论大颗粒在上游还是在下游，*Re*=60 与 *Re*=40 情况下的曲线很接近，说明随着 *Re* 数的增大，*Re* 数对 l/D 沿流动方向变化的影响不大。

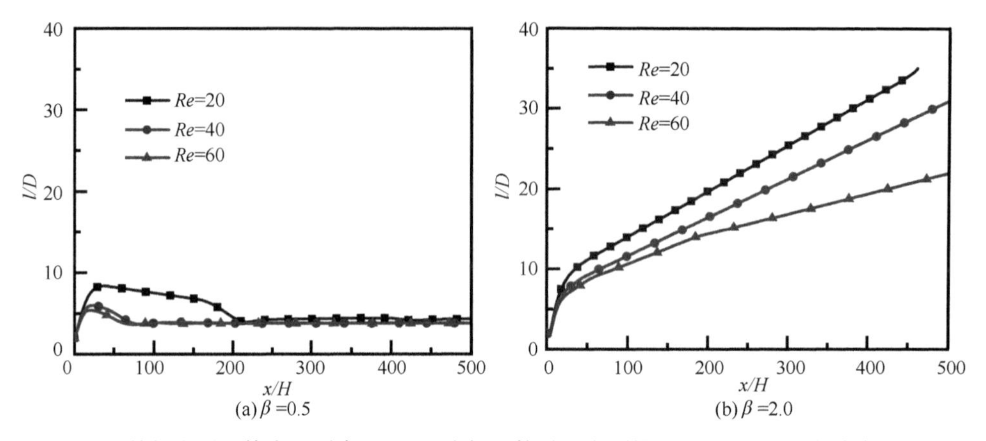

图 4.63　剪切变稀流体中不同直径比和不同 Re 数时两个颗粒间距 l/D 沿流向的变化(n=0.8)

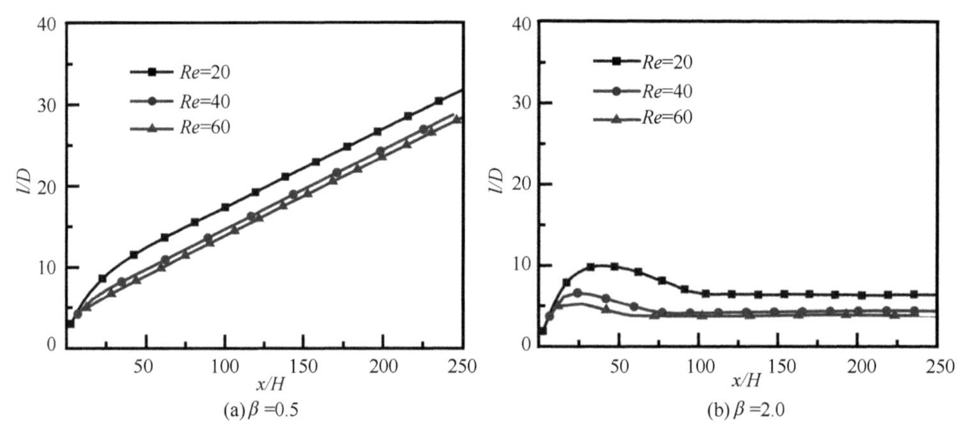

图 4.64　剪切增稠流体中不同直径比和不同 Re 数时两个颗粒间距 l/D 沿流向的变化(n=1.2)

另外，由图 4.62(b)、图 4.63(a)以及图 4.64(b)中可见，l/D 所趋于的常数大约为 5，即稳定后两颗粒的间距大约是大颗粒直径的 5 倍。

4.5.4　影响颗粒间距达到稳定状态的因素

图 4.65 给出了不同直径比 β 和幂律指数 n 时颗粒间距稳定状态相图，由图中可直观地了解不同 β 和 n 时，两颗粒的间距是否达到稳定状态。大颗粒在上游的图 4.63(a)中，颗粒间距在剪切变稀流体中最终趋于稳态。为了说明幂律指数 n 对颗粒间距的影响，图 4.66(a)给出了颗粒间距 l/D 和 n 之间的关系，可见剪切变稀程度越强，颗粒间距越小。大颗粒在下游的图 4.64(b)中，颗粒间距在剪切增稠流体中最终趋于稳态，图 4.66(b)给出了颗粒间距 l/D 与 n 之间的关系，可见剪切增稠的程度对颗粒间距的影响很小。

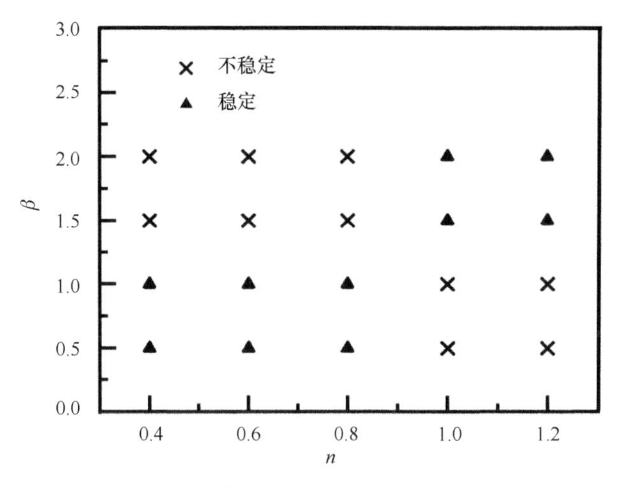

图 4.65 不同直径比和幂律指数时颗粒间距稳定状态相图 (Re=20)

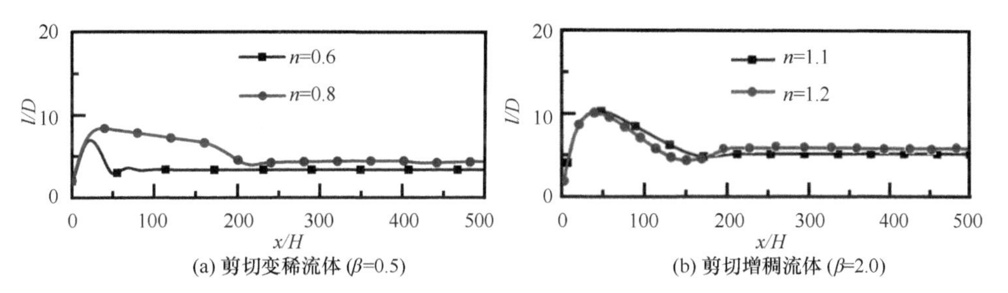

图 4.66 不同直径比和幂律指数时颗粒间距沿流向的变化(Re=20)

颗粒间距 l/D 与颗粒直径比 β 之间的关系如图 4.67 所示，在大颗粒位于剪切变稀流体上游的图 4.67(a)中，对于不同的 β，稳态中的颗粒间距趋于相同的值，该结果同样出现于图 4.67(b)中小颗粒位于剪切增稠流体上游时的情形。因此，无论是剪切变稀流体还是剪切增稠流体，无论大颗粒在上游或是在下游，当颗粒间距趋于稳定时，其间距值都是相同的。

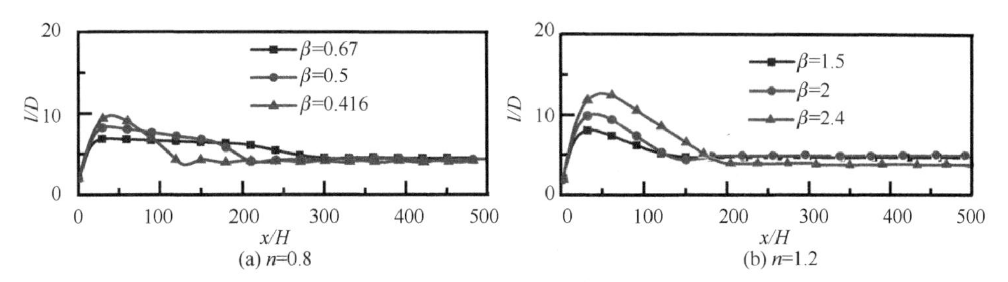

图 4.67 不同幂律指数和颗粒直径比时颗粒间距沿流向的变化 (Re=20)

综上所述，两个不同直径的颗粒在槽道流中迁移时，颗粒间距并非总能达到稳定状态，是否达到稳定状态取决于流体的幂律指数 n。当小颗粒在下游时，在牛顿流体和剪切增稠流体中，颗粒间距先迅速增加，然后缓慢线性增加，但在剪切变稀流体中，颗粒间距先迅速增大，然后缓慢减小，最终趋于常数。在牛顿流体中，Re 数越大，颗粒间距增加速率越大。在剪切变稀流体中，对不同的 Re 数，颗粒间距趋向于近似相同的常数；剪切变稀程度越强，颗粒间距越小。在剪切增稠流体中，颗粒间距先迅速增加，然后缓慢增加，达不到稳定状态；颗粒直径比对颗粒间距没有影响。

当大颗粒在下游时，颗粒间距在剪切变稀流体中先迅速增加，然后缓慢地线性增加，但在剪切增稠流体中则先迅速增加，然后减小。在牛顿流体中，颗粒间距初始迅速增加，然后缓慢减小，最终趋于常数。在稳态下，幂律指数对颗粒间距有明显影响。在牛顿流体中，不同 Re 数的颗粒间距最终趋于常数。在剪切变稀流体中，颗粒间距先迅速增加，然后缓慢增加；Re 数越大，颗粒间距越小。在剪切增稠流体中，颗粒间距最终达到稳定状态。

参考文献

[1] Bird R B, Dai G C, Yarusso B J. Rheology and flow of viscoplastic materials. Reviews in Chemical Engineering, 1983, 1(1): 1-70.

[2] Mendu S S, Das P K. Flow of power-law fluids in a cavity driven by the motion of two facing lids-asimulation by lattice Boltzmann method. Journal of Non-Newtonian Fluid Mechanics, 2012, 175-176: 10-24.

[3] Chai Z, Shi B, Guo Z, et al. Multiple-relaxation-time lattice Boltzmann model for generalized Newtonian fluid flows. Journal of Non-Newtonian Fluid Mechanics, 2011, 166: 332-342.

[4] Neofytou P. A 3rd order upwind finite volume method for generalized Newtonian fluid flows. Advances in Engineering Software, 2005, 36: 664-680.

[5] Bell B C, Surana K S. P-version least squares finite element formulation for two-dimensional, incompressible, non-Newtonian, isothermal and isothermal flow. International Journal for Numerical Methods in Fluids, 1994, 18: 127-162.

[6] Nie D M, Lin J Z. Behavior of three circular particles in a confined power-law fluid under shear. Journal of Non-Newtonian Fluid Mechanics, 2015, 221: 76-94.

[7] Kulkarni P M, Morris J F. Pair-sphere trajectories in finite-Reynolds-number shear flow. Journal of Fluid Mechanics, 2008, 596: 23.

[8] James D F. Boger fluids. Annual Review of Fluid Mechanics, 2009, 41: 129-142.

[9] Despeyroux A, Ambari A, Ben Richou A. Wall effects on the transportation of a cylindrical particle in power-law fluids. Journal of Non-Newtonian Fluid Mechanics, 2011, 166: 19-20.

[10] Ferec J, Ausias G, Natale G. Numerical evaluation of a single ellipsoid motion in Newtonian and power-law fluids. Proceedings of the 21st International ESAFORM Conference on Material Forming, ESAFORM, 2018.

[11] D'Avino G, Hulsen M A, Greco F, et al. Numerical simulations on the dynamics of a spheroid in

a viscoelastic liquid in a wide-slit microchannel. Journal of Non-Newtonian Fluid Mechanics, 2019, 263: 33-41.

[12] Kaur A, Sobti A, Toor A P, et al. Motion of spheres and cylinders in viscoelastic fluids: Asymptotic behavior. Powder Technology, 2019, 345: 82-90.

[13] Choi Y S, Seo K W, Lee S J. Lateral and cross-lateral focusing of spherical particles in a square microchannel. Lab on A Chip, 2011, 11: 460-465.

[14] Masaeli M, Sollier E, Amini H, et al. Continuous inertial focusing and separation of particles by shape. Physical Review X, 2012, 2: 031017.

[15] Yan Y, Morris J F, Koplik J. Hydrodynamic interaction of two particles in confined linear shear flow at finite Reynolds number. Physics of Fluids, 2007, 19: 113305.

[16] Hu X, Lin J Z, Guo Y, et al. Motion and equilibrium position of elliptical and rectangular particles in a channel flow of a power-law fluid. Powder Technology, 2021, 377: 585-596.

第 5 章　非牛顿流体矩形通道流中的颗粒迁移

第 3、4 章介绍的是牛顿流体和幂律流体槽道流中的颗粒迁移，槽道流中只体现两个平面的约束对流场的影响，在实际应用中往往要考虑如矩形通道这样的四个平面约束对流场的影响。由于壁面对流场的影响不同，颗粒在矩形通道中的迁移特性也与在槽道流中的迁移特性不同。本章介绍非牛顿流体矩形通道流中颗粒的迁移及其自组织成链的规律和机理。

5.1　幂律流体矩形通道流场颗粒迁移模拟方法验证

首先对所用的对幂律流体矩形通道流场以及颗粒在流场中迁移的数值模拟方法进行验证。

5.1.1　流场描述

图 5.1 是球形颗粒在矩形通道中的惯性迁移，计算时流向(x 方向)采用周期性边界条件，四个壁面的速度采用无滑移边界条件。通道截面的宽高比 AR=W/H，通道水力直径定义为 D_h=$2WH/(W+H)$，颗粒直径为 D，阻塞率为 k=D/H，幂律流体的 Re 数定义为 Re= $\rho U_{\max}^{2-n}\ D_h^n/m$，其中 $U_{\max}$ 是最大速度，n 是幂律指数，m 是幂律系数。计算中 Re 数在 65～250 范围内变化，幂律指数取 n=0.6、1.0 和 1.2。

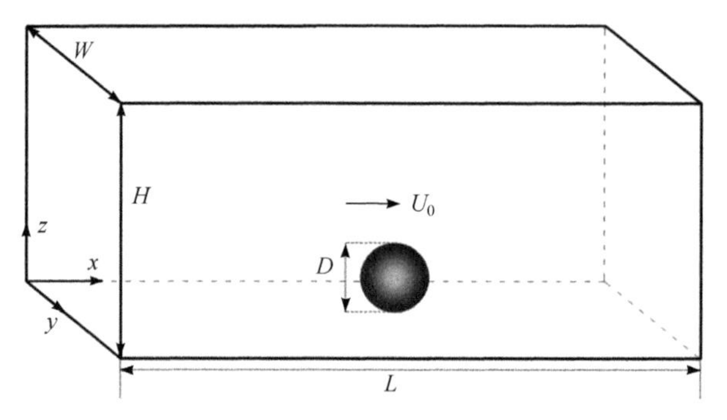

图 5.1　球形颗粒在矩形通道中的惯性迁移

5.1.2　幂律流体矩形通道流速度剖面验证

对方形和矩形通道中幂律流体的流动进行了数值计算，图 5.2 给出了计算的速度剖面并与理论解[1]进行了比较，可见两者吻合较好。图 5.2(a)中，剪切变稀流体在方形通道中心的流向速度剖面比牛顿流体和剪切增稠流体的速度剖面宽，该现象在矩形通道图 5.2(b)中更明显，且矩形通道中 xOy 面上速度剖面比 xOz 面上速度剖面宽，长边与短边的速度剖面的差异随幂律指数的增加而变得明显。

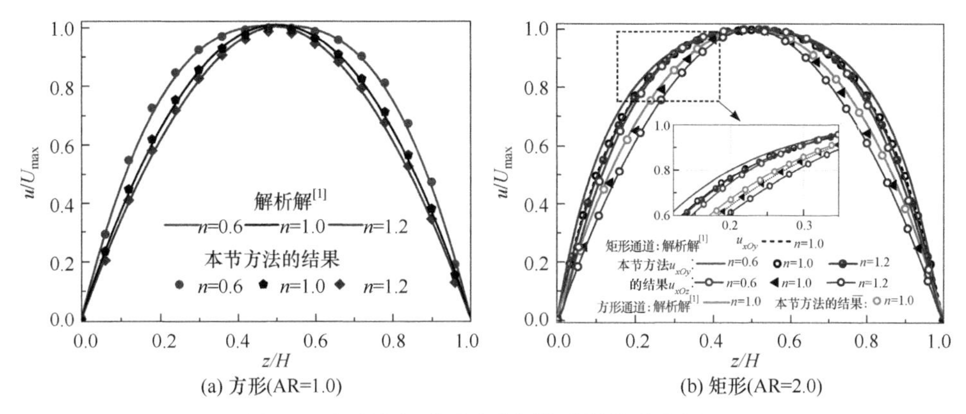

图 5.2　方形和矩形通道中幂律流体的速度剖面

5.1.3　颗粒在牛顿流体方形通道中平衡位置验证

图 5.3 给出了球形颗粒在牛顿流体方形通道中惯性迁移的平衡位置，并与 Abbas 等[2]、Choi 等[3]、Shichi 等[4]的实验结果进行了比较，图中的 k 是阻塞率，可见计算结果与实验结果吻合较好，球形颗粒的平衡位置随 Re 数的增大而更靠近壁面，这与在圆管中实验观察到的结果一致。

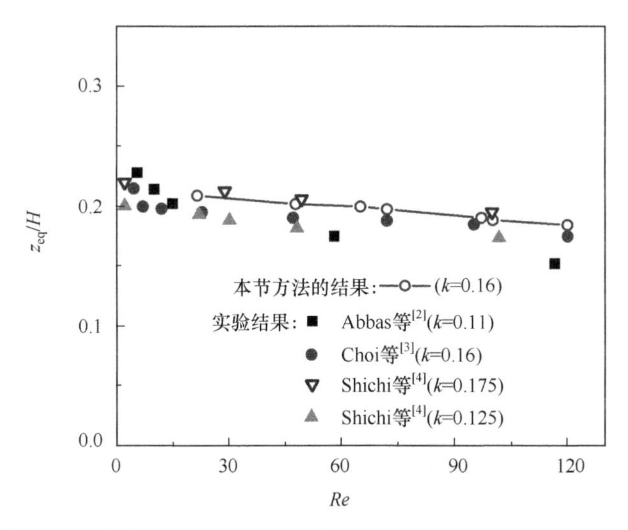

图 5.3　球形颗粒在牛顿流体方形通道中惯性迁移的平衡位置

5.1.4　颗粒在牛顿流体方形通道中的轨迹及网格数无关性验证

图 5.4(a)是颗粒轨迹及流向网格数无关性的验证，可见本节方法的计算结果与 Lashgari 等[5]的结果吻合较好，计算时当方形通道流向长度从 $200\Delta x$ 变化到 $240\Delta x$ 时，颗粒轨迹的变化很小，所以下面计算时的方形通道流向长度取 $200\Delta x$，在矩形通道中流向长度则取 $240\Delta x$。图 5.4(b)给出了颗粒轨迹及 y 方向和 z 方向网格数无关性的验证，根据图中的结果，下面的计算中方形通道 y 方向和 z 方向的长度都取 $80\Delta z$，矩形通道 y 方向的高度取 $80\Delta z$，z 方向的宽度取 $160\Delta y$。

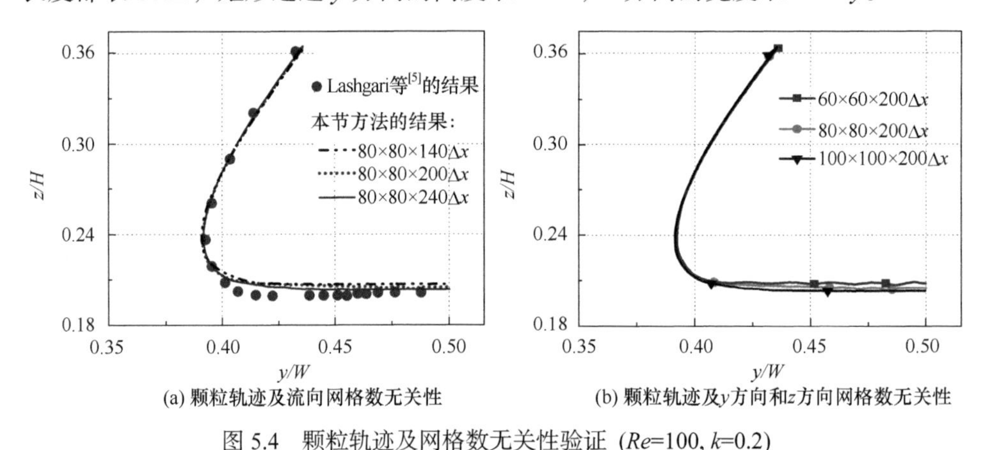

(a) 颗粒轨迹及流向网格数无关性　　(b) 颗粒轨迹及y方向和z方向网格数无关性

图 5.4　颗粒轨迹及网格数无关性验证 (Re=100, k=0.2)

5.2　幂律流体方形通道流中的颗粒迁移

在以下的颗粒迁移轨迹图中，灰色点线为通道的对角线和每个壁面的中心线，浅蓝色的粗点线表示颗粒表面即将碰到壁面(y/W=0 或 z/H=0)或碰到壁面的中心线(y/W=0.5 或 z/H=0.5)。为直观表示颗粒迁移的快慢，颗粒迁移轨迹以每隔 30000 个时间步用一个圆圈来表示。

5.2.1　幂律指数对颗粒轨迹的影响

由于方形通道截面的对称性，颗粒从方形通道左下的八分之一截面上不同的初始位置开始迁移，并将颗粒质心的迁移轨迹表示在图 5.5 中，图中左列的实线为 z/H 轴，当颗粒质心在虚线上时，说明颗粒碰到通道的壁面。由图 5.5(a)、(c)、(e)可知，颗粒先会往同一高度的位置迁移，这个高度位置近似平行于壁面且为 0.6 倍中心到壁面的距离，而 z 方向的坐标几乎不变，这与 Segré-Silberberg 效应相同。Choi 等[3]和 Shichi 等[4]将此称为准 Segré-Silberberg 链(pSS 链)。接着颗粒将沿着这个高度(pSS 链)朝壁面中线迁移，下文记壁面中线平衡(centerline of the channel face equilibrium)位置为 CFE。方形通道截面的对称性使得颗粒在对角线上开始迁移时，将沿着对角线迁移到通道的角落平衡位置，下文记角落平衡(channel corner equilibrium)位置为 CCE。CFE 和 CCE 都同时存在于方形通道中，但只有 CFE 是稳定的，且该稳定性与 Re 数和幂律指数 n 无关。

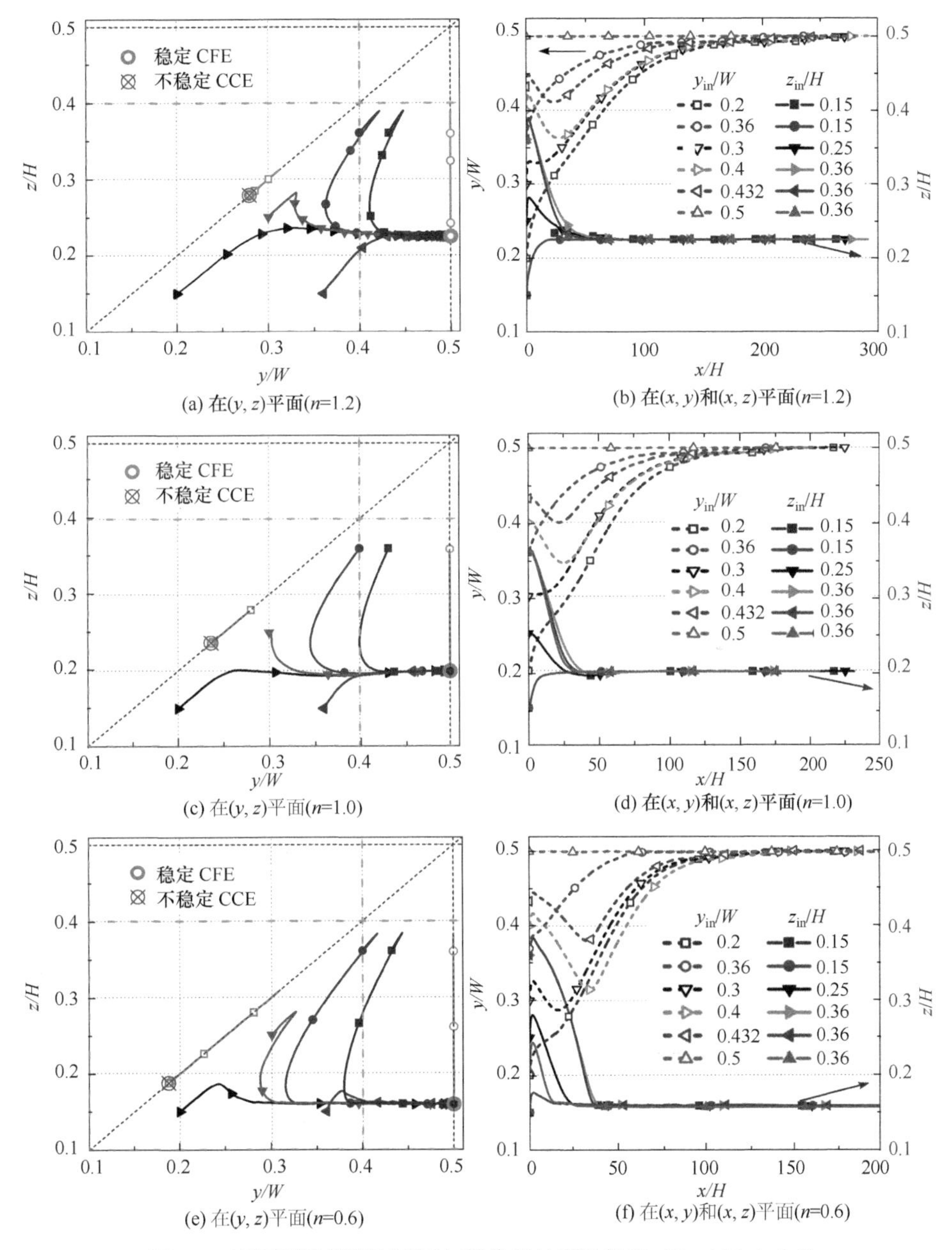

图 5.5　不同幂律指数下不同初始位置的颗粒轨迹 (Re=150, k=0.2)

在图 5.5(b)、(d)、(f)中，颗粒在(x, y)平面(虚线)和(x, z)平面(实线)上的迁移轨迹对应于图 5.5(a)、(c)、(e)中方形通道截面上的迁移轨迹和颜色。由图 5.5(b)、(d)、(f)可见，颗粒在不同初始位置开始迁移时，沿着 x 方向的迁移存在两个阶段：①颗粒在 y 方向(虚线)和 z 方向(实线)的轨迹同时迅速变化，颗粒沿 z 方向的坐标在第一阶段结束后不再变化(以初始位置(y, z)=(0.432, 0.36)为例，实心的蓝色圆圈和竖直的点划线为辅助线表示这一阶段)；②颗粒在 y 方向的位置不断靠近通道壁面的中线位置(以初始位置为(y, z)=(0.432, 0.36)为例，空心的蓝色圆圈和竖直的点线为辅助线表示这一阶段)。通过比较图 5.5(b)、(d)、(f)中竖直方向的虚辅助线的位置，可见颗粒在第二阶段的迁移距离大约是第一阶段的 10 倍($n \geqslant 1$)及多倍($n < 1$)。同时，第二阶段的迁移距离随幂律指数的减小而减小。

5.2.2　*Re* 数对颗粒轨迹的影响

图 5.6 给出了 Re=65 和 250 时颗粒在不同幂律指数 n 的流体中迁移的轨迹，可见颗粒在(y, z)平面的速度随 Re 数增加和 n 降低而增加，颗粒迁移的两个阶段在高 Re 数时依然存在，且还存在四个稳定的 CFE 和四个不稳定的 CCE。Shichi 等[4]发现，牛顿流体方形通道中($Re \leqslant 240$, k=0.125)，在 pSS 链上存在临界平衡位置(IME)，颗粒从 CFE 变到 IME 的临界 Re 数为 260～400，增加 Re 数到 450～600 时，IME 变为 CCE，且临界 Re 数随阻塞率 k 的增大而增加，在本算例 Re 数和 k 范围内，不存在 IME。

5.2.3　颗粒的平衡位置

不同阻塞率和幂律指数下颗粒沿 z 方向的平衡位置 z_{eq}/H 与 Re 数的关系如图 5.7 所示，图中还给出了颗粒在牛顿流体中的平衡位置 z_{eq}/H 与 Yuan 等[6]、Lashgari 等[5]、Su 等[7]所给结果的比较，可见不同的结果吻合较好。由图 5.7 可见，幂律

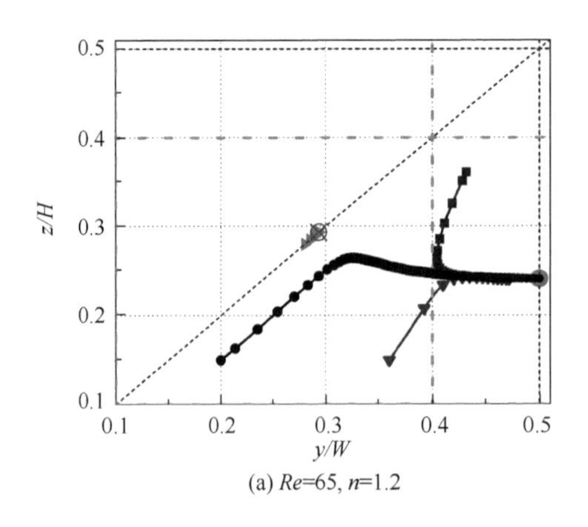

(a) Re=65, n=1.2

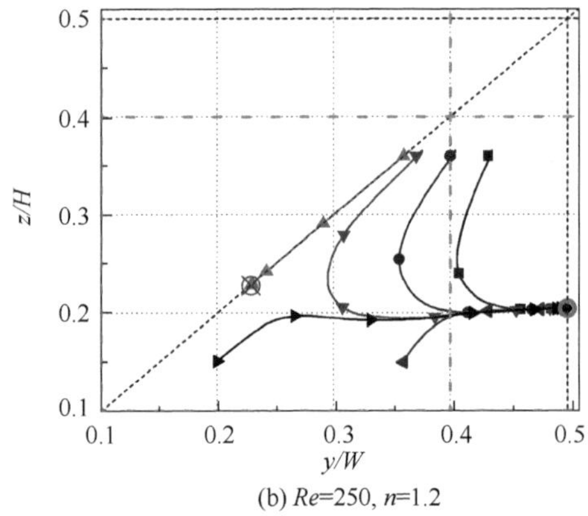

(b) Re=250, n=1.2

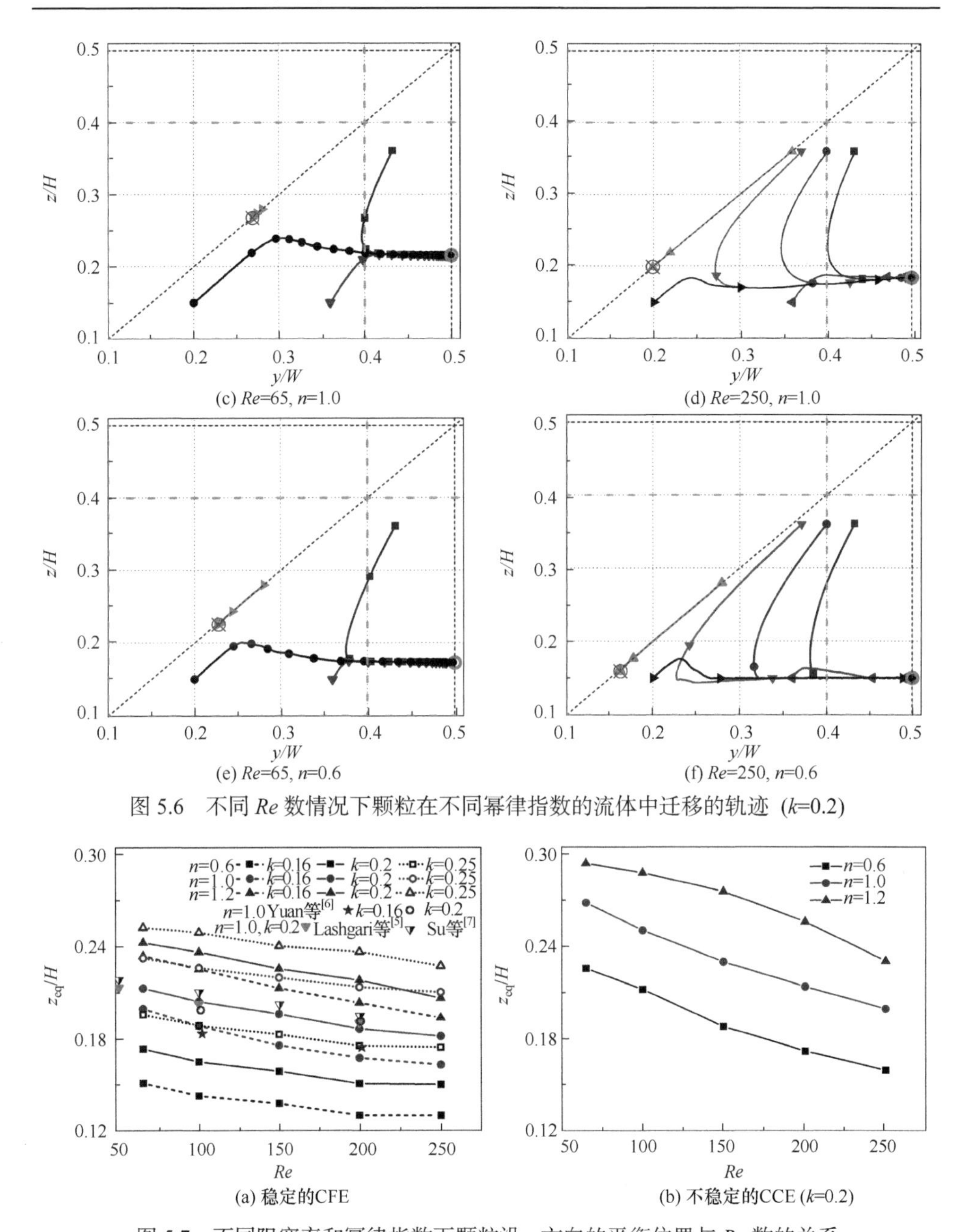

图 5.6 不同 Re 数情况下颗粒在不同幂律指数的流体中迁移的轨迹 (k=0.2)

图 5.7 不同阻塞率和幂律指数下颗粒沿 z 方向的平衡位置与 Re 数的关系

流体中的 z_{eq}/H 随 Re 数的增大而单调递减，无论是 CFE 还是 CCE，剪切增稠流体中的递减速率都最快。在剪切变稀流体中，z_{eq}/H 先随 Re 数的增大而单调递减，最终趋于稳定值。剪切增稠流体中的 z_{eq}/H 比牛顿流体和剪切变稀流体的 z_{eq}/H 更靠近管道中心，剪切变稀作用驱使颗粒远离管道中心，且 z_{eq}/H 随阻塞率的增大而更靠近管道中心。

5.2.4 *Re* 数、幂律指数和阻塞率对颗粒迁移距离的影响

颗粒在初始位置$(y/W, z/H)$= (0.432, 0.36)处开始迁移，在(x, y)平面(虚线)和(x, z)平面(实线)的迁移轨迹如图 5.8(a)所示，图中绿色垂直虚线(x/H=39～50)的左边表示颗粒迁移的第一阶段(L_1/H)。图 5.5、图 5.6 和图 5.8(a)给出了第二阶段的迁移距离(L_2/H)，可见颗粒迁移的第二阶段的流向距离远大于第一阶段的流向距离，且迁移距离依赖于幂律指数 n。为了更清楚地分析颗粒的迁移距离，图 5.8(b)给出了颗粒在(x, y)平面的迁移轨迹，其中颗粒迁移第二阶段的稳定值用空心符号和额外的垂直虚线表示。可见在牛顿流体中(n=1)，当阻塞率 k=0.2 时，Re=250、150、100 和 65 情况下所对应的 L_2/H 值分别为 100、160、235 和 320；当 k=0.25 时，以 Re=150 为例，在牛顿流体、剪切增稠流体和剪切变稀流体中，迁移距离分别从 160 降到 120、260 降到 180、135 降到 75，其原因是颗粒惯性升力正比于颗粒直径的 3 次方，而流体作用在颗粒上的力只正比于颗粒直径的 1 次方[8]，这两个力的综合作用导致在大阻塞率下，颗粒更快地迁移到稳定的 CFE，而且迁移到第二阶段的流向距离随 n 的增大和 Re 数的减小而增加。

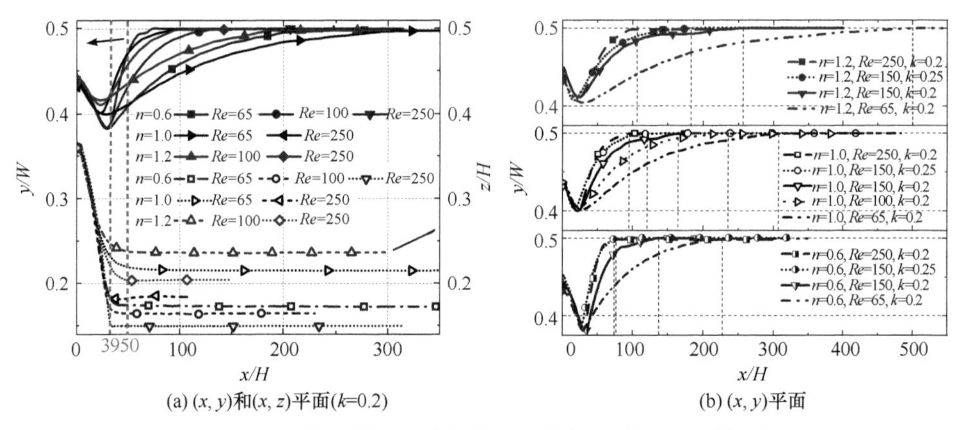

(a) (x, y)和(x, z)平面(k=0.2)　　(b) (x, y)平面

图 5.8　不同 *Re* 数、幂律指数和阻塞率下颗粒的迁移轨迹

上述结果表明，在颗粒迁移的第一阶段，幂律指数 n、Re 数和阻塞率 k 对 L_1/H 的影响较小，而在第二阶段，颗粒迁移的流向距离约为第一阶段的 10 倍(n≥1)或数倍(n<1)。颗粒的迁移距离随 Re 数和 k 的增大而减少，随 n 的减小而减小。所以，剪切变稀流体有利于快速将颗粒聚集到方形通道的平衡位置，从而在实际应用中提高颗粒分离、扫描和计数的效率。

5.3　幂律流体矩形通道流中的颗粒迁移

与方形通道不同的是矩形通道存在长短边，这导致颗粒在矩形通道中的迁移轨迹和平衡位置比方形通道的情形更多样化。

5.3.1　幂律指数对颗粒轨迹的影响

颗粒在矩形通道左下方四分之一截面上不同的初始位置开始迁移，图 5.9 给出了颗粒的迁移轨迹，当颗粒质心在蓝色虚线上时，说明颗粒已接触壁面。由图 5.9 可见，在牛顿流体和剪切增稠流体中，颗粒无论初始位置在何处，都先迁移到 pSS 链上，然后沿着 pSS 链迁移到长边的中线平衡(long channel face equilibrium，LCFE)位置。与方形通道中颗粒的迁移轨迹相比，在相同 *Re* 数下，颗粒在矩形通道中迁移到平衡位置的速度远小于在方形通道中迁移到平衡位置的速度，且当颗粒从矩形通道的对角线开始迁移时，将不再沿着对角线迁移到角点平衡位置 CCE，意味着 CCE 消失，这与图 5.9(d)蓝色虚线框中牛顿流体的实验结果一致。

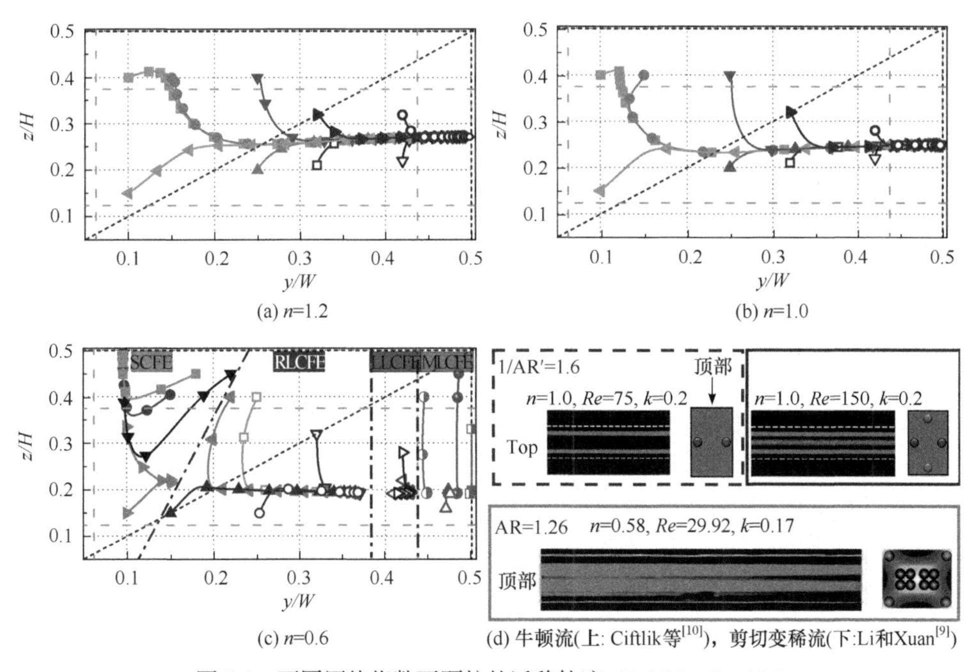

(a) n=1.2　(b) n=1.0　(c) n=0.6　(d) 牛顿流(上: Ciftlik等[10])，剪切变稀流(下:Li和Xuan[9])

图 5.9　不同幂律指数下颗粒的迁移轨迹（k=0.25，Re=150）

对于剪切变稀流体，如图 5.9(c)所示，虽然 pSS 链也同样存在，但颗粒的迁移轨迹、平衡位置的数量和 pSS 链的位置，与在矩形通道牛顿流体和剪切增稠流体以及方形通道幂律流体中的情形存在很大差别。图 5.9(c)中的三条灰色加粗点划线将矩形通道截面划分为四个部分，颗粒将会迁移到对应的平衡位置。如果颗粒初始时刻靠近矩形通道短边的壁面附近，颗粒将往短边中线的平衡 (short channel face equilibrium, SCFE)位置迁移(图 5.9(c)中绿色曲线)。如果颗粒在 SCFE 右边开始迁移，颗粒的迁移轨迹存在三种情况：①如图 5.9(c)中橙色曲线所示，如果颗粒在长边中线开始迁移，由于矩形通道的对称性，颗粒将垂直地沿着长边中线迁移；当颗粒初始位置靠近长边中线平衡位置时，颗粒也将垂直地沿着长边中线迁移到一指定的平衡位置；而当颗粒略微偏离长边中线时，颗粒将会迁移到另外一个平衡位置，该区域称为 MLCFE (middle of long channel face equilibrium)区域。②如图 5.9(c)中三条蓝色曲线所示，当颗粒在靠近 SCFE 的区域开始迁移时，颗粒向右沿着 pSS 链迁移到一个确定的平衡位置，图中将该区域简称为 RLCFE (right of long channel face equilibrium)区域。③如图 5.9(c)中红色曲线所示，如果颗粒在 RLCFE 和 MLCFE 之间开始迁移时，颗粒将向左迁移到平衡位置，图中将该区域称为 LLCFE (left of long channel face equilibrium)区域。因此，在矩形截面通道的剪切变稀流体中，颗粒的迁移存在多个平衡位置。Li 和 Xuan[9]的实验发现，在强剪切变稀的黄原胶溶液中，颗粒在矩形截面的通道中存在多个平衡位置，如图 5.9(d)绿色框中所示，绿色的颗粒荧光带变得更宽，这与本节的计算结果相符。

5.3.2　剪切变稀流体中 *Re* 数对颗粒轨迹的影响

图 5.10 给出了不同 *Re* 数时颗粒在剪切变稀流体中的迁移轨迹，可见上述的颗粒迁移两个阶段和 MLCFE 依然存在，但是颗粒的平衡位置随 *Re* 数的不同而变化。图 5.10(a)表明，在 *Re*=65 时，存在两种迁移轨迹和两种平衡位置(RLCFE 和 MLCFE)，pSS 链沿 y 轴方向变化很明显，而且在 RLCFE 区域的颗粒会向右沿着 pSS 链迁移到一个确定的位置，比大 *Re* 数时更靠近长边的中线。此外，在初始位置(y/W, z/H)=(0.18, 0.48)和(0.15, 0.40)的颗粒，都可以迁移到 LCFE。当 *Re*=100、200 和 250 时，pSS 链同时存在于 y 轴和 z 轴。如图 5.10(b)所示，当 *Re*=100 时，相同初始位置(y/W, z/H)=(0.18, 0.48)和(0.15, 0.40)的颗粒(图 5.10(b)中绿色曲线)开始往短边中线的平衡位置迁移，在矩形通道的短边附近，颗粒在一条不明显的 pSS 链上表现为临界稳定状态，而当距离短边相同位置的颗粒在 *Re* 数增加到 150、200 和 250 时(图 5.9(c)、图 5.10(c)、(d))，颗粒往短边中线迁移到稳定平衡位置，即 SCFE 变得稳定。图 5.10(c)、(d)中绿色的曲线占流道截面的面积增加，说明该现象随着 *Re* 数的增加而变得更明显。在高 *Re* 数情况下，多平衡位置和三种不同的迁移轨迹变得明显，而且随着 *Re* 数从 150 增加到 250，平衡位置 RLCFE 和 LLCFE 越来越靠近，沿着长边的平衡位置也随着 *Re* 数的增大而越来越远离

长边的中线。

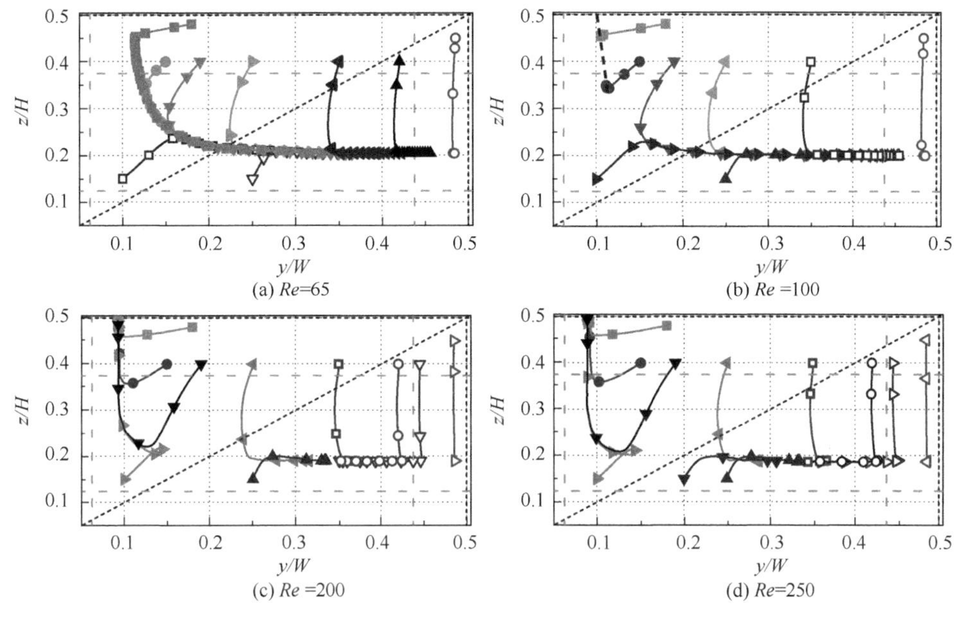

图 5.10　不同 Re 数下剪切变稀流体中颗粒的迁移轨迹（k=0.25, n=0.6）

如图 5.2 所示，剪切变稀流体在流道中心的流向速度剖面比牛顿流体和剪切增稠流体更宽，所以出现短边平衡位置以及沿着长边有多平衡位置的结果可以解释如下：在 Re 数较小时，流场的惯性作用较弱，惯性力将推动颗粒往管道中线的平衡位置迁移，但是由于剪切变稀流体中流向速度剖面曲率变小也会影响剪切率，从而改变惯性升力的大小和方向，所以当颗粒迁移到长边时，会在多个位置取得平衡。因此，在矩形通道中只存在 RLCFE 和 MLCFE，不存在 CFE。随着 Re 数的增加，如图 5.9(c)和图 5.10(c)、(d)所示，颗粒沿着长边的平衡位置会越来越远离长边中线，也说明剪切变稀流体流向速度剖面影响了颗粒的平衡位置和迁移轨迹。

5.3.3　牛顿流体和剪切增稠流体中 *Re* 数对颗粒轨迹的影响

图 5.11 给出了不同 Re 时颗粒在牛顿流体和剪切增稠流体中的迁移轨迹，可见 pSS 链沿着长边方向形成，而且两个阶段的迁移过程也同样存在，但颗粒在长边和短边的平衡位置随 Re 数和幂律指数 n 的变化而不同。

如图 5.9(a)、(b)和图 5.11(a)、(b)所示，当 Re=100 和 150 时，在相同初始位置开始迁移的颗粒在牛顿流体和剪切增稠流体中将沿着 pSS 链迁移到 LCFE，稳定的平衡位置有两个。当 Re=200 和 250 时，牛顿流体中的颗粒开始往短边迁

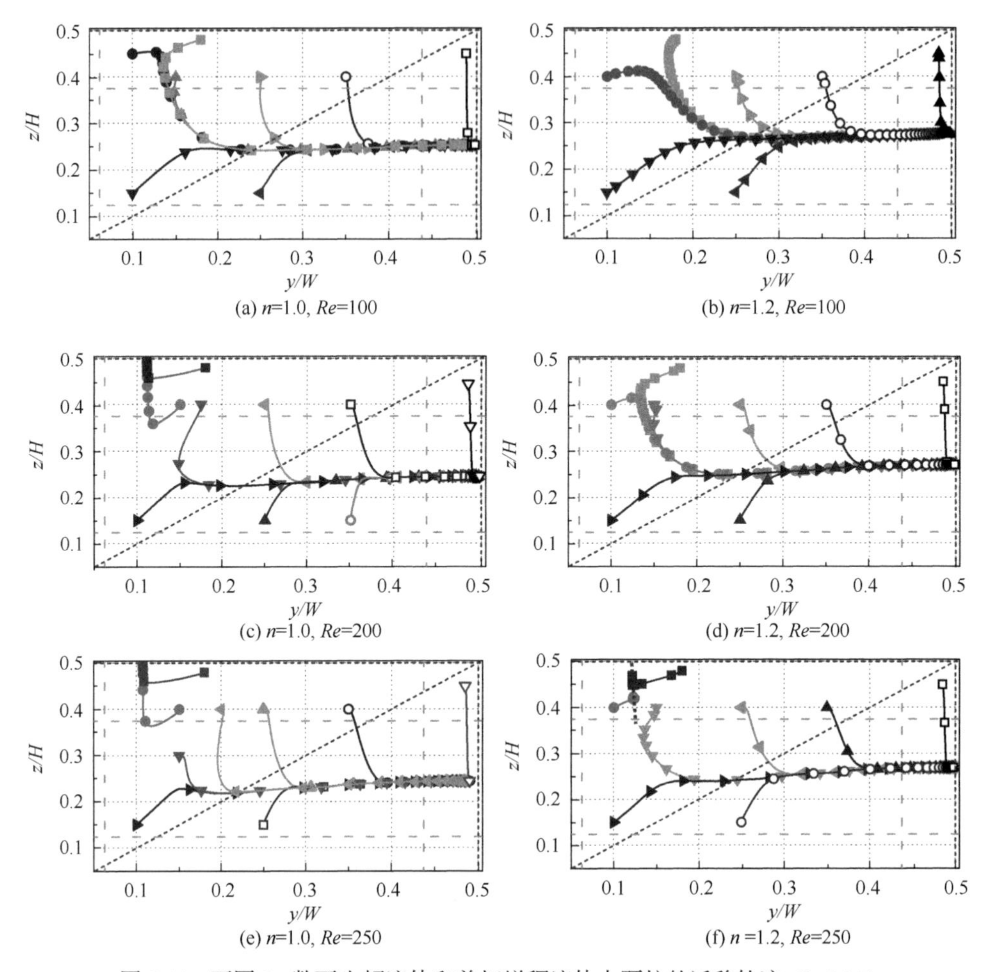

(a) n=1.0, Re=100　(b) n=1.2, Re=100

(c) n=1.0, Re=200　(d) n=1.2, Re=200

(e) n=1.0, Re=250　(f) n =1.2, Re=250

图 5.11　不同 Re 数下牛顿流体和剪切增稠流体中颗粒的迁移轨迹 (k=0.25)

移并出现新的短边中线平衡位置(SCFE) (图 5.11(c)、(e)中两条绿色曲线)，此时在矩形通道中存在四个平衡位置，与图 5.9(d)中蓝色实线框的实验结果一致。如图 5.11(e)所示，当 Re=250 时，牛顿流体中的颗粒迁移到离长边中线平衡位置有一定距离的平衡位置，此时 MLCFE 再次出现。如图 5.11(d)所示，在剪切增稠流体中，颗粒在相同初始位置(y/W, z/H)=(0.18, 0.48)和(0.15, 0.40)开始迁移，当 Re=200 时，颗粒依然迁移到 LCFE 位置；当 Re=250 时，颗粒往短边方向迁移，临界稳定状态再次出现，颗粒最终停留在短边附近并保持在截面上的相对位置不变，图 5.11(f)的两条绿色曲线给出了颗粒沿流向的迁移。

矩形通道长边的速度剖面比短边的速度剖面宽，且两个速度剖面的差异随着幂律指数的增大而增加，所以在低 Re 数时，惯性的作用推动颗粒往长边中线平衡位置(LCFE)迁移。由于剪切增稠流体中长边和短边的速度剖面差异比牛顿流体的情形大，所以颗粒在剪切增稠流体中更容易往 LCFE 迁移。当 *Re* 数继续增大，升力随着 *Re* 数的增大也继续变化，从而推动颗粒往长边中线平衡位置迁移，但流向速度剖面在管道中心的曲率变宽，也影响了升力的大小和方向，所以综合的结果使颗粒迁移到靠近长边中线的平衡位置(图 5.11(e))。如果速度剖面随幂律指数的减小而变得更宽，颗粒将更难迁移到 LCFE，所以在剪切变稀流体中，颗粒在长边附近出现多个平方位置(RLCFE 和 MLCFE)(图 5.9(c)、(d)和图 5.10)。相反，如果在剪切增稠流体中流场中线附近的速度剖面变窄，颗粒将更容易往 LCFE 迁移(图 5.11(b)、(d)、(f))。

因此，在剪切增稠流体矩形截面的通道中，*Re* 数在 65～250 范围时，存在两个稳定的 LCFE 位置。而在牛顿流体中，当 $Re\leqslant150$ 时，存在两个稳定的 LCFE 位置；当 $Re=200$ 时，存在四个稳定的平衡位置(两个 LCFE、两个 SCFE)；当 $Re=250$ 时，存在六个稳定的平衡位置(四个 LCFE、两个 SCFE)。

5.3.4 颗粒的平衡位置

平衡位置 LCFE(z_{eq}/H)和 SCFE(y_{eq}/W)随 *Re* 数的变化如图 5.12 所示，可见在相同条件下，阻塞率 $k=0.3$ 时的颗粒在矩形通道牛顿流体中的平衡位置与 Liu 等[11]和 Su 等[7]的结果吻合很好。在剪切变稀流体中，平衡位置 z_{eq}/H 先随 *Re* 数的增大而单调减少，最终趋于一稳定的值。在剪切增稠流体中，颗粒的平衡位置 z_{eq}/H 比在牛顿流体和剪切变稀流体中更靠近管道的中心，流体剪切变稀的作用驱使颗粒远离管道的中心，而且平衡位置随阻塞率的增大而更靠近管道中心。图 5.12(b)的结果表明，稳定的 SCFE 位置依赖于 *Re* 数和幂律指数 *n*，颗粒在剪切变稀流体中比在牛顿流体和剪切增稠流体中更容易形成 SCFE，且稳定的 SCFE 的值 y_{eq}/W 也同样随 *Re* 数的增大及 *n* 的降低而减小，所以流体的剪切变稀作用是驱使颗粒远离管道中心往壁面迁移的主要原因。

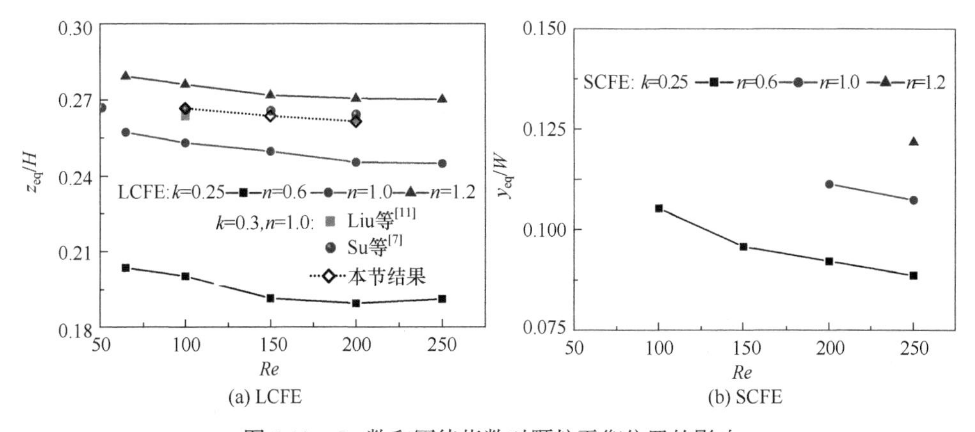

图 5.12　*Re* 数和幂律指数对颗粒平衡位置的影响

5.3.5 *Re* 数、幂律指数和阻塞率对颗粒迁移距离的影响

颗粒在矩形通道中的迁移距离很少被研究，而矩形截面的微流控芯片常用于颗粒的分离和计数。前述的研究表明，颗粒在矩形截面的通道中迁移距离比在方形通道中的迁移距离长，但 *Re* 数和幂律指数 n 对迁移距离的影响值得进一步介绍。如前所述，无论是牛顿流体还是剪切变稀流体或剪切增稠流体，当 *Re*=250 时，本节中提到的所有类型的平衡位置和颗粒迁移轨迹都存在，因此以下的 *Re* 数取 250，颗粒在不同初始位置开始在(x, y)平面(虚线)和(x, z)平面(实线)的迁移轨迹如图 5.13(a)～(c)所示。以图 5.13(b)中橙色和浅蓝色的曲线为例，当虚线(y 方向)的值达到稳定时，第一阶段的迁移过程完成；实线(z 方向)的值达到 z/H=0.5，即颗粒迁移到 SCFE 位置时，迁移的第二阶段也完成。图 5.13(d)比较了在 k=0.25 情况下，颗粒从相同的初始位置(y/W, z/H)=(0.35, 0.4)开始迁移时，*Re* 数和幂律指数对迁移距离的影响，其中第二阶段开始稳定的迁移距离用空心符号和额外的垂直虚线表示。

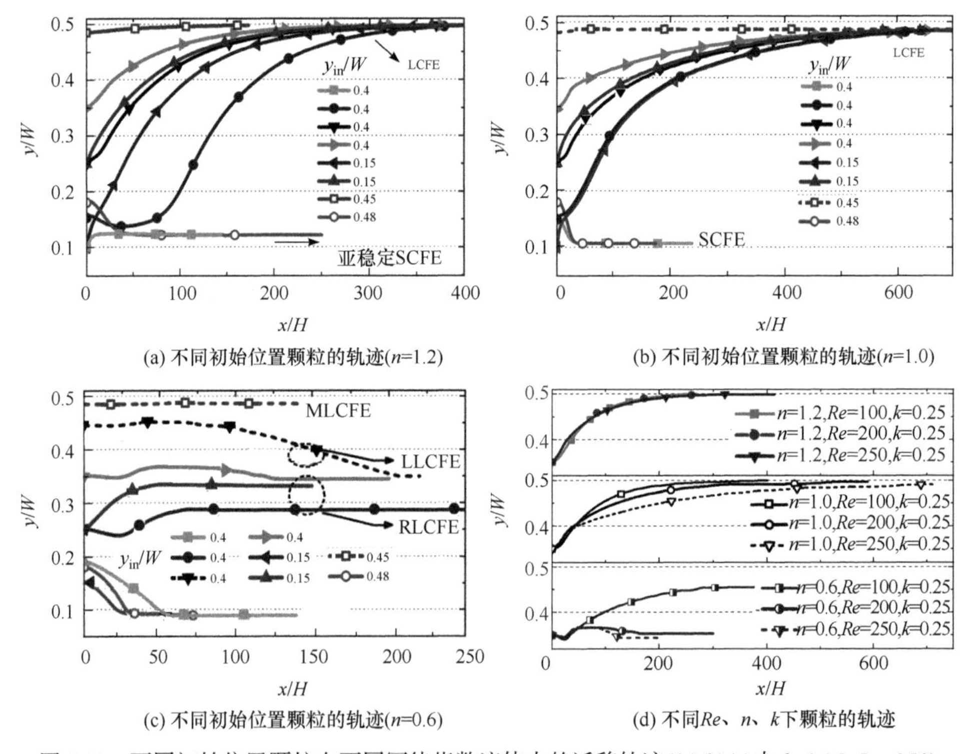

(a) 不同初始位置颗粒的轨迹(n=1.2)　(b) 不同初始位置颗粒的轨迹(n=1.0)

(c) 不同初始位置颗粒的轨迹(n=0.6)　(d) 不同*Re*、n、k下颗粒的轨迹

图 5.13　不同初始位置颗粒在不同幂律指数流体中的迁移轨迹((a)(b)(c)中 k=0.25, *Re*=250)

由图 5.13 可见，颗粒在矩形通道幂律流体中的迁移距离与在方形通道中的情形存在很大的区别，如图 5.13(b)、(c)所示，颗粒往 LCFE 迁移的距离远比往 SCFE

的迁移距离长。如图 5.13(d)的蓝色曲线所示，在剪切变稀流体中，由于颗粒沿长边存在多个平衡位置，且颗粒沿着长边的平衡位置随 *Re* 数的增大而远离长边中线，颗粒往稳定的平衡位置迁移所需的距离缩短，在剪切变稀流体中颗粒的迁移距离最短。在图 5.13(d)中，对牛顿流体和剪切增稠流体而言，颗粒往 LCFE 迁移的距离随 *Re* 数的增大而迅速增加，颗粒在牛顿流体中的迁移距离也比在剪切增稠流体中的迁移距离长，这与在方形通道中的结论相反。对于高 *Re* 数时的长边平衡位置而言，由于升力随 *Re* 数的增大而迅速变化，所以颗粒将不能迁移到长边中线，如图 5.13(b)和图 5.11(e)所示，颗粒在高 *Re* 数时的迁移距离随 *Re* 数的增大而增加，而剪切增稠流体中长边和短边速度剖面的差异比牛顿流体和剪切变稀流体的情形都大，大的速度差异加速颗粒在(y, z)平面往 LCFE 迁移，所以在剪切增稠流体中，颗粒迁移到稳定的平衡位置所需的距离比在牛顿流体中短，而方形通道中沿着 y 和 z 方向的速度剖面都一样(图 5.8)，所以颗粒迁移距离随幂律指数的增大而增加。

综上所述，颗粒在方形通道幂律流体中迁移时存在四个稳定的边中点平衡位置和四个不稳定的角点平衡位置。在矩形通道剪切变稀流体中，颗粒存在多个稳定的长边平衡位置；而在剪切增稠流体中，颗粒只存在两个边中点平衡位置。在矩形通道中，颗粒在剪切增稠流体中惯性迁移到平衡位置的距离小于在牛顿流体中的情形，而在方形通道中的结论则相反。颗粒在方形通道和矩形通道中的平衡位置都随 *Re* 数的增大而更靠近壁面，在剪切变稀流体中，平衡位置随 *Re* 数的增大而靠近壁面的速度最快。颗粒的平衡位置随幂律指数和阻塞率的增加而更靠近通道中心。

5.4　非牛顿流体方形通道流中颗粒迁移的实验结果

多颗粒在非牛顿流体中迁移时，会形成等间距的颗粒链和相互接触且以整体迁移的颗粒链。在非牛顿流体中，导致单分散体系相互接触的颗粒链形成的原因是流体的弹性还是剪切变稀起主要作用，尚没有统一的认识，而导致多分散体系相互接触的颗粒链形成机理则更为复杂[12]，Lyon 等[13]发现，双分散体系颗粒在黏弹性流体剪切流场中先形成由大颗粒组成的颗粒链，而小颗粒还分散在流场中，随着剪切时间的增加，小颗粒最终将会加入到颗粒链中。Oliveira 等[14]发现，当剪切率大于临界值时，双分散体系颗粒在黏弹性流体剪切流场中会形成沿流向的颗粒链。然而，有关非牛顿流体槽道流中颗粒形成相互接触的颗粒链的研究较少，已有文献主要关注单分散体系颗粒在黏弹性流体和剪切变稀黏弹性流体中迁移的平衡位置。近年来，Del Giudice 等[15]由实验发现，单分散体系颗粒在 HEPES-BSA(HA)溶液中会形成等间距的颗粒链，而在低浓度

HA 溶液中还会形成颗粒相互接触的长颗粒链。D'Avino 和 Maffettone[16]也发现，颗粒在剪切变稀黏弹性流体通道的中线位置会形成均匀间距的颗粒链，而高浓度颗粒溶液中还会形成颗粒相互接触的颗粒链结构。本节将通过实验介绍多分散体系颗粒在非牛顿流体中形成相互接触颗粒链的机理，并与单分散体系颗粒的情形比较，分析流体流变性质和流体流量对颗粒迁移聚集程度和形成链状结构的影响。

5.4.1 实验条件与步骤

颗粒在黏弹性流体通道流中会发生侧向迁移，宏观上这是由于颗粒受到指向剪切率最低方向的弹性力的作用，微观上是因法向应力差不均匀所导致。黏弹性流体在有界流场中迁移时，聚合物的高分子链会受到流体扰动，从而在主流方向被拉伸而造成应力分布的各向异性。如图 5.14 所示，当中性悬浮颗粒在黏弹性流体中迁移时，颗粒两侧受到正应力的作用不同，导致颗粒随流体沿流向迁移的同时发生横向迁移，图中 F_e、F_l、F_w 分别为弹性力、惯性力和壁面作用力。

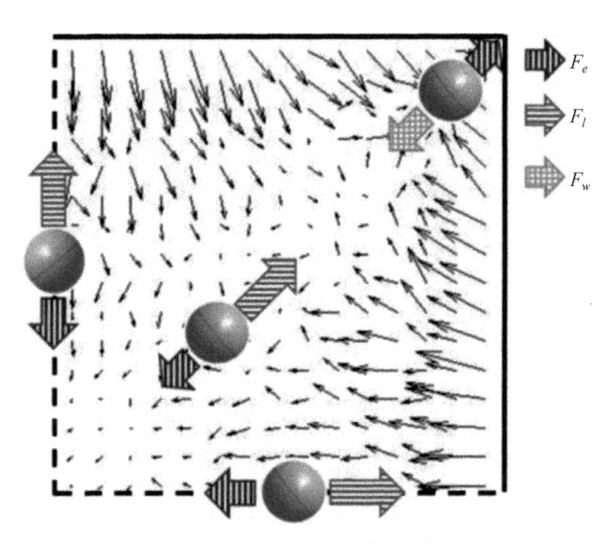

图 5.14　颗粒在流场中的受力[17]

非牛顿流体中一般存在第一法向应力差 N_1 和第二法向应力差 N_2，Mall-Gleissle 等[18]指出，第一法向应力差随着溶液中溶质体积分数的增大而变小，而第二法向应力差随着溶液中溶质体积分数的增加而增大。Bird 等[1]指出，对大多数黏弹性流体有 $N_2 \approx 0.1 N_1$，因而 N_2 通常可忽略。反映流体黏弹性特征的第一法向应力差与该位置处流体的剪切率有关[1, 19]：

$$N_1(\gamma) \propto \psi_1(\gamma)\dot{\gamma}^2, \tag{5-1}$$

式中 $\psi_1(\gamma)$ 为第一法向应力差系数。

引入无量纲弹性系数 C_e，弹性力可以表示为

$$F_e = C_e(0.5 \times D)^3 \nabla N_1,, \tag{5-2}$$

其中 D 是颗粒直径。

对颗粒在方形通道流中的迁移进行可视化实验，以得到颗粒迁移与聚焦的过程，实验平台如图 5.15 所示，实验材料与设备如表 5.1 所示，具体的实验步骤为：①将制作好的微流控芯片夹持在倒置显微镜(Nikon, elipseTi)上；②将配制好的颗粒悬浮液加载至注射器中，并通过针头(内径 0.5mm、外径 0.7mm)与聚四氟化烯(PTFE)微管(内径 0.5mm、外径 0.9mm)连接，微管与微流控芯片用钢管连接；③利用显微镜附带的 4×物镜，调节目镜观察到颗粒后，通过高速相机(Memrecam，Hx-6)及自带软件(Memrecam HkLink)拍摄微通道中的颗粒分布；④通过改变注射泵(Harvard Pump 11 Elite)的注入流量，将微流控芯片中流体的流量控制在 1～300μl/min 范围；⑤微流控芯片的出口端连接废液收集瓶，收集出口液体。

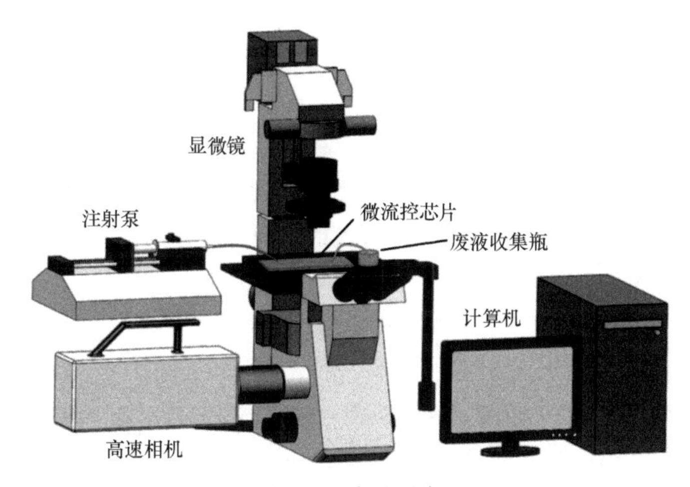

图 5.15　实验平台

表 5.1　实验用基本材料及设备

仪器名称	型号、名称与规格	厂家
高速相机	Memrecam，Hx-6	NAC image Technology
显微平台	Nikon，elipseTi	LaVision Gmbh
注射泵	Harvard Pump 11 Elite	美国/Harvard Apparatus

续表

仪器名称	型号、名称与规格	厂家
微量进样器	250μl	上海高鸽工贸有限公司
电子天平	JB/T 5374-1991	梅特勒-托利多仪器(上海)有限公司
电热恒温箱	DHP-9052B	上海恒一科学仪器有限公司
打孔器	内径 1mm	美国 MesoBioSystems
等离子电离机	PDC-32G-2	美国 Harrick Plasma
光学玻璃	40mm×80mm×1mm	洛阳古洛玻璃有限公司
氯化剂	三甲基氯硅烷	上海阿拉丁生化科技股份有限公司
掩膜版	负胶版	昆山凯盛电子有限公司
PDMS 胶	Sylard 184	美国道康宁有限公司
光刻机	URE-2000/25	中国科学院光电技术研究所
显影液	无水碳酸钠	天津致远化学试剂有限公司

实验用的微流控芯片为直通道，截面为正方形，边长 H 为 125μm，微通道长度为 7cm(流向长度/高度=560)。采用标准的软光刻法制作带有微结构的阳模后，用电子天平称取 PDMS 材料，按照 10∶1 的比例将预聚体和固化剂混合均匀后浇筑在阳模上，并放入真空皿中抽真空，使 PDMS 液体中的气泡尽量析出。静置 30min 后放于 80℃的烘箱中 30min，使 PDMS 固化。冷却后，小心剥离 PDMS，显微镜确认 PDMS 上的微通道结构完好后，将流体进出通道打孔，并与预处理好的玻璃片一起放入等离子电离机中 3min 后取出，将 PDMS 与玻璃片键合，即得到实验用微流控芯片如图 5.16 所示。

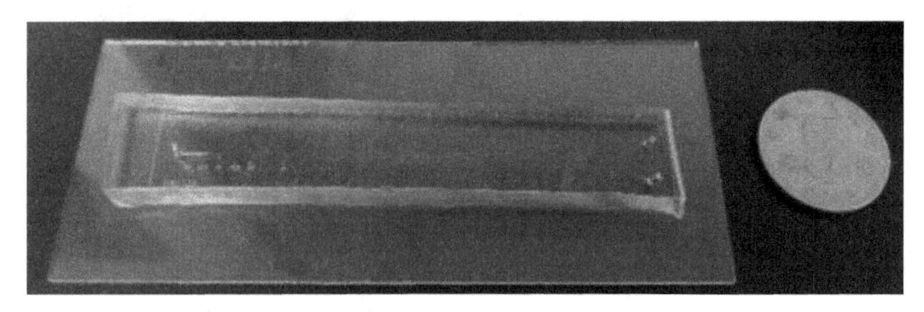

图 5.16　微流控芯片

5.4.2　溶液配制、性质表征与实验参数

实验所用试剂的规格如表 5.2 所示，所用牛顿流体为去离子水溶液(DW)。为保证颗粒在牛顿流体中为中性悬浮，将去离子水与甘油按 77∶23 的比例混合，使溶液的密度与颗粒的密度都为 1.05g/cm^3，并加入 0.1%质量浓度的吐温(非离子型表面活性剂)，以防止颗粒聚集或堵塞微通道。

表 5.2　实验所用试剂

试剂名称	英文名	型号	厂家
甘油	Glycerol	G9012-500ML	Sigma-Aldrivh
吐温	Tween	P1379-500ML	Sigma-Aldrivh
黄原胶(XT)	Xanthan Gun	G810381-500g	Macklin Biochemical
聚氧化乙烯(PEO)	Poly Ethylene Oxide	189464-5G	Sigma-Aldrivh
聚乙烯吡咯烷酮(PVP)	Polyvinylpyrrolidone	P5288-100G	Sigma-Aldrivh
透明质酸(HA)	Haluronic Acid	9067-32-7	Sigma-Aldrivh

实验所用的四类非牛顿流体溶液为：①PVP，纯弹性流体，分子量 $Mw=5.98\times10^{-22}$kg；②PEO，剪切变稀黏弹性流体，$Mw=6.64\times10^{-21}$kg；③HA，剪切变稀黏弹性流体，$Mw=1.49\times10^{-21}$kg；④Xanthan，假塑性强剪切变稀流体。对这四类非牛顿流体溶液，分别用精密的电子天平称取黄原胶(Xanthan)、PEO、PVP 和 HA 的聚合物粉末，缓慢倒入配置好的去离子水与甘油的混合溶液，用磁力搅拌器(型号：DF-101S)搅拌 24 小时，分别将四种聚合物粉末充分溶解于去离子水与甘油的混合溶液中。

四种聚合物溶液的配比浓度如表 5.3 所示。为了测量四种非牛顿流体的流变性质以及牛顿流体的黏度，用 MCR 流变仪(Anton Paar MCR302，扭矩范围：0.5nN·m～200mN·m，设定的温度为 20℃)测量流变性质、储能模量 G'和损失模量 G''的变化，结果如图 5.17 所示(图中ω为角速度)，可见实验所用溶液的剪切变稀强度大小排序依次是 Xanthan>PEO>HA>PVP，四种非牛顿流体弛豫时间和流变参数如表 5.3 所示。

表 5.3　颗粒配比的浓度及参数范围(实验流量范围为 1～300μl/min)

溶液	浓度	幂律指数	弛豫时间/s	*Re* 数	*Wi* 数	*El* 数
去离子水	0	—	0	0.078～23.3	—	—
Xanthan	0.2%	0.3	0	0.00015～0.04	—	—

续表

溶液	浓度	幂律指数	弛豫时间/s	*Re* 数	*Wi* 数	*El* 数
PEO	1.0%	0.6	0.044	0.00028～0.084	0.75～225	2682
HA	0.1%	0.75	0.032	0.0028～0.84	0.55～164	195
	1.0%	0.5	0.037	0.00012	0.63～177	5413
PVP	5%	1.0	0.002	0.002～0.6	0.04～11.3	19
	8%	1.0	0.0035	0.0006～0.17	0.06～18	106.7

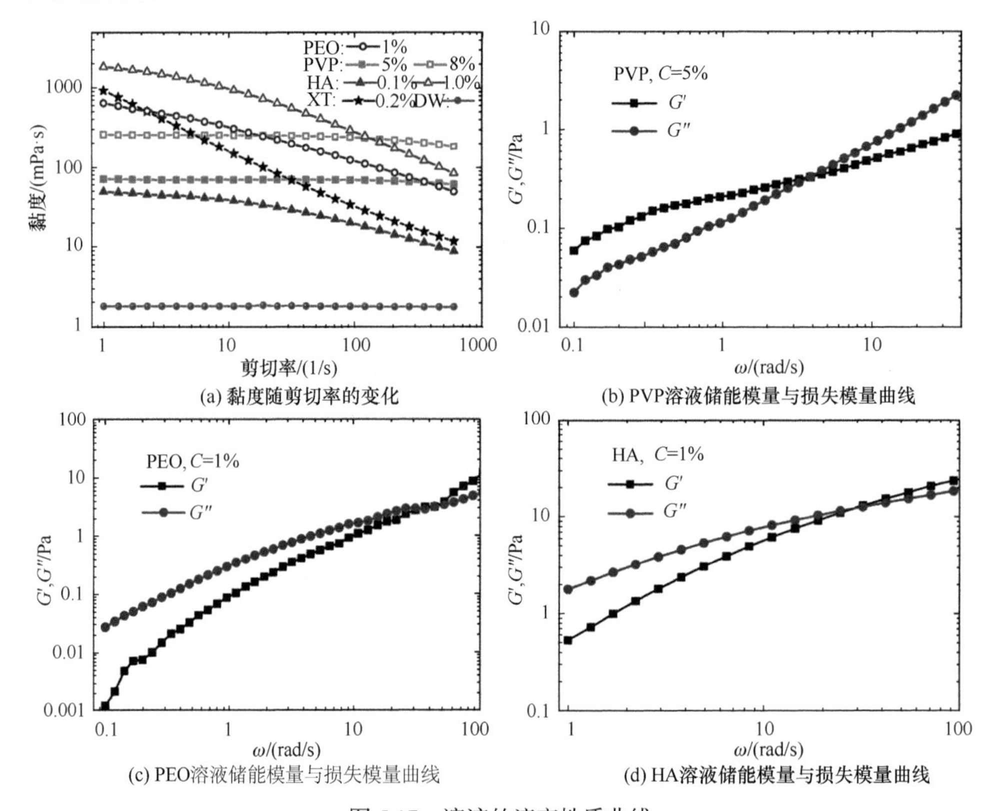

(a) 黏度随剪切率的变化　(b) PVP溶液储能模量与损失模量曲线

(c) PEO溶液储能模量与损失模量曲线　(d) HA溶液储能模量与损失模量曲线

图 5.17　溶液的流变性质曲线

接着是固体颗粒溶液的配置，将单一分散体系(型号：4225A，浓度 0.52%，颗粒直径 D=24.61μm±0.22μm，Thermo Scientific)和多分散体系(型号：7525A_FRE，浓度 10%，Thermo Scientific)的颗粒样品液加入到配置的牛顿流体溶液和四类非牛顿流体溶液中，稀释到悬浮液浓度为 0.35%，溶液的密度与颗粒的密度都为 1.05g/cm^3。

对于多分散体系的颗粒溶液，将多分散体系注入流体中，通过搭建的装置拍摄颗粒在微通道中的分布，然后利用 ImageJ 软件，将所有拍摄到的照片经过后处理，得到颗粒的直径分布如图 5.18 所示，图中 P 为概率。

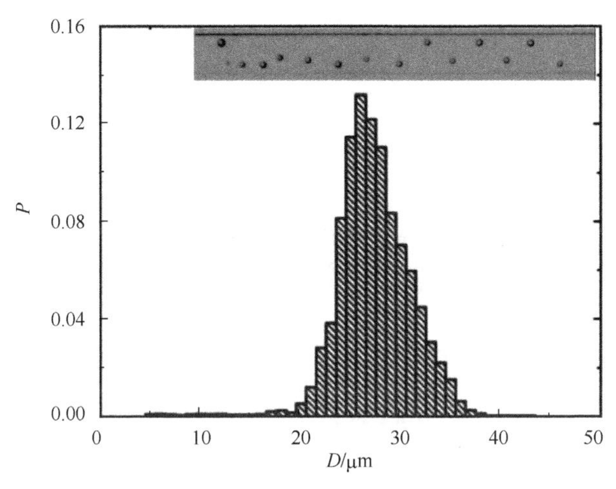

图 5.18　多分散体系颗粒的直径分布

实验所用的去离子水溶液、四种聚合物溶液浓度以及颗粒浓度的配比、实验观察流量范围如表 5.3 所示。为了描述非牛顿流体的流变性质，引入如下两个无量纲参数。

(1) Wi 数：

$$Wi = \frac{2\lambda Q}{HW^2}, \tag{5-3}$$

式中 Q 是流量，λ 是衡量高分子聚合物的形变由中间状态过渡到与外力相适应的平衡状态所需的特征时间，称为流体的松弛时间。当 $Wi \gg 1$ 时，流体主要表现为弹性，类似固体属性；当 $Wi \approx 0$ 时，流体主要表现为黏性，类似液体属性。

(2) 弹性数：

$$El = \frac{Wi}{Re} = \frac{\lambda\mu(W+H)}{\rho W^2 H}, \tag{5-4}$$

式中当 $El \approx 1$ 时，表明弹性力和惯性力相当，El 与流速无关，反映流体和流道结构的自身属性。

5.4.3　颗粒链的形成

在浓度为 5%的 PVP 溶液、流量为 40μl/min 的情况下，单分散体系和多分散体系的颗粒在微通道中的分布结果如图 5.19 所示，可见单分散和多分散体系颗粒在 PVP 溶液中都迁移到通道的中线平衡位置，这与 Seo 等[17]的实验结果一致。低颗粒浓度的多分散体系也能形成长颗粒链，如图 5.20 所示，2 个、3 个和 6 个不同直径的颗粒自组织形成了相互接触的颗粒链，大颗粒位于颗粒链下游，小颗粒处于上游。由式(5-2)可知，大颗粒受到的弹性力大于小颗粒，所以比小颗粒更早迁移到平衡位置。在单分散体系中，颗粒也迁移到了中线平衡位置，但只形成短的颗粒对结构。不同流量 Q 下颗粒在管道截面的分布结果如图 5.19(c)所示，当 Q=1μl/min 时，多分散体系颗粒还未能迁移到中线平衡位置，随着 Q 的增加，颗粒往中线聚集的程度越来越高。

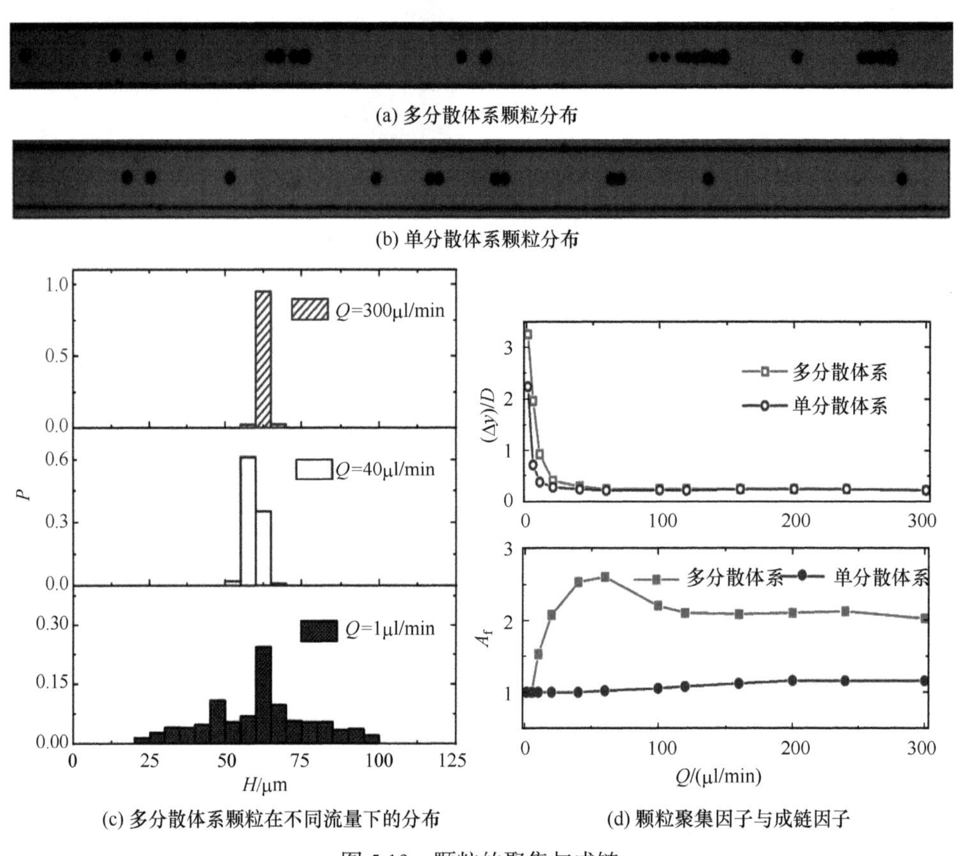

(c) 多分散体系颗粒在不同流量下的分布　　(d) 颗粒聚集因子与成链因子

图 5.19　颗粒的聚集与成链

为了描述颗粒在流体中的聚集程度，根据流场中颗粒质心位置的最大值 y_{p_max} 和最小值 y_{p_min}，定义无量纲参数——聚集因子为 $\Delta y/D=(y_{p\_max}-y_{p\_min})/D$($D$ 是颗粒直径)。为了对颗粒成链定量化，定义无量纲参数——成链因子[20]：

$$A_f=\frac{\sum_{L=1}^{L_{max}} N_L L^2}{\sum_{L=1}^{L_{max}} N_L L}, \tag{5-5}$$

其中 N_L 指颗粒链中包含 L 个颗粒，$A_f=1$ 表示都为独立分散的颗粒，所以 $A_f\geqslant1$。

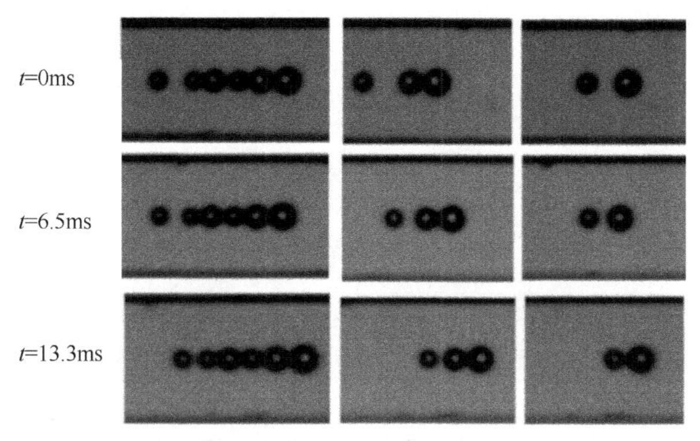

图 5.20　颗粒链的形成过程(颗粒从左向右迁移)

单分散体系和多分散体系颗粒的聚集因子 $\Delta y/D$ 和成链因子 A_f 如图 5.19(d)所示，颗粒的尺度会对颗粒聚集的平衡位置产生影响。在低流量时，单分散体系颗粒的 $\Delta y/D$ 小于多分散体系的 $\Delta y/D$，说明单分散体系颗粒的聚集程度高于多分散体系。随着流量 Q 的增加，单分散和多分散体系颗粒的 $\Delta y/D$ 都迅速降低，颗粒平衡位置更趋近于中线且 $\Delta y/D$ 相同。单分散体系颗粒的 A_f 随 Q 增加的变化不明显，而多分散体系在 Q=1～5μl/min 时，A_f 与单分散体系的 A_f 一致，但 A_f 随着 Q 的增加而迅速增加，随后 A_f 略有降低，并最终趋于稳定，多分散体系 A_f 明显高于单分散体系的 A_f。

5.4.4　流体流变性质对颗粒成链的影响

为进一步给出流体流变性质对多分散体系颗粒迁移和成链的影响，先分析多分散体系颗粒在牛顿流体中的迁移，结果如图 5.18 的插图所示。在牛顿流体中，多分散体系颗粒分布在方形通道的壁面及通道中线附近，形成均匀间距的颗粒链结构，这与 Gao 等[21]的实验结果以及上述章节中单分散体系颗粒的数值模拟结果一致。说明颗粒在牛顿流体中会形成均匀间距的颗粒链结构，不会形成颗粒相互接触的颗粒链。

在非牛顿流体中，图 5.21 和图 5.22 分别比较了流量 Q=40μl/min 和 300μl/min 时，多分散体系颗粒在浓度为 0.2%的 Xanthan、1.0%的 PEO、0.1%的 HA 和 5%的 PVP 溶液中的分布和成链情况，四种非牛顿流体的幂律指数 n=0.3、0.6、0.75 和 1.0，剪切变稀作用依次减弱，n=1.0 为无剪切变稀。由图 5.21 可知，当 Q=40μl/min 时，在假塑性强的剪切变稀 Xanthan 溶液中，颗粒分布在壁面和流场的中线附近，只有在壁面附近形成了短颗粒链，流场其他区域未形成颗粒链。在剪切变稀黏弹性的 PEO、HA 和纯弹性的 PVP 溶液中，颗粒均迁移到中线的平衡位置，且都形成长颗粒链，颗粒链中大颗粒位于下游，小颗粒位于上游。

如图 5.22 所示，当 Q=300μl/min 时，在 Xanthan 溶液中，壁面上的颗粒依然存在，但数量有所减少，颗粒在中线附近的分布范围变宽，但仍然没有形成颗粒链。在剪切变稀黏弹性 PEO 溶液中，颗粒在中线平衡位置附近的分布范围变宽，中线上大颗粒在前、小颗粒在后的长直颗粒链消失，但在较宽通道范围内，形成更多的短颗粒对或短弯曲颗粒链。在剪切变稀黏弹性 HA 溶液和纯弹性 PVP 溶液中，颗粒保持在中线的平衡位置，长颗粒链依然存在。

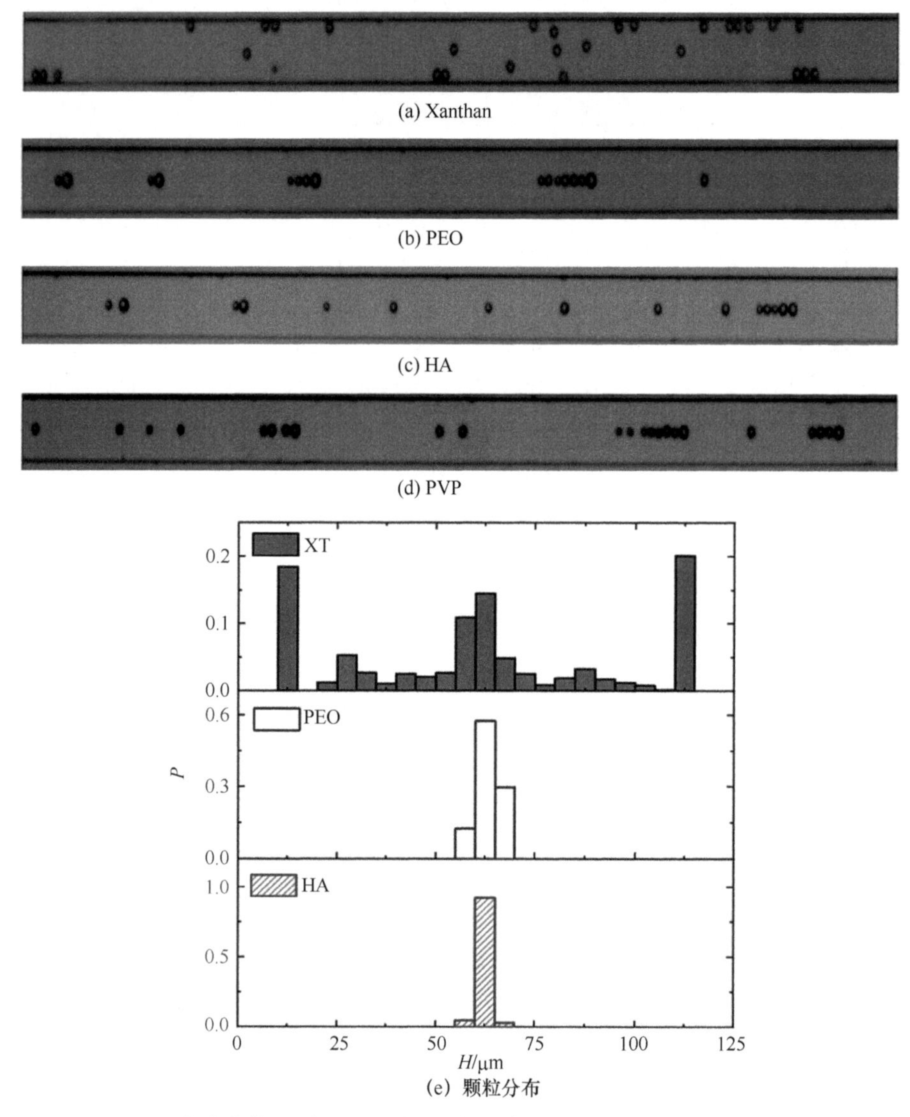

图 5.21　多分散体系颗粒在不同非牛顿流体中的迁移和成链（Q=40μl/min）

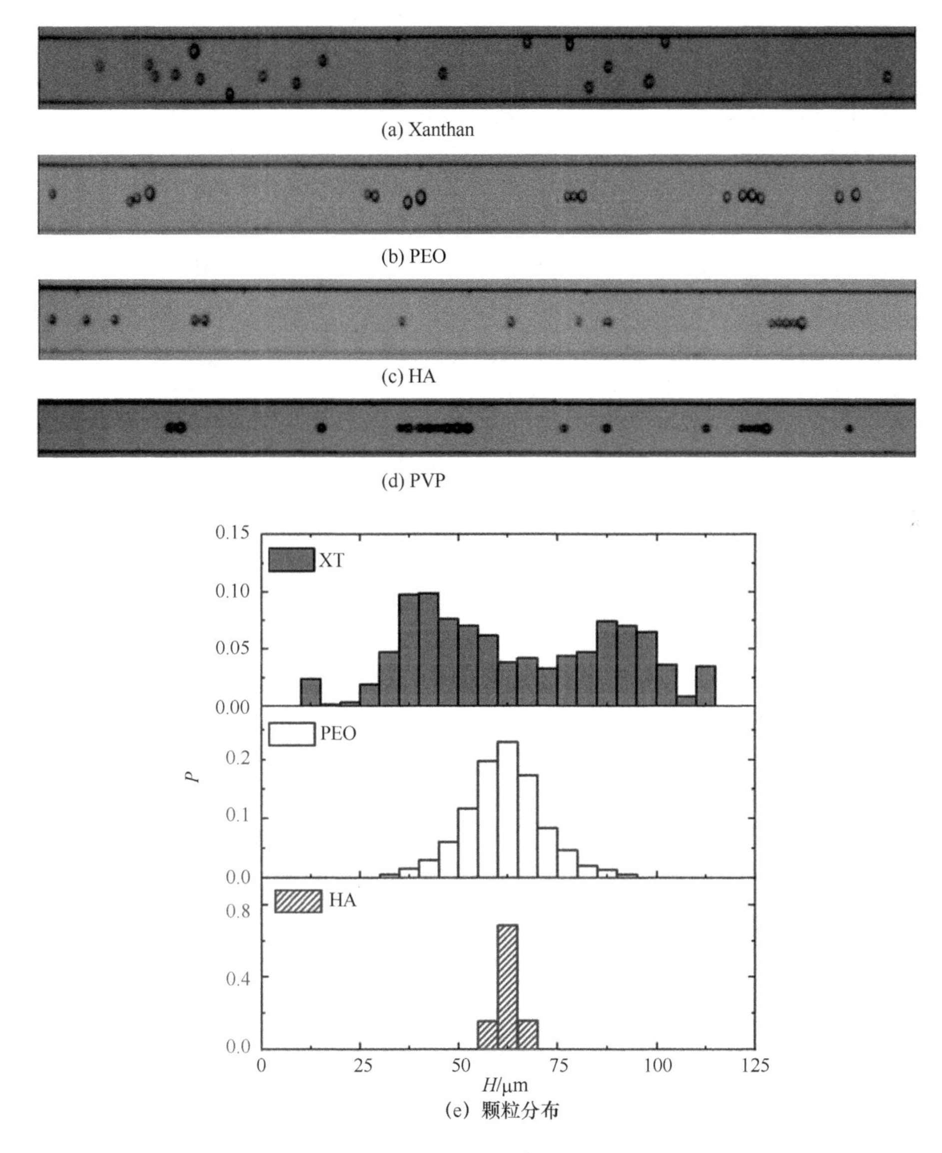

图 5.22　多分散体系颗粒在不同非牛顿流体中的迁移和成链（Q=300μl/min）

在不同流量 Q 情况下，四种非牛顿流体中的颗粒聚集因子和成链因子计算结果如图 5.23 所示，可见随着流量的增加，在 Xanthan 溶液中，颗粒始终分布于壁面及流场中，聚集因子保持不变，成链因子也几乎不变，说明在弹性可忽略的强剪切变稀溶液中无法形成颗粒链。

在剪切变稀黏弹性 PEO 溶液中，随着 Q 的增加，颗粒的聚集因子先迅速降低，然后缓慢增加。如图 5.17(a)所示，PEO 溶液的剪切变稀作用随剪切率的增大而增加，导致颗粒开始往壁面方向迁移。当颗粒聚集因子开始增加时，如图 5.22(b)所示，长直颗粒链消失，颗粒成链因子随 Q 的增加先缓慢降低，形成更多的短颗粒对或短弯曲颗粒链，然后成链因子缓慢增加。

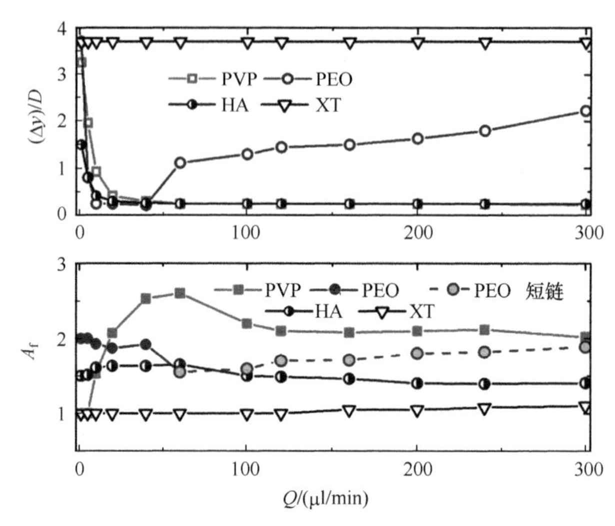

图 5.23　颗粒聚集因子和成链因子

如图 5.17(a)所示，在剪切变稀黏弹性 HA 溶液中，虽然溶液的黏度随剪切率的增加而减少，但比 1.0%的 PEO 溶液中的剪切变稀作用弱，颗粒聚集因子在实验流量范围内与 PVP 溶液一样，先迅速降低，然后保持不变，说明颗粒都聚集在流场的中线。此外，低流量时，多分散体系在 HA 溶液中比在 PVP 溶液的聚集因子小，颗粒更快往中线的平衡位置迁移，而成链因子则先缓慢增加再缓慢减小。

在纯弹性的 PVP 溶液中，颗粒的成链因子最高，成链现象最明显。如表 5.3 所示，*Wi* 数大小排序依次是 PEO>HA>PVP，虽然 PVP 的弹性作用最弱，PEO 的弹性作用最强，但由于溶液的剪切变稀作用大小排序依次是 PEO>HA>PVP，说明溶液的剪切变稀作用使颗粒的分布范围变宽，促使颗粒往壁面迁移，这进一步阻碍了颗粒形成长直颗粒链结构，而流体的弹性是形成颗粒链的主要原因。

5.4.5　溶液浓度的影响

由于颗粒在强剪切变稀的 PEO 和 Xanthan 溶液中形成颗粒链的现象不明显，尤其是在高剪切率情况下，因此，为进一步给出流体弹性和剪切变稀作用对形成颗粒链的影响，将 PVP 浓度增加到 6.5%、8.0%，HA 浓度增加到 1.0%，图 5.24 给出了不同流量时颗粒的聚集和成链现象。

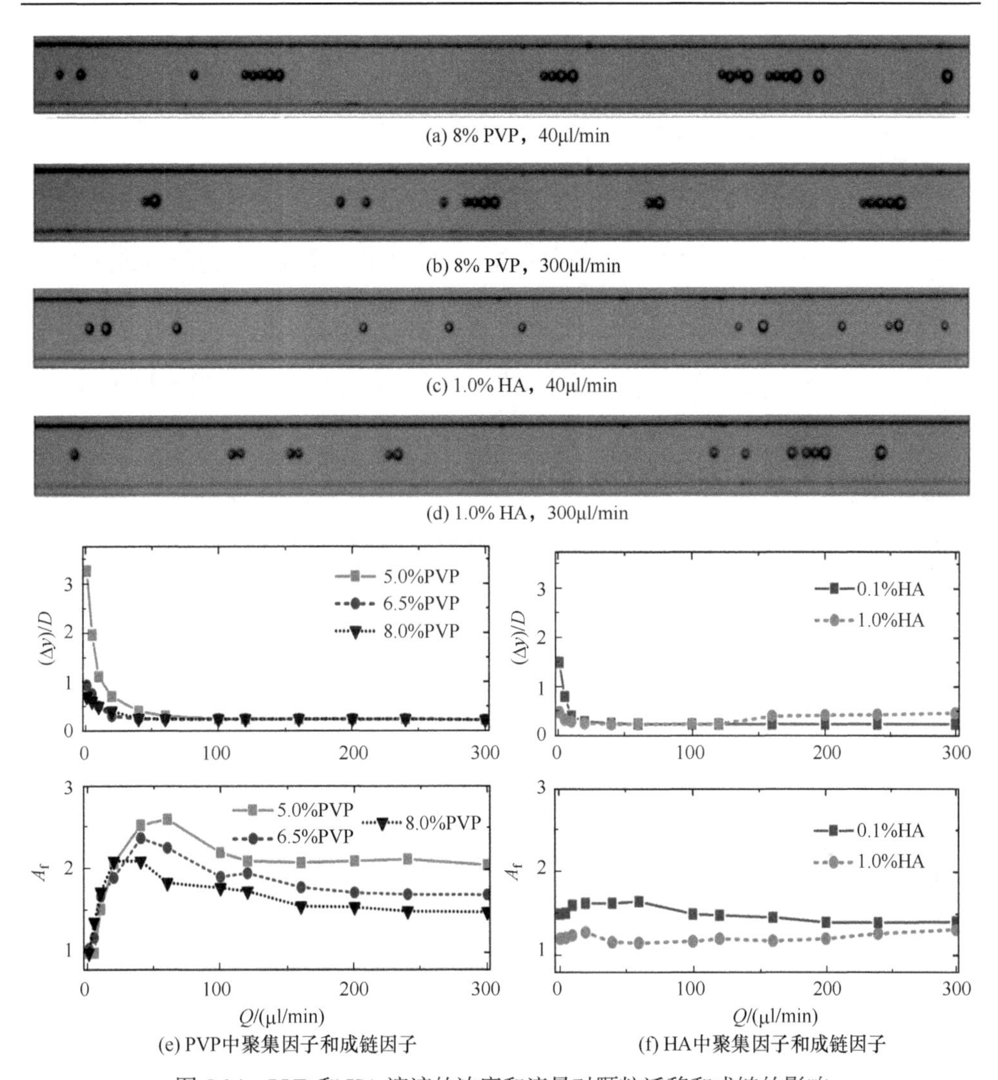

(e) PVP中聚集因子和成链因子　(f) HA中聚集因子和成链因子

图 5.24　PVP 和 HA 溶液的浓度和流量对颗粒迁移和成链的影响

通过比较图 5.19(d)、图 5.20、图 5.21(d)、图 5.22(d)和图 5.24(a)、(b)、(e)，可见在实验流量范围内，多分散体系颗粒在不同浓度的 PVP 溶液中都能聚集在中线的平衡位置，且在低流量时，PVP 溶液的浓度越高，颗粒越快聚集到平衡位置。从图 5.24(e)可见，增加 PVP 溶液浓度，颗粒成链因子 A_f 的变化趋势一致，但 A_f 随 PVP 浓度的增加而减小，这主要是由于增加 PVP 溶液的浓度后，虽然溶液的弹性增加，但溶液的黏度也迅速增加，使得 Re 数进一步降低，颗粒间相互作用力使颗粒链断开，导致 A_f 降低。与此相反，通过比较图 5.21(c)、图 5.22(c)和图 5.24(c)、(d)、(f)，可见当 HA 溶液的浓度增加时，低流量下颗粒很快聚集到中线，随着流量增加，颗粒分布范围略微变宽，颗粒聚集因子 $\Delta y/D$ 缓慢增加。此外，随着 HA 溶液浓度的增加，形成长直颗粒链的现象不再明显。由图 5.24(c)、(d)、(f)可见，低流量时颗粒保持单独的分布，而增加流量后形成短的颗粒对，且颗粒对的数量增加，所以随着流量增加，$\Delta y/D$ 缓慢增加，使得 A_f 也缓慢增加，这与 PEO 溶液中的结果一致。结合图 5.17(a)可知，HA 溶液的剪切变稀作用随浓度的增加而迅速增加，这进一步表明颗粒在中线平衡位置形成长直颗粒链现象的主要因素是流体弹性，而剪切变稀作用将会抑制长直颗粒链的形成。

综上所述，在黏弹性流体中，颗粒在低流量时不能聚集到中线平衡位置，多分散体系的颗粒比单分散体系的颗粒聚集到中线的过程更长。随着流量增加，多分散和单分散体系的颗粒都聚集到中线。剪切变稀黏弹性流体中，多分散体系颗粒聚集因子随流量的增加先急剧减小，并在一定范围内稳定，然后随着流量增加而缓慢增加。在强剪切变稀流体中，颗粒不能聚集到中线平衡位置，颗粒的聚集范围较宽。

多分散体系颗粒在牛顿流体中不能形成颗粒链，而在黏弹性流体和剪切变稀黏弹性流体的黏度不变情况下，颗粒能在平衡位置形成长直颗粒链。在颗粒链中，大颗粒在下游，小颗粒在上游。随着流量增加，剪切变稀黏弹性流体中大颗粒在前、小颗粒在后的长颗粒链现象消失，颗粒在更宽的通道范围内形成短颗粒对。多分散体系颗粒在黏弹性流体中的成链因子随着流量的增加先增大后减小，而随弹性的增加而减小。颗粒在中线形成长直颗粒链的现象主要由流体的弹性引起，而增强剪切变稀的作用，颗粒将向壁面迁移，形成链状结构的现象不再明显。

参考文献

[1] Bird R B, Dai G C, Yarusso B J. Rheology and flow of viscoplastic materials. Reviews in Chemical Engineering, 1983, 1(1): 1-70.

[2] Abbas M, Magaud P, Gao Y F, et al. Migration of finite sized particles in a laminar square channel flow from low to high Reynolds numbers. Physics of Fluids, 2014, 26(12): 136-157.

[3] Choi Y S, Seo K W, Lee S J. Lateral and cross-lateral focusing of spherical particles in a square microchannel. Lab on A Chip, 2011, 11: 460-465.

[4] Shichi H, Yamashita H, Seki J, et al. Inertial migration regimes of spherical particles suspended in square tube flows. Physical Review Fluids, 2017, 2: 044201.

[5] Lashgari I, Ardekani M N, Banerjee I, et al. Inertial migration of spherical and oblate particles in straight ducts. Journal of Fluid Mechanics, 2017, 819: 540-561.

[6] Yuan C, Pan Z H, Wu H Y. Inertial migration of single particle in a square microchannel over wide ranges of *Re* and particle sizes. Microfluidics and Nanofluidics, 2018, 22(9): 102.

[7] Su J H, Chen X D, Hu G Q. Inertial migrations of cylindrical particles in rectangular microchannels: variations of equilibrium positions and equivalent diameters. Physics of Fluids, 2018, 30: 032007.

[8] Di Carlo D. Inertial microfluidics. Lab on a Chip, 2009, 9(21): 3038-3046.
[9] Li D, Xuan X C. The motion of rigid particles in the Poiseuille flow of pseudoplastic fluids through straight rectangular microchannels. Microfluidics and Nanofluidics, 2019, 23: 54.
[10] Ciftlik A T, Ettori M, Gijs A M. High throughput-per-footprint inertial focusing. Small, 2013, 9(16): 2764-2773.
[11] Liu C, Hu G Q, Jiang X Y, et al. Inertial focusing of spherical particles in rectangular microchannels over a wide range of Reynolds numbers. Lab on A Chip, 2015, 15: 1168.
[12] Villone M M, Maffettone P L. Dynamics, rheology, and applications of elastic deformable particle suspensions: a review. Rheologica Acta, 2019, 58: 109-130.
[13] Lyon M K, Mead D W, Elliott R E, et al. Structure formation in moderately concentrated viscoelastic suspensions in simple shear flow. Journal of Rheology, 2001, 45: 881-890.
[14] Oliveira I S S D, Otter W K D, Briels W J. Alignment and segregation of bidisperse colloids in a shear-thinning viscoelastic fluid under shear flow. Europhysics Letters, 2013, 101: 28002.
[15] Del Giudice F, D'Avino G, Greco F, et al. Fluid viscoelasticity drives self-assembly of particle trains in a straight microfluidic channel. Physical Review Applied, 2018, 10: 064058.
[16] D'Avino G, Maffettone P L. Numerical simulations on the dynamics of trains of particles in a viscoelastic fluid flowing in a microchannel. Meccanica, 2020, 55: 317-330.
[17] Seo K W, Kang Y J, Lee S J. Lateral migration and focusing of microspheres in a microchannel flow of viscoelastic fluids. Physics of Fluids, 2014, 26: 063301.
[18] Mall-Gleissle S E, Gleissle W, McKinley G H, et al. The normal stress behaviour of suspensions with viscoelastic matrix fluids. Rheologica Acta, 2002, 41(1): 61-76.
[19] Tehrani M A. An experimental study of particle migration in pipe flow of viscoelastic fluids. Journal of Rheology, 1996, 40(6): 1057-1077.
[20] D'Avino G, Maffettone P L. Particle dynamics in viscoelastic liquids. Journal of Non-Newtonian Fluid Mechanics, 2015, 215: 80-104.
[21] Gao Y F, Magaud P, Lafforgue C, et al. Inertial lateral migration and self-assembly of particles in bidisperse suspensions in microchannel flows. Microfluidics and Nanofluidics, 2019, 23: 93.

第 6 章　黏弹性 Giesekus 流体简单剪切流中的颗粒迁移

第 2 章中已经介绍了 Giesekus 模型的黏弹性流体，该流体可以表征流体弹性和剪切变稀的性质，是应用较为广泛的模型。本章介绍在 Giesekus 黏弹性流体简单剪切流中，单圆球、双圆球、椭球颗粒在小流场 Re 数下的迁移以及双圆球颗粒的弹性-惯性迁移，给出不同 Wi 数、剪切变稀程度、黏度比以及阻塞率对颗粒迁移的影响。

6.1　单圆球颗粒在小 Re 数下的迁移

先考虑在小 Re 数下单个圆球颗粒的迁移。

6.1.1　流场描述及颗粒迁移

如图 6.1 所示，坐标系的原点位于流场的中心，流道的长、宽、高分别表示为 L、W、H，上下平板以 $U_0/2$ 的恒定速度朝相反的方向迁移。用第 2 章介绍的虚拟区域法对颗粒的迁移进行数值模拟，流向(z 方向)和横向(x 方向)采用周期性边界条件，上下壁面和颗粒表面采用无滑移边界条件。取流道高度 H 和上下平板

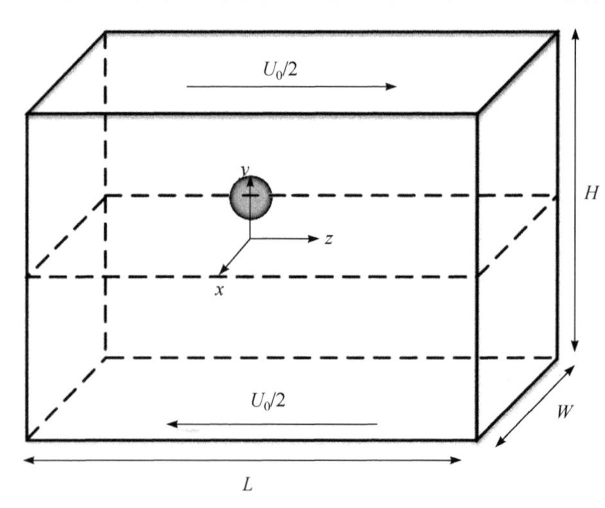

图 6.1　流场及颗粒示意图

速度差 U_0 作为特征参数，定义 Re 数 $Re=\rho U_0 H/\eta_0$，式中 ρ 是流体密度，η_0 是流体零剪切黏度。为关注流体黏弹性对颗粒迁移的影响，Re 取 0.2。Wi 数如式(5-3)所示；黏度比定义为 $\eta_r=\eta_s/\eta_0$，其中 η_s 是溶剂黏度；α 表征剪切变稀程度；阻塞率定义为 $k=D/H$，其中 D 是颗粒直径。综合考虑计算精度与计算效率，计算域 $L\times W\times H$ 取 $2H\times 2H\times H$，网格尺度取 $H/128$，时间步长为 5×10^{-4}。

图 6.2 给出了颗粒在流体性质不同情况下的 y 方向(纵向)迁移，颗粒初始位置为$(x, y, z)=(0, 0.2, 0)$。由于颗粒本身占据一定的空间，且轨迹图给出的是颗粒球心的位置变化，球心无法达到壁面，因此图 6.2 中的灰色部分为球心无法到达的区域。通道存在上下对称性，以下仅考虑上通道颗粒的迁移。

如图 6.2 所示，当颗粒在 y 方向的初始位置 $y\neq 0$ 时，即使在无剪切变稀($\alpha=0$)的黏弹性流体中，颗粒也将发生纵向迁移。颗粒的迁移轨迹表明，随着颗粒逐渐靠近壁面，其轨迹逐渐陡峭，颗粒速度逐渐增大，这说明颗粒纵向迁移与壁面的约束作用相关。对于位于中心平面($y=0$)上的颗粒，由于上下流动的对称性，颗粒只在中心平面上旋转，不会发生纵向迁移。然而，Sullivan 等[1]的研究表明，即使一个微小扰动也会使颗粒发生纵向迁移。

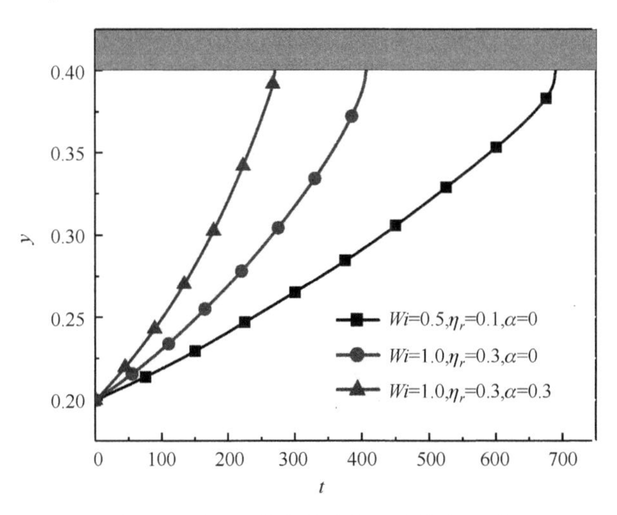

图 6.2　颗粒在黏弹性流体中的纵向迁移

与忽略惯性($Re=0$)前提下颗粒在黏弹性流体中发生纵向迁移不同，在忽略惯性时颗粒在牛顿流体剪切流中不会发生纵向迁移，因为颗粒是在惯性的驱动下才纵向迁移至中心平面[2,3]。另外，在宽间距的 Couette 流中，D’Avino 等[4]发现，颗粒在黏度恒定的弹性流体(如 Boger 流体)中不会出现纵向迁移，这与图 6.2 中的结果不同，其原因是图 6.2 中的结果与壁面的约束有关(阻塞率 $k=0.2$)，而 D’Avino 等[4]研究中的颗粒直径远小于壁面间距，可见壁面的存在对颗粒发生纵向迁移起着关键作用。Zhang 等[5]的研究同样表明，在黏弹性流体剪切流中，颗粒因其两侧流体应力的不平衡而导致升力的产生，应力的不平衡是由于颗粒周围流体拉伸的不平衡所致，这其中壁面起到关键作用。D'Avino 等[6]的数值模拟结果表明，颗粒在无剪切变稀性质的黏弹性流体中会发生纵向迁移。因此，综合以上的结果可以得到以下结论，即颗粒在黏弹性剪切流中的纵向迁移与法向应力有关，与剪切变稀性质无关；而法向应力与流体的黏弹性和壁面的约束作用有关。下面将给出黏弹性、壁面约束作用、剪切变稀性质对颗粒纵向迁移的影响。

6.1.2　*Wi* 数对颗粒迁移的影响

为了给出 *Wi* 数对颗粒迁移的影响，令其他参数保持不变(α=0.01、η_r=0.1、k=0.2)，而仅变化 *Wi* 数。图 6.3 给出了在不同 *Wi* 数下颗粒沿纵向迁移的轨迹，可见 *Wi* 数对颗粒纵向迁移起着促进作用，随着 *Wi* 数的增大，相同时间内颗粒迁移到更靠近壁面的位置。*Wi* 数同样对颗粒的角速度有影响，图 6.4 给出了在不同纵向位置上颗粒角速度ω_p随 *Wi* 数的变化，可见ω_p与 *Wi* 数成反比，*Wi* 越小，ω_p越大且越趋近于 0.5；颗粒越靠近壁面，ω_p越小。需要说明的是，在相同的时间内，颗粒在 *Wi*=0.1 情况下的纵向迁移量(Δy)非常小(图 6.3)，因此，在图 6.4 中并未给出 *Wi*=0.1 的结果。图 6.4 中 y 轴上的实心点表示ω_p开始减小时颗粒所处的纵向位置，比较 *Wi*=1.0 和 *Wi*=0.7 两种情况下的实心点，可见 *Wi*=0.7 时，ω_p开始减小的纵向位置更靠近壁面。因此，随着 *Wi* 的增大，ω_p减小的纵向位置与壁面的距离增大。

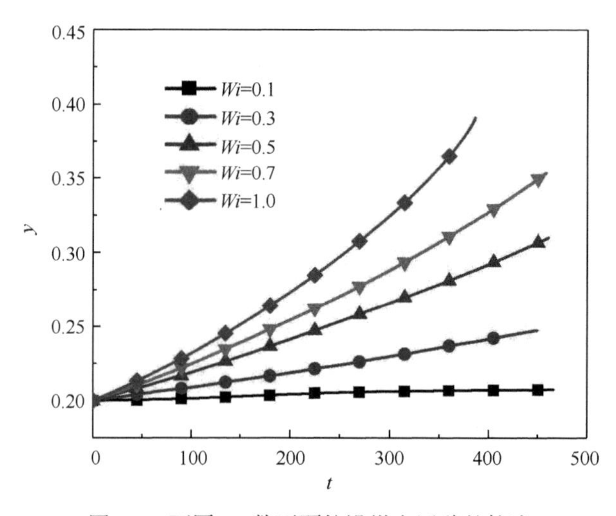

图 6.3　不同 *Wi* 数下颗粒沿纵向迁移的轨迹

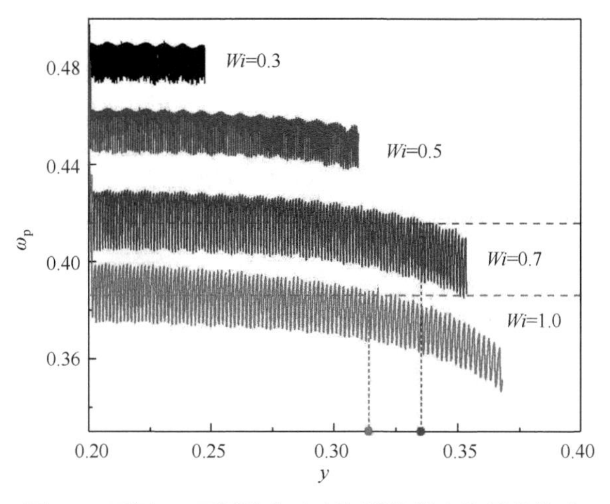

图 6.4　不同 Wi 下颗粒角速度与颗粒纵向位置的关系

6.1.3　剪切变稀性质(α)对颗粒迁移的影响

在 Giesekus 流体中，α 表征流体剪切变稀的程度，α 越大，剪切变稀程度越强。为关注剪切变稀的影响，改变α值而保持其他参数不变，即 Wi=1.0、η_r=0.3、k=0.2。如图 6.5 所示，α 越大，相同时间内颗粒迁移到更靠近壁面的位置，即剪切变稀对颗粒沿纵向的迁移起促进作用。图 6.5 也给出了无剪切变稀(α=0)的黏弹性流体(Oldroyd-B 流体)的情形，此时颗粒依然发生沿纵向的迁移。图 6.6 给出了不同α下颗粒沿纵向的迁移位置与颗粒角速度ω_p的关系，可见随着α的增大，ω_p也增大；颗粒越接近壁面，ω_p越小。根据 y 轴上的实心点，比较不同α情况下ω_p开始减小的位置，可见随着α的增大，ω_p开始减小的位置(不同实心点的位置)与壁面的距离变远。

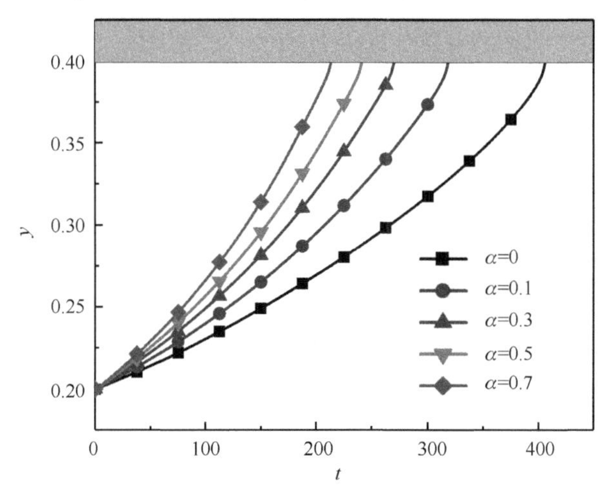

图 6.5　不同α下颗粒沿纵向迁移的轨迹

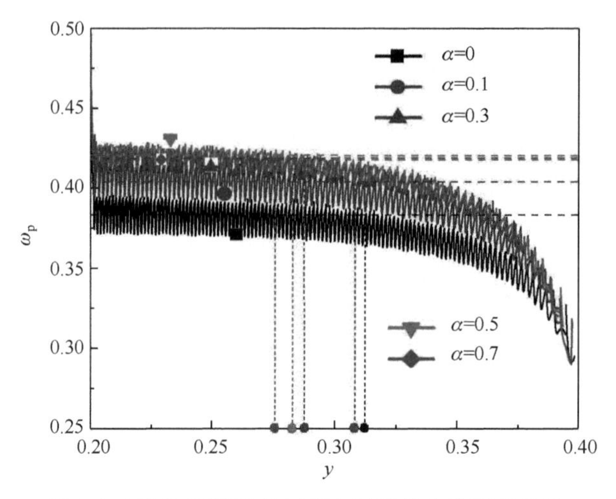

图 6.6　不同α下颗粒角速度与颗粒纵向位置的关系

6.1.4　黏度比对颗粒迁移的影响

黏度比$\eta_r=\eta_s/\eta_0$为溶剂黏度η_s与零剪切黏度η_0之比，为关注黏度比的影响，改变η_r值而其他参数保持不变，即 Wi=1.0，α=0.3，k=0.2。图 6.7 给出了在不同黏度比η_r下颗粒沿纵向迁移的轨迹，可见不管η_r如何变化，颗粒均发生沿纵向的迁移。与 Wi 数、剪切变稀程度α对颗粒迁移轨迹的单调影响不同，η_r对颗粒迁移轨迹的影响是非单调的，当$\eta_r\leqslant0.2$ 时，随着η_r的增大，相同时间内颗粒迁移到更靠近壁面的位置；当$\eta_r>0.2$ 时，随着η_r的增大，相同时间内颗粒迁移到更靠近中心的位置。图 6.8 给出了不同η_r时颗粒角速度ω_p在迁移过程中的变化，可见ω_p随

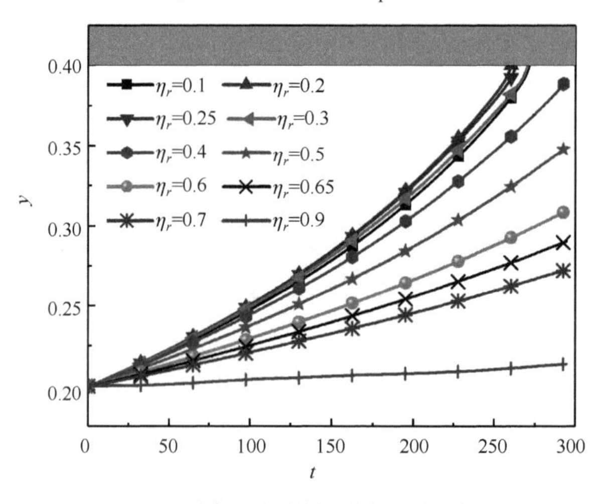

图 6.7　不同η_r下颗粒沿纵向迁移的轨迹

着η_r的增大而增大，即η_r对颗粒沿纵向的迁移起促进作用；颗粒越接近壁面，ω_p越小。在图 6.8 中，比较ω_p开始减小的位置(y 轴上实心点的位置)可知，随着η_r的增大，ω_p开始减小的位置离壁面变远。

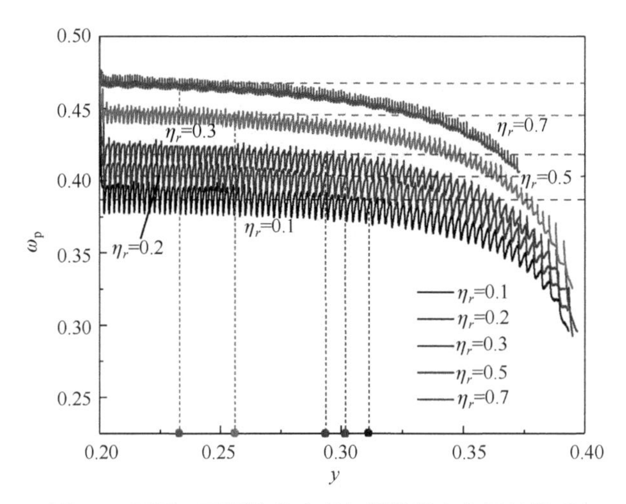

图 6.8　不同η_r下颗粒角速度与颗粒纵向位置的关系

6.1.5　阻塞率对颗粒迁移的影响

为关注阻塞率 k 的影响，改变 k 的值而其他参数保持不变，即 Wi=1.0，α=0.3，η_r=0.3，图 6.9 给出了不同 k 时颗粒沿纵向迁移的轨迹，灰色部分表示不同直径的颗粒中心无法到达的区域。可见随着 k 的增大，相同时间内颗粒迁移到更靠近壁

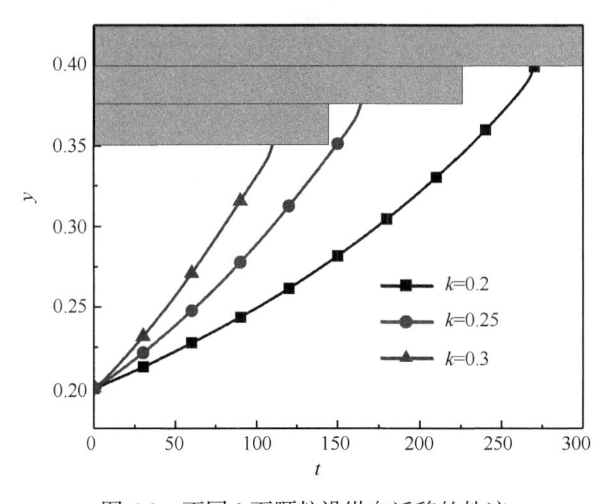

图 6.9　不同 k 下颗粒沿纵向迁移的轨迹

面的位置，这意味着壁面的约束促进颗粒沿纵向迁移。为进一步了解 k 对颗粒纵向迁移的影响，图 6.10 给出了颗粒迁移时周围黏弹性流体的拉伸率分布，可见随着 k 的增大，拉伸程度也越大，这一结论与 Zhang 等[5]的结论吻合，即颗粒在黏弹性流体剪切流中沿纵向的迁移主要是颗粒的迁移导致了流体的拉伸，使颗粒上下两侧因应力不平衡而产生了升力，这其中壁面约束起着关键的作用。

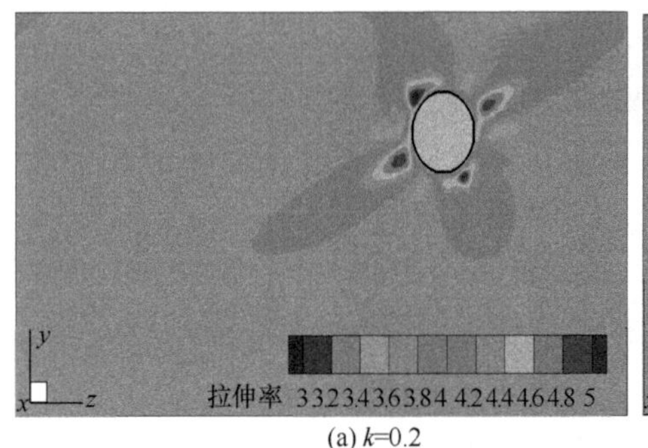

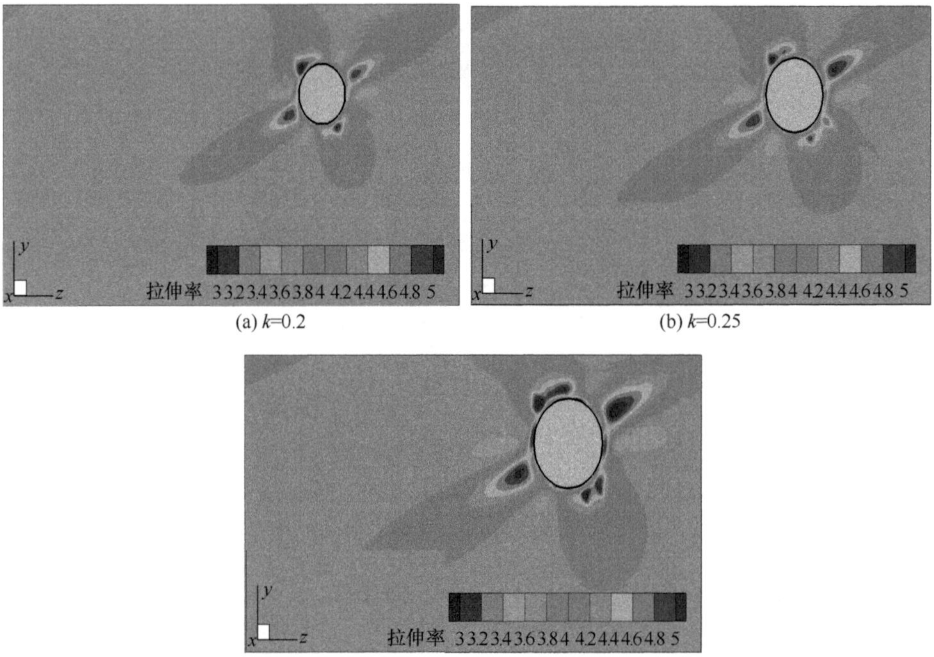

(a) k=0.2

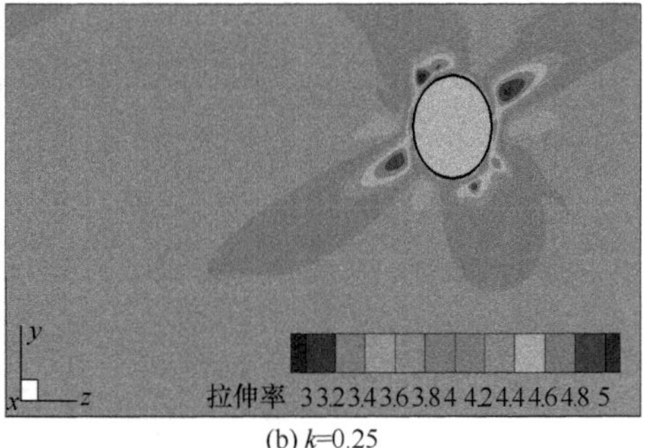

(b) k=0.25

(c) k=0.3

图 6.10 不同阻塞率下流体的拉伸率分布

综上所述，颗粒在恒定黏度的黏弹性流体(如 Oldroyd-B 流体)简单剪切流中会出现沿纵向的迁移，流体剪切变稀性质对颗粒迁移起促进作用，但不是主要因素。导致颗粒沿纵向迁移的关键因素是颗粒周围流体拉伸不平衡导致的法向应力和壁面的约束作用。

Wi 数对颗粒沿纵向迁移起促进作用，随着 Wi 增大，相同时间内颗粒迁移到更靠近壁面的位置。流体剪切变稀程度越强，相同时间内颗粒迁移到更靠近壁面的位置。当黏度比 $\eta_r \leqslant 0.2$ 时，随着 η_r 的增大，相同时间内颗粒迁移到更靠近壁面的位置；当 $\eta_r > 0.2$ 时，随着 η_r 的增大，相同时间内颗粒迁移到更靠近中心的位置。壁面约束作用越强，颗粒离壁面的距离越近。

Wi 越大，颗粒角速度越小；Wi 越小，颗粒角速度越接近 0.5。剪切变稀程度越强，颗粒角速度越大。角速度随着 η_r 的增大而增大。颗粒角速度开始减小的位置与壁面的距离随着 Wi 数的增大、剪切变稀程度的增强、黏度比的增大而增大。

6.2　双圆球颗粒在小 Re 数下的迁移

与单颗粒只存在迁移的现象不同，双颗粒情形中，除了颗粒迁移外，还存在双颗粒间的相对迁移，由此而构成了不同的迁移模式。

6.2.1　流场描述及颗粒迁移模式

如图 6.11 所示，坐标系的原点位于流场中心，流道的长、宽、高分别表示为 L、W、H，上下平板以 $U_0/2$ 的恒定速度朝相反的方向运动，双圆球颗粒的初始位置关于坐标原点对称，圆球的中心初始位于 y-z 平面(x=0)内，具体示于图 6.12，图中半径为 r 的两个颗粒分别标记为颗粒 1 和颗粒 2，初始坐标(x, y, z)分别为(0, h, $-l$)和(0, $-h$, l)。用第 2 章介绍的虚拟区域法对颗粒的迁移进行数值模拟，流向(z 方向)和横向(x 方向)采用周期性边界条件，上下壁面和颗粒表面采用无滑移边界条件。Re 数、Wi 数、阻塞比 k，黏度比 η_r 的定义与 6.1 节相同。整个数值模拟过程中，取 Re=0.1，网格尺度为 H/128，时间步长为 5×10^{-4}，k=0.2。

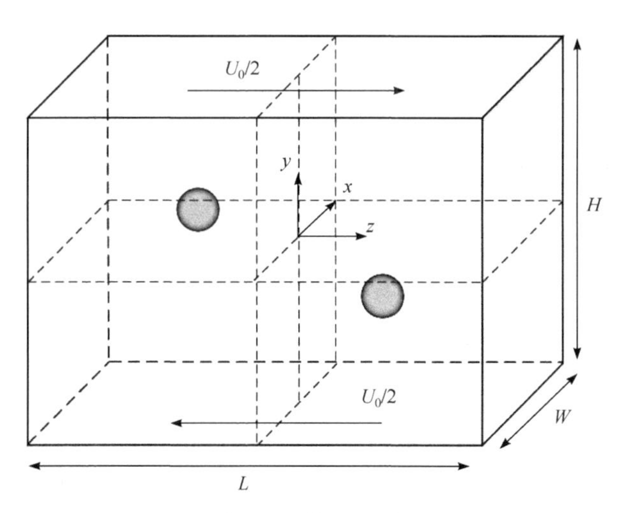

图 6.11　流场示意图

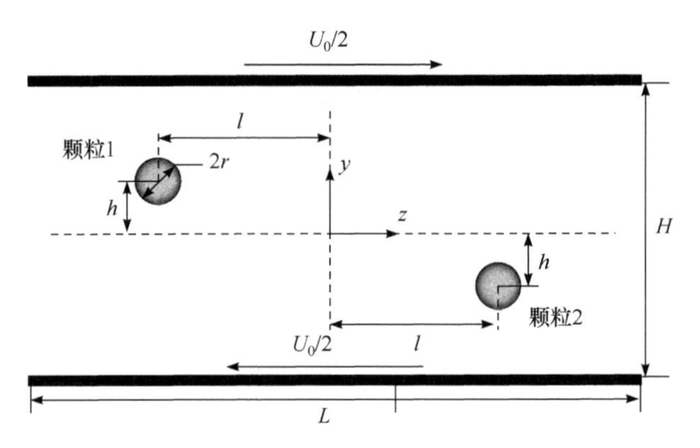

图 6.12　双颗粒在 y-z 平面的初始分布

为了保证计算域大小的选择不影响计算结果，分别取 L=2H、3H、4H 进行颗粒迁移轨迹的数值模拟，其结果如图 6.13 所示，可见取 L=3H 和 L=4H 时，计算的颗粒迁移轨迹完全重合，所以在以下的计算中取 L=3H。关于沿 x 方向计算域宽度的选择，由于计算时颗粒均处在 x=0 的 y-z 平面内，且计算结果显示颗粒在 x 方向上的位移量小于 $10^{-5}H$，因此计算域宽度选择 W=H。

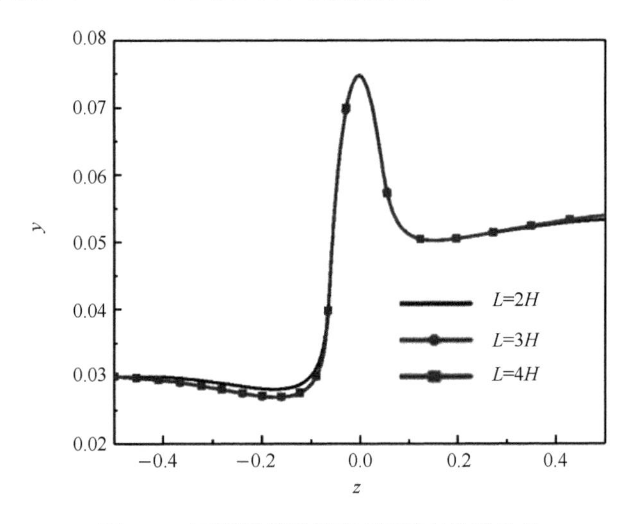

图 6.13　不同计算域长度下颗粒的轨迹比较

图 6.14 给出了双颗粒迁移模式，两个颗粒的初始位置如图 6.12 所示，两颗粒初始垂直间距 2h 可以变化，初始流向间距 2l =1。在图 6.14(a)中，当颗粒初始垂直间距 h 较小时，两颗粒首先相向迁移，在迁移一段距离之后朝相反方向迁移，该迁移模式称为 return 型模式。在图 6.14(b)中，当颗粒初始垂直间距 h 较大时，颗粒先沿水平方向迁移，相互靠近后因相互作用而朝相反方向的壁面迁移，随着颗粒与壁面距离的缩小，壁面对颗粒的排斥作用加剧，颗粒又朝中心迁移，迁移

到离壁面一定距离的位置，颗粒受壁面的排斥作用减弱后继续沿水平方向迁移，该迁移模式称为 pass 型模式。图中出现的 return 型和 pass 型迁移模式与 Snijkers 等[7]的实验结果吻合，但没有出现在 Oldroyd-B 流体剪切流中出现的 tumble 型模式[8-10]，这个结果也与 Snijkers 等[11]的实验结果吻合。

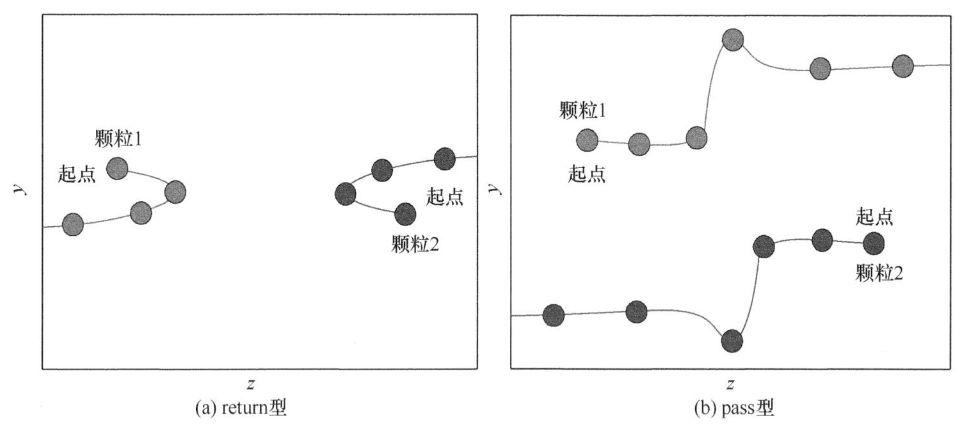

(a) return型　　(b) pass型

图 6.14　双颗粒迁移模式（Wi=1.0，α=0.01，Re=0.1，η_r=0.1）

6.2.2　双颗粒初始纵向间距对颗粒迁移的影响

双颗粒初始纵向间距 h 对颗粒迁移的影响较大，不同的 h，双颗粒有不同的迁移模式。图 6.15 中的实线与虚线分别表示颗粒 1 和颗粒 2 的迁移轨迹，颗粒初始位置 l 的绝对值为 0.5，最终位置 l 的绝对值为 0.75。如图 6.15 所示，当颗粒初始纵向间距 h 较小时，双颗粒迁移呈现 return 型模式；当 h 较大时，呈现为 pass 型模式。在 pass 型迁移模式中，颗粒在相互作用之后朝各自邻近的壁面迁移，接着在壁面作用下返回一段距离，最后沿水平迁移，这表明当双颗粒初始纵向间距较大时，颗粒间的相互作用可忽略不计。在本算例对应的参数下，return 型与 pass 型模式之间分界线对应的 h 值为 0.017。

双颗粒的迁移模式依赖于颗粒的初始纵向间距 h，在不同迁移模式下，颗粒迁移时的速度变化也不同。由图 6.15 可知，当 h=0.01 时，双颗粒呈现为 return 型迁移模式；当 h=0.02、0.03、0.04、0.05 时，双颗粒呈现为 pass 型迁移模式。如图 6.16 所示，不同迁移模式下颗粒的流向速度 u_z 差距较大。就 pass 型的纵向速度 u_y 和流向速度 u_z 变化而言，h 越大，u_z 达到最大值的时间越短，颗粒越快到达最终位置(图中实心菱形处)。此外，虽然在不同 h 下颗粒速度到达最大值、最小值以及最终值的时间不同，但是速度的最大值、最小值和最终值基本相同。就 return 型(h=0.01)而言，颗粒的纵向速度 u_y 几乎保持不变。在图 6.16(b)中，当双颗粒的迁移呈现为 pass 型时，颗粒在相向迁移的初期(颗粒接触之前) u_z 减小，且 h

值越大，u_z减小的幅度也越大。

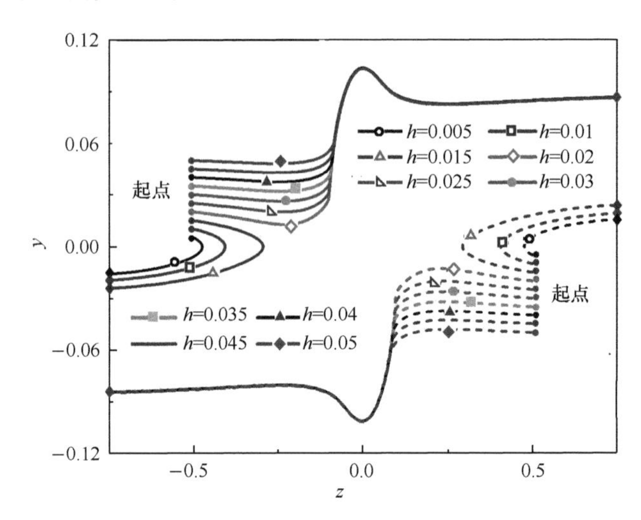

图 6.15　不同初始纵向间距 h 时双颗粒的迁移轨迹(Wi=1.0，α=0.01，Re=0.1，η_r=0.1)

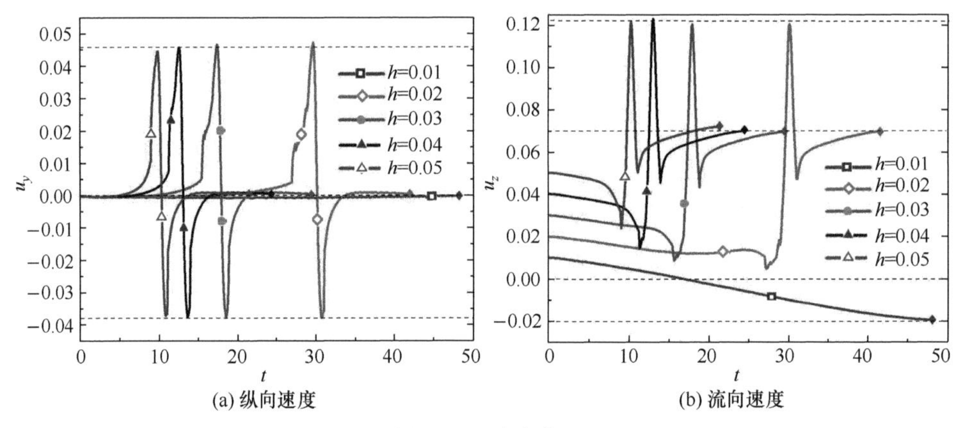

图 6.16　不同初始纵向间距 h 时颗粒 1 的速度变化(Wi=1.0，α=0.01，Re=0.1，η_r=0.1)

6.2.3　*Wi* 数对颗粒迁移的影响

为说明 Wi 数对双颗粒迁移模式的影响，只改变 Wi 数而其他参数保持不变，图 6.17 给出了在五种不同 Wi 数、六种不同颗粒初始纵向间距 h 时颗粒在 y-z 平面内的迁移模式，可见双颗粒的迁移模式取决于 h。Wi 数取不同的值时，return 型与 pass 型迁移模式的分界线所对应的 h 值也不同。图 6.18 给出了不同 Wi 数和 h 所对应的双颗粒迁移模式的相图，图中的实心圆和实心三角形分别表示 pass 型与 return 型迁移模式，细实线表示 pass 型与 return 型迁移模式的分界线。由细实线可知，增大 Wi 数会使 pass 型与 return 型迁移模式分界线对应的 h 值减小，即流体的弹性促使颗粒在更小的 h 值下呈现为 pass 型迁移模式。

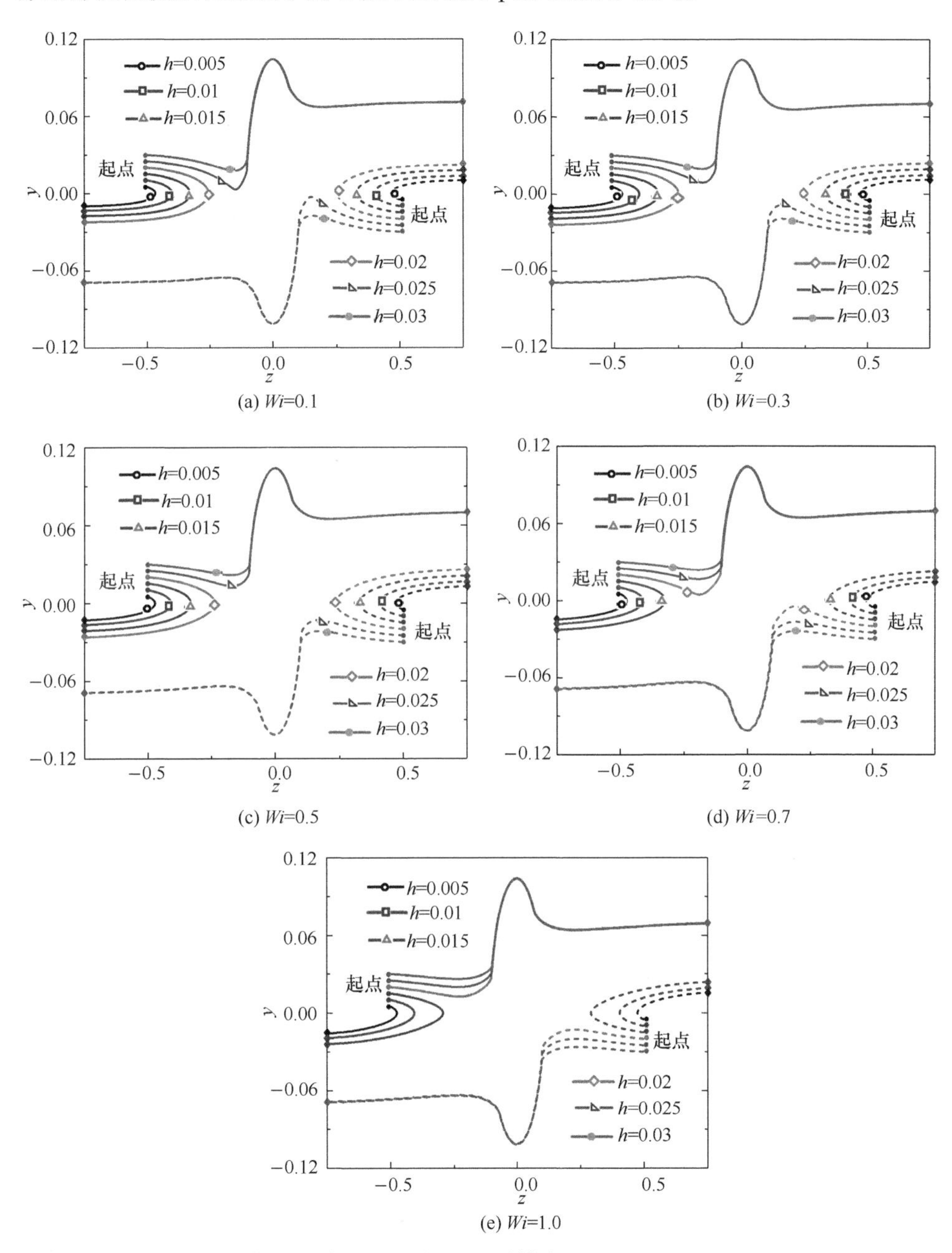

图 6.17　不同 Wi 数和不同 h 时双颗粒的迁移模式(α=0.01，Re=0.1，η_r=0.1，l=0.5)

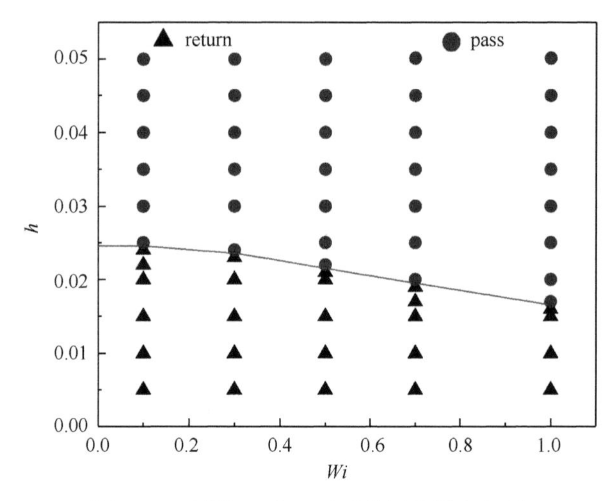

图 6.18　不同 Wi 和 h 时两种迁移模式相图

为进一步给出 Wi 数对颗粒迁移的影响，图 6.19 比较了不同 Wi 数和 h 下颗粒 1 的迁移轨迹(因两颗粒轨迹关于中心对称，仅以颗粒 1 为例)。可见当 h=0.01 和 0.03 时，不同 Wi 数下的颗粒迁移均呈现 return 型和 pass 型迁移模式；而当 h=0.02 时，不同 Wi 数下的颗粒迁移呈现不同的模式，Wi=0.5 为 return 型，Wi=0.7 为 pass 型，可见流体的弹性促使颗粒的迁移模式趋向于 pass 型。由图 6.17 和图 6.18 可知 Wi 数对 return 型和 pass 型迁移模式下颗粒迁移轨迹的影响，对 return 型而言，Wi 数越大，颗粒 1 和颗粒 2 迁移时的最小间距越小，颗粒从初始位置到最终位置的纵向迁移量越大。对 pass 型而言，颗粒从初始位置到最终位置的纵向迁移量随着 Wi 数的增大而减小，这与实验结果[7]一致。由图 6.19 中 h=0.03 时颗粒的迁移

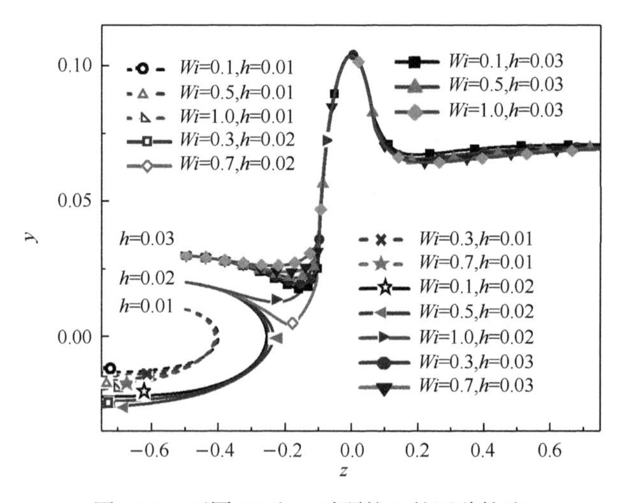

图 6.19　不同 Wi 和 h 时颗粒 1 的迁移轨迹

轨迹可知，*Wi* 越大，颗粒迁移时的纵向迁移范围也越大。

图 6.20 给出了颗粒 1 在 return 型迁移模式中的速度变化，对应的是图 6.19 中 h=0.01 的迁移轨迹，纵坐标的正负号表示颗粒的迁移方向。在图 6.20(a)中，颗粒 1 在两颗粒相向运动中，其纵向速度 u_y 逐渐增大，随着两颗粒间距的缩短，u_y 的增大减缓，迁移方向改变后，u_y 减小。*Wi* 数越大，u_y 的变化程度越小。在图 6.20(b)中，颗粒流向速度 u_z 的变化正好相反，*Wi* 数越大，u_z 的变化程度越高，可见在壁面约束作用下，流体弹性力促进了 u_z 的变化，但减小了 u_y 的变化。图 6.21 给出了颗粒 1 在 pass 型迁移模式中的速度变化，对应的是图 6.19 中 h=0.03 的迁移轨迹。可见 pass 型模式中颗粒的速度变化比 return 型的情形更复杂。在图 6.21(a)中，初始阶段和最终阶段颗粒的纵向速度 u_y 为 0，在中间阶段($10<t<25$)，u_y 先增大至最大值，接着减小为 0，然后再增大至相反方向的最大值，最后减小为 0。*Wi* 数越大，这个变化过程越快，速度的最大值越小。在图 6.21(b)中，颗粒的流向速度 u_z 先减小，接着增大至最大值，然后减小，最后再增大。*Wi* 数越大，这个变化过程越短，速度的最大值越大。通过速度的变化趋势，可知流体弹性促进颗粒向 pass 型的迁移模式转化。

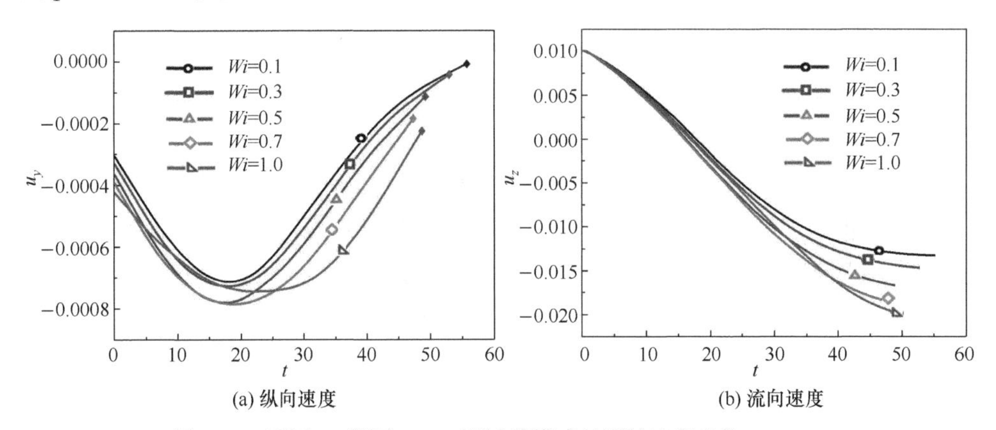

(a) 纵向速度　　(b) 流向速度

图 6.20　不同 *Wi* 数下 return 型迁移模式的颗粒速度变化(h=0.01)

为进一步分析颗粒不同迁移模式下的流场状态，图 6.22 和图 6.23 给出了相同 h 时颗粒不同迁移模式下的流场压力分布，两图分别对应图 6.19 中 h=0.02 时 *Wi*=0.1(return 型)和 *Wi*=1.0(pass 型)的情况。可见在初始阶段(对应图中图 6.22(a)和图 6.23(a)中的压力云图相似。随着时间推移，颗粒逐渐靠近，return 型中的颗粒改变迁移方向，两颗粒逐渐远离，而 pass 型中的颗粒保持原来迁移方向，颗粒距离继续缩短。两种不同的迁移模式导致了压力云图的差异，随着颗粒间距的缩短，在图 6.23(c)、(d)中，颗粒间的压力值显著增大，随着颗粒的相互远离，压力值逐渐减小。

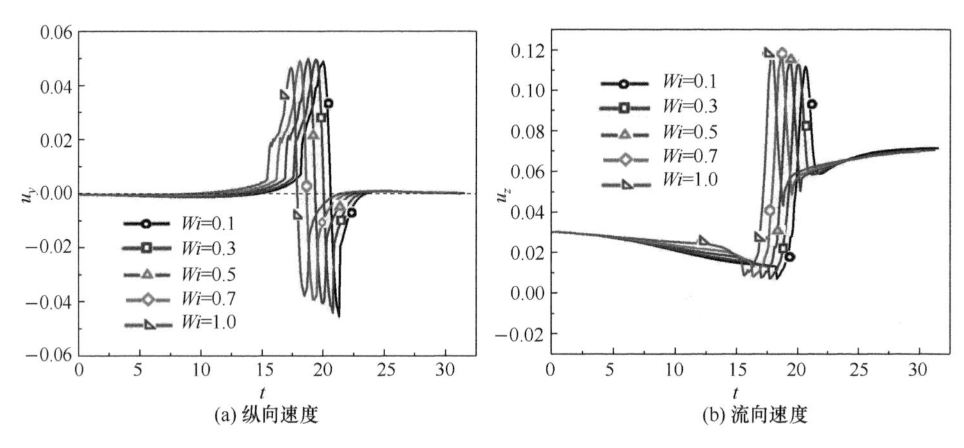

(a) 纵向速度 (b) 流向速度

图 6.21 不同 Wi 数下 pass 型迁移模式的颗粒速度变化(h=0.03)

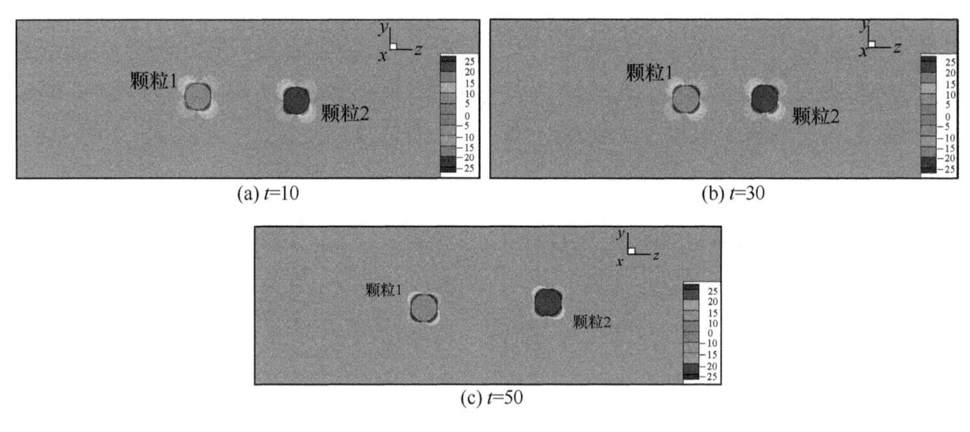

(a) t=10 (b) t=30

(c) t=50

图 6.22 颗粒 return 型迁移模式下的压力分布

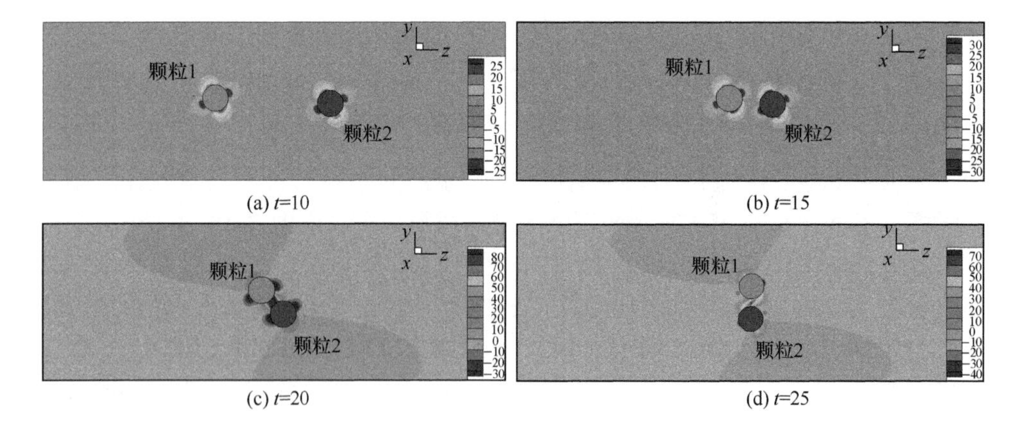

(a) t=10 (b) t=15

(c) t=20 (d) t=25

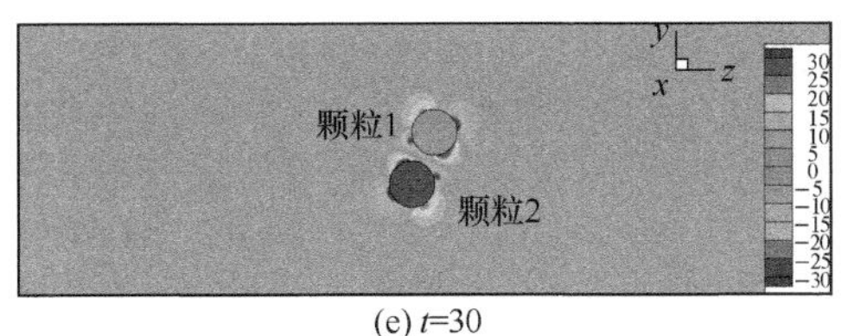

(e) t=30

图 6.23　颗粒 pass 型迁移模式下的压力分布

为分析颗粒不同迁移模式下的流场拉伸状态，图 6.24 和图 6.25 给出了相同 h 时颗粒不同迁移模式下的流场拉伸率分布图，两图分别对应图 6.19 中 h=0.02 时 Wi=0.1(return 型)和 Wi=1.0(pass 型)的情况。可见在 pass 型迁移模式下，流场的拉伸程度很大，在两颗粒逐渐靠近的过程中尤其明显，不同时刻的拉伸率变化明显，高拉伸区域具有明显的方向性。在 return 型迁移模式下，流场没有明显的拉伸，不同时刻的拉伸率变化不明显，高拉伸区域没有出现方向性，在高 Wi 数下流场的拉伸更明显。

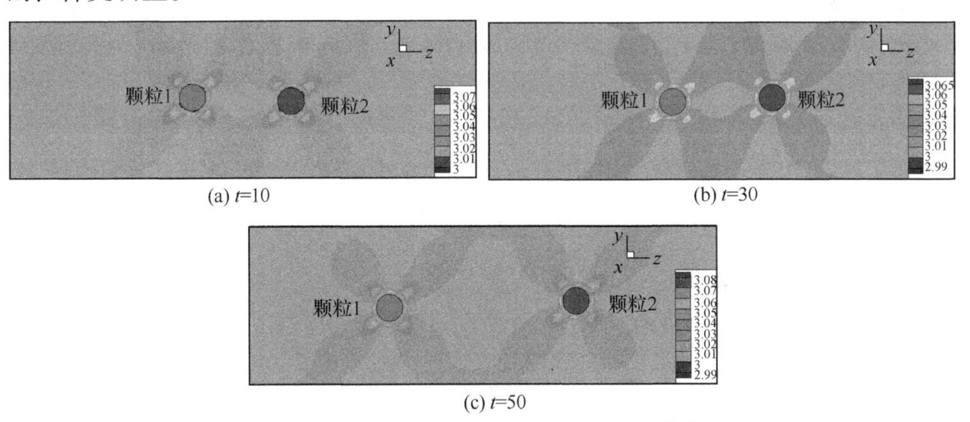

(a) t=10　(b) t=30

(c) t=50

图 6.24　颗粒 return 型迁移模式下的流场拉伸率分布

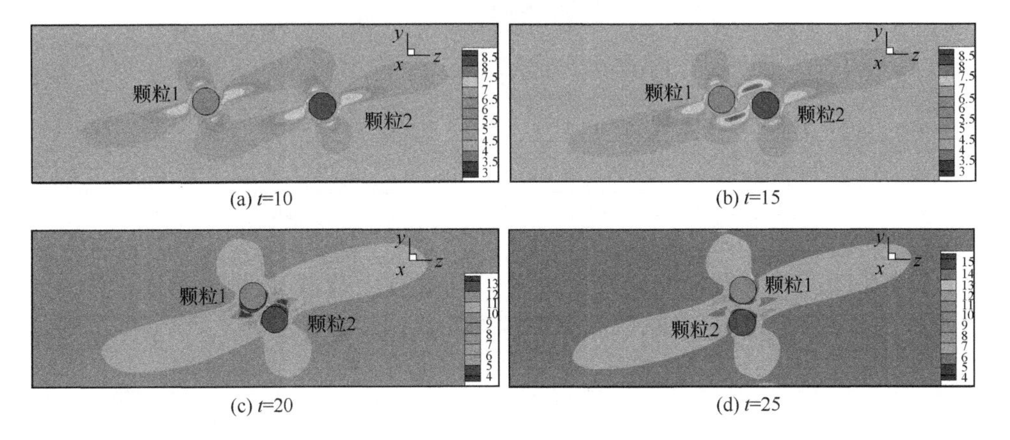

(a) t=10　(b) t=15

(c) t=20　(d) t=25

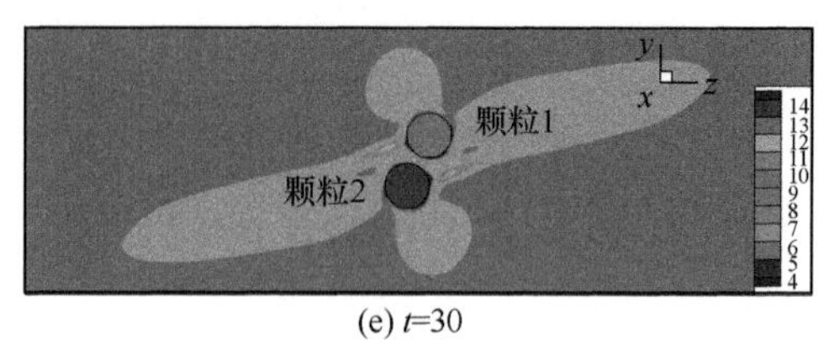

(e) t=30

图 6.25　颗粒 pass 型迁移模式下的流场拉伸率分布

6.2.4　剪切变稀性质α对颗粒迁移的影响

α 表征流体的剪切变稀程度，α 越大，剪切变稀程度越强。为关注α对颗粒迁移的影响，改变α而其他参数保持不变，即 l=0.5、Wi=1.0、η_r=0.1、Re=0.1。图 6.26 给出了不同α和 h 时颗粒 1 的轨迹，可见对于所有α值，当 h=0.01 时，颗粒均呈现 return 型迁移模式；当 h=0.02 时，除了α=0.01 的情况，颗粒在其他α值下也呈现 return 型迁移模式。然而，当 h=0.03 时，除了α=0.7 的情况，颗粒在其他α值下呈现 pass 型，这表明随着α的增大，颗粒更趋向于 return 型迁移模式。当 h=0.02 时，两种迁移模式的分界线对应的α值为 0.05；而当 h=0.03 时，分界线对应的α值为 0.6。由颗粒迁移轨迹可知，对 h=0.02 时的 return 型迁移模式，α值越小，颗粒 1 和颗粒 2 在迁移过程中的最小距离也越小。对 h=0.03 时的 pass 型迁移模式，α值越大，颗粒在最终阶段与壁面的距离越小，这意味着剪切变稀作用使颗粒朝壁面迁移，该结论与实验结果[12]一致。

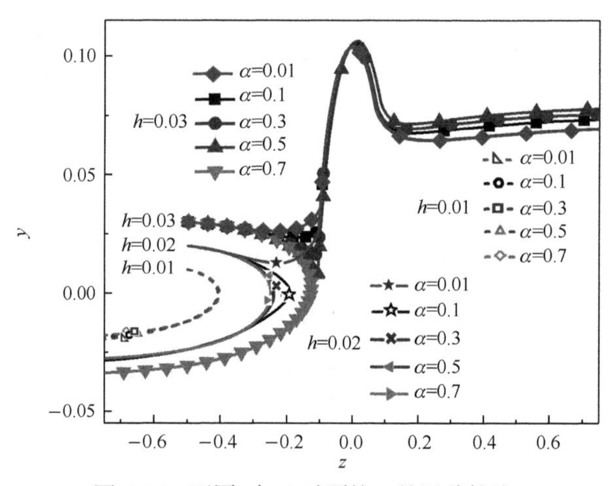

图 6.26　不同α与 h 时颗粒 1 的迁移轨迹

图 6.27 给出了不同α和 h 下双颗粒迁移模式的相图，实心圆形和实心三角形分别表示 pass 型与 return 型迁移模式，细实线表示 pass 型与 return 型迁移模式的分界线。可见随着α值增大，分界线对应的 h 值也增大，即随着剪切变稀程度的增强，颗粒迁移更趋向于 return 型模式。

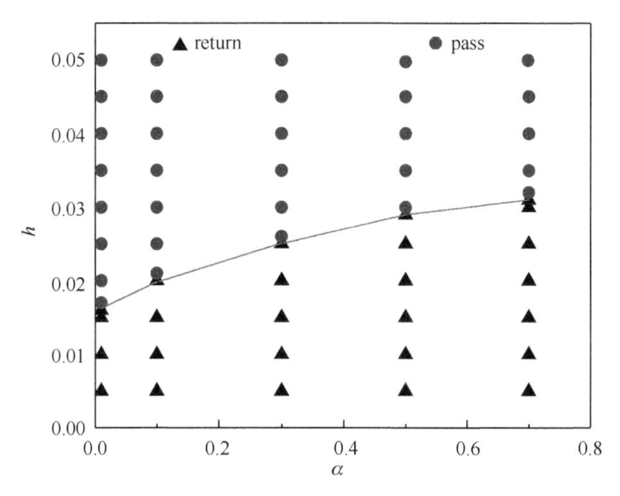

图 6.27　不同α与 h 时双颗粒迁移模式的相图

图 6.28 给出了 return 型迁移模式下颗粒速度随时间的变化，对应的颗粒轨迹为图 6.26 中 h=0.01 的情形，图中速度的正负值表示颗粒的迁移方向。图 6.28(a)中，颗粒的纵向速度 u_y 先增大然后减小，u_y 的波动随着α的减小而减弱。图 6.28(b)中，α越小，颗粒流向速度 u_z 的波动越大，可见剪切变稀会减小颗粒的流向速度，但增大颗粒的纵向速度。

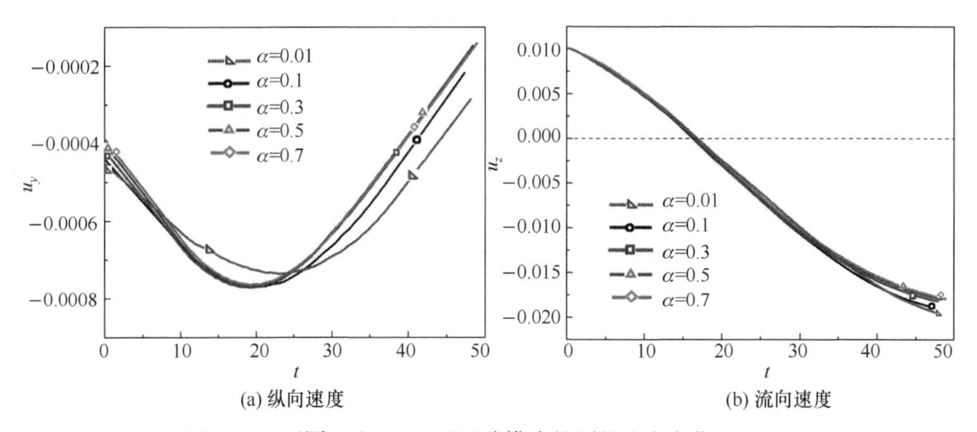

图 6.28　不同α下 return 型迁移模式的颗粒速度变化(h=0.01)

图 6.29 给出了 pass 型迁移模式下颗粒速度随时间的变化，对应的颗粒迁移轨迹为图 6.26 中 h=0.03 的情形。图 6.29(a)中，颗粒在初始阶段和最后阶段的速度几乎为 0，在中间阶段其纵向速度 u_y 增至最大值，接着下降至 0，然后颗粒改变迁移方向，其速度增至最大值，最后阶段减小至 0。α 值越大，剪切变稀程度越强，颗粒从起点到终点所用的时间越长。不论α值如何变化，颗粒在两个方向上的 u_y 最大值几乎相等。在图 6.29(b)中，颗粒流向速度 u_z 先减小再急剧增大，然

后又急剧减小，最后缓慢增大。α值越小，这一变化过程越快。由此可见，剪切变稀对 pass 型的迁移模式影响比对 return 型的情形大。

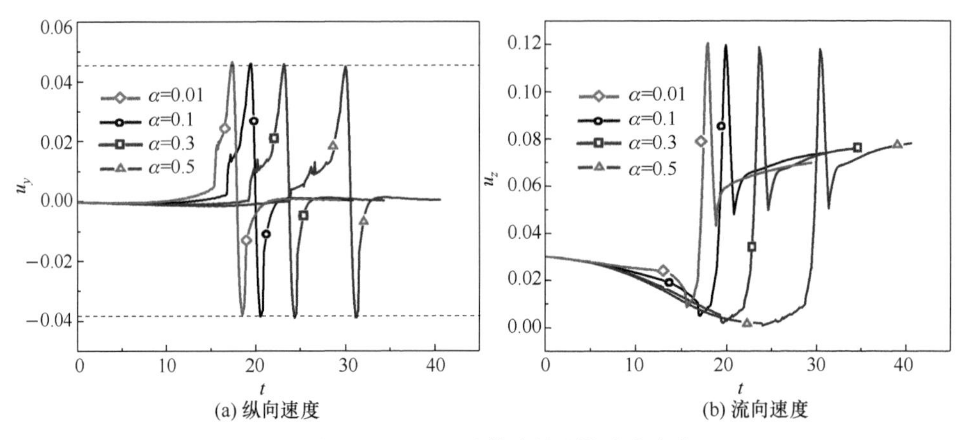

图 6.29　不同α下 pass 型迁移模式的颗粒速度变化(h=0.03)

图 6.30 给出了 return 型迁移模式下颗粒纵向速度 u_y 的变化，三条曲线中(α=0.1，h=0.02)和(α=0.3，h=0.025)对应的是两种迁移模式分界线(图 6.27 的细实线)附近的参数。可见分界线附近颗粒纵向速度 u_y 的变化为减小—增大—减小—增大，这与 return 型和 pass 型迁移模式时颗粒的速度变化不同，所以可通过颗粒纵向速度的变化趋势来判定 pass 型和 return 型迁移模式的转换。

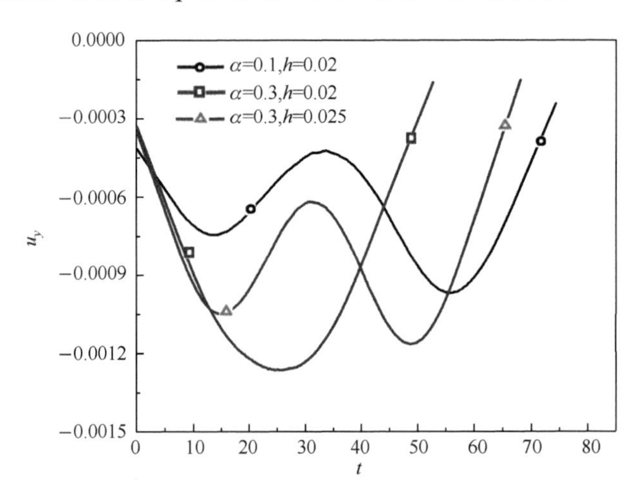

图 6.30　不同α和 h 下 return 型迁移模式的颗粒纵向速度变化

6.2.5　其他因素对颗粒迁移的影响

由以上结果可知，在黏弹性 Giesekus 流体剪切流中，并未发现在 Oldroyd-B

流体剪切流中出现的颗粒 tumble 迁移模式。实际上，无论是在牛顿流体剪切流[13]还是 Oldroyd-B 流体剪切流[9,10]中，在大多数情况下，两颗粒呈现的都是 pass 型模式，包括 return 型和 tumble 型的其他模式很少出现。Kulkarni 和 Morris[13]指出，*Re* 数对颗粒轨迹的影响较大，尤其是对 pass 型和 tumble 型的迁移模式，他们还认为，当 $Re \geqslant 0.1$ 时，tumble 型迁移模式不会出现，Batchelor 和 Green[14]也曾给出了相同的结论。以往研究表明，在有限 *Re* 数下，惯性会导致颗粒迁移轨迹前后的对称性丧失[13, 15-17]；在小 *Re* 数下，pass 型迁移模式下的颗粒轨迹前后不对称。

壁面约束对双颗粒的迁移模式也有很大影响，Yoon 等[9]指出，当阻塞率 k 提高至 16 时，return 型与 tumble 型迁移模式的分界线发生变化，当 k 增大至 32 时，return 型的迁移模式消失。Vazquez-Quesada 和 Ellero[18]指出，弱的壁面约束会促进 tumble 型迁移模式的出现。

碰撞模型也会影响双颗粒的迁移模式，Vazquez-Quesada 和 Ellero[18]分析了不同碰撞模型对双颗粒迁移模式的影响，发现不同碰撞模型或者同一碰撞模型取不同参数时，会产生不同的 pass 型迁移轨迹。Nie 和 Lin[19]则发现，使用不同的碰撞模型，颗粒的迁移轨迹会出现微小的差别。所以，无论是采用哪种碰撞模型或者是在同样碰撞模型下采用哪种参数，都不会改变颗粒的迁移模式，改变的只是同样模式下的迁移轨迹。本节采用的颗粒碰撞模型为 2.2.4 节介绍的排斥力模型，其中的关键参数为 F_0，图 6.31 给出了 F_0 取 10、100、1000 时计算得到的颗粒迁移轨迹，可见 F_0 值只影响颗粒的迁移轨迹，不影响颗粒的迁移模式。图 6.31 中，为考察 tumble 型迁移模式是否会在不同 F_0 值时出现，选择了在 return 型与 pass 型分界线附近的参数，即 l=0.5，α=0.01，η_r=0.1，h=0.02。

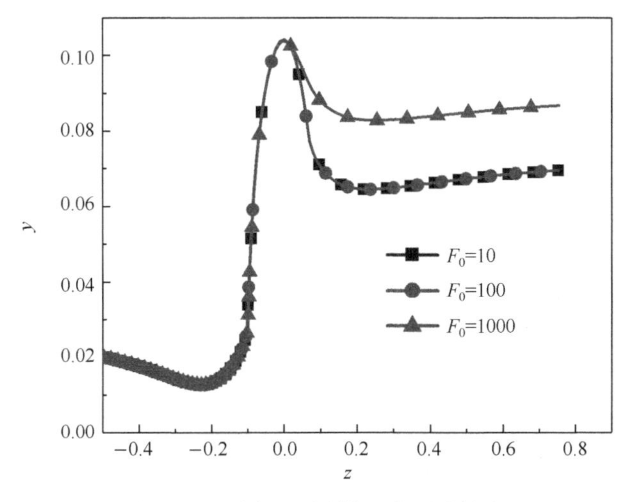

图 6.31　不同 F_0 下颗粒 1 的迁移轨迹

综上所述，双颗粒在迁移中将呈现 return 型和 pass 型迁移模式，没有出现在 Oldroyd-B 流体中的 tumble 型模式。影响两种迁移模式分界线的因素包括颗粒初始纵向间距 h、Wi 数、剪切变稀程度α。随着 h 和 Wi 数的增大、α 的减小，颗粒迁移模式从 return 型向 pass 型转变，即黏弹性促使颗粒 pass 型迁移模式的出现，剪切变稀促使 return 型迁移模式的出现。不同模式下颗粒速度变化的形式不同，根据颗粒的速度变化可以判定颗粒迁移模式的转变。

6.3　椭球颗粒在小 Re 数下的迁移

相比于圆球颗粒的迁移，椭球颗粒因存在取向变化而使得其迁移更加复杂。在相同体积下，椭球颗粒具有比圆球颗粒更大的影响范围，导致颗粒间的相互作用更突出。此外，非各向同性使得两个椭球颗粒碰撞时的情形比较复杂。

6.3.1　流场描述

图 6.32 给出了计算域以及椭球颗粒的相关参数，计算域长、宽、高分别标记为 L、W 和 H，坐标系原点设置在计算域的中心，采用 2.4 节介绍的虚拟区域法求解流场，椭球颗粒平动与转动的求解方法在 2.5.3 节中已有介绍，椭球颗粒的碰撞模型在 2.5.4 节中有介绍，2.5.5 节中介绍了椭球颗粒迁移的计算验证。计算时，周期性边界条件应用在流向(x 方向)与展向(z 方向)，无滑移边界条件应用在颗粒表面及流道壁面。取 H 和上下壁面速度差 U_0 作为特征长度和特征速度，椭球颗粒长半轴 a 与短半轴 b 分别取 $H/8$ 和 $H/24$，长径比定义为 $a_r=a/b=3$，椭球颗粒长轴的指向 p 表示颗粒的取向，角度($\varphi_{\rm i}$，$\theta_{\rm i}$)定义如图 6.32 所示，下标“i”表示初始值。两个大小相同的椭球颗粒初始位置如图 6.33 所示，左右两边的颗粒分别记为颗粒 1 和颗粒 2，其坐标分别为($-l$，h，0)和(l，$-h$，0)，颗粒中心位于 z=0 的

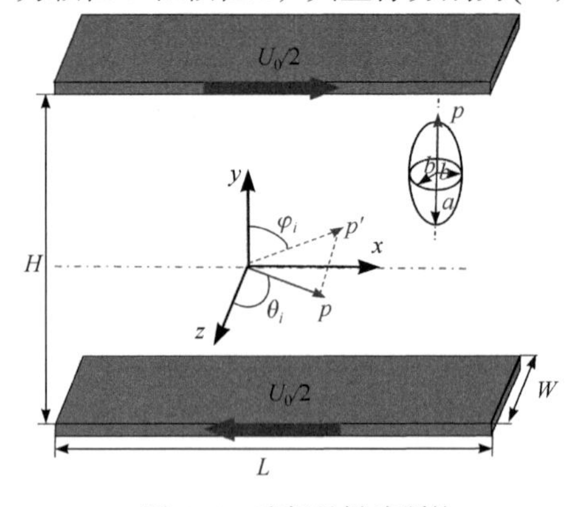

图 6.32　流场及椭球颗粒

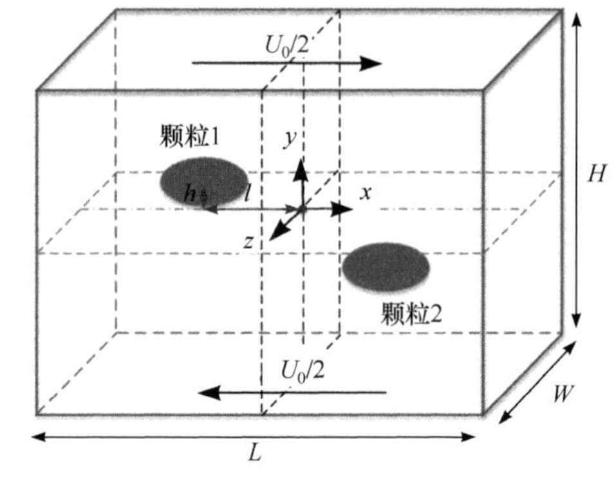

图 6.33　双椭球颗粒初始分布

x-y 平面内。在数值模拟中，计算网格取 $H/128$，时间步长选取 5×10^{-4}，模拟前对网格和时间步长的独立性进行了检验。为平衡计算效率和计算精度，选取计算域长度 $L=4H$、宽度 $W=2H$。为关注流体黏弹性对椭球颗粒迁移的影响，计算中取 $Re=0.2$。

6.3.2　颗粒初始取向对颗粒迁移的影响

图 6.34 给出了初始时刻具有不同取向、不同纵向位置 h 的双椭球颗粒的迁移轨迹。当颗粒初始取向分别为($\theta_i=\pi/2, \varphi_i=\pi/2$)和($\theta_i=\pi/2, \varphi_i=0$)时，颗粒迁移轨迹如图 6.34(a)、(b)所示，可见当两颗粒初始纵向距离 h 较大时($h>0.02$)，颗粒迁移呈现 pass 型迁移模式。当 h 较小时($h<0.02$)，两颗粒先相向迁移，然后朝相反方向迁移，即 return 型迁移模式。对于($\theta_i=\pi/2, \varphi_i=\pi/2$)和($\theta_i=\pi/2, \varphi_i=0$)这两种初始取向，颗粒长轴的指向平行于剪切平面，两种情况下的颗粒迁移轨迹基本一致，与初始取向无关。

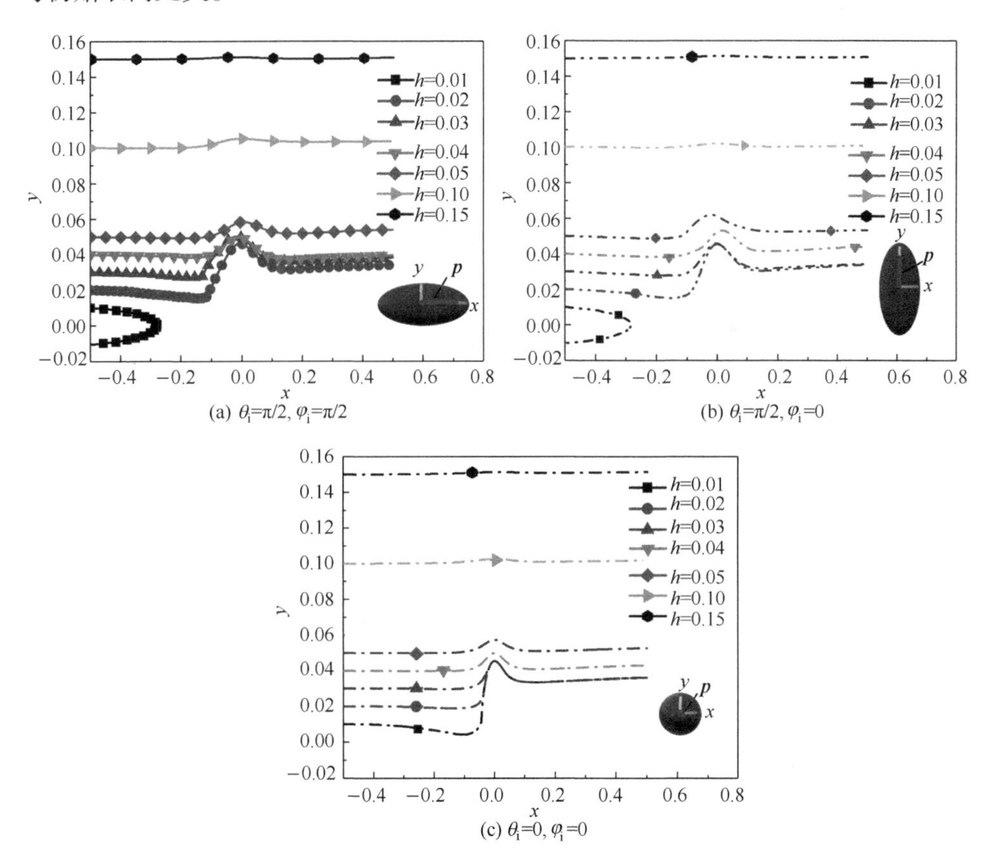

(a) $\theta_i=\pi/2, \varphi_i=\pi/2$　　(b) $\theta_i=\pi/2, \varphi_i=0$

(c) $\theta_i=0, \varphi_i=0$

图 6.34　初始时刻具有不同取向和 h 的双椭球颗粒的迁移轨迹($l=0.5$, $Wi=0.5$, $\alpha=0.1$, $\eta_r=0.3$)

当颗粒初始取向分别取($\theta_i=\pi/2, \varphi_i=\pi/2$)和($\theta_i=0, \varphi_i=0$)时，即取向分别平行和

垂直于剪切平面，颗粒迁移轨迹如图 6.34(a)、(c)所示。比较两者的迁移轨迹可知，初始取向为(θ_i=0, φ_i=0)的颗粒均呈现 pass 型迁移模式，未出现 return 型迁移模式。在两种初始取向下，颗粒迁移轨迹的差异与颗粒在剪切平面内的横截面有关，初始取向为(θ_i=π/2, φ_i=π/2)和(θ_i=π/2, φ_i=0)的颗粒，在剪切平面的横截面内为一个长、短半轴为 a、b 的椭圆，而初始取向为(θ_i=0, φ_i=0)的颗粒在剪切平面的横截面内，为一个以 b 为半径的圆。根据 6.2.5 节的结果，壁面约束作用越弱，两颗粒的相互作用也越弱，双椭球颗粒的迁移模式更趋向于 pass 型。在相同 h 下，横截面内半径为 b 的圆形受到壁面的作用要弱于以 a 为长半轴、b 为短半轴的椭圆的情形，因此初始取向为(θ_i=0, φ_i=0)的椭球颗粒更趋向于 pass 型迁移模式，初始取向为(θ_i=π/2, φ_i=π/2)和(θ_i=π/2, φ_i=0)的椭球颗粒，在 h 较小时呈现 return 型迁移模式。总之，随着壁面约束作用的增强，双椭球颗粒更趋向于 return 型迁移模式，这与以往结果[9, 20]一致，可见双椭球颗粒的迁移轨迹与颗粒初始取向和 h 有关。需要说明的是，这里给出的只是几种典型的颗粒初始取向的结果。

6.3.3 *Wi* 数对颗粒迁移的影响

不同 Wi 数下，具有初始位置(x, y, z)=(0.5, 0.2, 0.5)和初始取向(θ_i=π/10, φ_i=0)的颗粒开始迁移后，其纵向位置随时间的变化如图 6.35 所示。当 Wi=0.1 时，颗粒沿纵向的迁移速度较慢；但是当 Wi≥0.5 时，迁移速度变快；当 Wi≥1.0 时，Wi 数的改变对速度变化的影响不大。

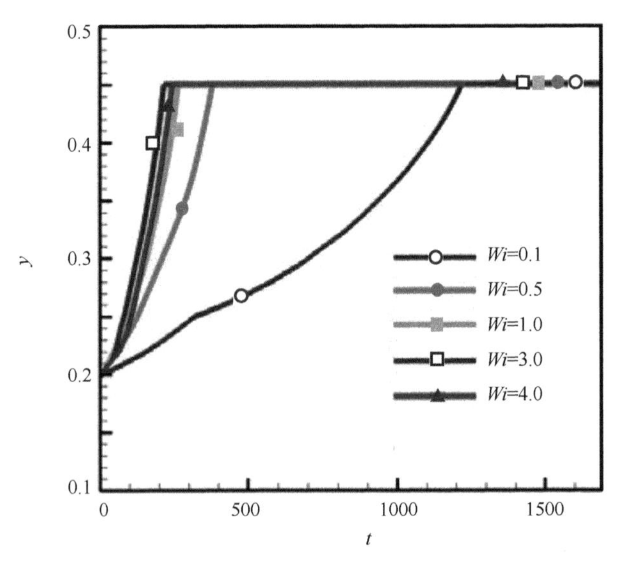

图 6.35　不同 Wi 数下颗粒开始迁移后其纵向位置随时间的变化

对于 N=18 个和 N=54 个具有初始位置和取向随机分布的颗粒而言，其开始迁移后的纵向平均位置随时间的变化如图 6.36 所示，N=18 和 54 对应的颗粒体积浓度分别为 2.18%和 6.54%。可见对于牛顿流体(Wi=0)，在不同颗粒数的情况下，颗粒纵向平均位置随时间的发展没有大的变化，即纵向迁移不明显。对于黏弹性流体，颗粒沿纵向的位移明显随着时间的推移而增加。与图 6.35 单个颗粒的情形类似，在 Wi=0.1 情况下，颗粒沿纵向的迁移速度较慢，在相同时间内颗粒沿纵向的迁移距离较短；而 Wi 数较大时，颗粒沿纵向的迁移速度较快。比较单个颗粒的情形可知，在相同的 Wi 数时，在相同的时间内，多个颗粒沿纵向的迁移距离比单个颗粒沿纵向的迁移距离短，即后者更快地往壁面方向迁移。比较图 6.36(a)、(b)可知，颗粒数较多时，颗粒往壁面方向的迁移更慢，这是由于在多颗粒数情况下，颗粒的相互作用效应更显著，由此阻碍了颗粒的纵向迁移。当 $Wi\geqslant1.0$ 时，Wi 数与颗粒沿纵向迁移距离的关系没有规律。

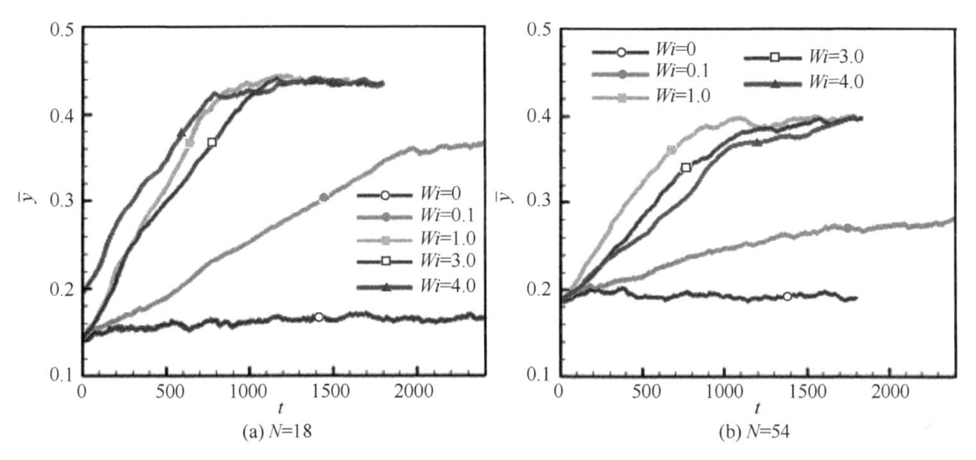

(a) N=18　　(b) N=54

图 6.36　不同 Wi 数下具有初始位置和取向随机分布的颗粒其纵向平均位置随时间的变化

图 6.37 给出了在两种椭球颗粒初始取向、不同 Wi 数与 h 时，两种颗粒迁移模式相图，图中虚线及点划线表示两种迁移模式之间的分界线，可见随着 Wi 的增大，两种迁移模式之间分界线对应的 h 值减小，表明流体弹性使颗粒在更小的 h 下呈现 pass 型迁移模式，该结论与圆球颗粒的情形一致。

为进一步分析 Wi 数对椭球颗粒迁移的影响，图 6.38 给出了 pass 型和 return 型迁移模式下，不同 Wi 时的流场拉伸率分布，颗粒的初始取向为($\theta_i=\pi/2$, $\varphi_i=\pi/2$)，初始位置 $h=\pm0.013$(选在两种迁移模式分界线附近)，$x=\mp0.2$(椭球颗粒迁移至相同的流向位置)。可见当 Wi=0.1 和 0.5 时，双椭球颗粒呈现 return 型迁移模式，当 Wi=1.0 和 3.0 时，呈现 pass 型迁移模式；流场拉伸率与 Wi 成正比，当颗粒迁移至相同位置时，Wi 数大的情况下，流场拉伸率较大。

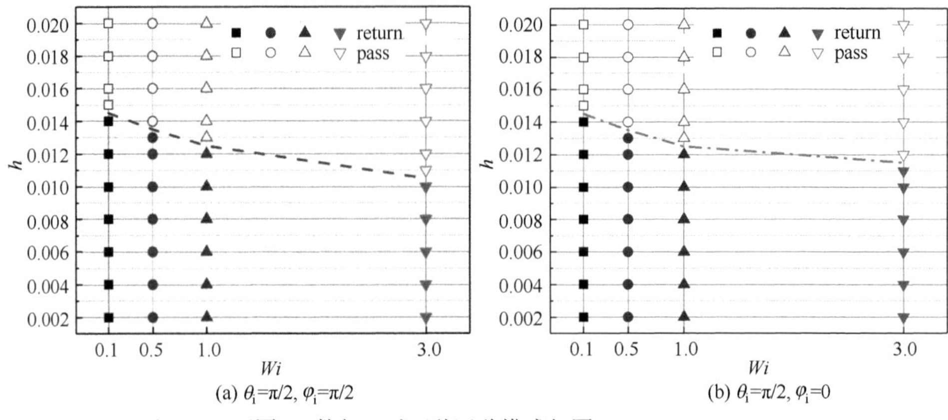

(a) $\theta_i=\pi/2, \varphi_i=\pi/2$　　(b) $\theta_i=\pi/2, \varphi_i=0$

图 6.37　不同 Wi 数与 h 时两种迁移模式相图 (l=0.5, α=0.1, η_r=0.3)

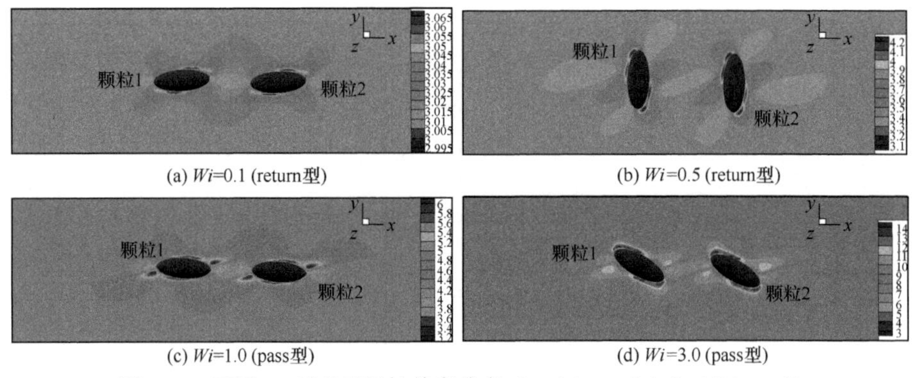

(a) Wi=0.1 (return型)　　(b) Wi=0.5 (return型)

(c) Wi=1.0 (pass型)　　(d) Wi=3.0 (pass型)

图 6.38　不同 Wi 时的流场拉伸率分布 (α=0.1, η_r=0.3, b=1/24, a_r=3)

6.3.4　剪切变稀性质α对颗粒迁移的影响

图 6.39 给出了不同α与 h 时两种迁移模式相图，可见在两种迁移模式之间存

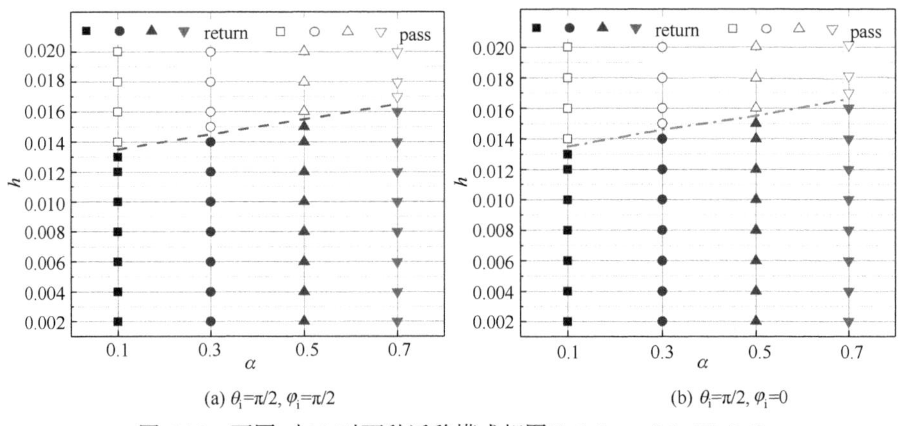

(a) $\theta_i=\pi/2, \varphi_i=\pi/2$　　(b) $\theta_i=\pi/2, \varphi_i=0$

图 6.39　不同α与 h 时两种迁移模式相图(l=0.5, η_r=0.3, Wi=0.5)

在一条分界线，随着α的增大，分界线对应的 h 值也增大，这意味着剪切变稀性质会促进颗粒呈现 return 型迁移模式。对比图 6.37 和图 6.39 可知，α比 Wi 数对颗粒迁移模式的影响更小。

图 6.40 给出了颗粒初始位置为 $h=\pm0.014$，$l=\mp0.5$ 时，在不同α情况下两种颗粒迁移模式流场的拉伸率分布，可见随着α的增大，流场拉伸率减弱。

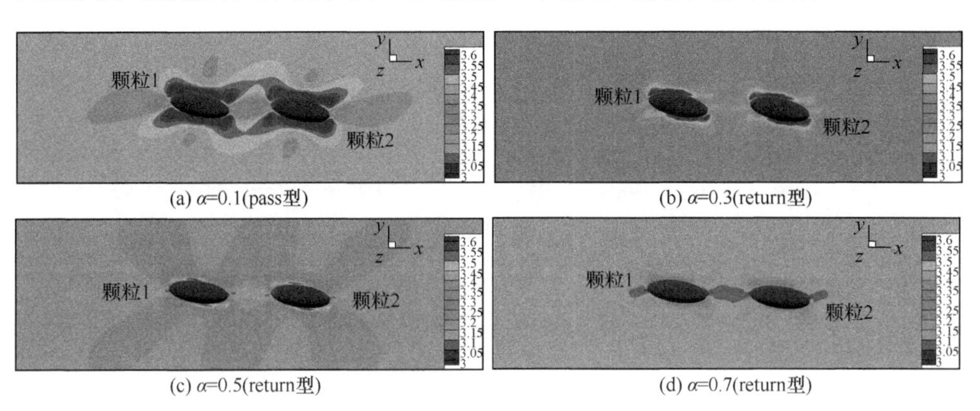

(a) α=0.1(pass型)　(b) α=0.3(return型)

(c) α=0.5(return型)　(d) α=0.7(return型)

图 6.40　不同α时的流场拉伸率分布(η_r=0.3, a_r=3)

6.3.5　颗粒初始取向对颗粒取向演变的影响

不同初始取向的椭球颗粒在不同迁移模式下的取向演变如图 6.41～图 6.43 所示，颗粒初始取向分别为($\theta_{\mathrm{i}}=\pi/2, \varphi_{\mathrm{i}}=\pi/2$)、($\theta_{\mathrm{i}}=\pi/2, \varphi_{\mathrm{i}}=0$)和($\theta_{\mathrm{i}}=0, \varphi_{\mathrm{i}}=0$)。颗粒初始纵向间距取 h=0.01 和 0.04，当颗粒初始取向为($\theta_{\mathrm{i}}=\pi/2, \varphi_{\mathrm{i}}=\pi/2$)和($\theta_{\mathrm{i}}=\pi/2, \varphi_{\mathrm{i}}=0$)时，颗粒的迁移模式分别为 return 型和 pass 型，而初始取向为($\theta_{\mathrm{i}}=0, \varphi_{\mathrm{i}}=0$) 时，在 h=0.01 和 0.04 时颗粒的迁移模式均为 pass 型，这与壁面约束作用及颗粒在剪切平面内的相互作用有关。由图 6.41～图 6.43 可见，椭球颗粒初始取向为

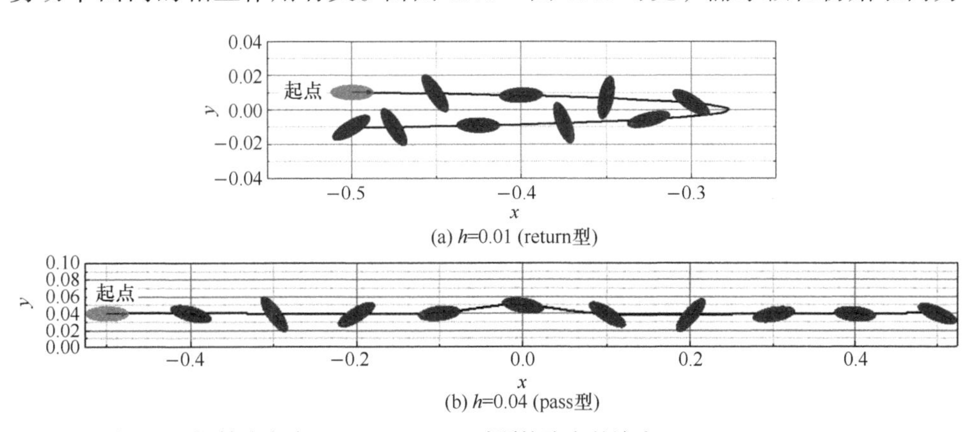

(a) h=0.01 (return型)

(b) h=0.04 (pass型)

图 6.41　初始取向为($\theta_{\mathrm{i}}=\pi/2, \varphi_{\mathrm{i}}=\pi/2$)时颗粒取向的演变($Wi$=0.5,$\alpha$=0.1,$\eta_r$=0.3)

($\theta_{\mathrm{i}}=\pi/2, \varphi_{\mathrm{i}}=\pi/2$)和($\theta_{\mathrm{i}}=\pi/2, \varphi_{\mathrm{i}}=0$)时，两颗粒在剪切平面内以其短轴为中心轴旋转并迁移，而初始取向为($\theta_{\mathrm{i}}=0, \varphi_{\mathrm{i}}=0$)的颗粒以其长轴为中心轴旋转。

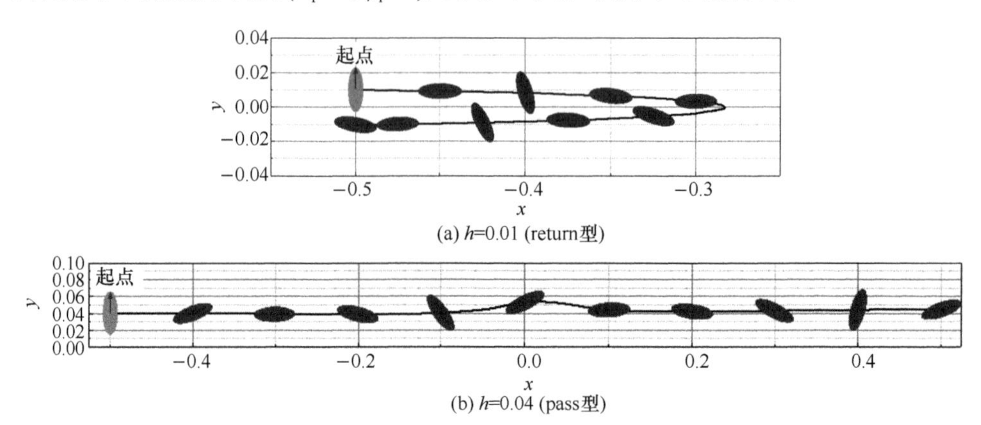

图 6.42　初始取向为($\theta_{\mathrm{i}}=\pi/2, \varphi_{\mathrm{i}}=0$)时颗粒取向的演变($Wi$=0.5,$\alpha$=0.1,$\eta_r$=0.3)

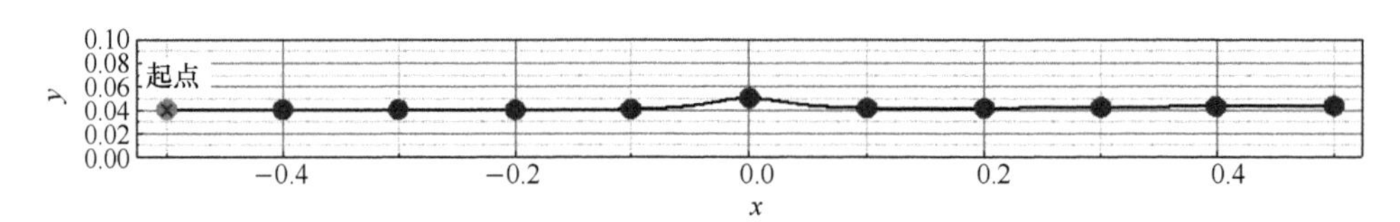

图 6.43　初始取向为($\theta_{\mathrm{i}}=0, \varphi_{\mathrm{i}}=0$) 时颗粒取向的演变($h$=0.01 和 0.04) ($Wi$=0.5,$\alpha$=0.1,$\eta_r$=0.3)

为了更直观呈现颗粒取向的变化，图 6.44～图 6.46 给出了三维坐标下颗粒取向的演变过程，图中红色环线表示颗粒长轴矢量 $\boldsymbol{p}$ 变化的路径，红色环线上的箭头表示路径的走向，绿色实心点表示颗粒初始取向所指的位置，与颗粒相连的直线箭头表示颗粒最终的指向点，即颗粒从初始位置 l=−0.5 移动到最终的

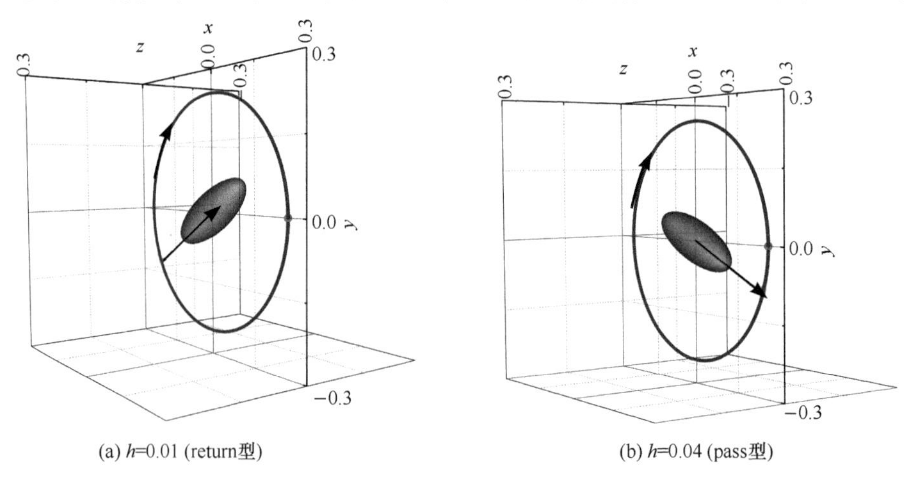

图 6.44　颗粒取向的演变过程($\theta_{\mathrm{i}}=\pi/2, \varphi_{\mathrm{i}}=\pi/2$)

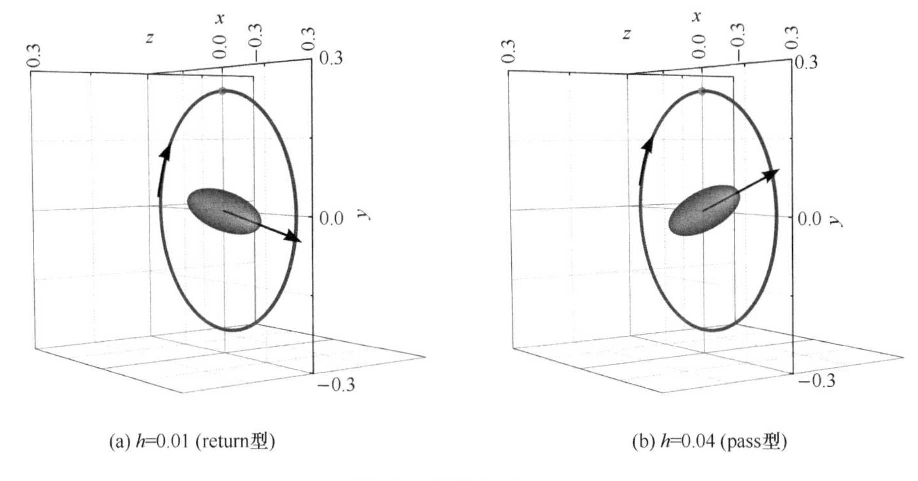

(a) h=0.01 (return型)　(b) h=0.04 (pass型)

图 6.45　颗粒取向的演变过程($\theta_{\mathrm{i}}=\pi/2, \varphi_{\mathrm{i}}=0$)

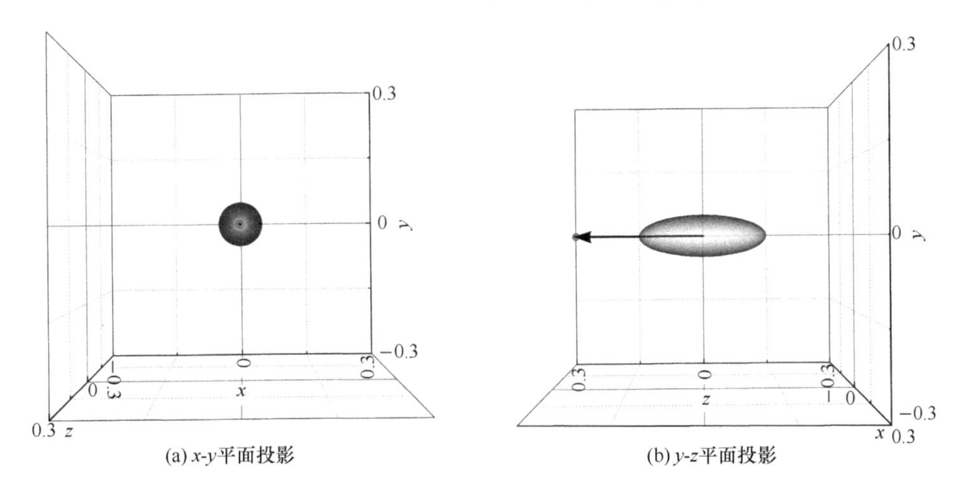

(a) x-y平面投影　(b) y-z平面投影

图 6.46　颗粒取向的演变过程($\theta_{\mathrm{i}}=0, \varphi_{\mathrm{i}}=0$)

l=0.5(pass 型)或 l=−0.5(return 型)，图 6.44～图 6.46 分别对应图 6.41～图 6.43。如图 6.41～图 6.42 和图 6.44～图 6.46 所示，$\boldsymbol{p}$ 始终在 z=0 的剪切平面内，这表明不管是 pass 型迁移模式还是 return 型迁移模式，初始取向为($\theta_{\mathrm{i}}=\pi/2, \varphi_{\mathrm{i}}=\pi/2$)和($\theta_{\mathrm{i}}=\pi/2, \varphi_{\mathrm{i}}=0$)的双椭球颗粒总是以其长半轴为半径、短轴为中心轴旋转，即 tumble 型转动。图 6.43 和图 6.46 给出了 $\boldsymbol{p}$ 垂直于剪切平面的情况，可见颗粒在迁移过程中始终以其短半轴为半径、长轴为中心轴旋转，在剪切平面内呈现出一种圆形旋转的状态，正如 D'Avino 等[21]所指出的，这种旋转状态是一种稳定的 log-rolling 型。

除了上述的椭球颗粒长轴初始矢量 $\boldsymbol{p}$ 平行和垂直于剪切平面的情形外，还可

以进一步给出初始 $\boldsymbol{p}$ 与剪切平面有一定夹角的情形。图 6.47 和图 6.48 给出了三维空间内椭球颗粒的取向变化，颗粒初始取向为($\theta_i=\pi/4, \varphi_i=\pi/4$)。可见在这种初始取向下，不论是 pass 型还是 return 型迁移模式，颗粒旋转过程中的 $\boldsymbol{p}$ 围绕涡量轴旋转并不断接近涡量轴，表现为典型的 kayaking 型迁移。

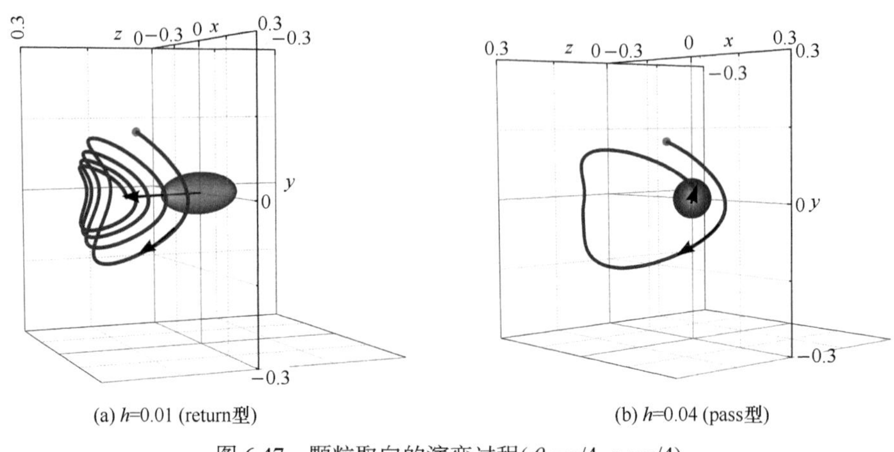

(a) h=0.01 (return型)　　(b) h=0.04 (pass型)

图 6.47　颗粒取向的演变过程($\theta_i=\pi/4, \varphi_i=\pi/4$)

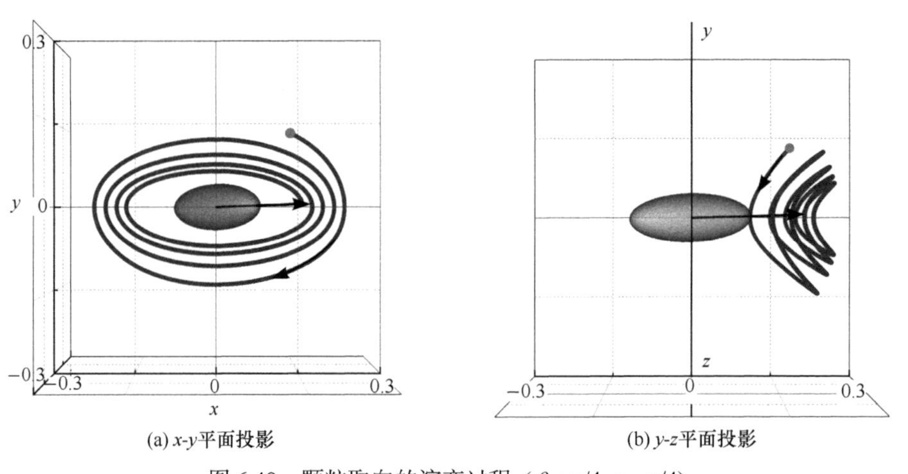

(a) x-y平面投影　　(b) y-z平面投影

图 6.48　颗粒取向的演变过程（$\theta_i=\pi/4, \varphi_i=\pi/4$)

由以上分析可知，椭球颗粒取向的变化与颗粒的初始取向紧密相关，初始取向平行于剪切平面的椭球颗粒，以其短半轴为中心轴、长半轴为半径旋转，呈现为 tumbling 型迁移模式。初始取向垂直于剪切平面的椭球颗粒，以其长半轴为中心轴、短半轴为半径旋转，呈现为 log-rolling 型迁移模式。初始取向与剪切平面有一定夹角的椭球颗粒，围绕垂直剪切平面的涡量轴旋转并不断接近涡量轴，呈现为 kayaking 型迁移模式。

6.3.6　*Wi* 数对颗粒取向演变的影响

图 6.49 和图 6.50 给出了初始取向为($\theta_{\rm i}=\pi/2, \varphi_{\rm i}\ \pi/2$)的椭球颗粒，在 return 型和 pass 型迁移模式下取向演变的形式以及 *Wi* 数对取向演变的影响，可见颗粒无论是以 pass 型还是 return 型迁移，随着 *Wi* 数的增大，颗粒取向演变的速度减慢；pass 型迁移模式的迁移速度比 return 型迁移模式的迁移速度快。

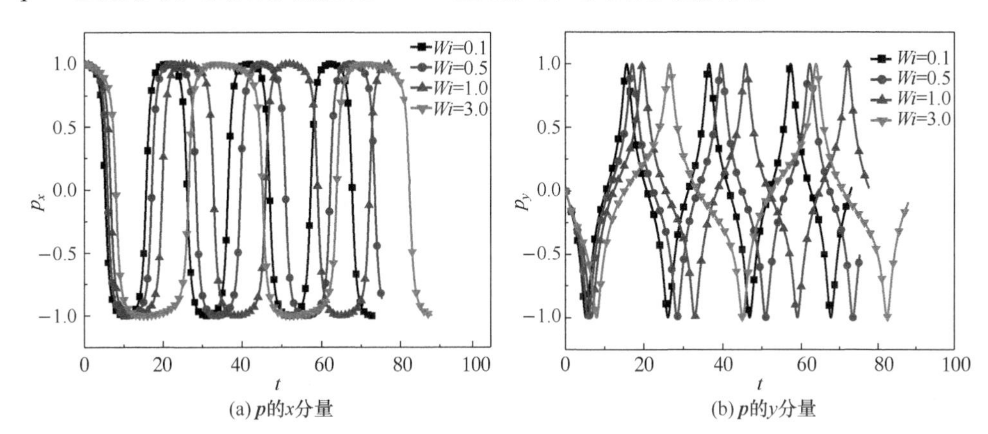

图 6.49　*Wi* 数对 return 型迁移颗粒取向演变的影响($\theta_{\rm i}=\pi/2, \varphi_{\rm i}=\pi/2, h=0.01, \alpha=0.1, \eta_r=0.3, l=0.5$)

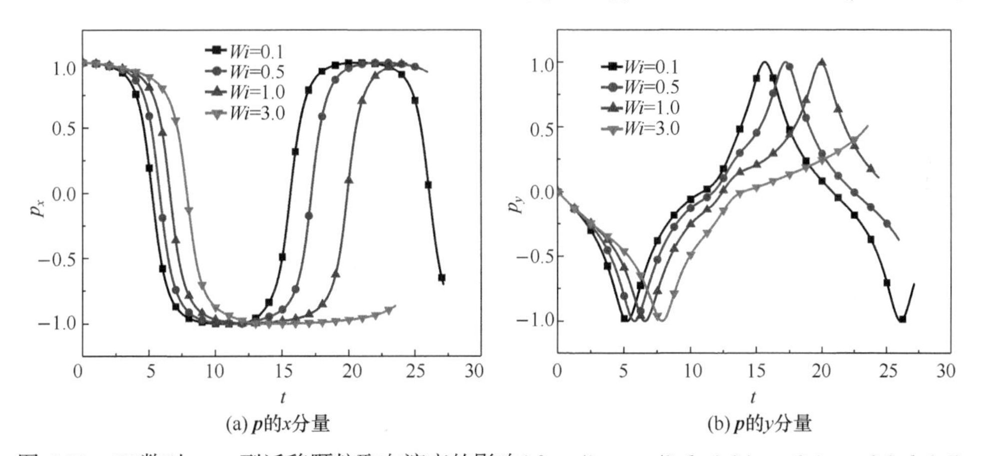

图 6.50　*Wi* 数对 pass 型迁移颗粒取向演变的影响($\theta_{\rm i}=\pi/2, \varphi_{\rm i}=\pi/2, h=0.04, \alpha=0.1, \eta_r=0.3, l=0.5$)

颗粒在迁移过程中的取向随着时间变化，图 6.51 给出了颗粒取向的 z 分量 p_z 对时间取平均后与 *Wi* 数的关系，可见当 $Wi<2$ 时，p_z 的值较大且基本不随 *Wi* 数变化；当 $Wi\geqslant 2.0$ 时，p_z 的值随着 *Wi* 数的增大而基本呈线性减小，即颗粒的主轴逐渐偏离 z 轴。

在不同的 *Wi* 数下，初始取向为($\theta_{\rm i}=\pi/10, \varphi_{\rm i}=0$)的颗粒开始迁移后，其取向的三个分量随时间的发展如图 6.52 所示，可见当 $Wi=0.1$ 和 1.0 时，颗粒取向倾向于指向涡矢量方向；当 Wi=3.0 和 4.0 时，颗粒在其主轴转向流动-涡度平面后，倾向于指向涡矢量方向。

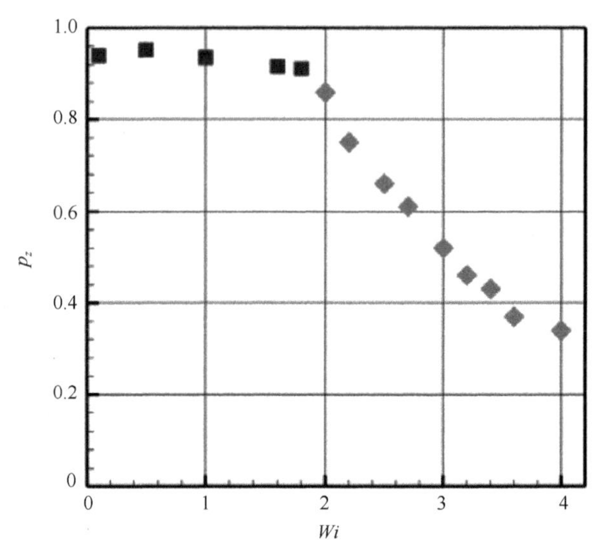

图 6.51　颗粒取向的 z 分量的平均值与 Wi 数的关系

在不同 Wi 数下，初始取向为($\theta_i=\pi/10, \varphi_i=0$)和($\theta_i=\pi/2.5, \varphi_i=0$)的颗粒迁移时，其取向的演变过程如图 6.53 所示，图中绿线表示颗粒长轴矢量 $\boldsymbol{p}$ 变化的路径，黑色实心方形点表示颗粒初始取向所指的位置。由图 6.53(a)、(b)可见，颗粒的取向首先转向涡矢量的方向，但没有形成 log-rolling 模式，而稳定的模式是 kayaking 模式。随着 Wi 数的增大，在图 6.53(c)、(d)中，颗粒的取向转向流

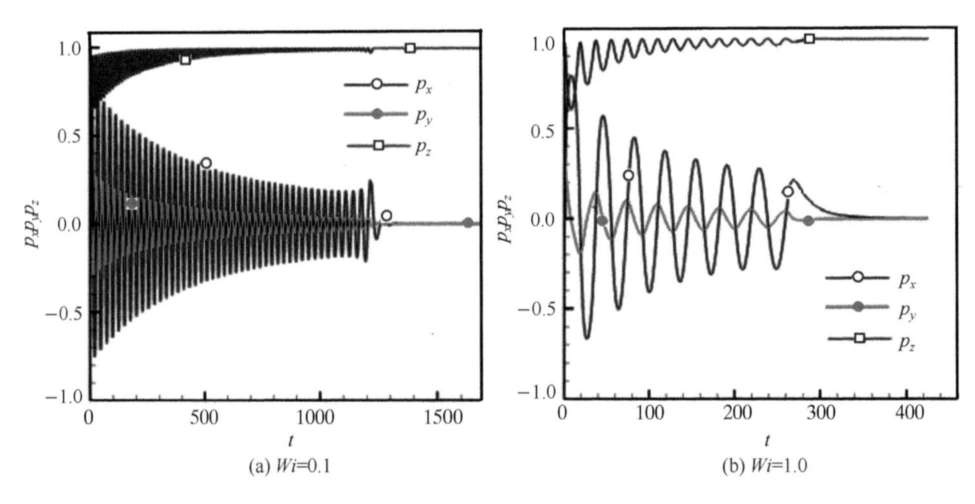

(a) Wi=0.1　　(b) Wi=1.0

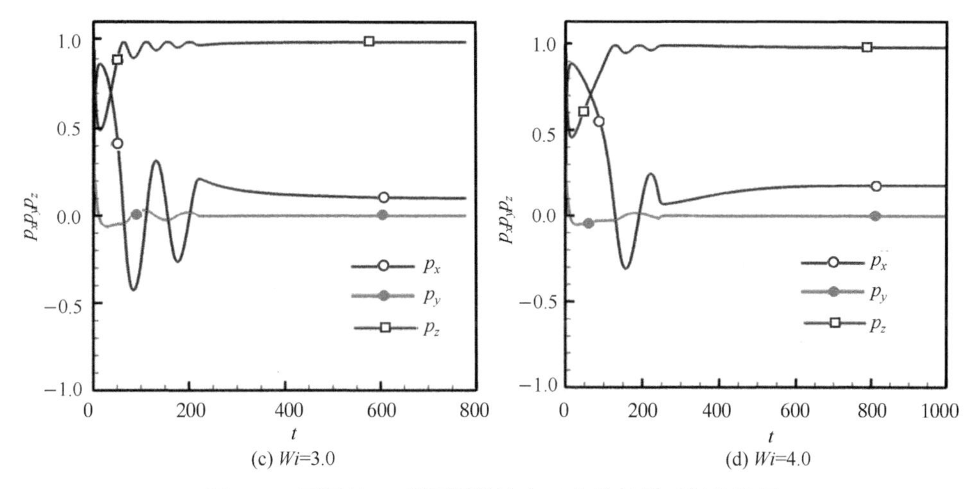

(c) Wi=3.0　　(d) Wi=4.0

图 6.52　不同的 Wi 数下颗粒取向三个分量随时间的发展

动-涡度平面(即 x-z 平面)，接着取向一直在这个平面上变化，直到趋向于一个稳定的取向，Wi 数越大，该稳定取向越靠近流动方向，颗粒的最终取向与颗粒的初始取向无关。如图 6.53(e)～(h)所示，当 Wi 数比较大时(Wi=3.0 和 4.0)，颗粒接触壁面后有一个稳定的取向，且这个稳定的取向与初始取向无关。有趣的是，颗粒沿纵向的迁移对颗粒的取向有显著的影响。首先，当 Wi =0.1 和 1.0 时，颗粒的迁移模式由靠近中心的 kayaking 模式转变为靠近壁面的 log-rolling。其次，当 Wi =3.0 和 4.0 时，颗粒的迁移模式由靠近中心沿流向排列，转变为靠近壁面沿涡矢量方向排列。对单个颗粒而言，壁面的约束作用使颗粒的取向指向涡矢量方向，而在多颗粒的情况下，壁面的约束作用使颗粒的取向指向流动方向。

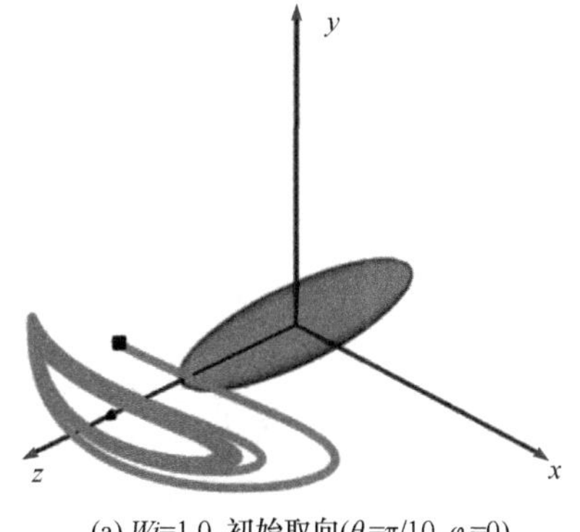

(a) Wi=1.0, 初始取向(θ_i=π/10, φ_i=0)

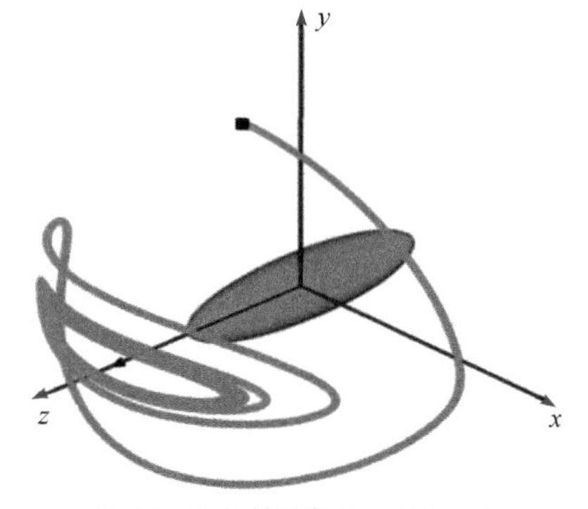

(b) Wi=1.0, 初始取向(θ_i=π/2.5, φ_i=0)

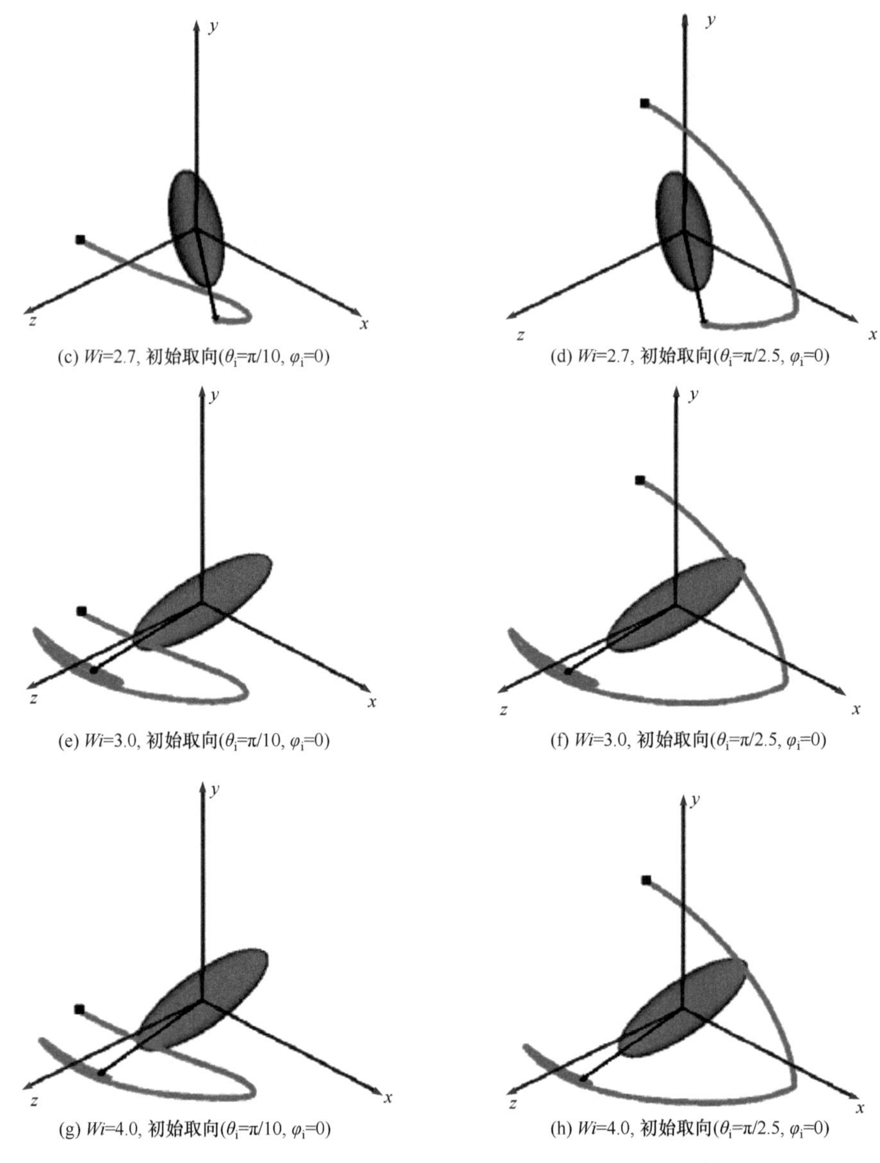

图 6.53　不同 Wi 数下两种不同初始取向颗粒迁移时取向的演变过程

在不同 Wi 数下，N=18 个和 54 个具有初始位置和取向随机分布的颗粒迁移后，其取向的三个分量平均值随时间的发展如图 6.54 所示，可见存在取向的脉动。对于 Wi=0 和 Wi=0.1 的情形，颗粒旋转周期较短(图 6.52(a))，因而颗粒取向存在高频脉动。当 Wi=1.0 时，颗粒的旋转周期较长(图 6.52(b))，而当 Wi=3.0 时，颗粒没有持续的周期性转动(图 6.52(c))，因此颗粒取向存在低频脉动。然而，即便颗粒在低 Wi 数下做周期性旋转，当颗粒主轴穿过流动-涡度平面时，其停留时间也比穿过剪切-涡度平面时长很多，所以除初始阶段外，其余时间颗粒的 p_y 分量都很小。对于图 6.54(a)、(e)中 Wi=0 的牛顿流体情形，p_x 在初始阶段增加，然后在 0.8 左右的平均值附近波动，这是因颗粒的相互作用所导致。

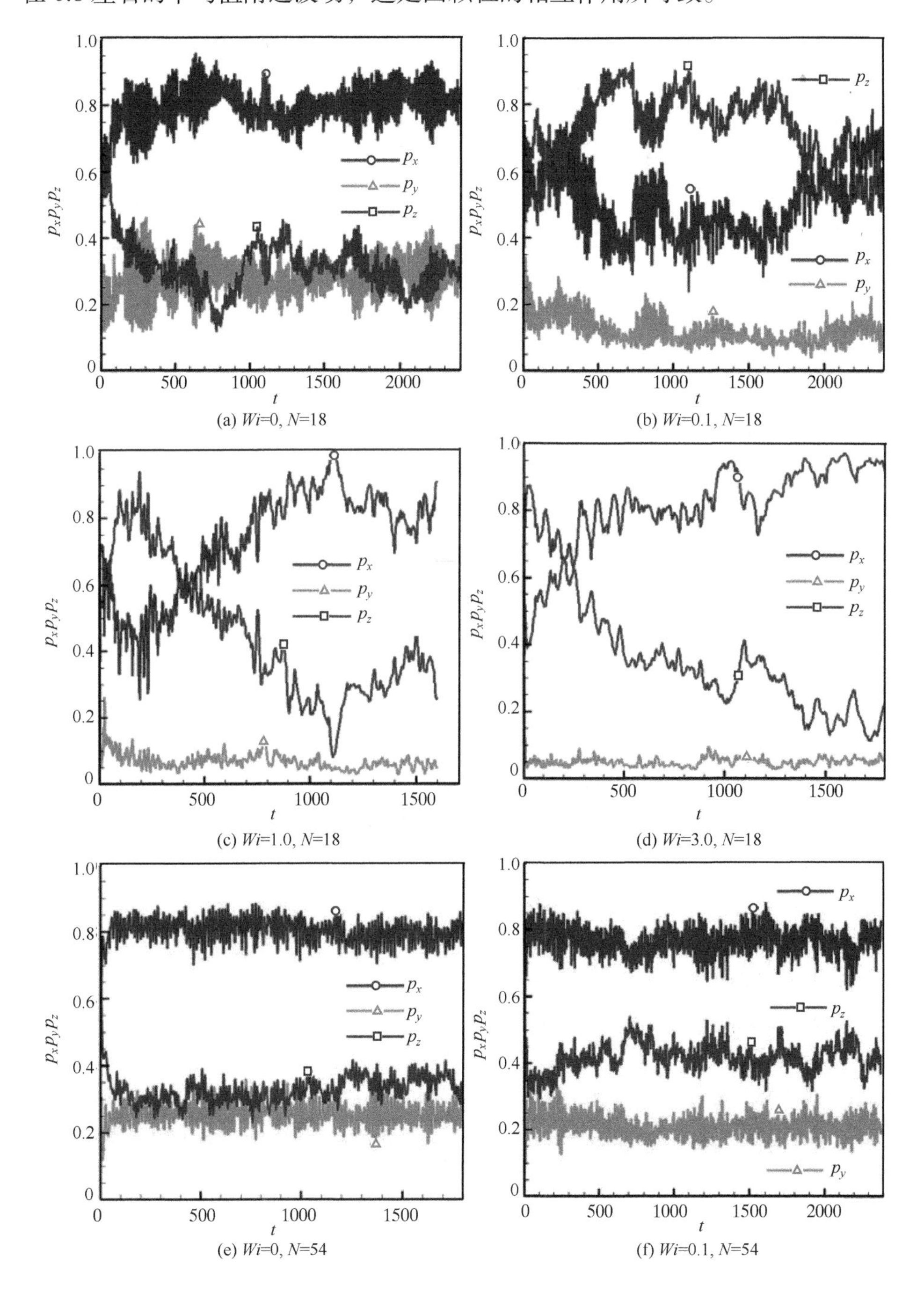

(a) Wi=0, N=18

(b) Wi=0.1, N=18

(c) Wi=1.0, N=18

(d) Wi=3.0, N=18

(e) Wi=0, N=54

(f) Wi=0.1, N=54

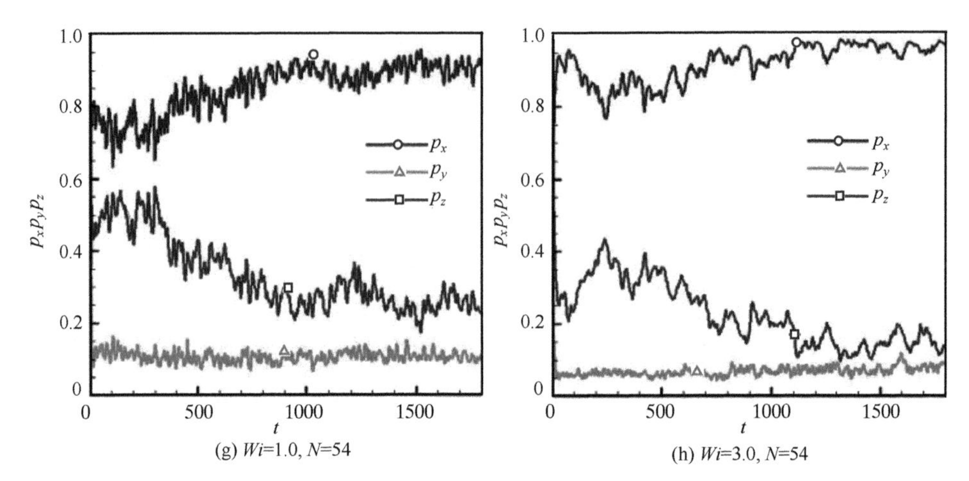

图 6.54　不同 *Wi* 数下具有初始位置和取向随机分布的颗粒迁移时取向的演变过程

对于 *N*=18 以及 *Wi*=0.1、1.0 和 3.0 的非牛顿流体情形，如图 6.54(b)～(d)所示，初始阶段 p_z 增大、p_x 减小，这是因为在纵向迁移过程中，颗粒的取向逐渐转向涡矢量的方向(图 6.52)。在图 6.54 (d)中，p_x 一开始迅速增加，然后开始下降，这是因为颗粒最初的指向转向流动-涡度平面所致，当 *Wi* 数较大时，转向所需的时间较长。随着更多的颗粒迁移到壁面附近，颗粒的 p_z 值变小，而 p_x 值增加，表明颗粒的相互作用和壁面约束作用，使颗粒的取向指向流动方向。在较高 *Wi* 数下，颗粒最终的取向更接近于流动方向。

对于图 6.54(e)～(h)所示 *N*=54 的情形，其结果与以上 *N*=18 的结果相似，然而由于颗粒数量增加，颗粒相互作用效应增强，导致颗粒在初始阶段指向涡矢量方向的趋势较弱，且在大多数情况下颗粒取向指向流动方向。

定义颗粒主轴与流动方向的夹角为θ，图 6.55 给出了 *N*=18 个和 54 个颗粒θ的概率密度分布函数(PDF)，可见对于 *Wi*=0 的牛顿流体，α的 PDF 在 10°～20°的区间最大，颗粒数对 PDF 没有显著影响。

对于 *Wi*=0.1 的情况，在 *N*=18 的情况下，θ 的 PDF 在 80°～90°区间最大，但对于 *N*=54 的情况，在 0°～30°区间具有较大的值，说明颗粒的相互作用使得颗粒的占优取向由 *x* 方向转变为流动方向。对于 *Wi*=1.0 和 3.0 的情形，θ的 PDF 在流动方向附近为最大($0\leqslant\theta\leqslant20°$)，即大多数颗粒的取向指向流动方向，*Wi* 越大，该现象越明显。

N=18 个颗粒在不同 *Wi* 数下θ 的 PDF 如图 6.56 所示。相比于第一阶段(红色条 1)，第二阶段(绿色条 2，对 *Wi*=0.1，*t*=550～600，对其他 *Wi*，*t* 约为 150)中 p_z 的增大主要是 60°～90°区间内θ 的增加(对 *Wi*=0.1 和 1.0 的情形)、30°～50°和

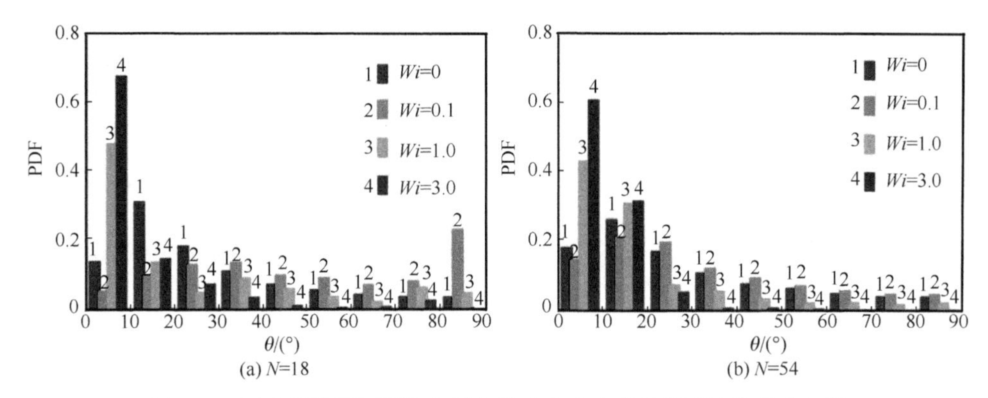

图 6.55　两种颗粒数下颗粒主轴与流动方向夹角的概率密度分布函数

60°～90°区间内θ的增加(对 Wi=3.0 的情形)以及 30°～50°区间内θ的增加(对 Wi=4.0 的情形)所致。对于 Wi=1.0、3.0 和 4.0 而言，在第三阶段(t=550～600)，0°～10°区间内θ的 PDF 变大，因为大多数颗粒已迁移到壁面附近(图 6.57)，并且由于壁面约束效应以及颗粒间的相互作用，许多颗粒沿着流动方向排列。在第四阶段，当颗粒更靠近壁面时，颗粒取向指向流动方向的趋势进一步增强。

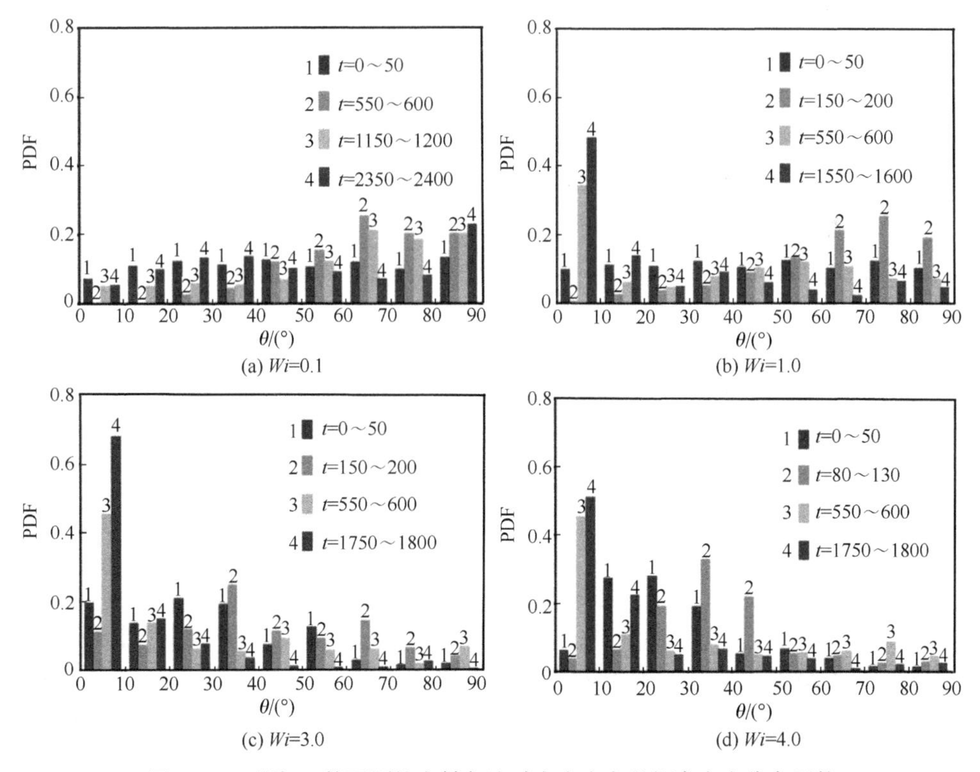

图 6.56　不同 Wi 数下颗粒主轴与流动方向夹角的概率密度分布函数

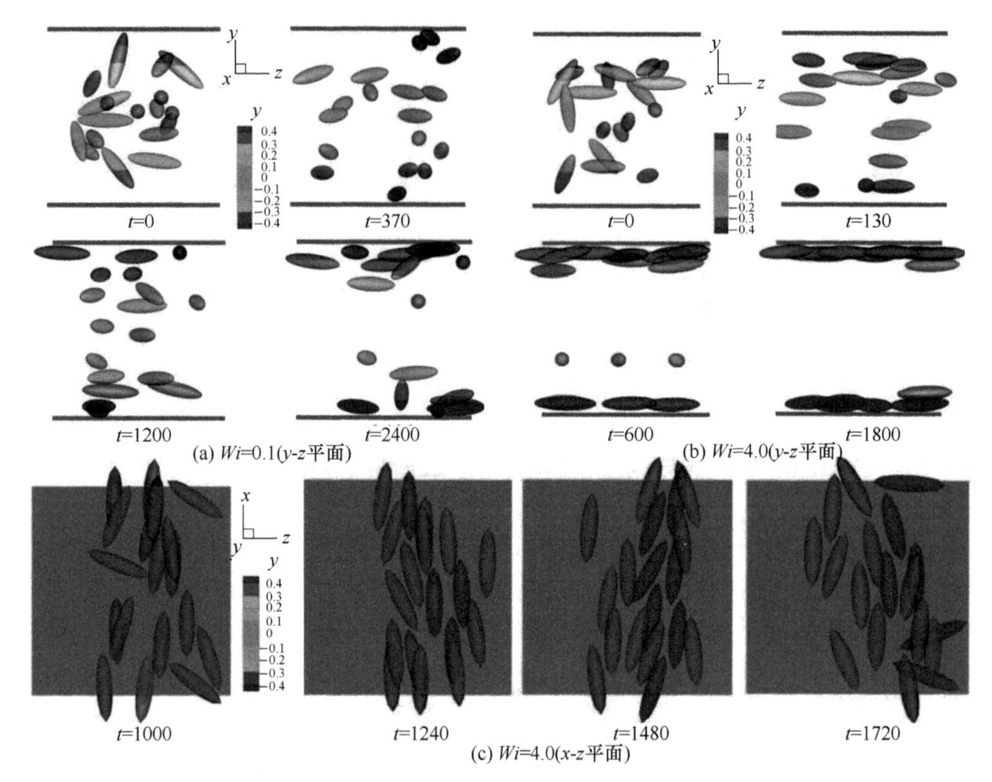

图 6.57　不同 Wi 数下具有初始位置和取向随机分布的 18 个颗粒其 y 方向的位置随时间的变化

取颗粒数 N=18，在 Wi=0.1 和 4.0 两种情况下，颗粒在四个不同时刻的分布如图 6.57 所示，(a)、(b)所示的是 y-z 平面，(c) 所示的是 x-z 平面。由图 6.57(a)Wi=0.1 的情形可见，颗粒倾向于将主轴从初始的随机方向转向涡矢量方向，而壁面附近聚集的颗粒倾向于将主轴转向流动方向。图 6.57(b) Wi=4.0 的情形表明，当处于流道中间的颗粒没有相互作用时，颗粒的取向更有可能指向涡矢量的方向；而壁面附近聚集较多的颗粒，颗粒间的相互作用使得颗粒的取向更有可能指向流动方向。由图 6.57(c)可见，略微倾斜的颗粒沿着 y 方向排列，这种现象会持续较长的时间，且与 Gunes 等[22]由实验观察到的图 6.58 的现象相似。

取颗粒数 N=54，在 Wi=0.1 和 4.0 两种情况下颗粒在不同时刻的分布如图 6.59 所示，(a)、(b)所示的是 y-z 平面，(c) 所示的是 x-z 平面，可见其结果与由图 6.57 中 N=18 颗粒的结果相似。

6.3.7　剪切变稀性质α对颗粒取向演变的影响

剪切变稀性质α对椭球颗粒取向演变的影响如图 6.60 和图 6.61 所示，颗粒初始取向为(θ_{i}=π/2, φ_{i}=π/2)，两图中分别取 h=0.01 和 h=0.04，使得颗粒迁移呈现 return

型和 pass 型模式。可见随着α的增大，颗粒取向变化减慢。相比于 Wi 数对颗粒取向变化的影响，剪切变稀性质对颗粒取向变化影响较小。

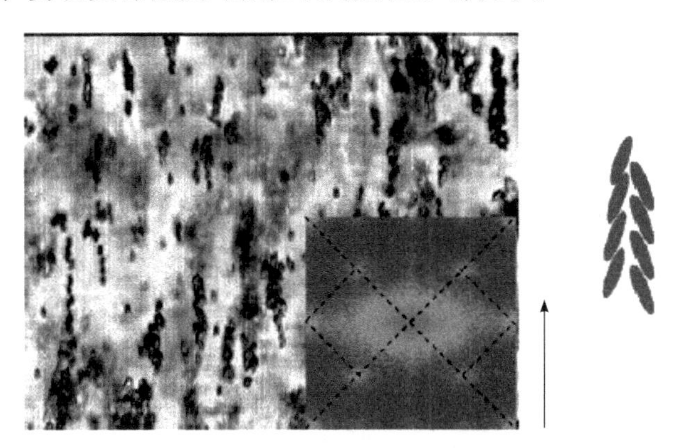

图 6.58　具有初始位置和取向随机分布的颗粒迁移后在 x-z 平面的分布[22]

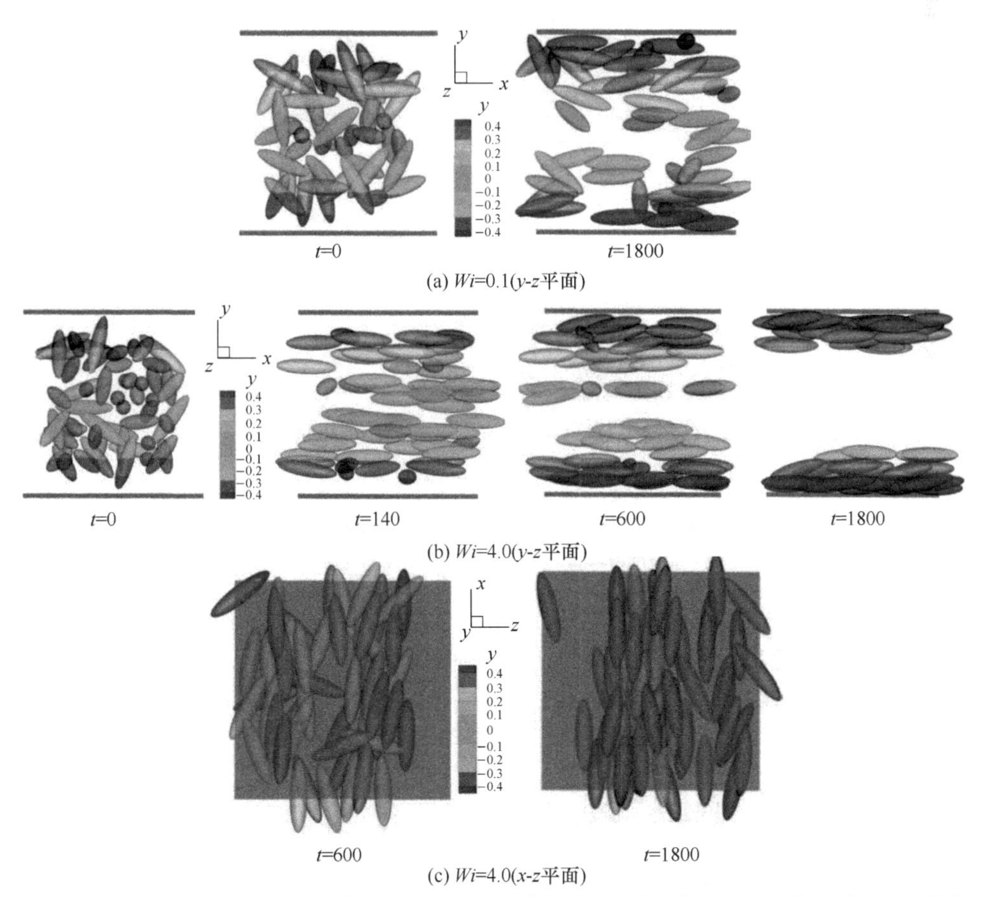

图 6.59　不同 Wi 数下具有初始位置和取向随机分布的 54 个颗粒其 y 方向的位置随时间的变化

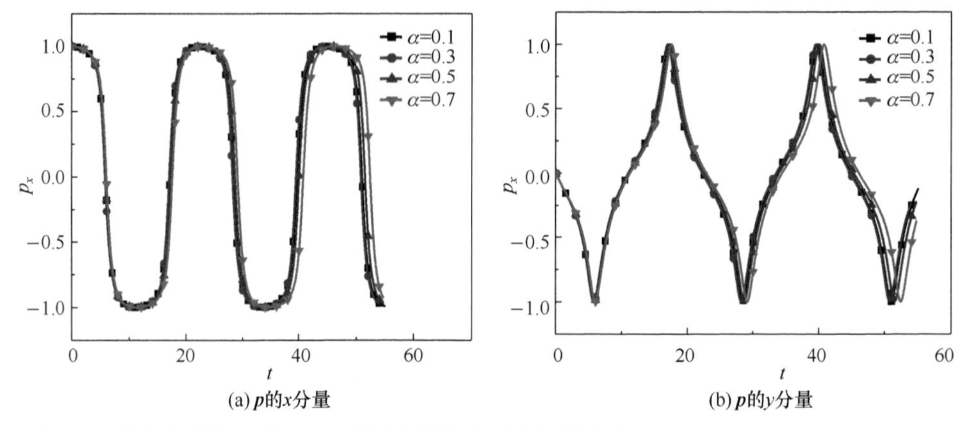

(a) p的x分量　　(b) p的y分量

图 6.60　剪切变稀性质对 return 型迁移颗粒取向演变的影响($\theta_i=\pi/2, \varphi_i=\pi/2, h=0.01, Wi=0.5, \eta_r=0.3, l=0.5$)

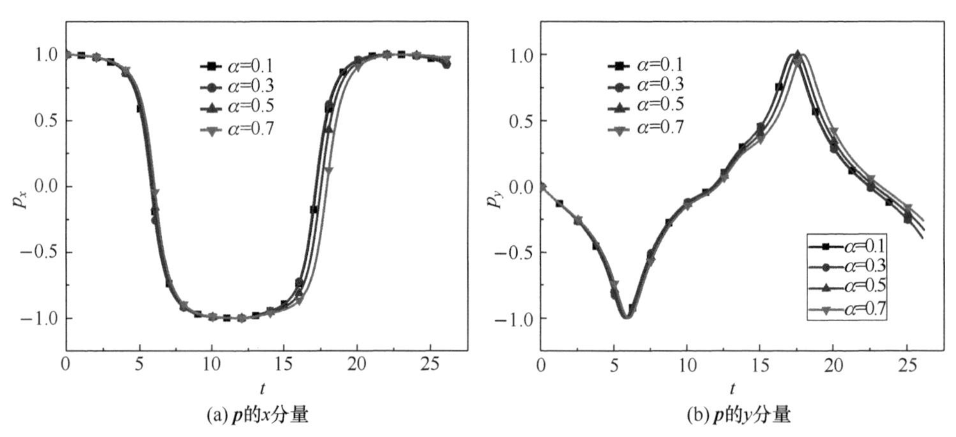

(a) p的x分量　　(b) p的y分量

图 6.61　剪切变稀性质对 pass 型迁移颗粒取向演变的影响($\theta_i=\pi/2, \varphi_i=\pi/2, h=0.04, Wi=0.5, \eta_r=0.3, l=0.5$)

将双椭球颗粒与双圆球颗粒的结果比较，可见双椭球颗粒的迁移模式与双圆球颗粒的迁移模式一致。然而，椭球颗粒形状的非各向同性，使得颗粒在迁移过程中的取向变化更加复杂。Pan 等[23]研究了双椭球颗粒在牛顿流体剪切流中的迁移，发现也同样存在 pass 型和 return 型两种迁移模式。然而，在黏弹性流体中，流体弹性使双椭球颗粒更趋向于呈现 pass 型迁移模式，随着剪切变稀程度的增强，双椭球颗粒更趋向于 return 型迁移模式。

综上所述，双椭球颗粒的迁移模式可以分为 pass 型和 return 型，呈现哪种模式与颗粒初始位置、壁面约束作用、流体性质有关。在相同条件下，初始取向为($\theta_i=\pi/2, \varphi_i=\pi/2$)和($\theta_i=\pi/2, \varphi_i=0$)的颗粒分别呈现 pass 型和 return 型迁移模式，而初始取向为($\theta_i=0, \varphi_i=0$)的颗粒呈现 pass 型迁移模式，可见颗粒迁移模式受颗粒在剪切平面内的横截面大小的影响，而椭球横截面的大小与颗粒间的相互作用、颗粒与壁面间的相互作用有关。不论颗粒的初始取向如何，随着 *Wi* 数的增大，双椭球颗粒在更小的初始纵向间距下，趋向于 pass 型迁移模式，即高 *Wi* 数促使双椭球颗粒更易呈现 pass 型模式。随着剪切变稀程度的加剧，两种迁移模式之间分界线对应的颗粒初始纵向间距略微增大，即剪切变稀性质促进颗粒呈现 return 型迁移模式。

椭球颗粒的取向变化与颗粒的初始取向有关。初始取向平行于剪切平面的颗粒，在迁移过程中以其短半轴为中心轴、长半轴为半径旋转，取向变化呈现 tumbling 型模式。初始取向垂直于剪切平面的颗粒，在迁移过程中以其长半轴 a 为中心轴、短半轴 b 为半径旋转，取向变化呈现 log-rolling 型模式。初始取向与剪切平面有一定夹角的颗粒，围绕垂直剪切平面的涡量轴旋转并不断接近涡量轴，取向变化呈现 kayaking 型模式。不论颗粒是 pass 型还是 return 型迁移模式，随着 *Wi* 数的增大，颗粒取向的变化逐渐减慢。

6.4　双圆球颗粒的弹性-惯性迁移

6.1 节～6.3 节都是在小 *Re* 数下颗粒的迁移，小 *Re* 数意味着流体的惯性对颗粒迁移的影响很小乃至可以忽略。本节则介绍双圆球颗粒在流体惯性和黏弹性影响下的迁移，其中 *Re* 数的变化范围为 0.1～50，*Wi* 数的变化范围为 0.1～1.0。

6.4.1　流场描述与参数设置

流场以及颗粒的初始位置如图 6.11 和图 6.12 所示，坐标系原点位于流道中心，颗粒 1 和颗粒 2 初始位置关于坐标原点对称，颗粒中心位于 y-z 平面(x=0)内，坐标(x, y, z)分别为$(0, h, -l)$、$(0, -h, l)$，两个颗粒的半径都为 r。沿 x、y、z 方向的流道长度为 L、宽度为 W、高度为 H。用第 2 章介绍的虚拟区域法对颗粒的迁移进行数值模拟，流向(z 方向)和横向(x 方向)采用周期性边界条件，上下壁面和颗粒表面采用无滑移边界条件。上下平板沿相反方向以 $U_0/2$ 的速度运动，取 U_0、H 为特征速度和特征长度，*Re* 数、*Wi* 数、阻塞比 k，黏度比η_r的定义与 6.1 节相同。为研究弹性力与惯性力的影响，定义弹性数 *El* 为 *Wi* 数与 *Re* 数的比值 $El=Wi/Re$。数值模拟过程中，取 $L=3H$，$W=H$，网格尺度为 $H/128$，时间步长为 5×10^{-4}。

6.4.2　*Re* 数对颗粒迁移的影响

图 6.62 给出了不同 *Re* 数、不同颗粒初始纵向间距 h 时颗粒的迁移轨迹，图中实线和虚线分别表示颗粒 1 和颗粒 2 的迁移轨迹，实心圆点表示颗粒的初始位

置。可见对于 return 型迁移模式而言，随着 Re 减小，两颗粒迁移方向反转点的距离也减小。而对于 pass 型的迁移模式，在低 Re 数下，当 h 不同时，颗粒在朝壁面迁移及末段沿水平方向迁移时的轨迹几乎重合(图 6.62(a)、(b))，而在高 Re 数下，h 不同时的颗粒轨迹略有差异。

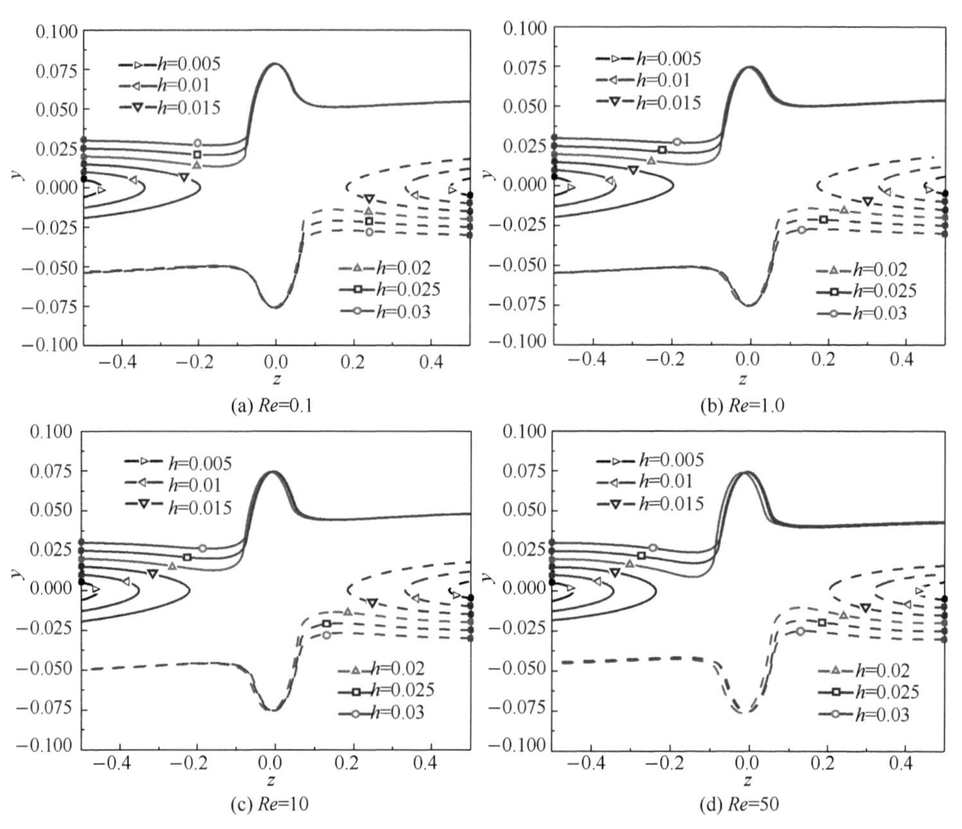

(a) Re=0.1　(b) Re=1.0　(c) Re=10　(d) Re=50

图 6.62　不同 Re 和 h 下的颗粒迁移轨迹(l=0.5，Wi=1.0，α=0.1，η_r=0.3，k=0.15)

图 6.63 给出了不同 Re 和 h 下颗粒迁移模式的相图，图中细实线表示 pass 型与 return 型的分界线。可见当 h 较小时，两颗粒迁移呈现为 return 型模式，h 较大时，呈现为 pass 型模式。当 Re 较小($Re<10$)时，两种迁移模式转换的分界线对应的 h 值保持不变，即 Re 数对两种迁移模式的转换影响很小。当 Re 增大($Re>10$)时，两种模式转换的分界线发生变化，惯性作用促使颗粒从 pass 型向 return 型迁移模式转变，即惯性促使 return 型迁移模式的出现。为进一步给出 Re 数的影响，图 6.64 比较了不同 Re 和不同 h 下颗粒的迁移轨迹，可见随着 Re 的增大，颗粒初始位置与最终位置之间的纵向距离变小。

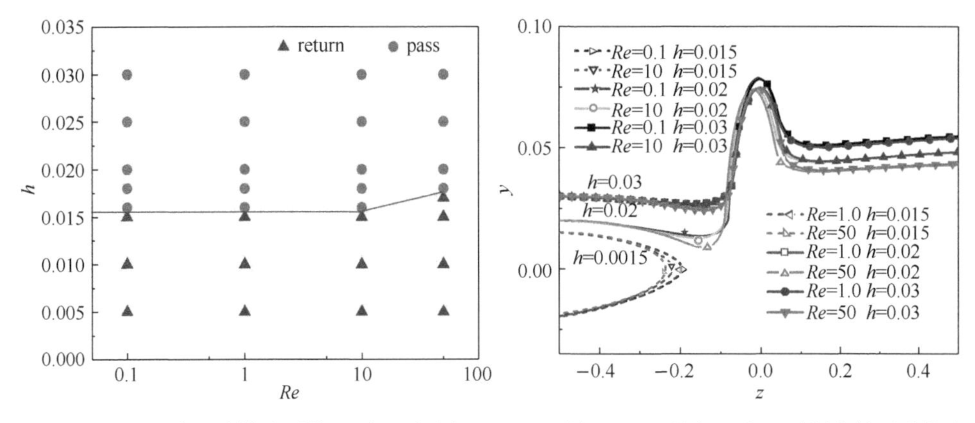

图 6.63　两种迁移模式下的 Re 与 h 相图　　图 6.64　不同 Re 和 h 下颗粒的迁移轨迹

在颗粒 return 型和 pass 型迁移模式下，Re 数对颗粒速度的影响如图 6.65 和图 6.66 所示，其中纵坐标上的正负值表示颗粒的迁移方向。在图 6.65 的颗粒 return 型迁移模式中，当 Re=0.1 和 1.0 时，颗粒的速度尤其是流向速度的变化几乎相同。对纵向速度 u_y 而言，当 Re=50 时，速度先减小后增大；当 Re=0.1、1.0 和 10 时，速度先减小后略微增大，然后减小，最后再增大，这种速度多变的现象与 Re=50 的情形完全不同，原因是颗粒所处的状态处于 return 型和 pass 型迁移模式的分界线上。

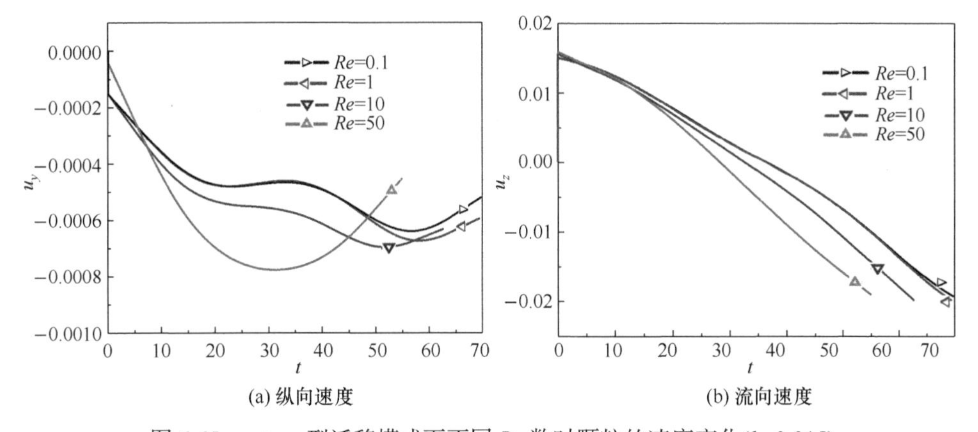

图 6.65　return 型迁移模式下不同 Re 数时颗粒的速度变化(h=0.015)

对图 6.66 的 pass 型迁移模式而言，Re 数对颗粒速度变化的影响非常明显，当 Re=0.1 时，颗粒速度的变化与其他 Re 数情况下速度的变化差异较大。Re 数越大，颗粒纵向速度和流向速度的最大值越小。在如图 6.66(a)中，无论 Re 数取什么值，颗粒初始阶段的纵向速度都为零，在经历一阵波动之后，纵向速度又变为零。对颗粒的流向速度而言(图 6.66(b))，在相同时间下，随着 Re 数的增大，颗粒的流向速度减小，颗粒最终的流向速度随着 *Re* 数的增大而减小。

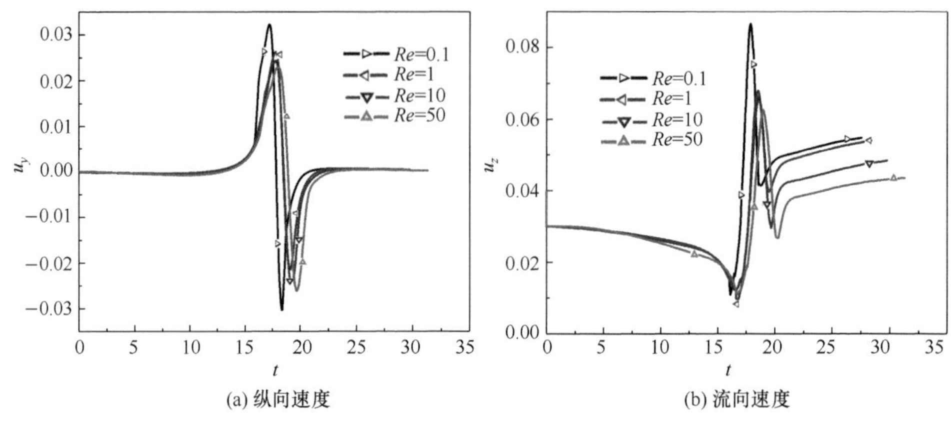

(a) 纵向速度　　(b) 流向速度

图 6.66　pass 型迁移模式下不同 *Re* 数时颗粒的速度变化(h=0.03)

为进一步分析 *Re* 数对颗粒迁移的影响，图 6.67 和图 6.68 给出了流场的瞬时压力分布，压力值已由 $\rho_f U_0^2$ 归一化，正负值表示高于或低于平均值。由图可见，无论是 pass 型还是 return 型迁移模式，*Re*=0.1 时的压力值高于其他 *Re* 数情况下的压力值。比较图 6.67 和图 6.68 可知，两种不同迁移模式下，流场的压力分布不同。

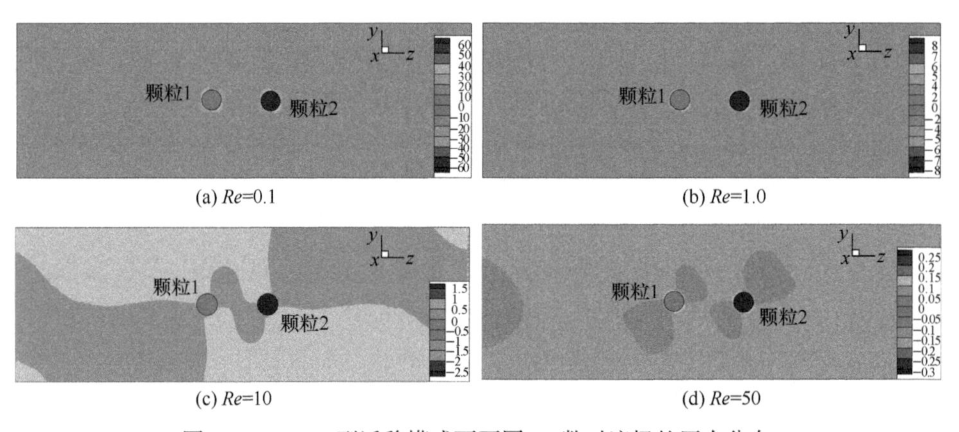

(a) *Re*=0.1　　(b) *Re*=1.0

(c) *Re*=10　　(d) *Re*=50

图 6.67　return 型迁移模式下不同 *Re* 数时流场的压力分布

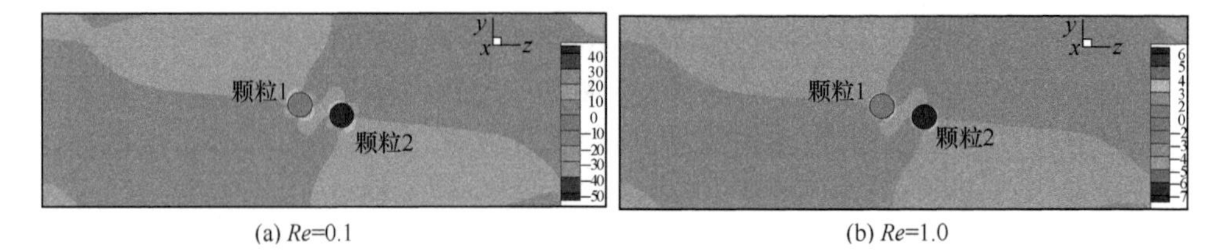

(a) *Re*=0.1　　(b) *Re*=1.0

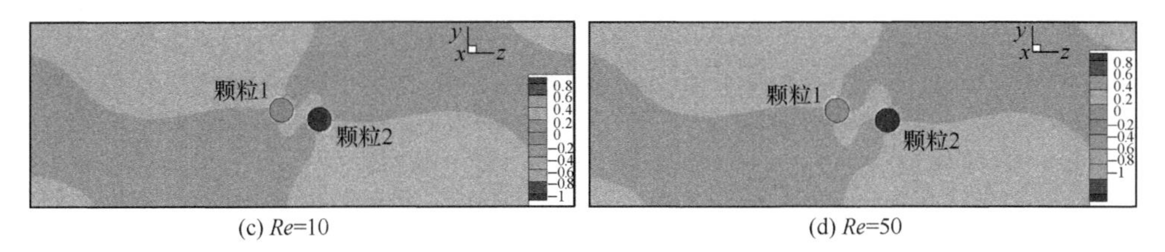

(c) Re=10　　(d) Re=50

图 6.68　pass 型迁移模式下不同 Re 数时流场的压力分布

6.4.3　弹性数 El 对颗粒迁移的影响

图 6.69 给出了不同 El 时两种迁移模式的相图，其中(Re, Wi, El)的取值分别为(10, 1, 0.1)、(1, 0.5, 0.5)、(1, 1, 1)、(0.1, 0.5, 5)以及(0.1, 1, 10)。图 6.69(a)中当 El=0.5 和 5 时，迁移模式更趋向 return 型。图 6.69(b)中，对 Re=1 和 50 的情形，El 取 0.0002、0.002、0.01、0.02、0.1、0.5 以及 1.0，可见随着 El 的增大，return 型与 pass 型迁移模式分界线对应的 h 值减小，即弹性数 El 较大时，流体弹性逐渐增强，弹性促使颗粒迁移模式从 return 型向 pass 型转变。

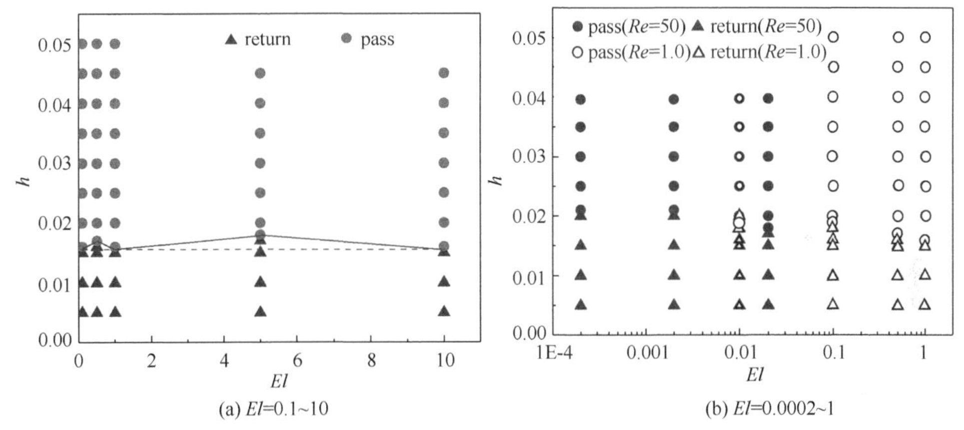

(a) El=0.1~10　　(b) El=0.0002~1

图 6.69　不同 El 和 h 时颗粒两种迁移模式的相图(l=0.5, α=0.1, η_r =0.3)

图 6.70 给出了 El=0.01 时、颗粒初始纵向间距 h 不同时的轨迹，可见对于 Re=1 和 50 的情形，return 型迁移模式下颗粒的轨迹几乎重合，而 pass 型迁移模式下的颗粒轨迹只是在初始阶段(两颗粒未碰撞之前)重合，颗粒碰撞后的轨迹有明显差别，即 Re=50 的情况下，颗粒轨迹更接近中心平面(y=0)。根据前面所述 Wi 数和 Re 数对双颗粒迁移类型的影响，由图 6.69 与图 6.70 可知，在流体弹性力与惯性力均不可忽略的情况下，双颗粒的迁移类型及轨迹是由弹性力与惯性力共同作用的结果，即使在弹性数 El 相等的情况下，由于 Wi 数与 Re 数各自的不同，导致颗粒的迁移轨迹也会出现差异，关键在于哪一项作用力起主导作用。

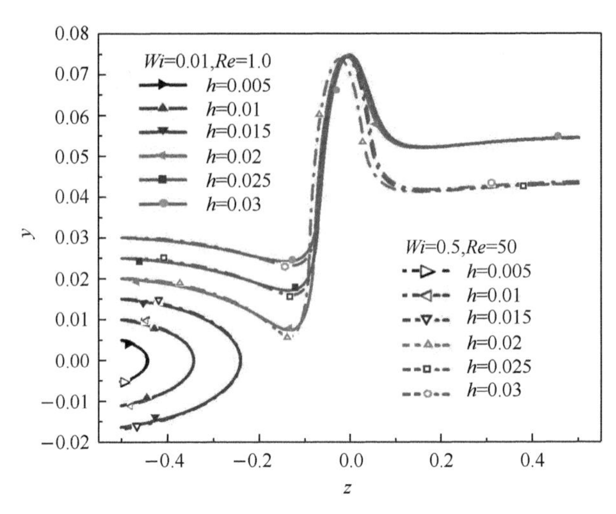

图 6.70 颗粒初始纵向间距 h 不同时的轨迹 (El=0.01, α=0.1, η_r =0.3)

图 6.71 给出了颗粒初始纵向间距 h 不同时流场拉伸率的分布，图中(a)、(b)分别对应颗粒 return 型和 pass 型的迁移模式，颗粒的对应轨迹如图 6.70 所示。由图 6.71 可见，就 pass 型迁移模式而言，在迁移过程的前期，两个颗粒逐渐靠近，颗粒间距逐渐减小，此时颗粒周围流场的拉伸比较剧烈，图中显示出较大的拉伸率；而对于 return 型迁移模式，两个颗粒在迁移至一定的位置且颗粒尚未相互接触时就改变了迁移方向，两个颗粒朝相反的方向迁移，因而在颗粒改变方向的位置，流场的拉伸并不剧烈，图中显示出较小的拉伸率。

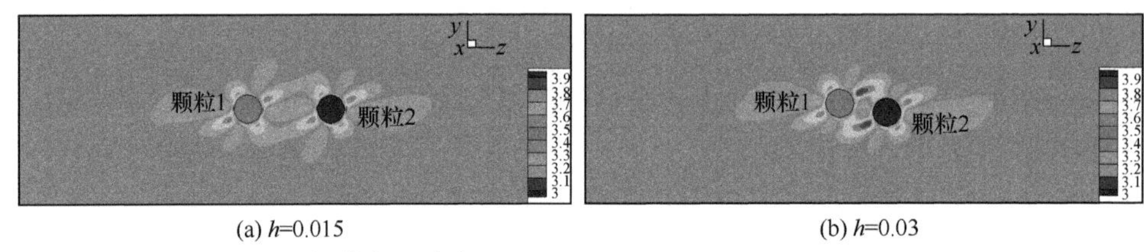

(a) h=0.015　　(b) h=0.03

图 6.71 流场拉伸率的分布(l=0.5, El=0.01, Wi=0.5, Re=50, α=0.1, η_r =0.3)

6.4.4 阻塞率对颗粒迁移的影响

改变阻塞率 k 后颗粒的迁移模式变化如图 6.72 所示，可见两种迁移模式的分界线对应的 h 值随着 k 的增大而增大，即壁面约束作用促使颗粒从 pass 型向 return 型迁移模式转变。当 h=0.03 时，k=0.15 和 0.2 情况下的颗粒迁移模式为 pass 型，而 k=0.25 和 0.3 情况下的颗粒迁移模式为 return 型。

图 6.73 给出了颗粒两种迁移模式下的流场拉伸率分布，k 较大时为 return 型迁移模式，此时两颗粒间形成较稳定的结构，颗粒在相互接触之前便改变迁移方向而远离。对 k 较小时的 pass 型迁移模式而言，在颗粒迁移方向的一侧出现较大

的拉伸率。

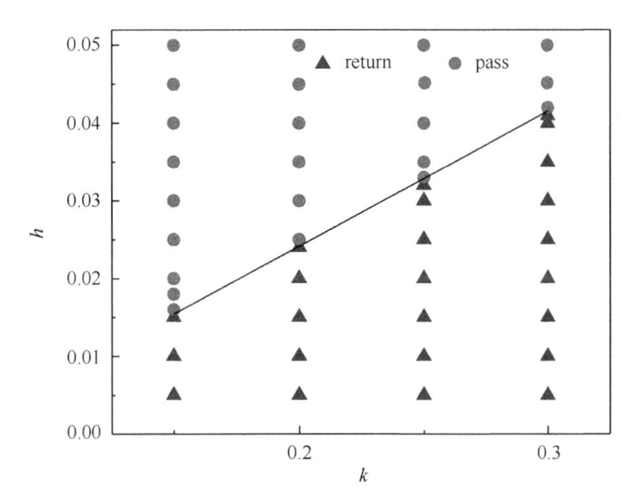

图 6.72 两种颗粒迁移模式下的 h 和 k 相图 (Wi=1.0, Re=1.0, l=0.5, α=0.1, η_r =0.3)

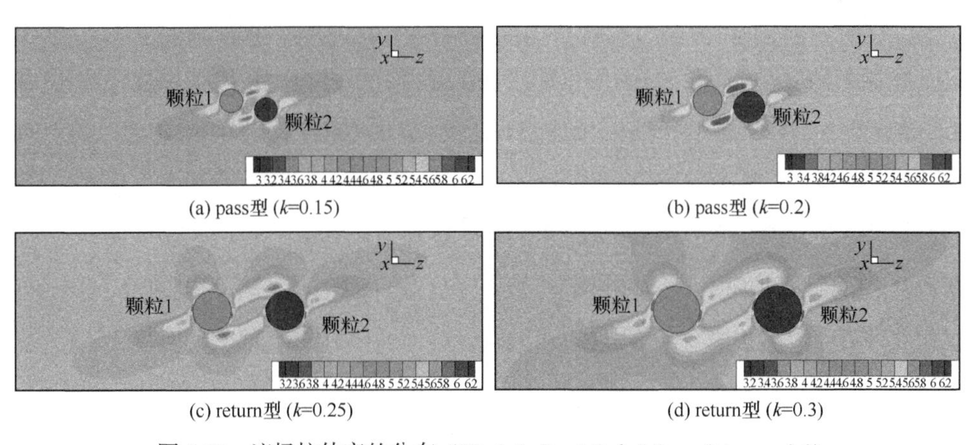

(a) pass型 (k=0.15)

(b) pass型 (k=0.2)

(c) return型 (k=0.25)

(d) return型 (k=0.3)

图 6.73 流场拉伸率的分布 (Wi=1.0, Re=1.0, l=0.5, α=0.1, η_r =0.3)

6.4.5 颗粒初始流向间距对颗粒迁移的影响

以上介绍了颗粒初始纵向间距 h 对颗粒迁移模式的影响，结果表明 h 对颗粒迁移模式的转变起到了关键作用。下面介绍颗粒初始流向间距 l 对颗粒迁移模式的影响。图 6.74 给出了在不同 Re 数下、颗粒初始流向间距 l 对颗粒迁移模式的影响，可见当 Re<10 时，l=0.5 和 0.7 情况下的颗粒迁移模式是一致的，表明当 Re 数较小时，l 对颗粒迁移模式没有影响。当 Re>10 时，两种迁移模式分界线对应的 h 值在不同的 l 下发生变化，随着 l 和 Re 数的增大，h 值也增大，这意味着惯性作用促使颗粒从 pass 型向 return 型迁移模式转变。l 越大，颗粒 return 型迁移模式越容易出现。

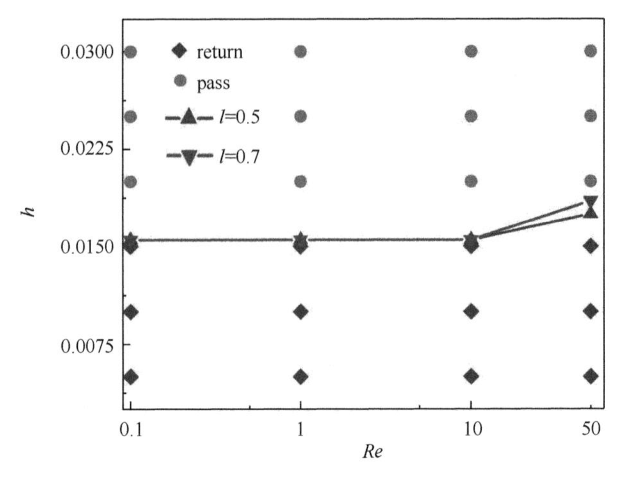

图 6.74　不同 l 时颗粒两种迁移模式下的 h 和 Re 相图（Wi=1.0, α=0.1, η_r=0.3, k=0.15)

图 6.75 给出了 l=0.5 和 0.7 时、不同 Re 数下 pass 型迁移模式颗粒的轨迹，可见 Re=1 和 10 时，不同 l 情况下颗粒的轨迹相同。当 Re=50 时，不同 l 情况下颗粒的轨迹有差异，l=0.7 时，两颗粒接触后相互远离的过程比 l=0.5 的情形更靠近中心平面(y=0)。图 6.76 给出了不同 Re 数和不同 l 值对 return 型迁移模式下颗粒轨迹的影响，图中 Z_{poin} 是 return 型迁移模式中颗粒改变迁移方向的位置，可见随着 Re 数的增大，在 l=0.5 和 0.7 的情况下，Z_{poin} 位置的差异也增大。当 Re 数相同时，l=0.5 和 0.7 情况下，Z_{poin} 位置的差异随着 h 的增大而减小。

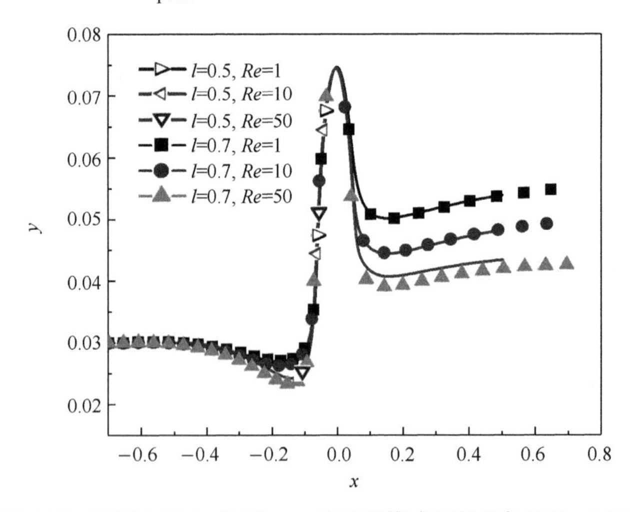

图 6.75　不同 l 和 Re 数下 pass 型迁移模式颗粒的轨迹(h=0.03)

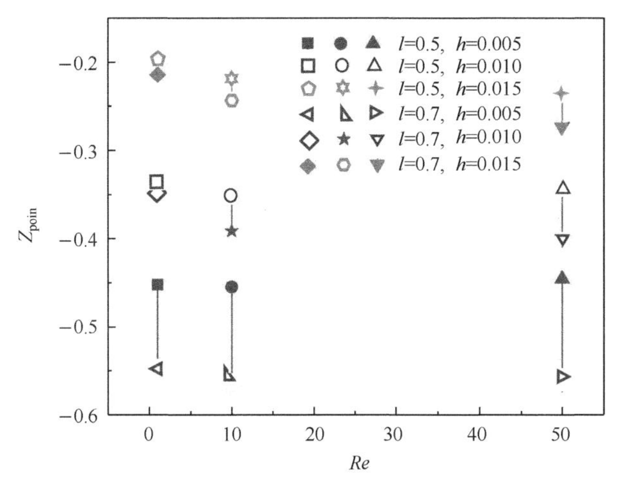

图 6.76　Re 与 Z_{poin} 的关系图

综上所述，流体惯性对颗粒迁移的影响体现在两方面：一方面随着 Re 数增大，颗粒的流向速度增大；另一方面体现在 Re 数对颗粒迁移模式的影响，当 $Re<10$ 时，Re 数对颗粒迁移模式的影响较小，当 $Re=50$ 时，颗粒迁移更趋向于 return 型模式。弹性数 El 对颗粒迁移模式的影响呈现非单调性，当 $El=0.5$ 和 5 时，颗粒迁移更趋向于 return 型模式；当 $Re=1$ 和 50 时(当 $Re>10$ 时，Re 数对颗粒迁移模式的影响较明显)，随着 El 增大，return 型与 pass 型迁移模式分界线对应的 h 值减小，即 El 较大时，流体弹性促使颗粒迁移模式从 return 型向 pass 型转变。双颗粒的迁移类型取决于惯性力与弹性力共同作用的结果。

壁面约束作用促使颗粒迁移模式从 pass 型向 return 型转变。颗粒初始流向间距 l 对颗粒迁移模式的影响与 Re 数有关。当 Re 数较小时，l 对颗粒的迁移模式几乎没有影响；当 Re 数较大时，在相同 Re 数下，随着 l 的增大，颗粒迁移模式更趋向于 return 型。对于 return 型迁移模式，随着 Re 数增大，不同 l 下颗粒迁移改变方向所在位置的差异增大。在相同 Re 数下，不同 l 下颗粒迁移改变方向所在位置的差异随 h 的增大而减小。对于 pass 型迁移模式，Re 数较小时，l 对迁移轨迹几乎没有影响；当 Re 数较大时，l 越大，颗粒后半段的迁移越接近 $y=0$ 的中心平面。

参 考 文 献

[1] Sullivan M T, Moore K, Stone H A. Transverse instability of bubbles in viscoelastic channel flows. Physical Review Letters, 2008, 101: 244503.

[2] Halow J S, Wills G B. Experimental observations of sphere migration in Couette systems. Industrial & Engineering Chemistry Fundamentals, 1970, 9(4): 603-607.

[3] Ho B P, Leal L G. Inertial migration of rigid spheres in two-dimensional unidirectional flows.

Journal of Fluid Mechanics, 1974, 65: 365-400.
[4] D'Avino G, Snijkers F, Pasquino R, et al. Migration of a sphere suspended in viscoelastic liquids in Couette flow: experiments and simulations. Rheologica Acta, 2012, 51(3): 215-234.
[5] Zhang A, Murch W L, Einarsson J, et al. Lift and drag force on a spherical particle in a viscoelastic shear flow. Journal of Non-Newtonian Fluid Mechanics, 2020, 280: 104279.
[6] D'Avino G, Maffettone P L, Greco F, et al. Viscoelasticity-induced migration of a rigid sphere in confined shear flow. Journal of Non-Newtonian Fluid Mechanics, 2010, 165: 466-474.
[7] Snijkers F, Pasquino R, Vermant J. Hydrodynamic interactions between two equally sized spheres in viscoelastic fluids in shear flow. Langmuir, 2013, 29: 5701-5713.
[8] Hwang W R, Hulsen M A, Meijer H E H. Direct simulations of particle suspensions in a viscoelastic fluid in sliding bi-periodic frames. Journal of Non-Newtonian Fluid Mechanics, 2004, 121: 15-33.
[9] Yoon S, Walkley M A, Harlen O G. Two particle interactions in a confined viscoelastic fluid under shear. Journal of Non-Newtonian Fluid Mechanics, 2012, 185-186: 39-48.
[10] Chiu S H, Pan T W, Glowinski R. A 3D DLM/FD method for simulating the motion of spheres in a bounded shear flow of Oldroyd-B fluids. Computers & Fluids, 2018, 172: 661-673.
[11] Snijkers F, D'Avino G, Maffettone F, et al. Rotation of a sphere in a viscoelastic liquid subjected to shear flow. Part II Experimental results. Journal of Rheology, 2009, 53(2): 459-480.
[12] Giudice F Del, D' Avino G, Greco F, et al. Effect of fluid rheology on particle migration in a square shaped microchannel. Microfluidics and Nanofluidics, 2015, 19(1): 95-104.
[13] Kulkarni P M, Morris J F. Pair-sphere trajectories in finite-Reynolds-number shear flow. Journal of Fluid Mechanics, 2008, 596: 413-435.
[14] Batchelor G K, Green J T. The hydrodynamic interaction of two small freelymoving spheres in a linear flow field. Journal of Fluid Mechanics, 1972, 56: 375-400.
[15] Lin C J, Peery J H, Schowalter W R. Simple shear flow round a rigid sphere: inertial effects and suspension rheology. Journal of Fluid Mechanics, 1970, 44(1): 1-17.
[16] Subramanian G, Koch D L. Centrifugal forces alter streamline topology and greatly enhance the rate of heat and mass transfer from neutrally buoyant particles to a shear flow. Physical Review Letters, 2006, 96: 134503.
[17] Subramanian G, Koch D L. Inertial effects on the transfer of heat or mass from neutrally buoyant spheres in a steady linear velocity field. Physics of Fluids, 2006, 18: 073302.
[18] Vazquez-Quesada A, Ellero M. SPH modeling and simulation of spherical particles interacting in a viscoelastic matrix. Physics of Fluids, 2017, 29: 121609.
[19] Nie D M, Lin J Z. Behavior of three circular particles in a confined power-law fluid under shear. Journal of Non-Newtonian Fluid Mechanics, 2015, 221: 76-94.
[20] Choi Y, Hulsen M A, Meijer H E H. An extended finite element method for the simulation of particulate viscoelastic flows. Journal of Non-Newtonian Fluid Mechanics, 2010, 165: 607-624.
[21] D'Avino G, Hulsen M A, Greco F, et al. Bistability and metabistability scenario in the dynamics of an ellipsoidal particle in a sheared viscoelastic fluid. Physical Review E, 2014, 89: 043006.
[22] Gunes D Z, Scirocco R, Mewis J, et al. Flow-induced orientation of nonspherical particles: effect

of aspect ratio and medium rheology. Journal of Non-Newtonian Fluid Mechanics, 2008, 155: 39-50.

[23] Pan T W, Guo A, Chiu S H, et al. A 3D DLM/FD method for simulating the motion of spheres and ellipsoids under creeping flow conditions. Journal of Computational Physics, 2018, 352: 410-425.

第 7 章　黏弹性流体槽道及矩形流道中的颗粒迁移

第 6 章介绍了颗粒在黏弹性 Giesekus 流体简单剪切流中的迁移，本章介绍在黏弹性流体(包括 Giesekus 流体和 Oldroyd-B 流体)槽道及矩形通道流中的颗粒迁移，给出不同颗粒初始位置、*Wi* 数、剪切变稀程度、阻塞率对颗粒迁移及其成链的影响。

7.1　颗粒在小 *Re* 数下 Giesekus 流体槽道流中的迁移

对于三个颗粒而言，除了关注其平衡位置外，还可以根据三个颗粒的相对位置判断其沿流向排列成链的特性。

7.1.1　流场描述

流场如图 7.1 所示，坐标系设在流道入口的中心位置，计算域范围 x 和纵向分别为$(0, L)$和$(-H/2, H/2)$。用第 2 章介绍的虚拟区域法对颗粒的迁移进行数值模拟，周期性边界条件施加在 x 方向，无滑移边界条件应用于颗粒表面及上下壁面。三个颗粒自左向右分别标记为 1、2 和 3，其所在位置的横坐标分别为 x_1、x_2 和 x_3，沿 x 方向上颗粒 1 与颗粒 2 的间距、颗粒 2 与颗粒 3 的间距分别定义为 $d_1 = x_2 - x_1 - d$ 和 $d_2 = x_3 - x_2 - d$，d_1 和 d_2 的初始值记为 $d_{1,0}$ 和 $d_{2,0}$，分别表示颗粒 1 与颗粒 2、颗粒 2 与颗粒 3 的初始间距，三个颗粒的初始纵向位置相同，颗粒中心与流道中线的距离为 y_0。以流道中心轴线的流体速度 U_0、槽道高度 H 为特征速度和特征长度，定义阻塞比 $k=d/H$，黏度比为$\eta_r=\eta_s/\eta_0$，其中η_s是溶剂黏度，η_0是流体零剪切黏度，剪切变稀程度为α。为避免槽道长度的限制对模拟结果的影响，取足够长的槽道长度 L=16H。*Re* 数取 0.1，所以可以忽略流场惯性对颗粒迁移的影响。数值模拟时的时间步长Δt 取 5×10^{-4}，网格尺度取 H/128。

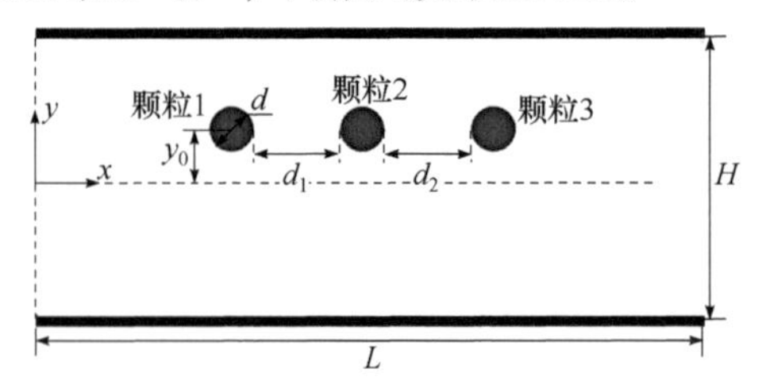

图 7.1　流场及颗粒示意图

7.1.2　颗粒初始位置对颗粒迁移的影响

图 7.1 中三个颗粒初始纵向位置为 y_0，改变 y_0 的值观察颗粒迁移及颗粒间距的变化，图 7.2 给出了不同 y_0、$d_{1,0}$ 和 $d_{2,0}$ 情况下颗粒在迁移过程中的间距 d_1 和 d_2 的变化。可见颗粒在迁移过程中，d_1 和 d_2 的变化与 y_0 以及颗粒初始间距 $d_{1,0}$ 和 $d_{2,0}$ 密切相关。图 7.2(a)给出的是初始位于中心线上的颗粒在迁移过程中 d_1 和 d_2 的变化，可见当颗粒初始间距较小($d_{1,0}=d_{2,0}=0.1$、0.2、0.3)时，d_1 减小至 0，d_2 持续增大，最后颗粒 1 和颗粒 2 形成一个颗粒对，而颗粒 3 单独迁移。当颗粒初始间距较大($d_{1,0}=d_{2,0}=1.0$、1.5、2.0)时，颗粒间的相互作用很弱，d_1 和 d_2 在迁移过程中几乎保持不变。

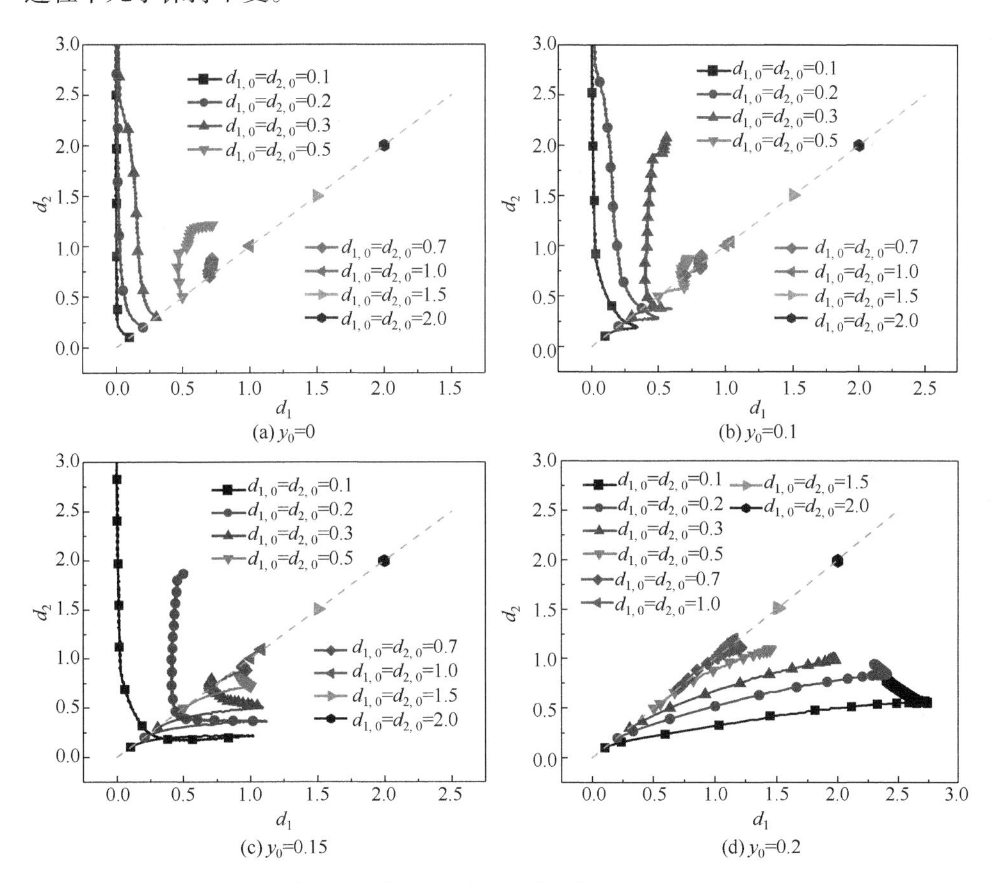

图 7.2　不同 y_0、$d_{1,0}$ 和 $d_{2,0}$ 情况下颗粒在迁移过程中的间距变化($Wi=0.5$, $\alpha=0.1$, $\eta_r=0.3$, $k=0.3$)

当颗粒初始位置不位于中心线上时，颗粒将朝邻近的壁面或者中心线迁移，朝哪个方向迁移取决于颗粒的初始纵向位置 y_0、流体性质(黏弹性、剪切变稀性质)和壁面的约束作用。以下主要介绍颗粒朝中心线迁移时 d_1 和 d_2 的变化，所以条件也做相应的设置。在图 7.2(b)～(d)中，颗粒初始位置不在中心线上时，将产生侧向迁移，d_1 和 d_2 的变化也各不相同。当 $d_{1,0}$=$d_{2,0}$=0.1 时，对 y_0=0.1 和 0.15(图 7.2(b)、(c))的情形，颗粒 1 和颗粒 2 先互相排斥，导致 d_1 增大，接着 d_1 减小且颗粒 1 和颗粒 2 形成颗粒对，而颗粒 3 单独迁移，这一过程在 y_0=0 的情况下并未出现。对 y_0=0 的情况，当 $d_{1,0}$=$d_{2,0}$=0.1、0.2、0.3 时，颗粒 1 和颗粒 2 形成颗粒对，而在 $d_{1,0}$=$d_{2,0}$=1.0 时，三颗粒的间距保持不变(图 7.2(a))。对 y_0=0.1 的情形，当 $d_{1,0}$=$d_{2,0}$=0.1、0.2 时，颗粒 1 和颗粒 2 形成颗粒对，而当 $d_{1,0}$=$d_{2,0}$=1.0 时，三颗粒的间距出现细微变化(图 7.2(b))。随着 y_0 的增大，d_1 和 d_2 变化的差异也增大。当 y_0=0.15 时，如图 7.2(c)所示，颗粒 1 和颗粒 2 仅在 $d_{1,0}$=$d_{2,0}$=0.1 时形成颗粒对。当 y_0=0.2 时，如图 7.2(d)所示，在给定的 $d_{1,0}$ 和 $d_{2,0}$ 情况下，颗粒 1 和颗粒 2 没有形成颗粒对，且 d_1 和 d_2 在迁移过程中不断增加，颗粒 1 和颗粒 2 在 $d_{1,0}$=$d_{2,0}$=1.0 情况下的相互作用更强，d_1 和 d_2 的变化更明显。综上所述，随着 y_0 的增加，颗粒间的相互作用增大。在图 7.2(b)～(d)中，在颗粒沿流向迁移至 50H 的过程中，d_1 和 d_2 增加，在颗粒沿流向从 50H 迁移至 2000H 的过程中，d_1 减小。

为进一步分析 y_0 对颗粒迁移和颗粒间距变化的影响，图 7.3 给出了更多初始间距下颗粒迁移过程中的间距变化，图中空心圆形和空心方形表示颗粒的初始间距。初始位于中心线(y_0=0)上的颗粒，其在迁移过程中的 d_1 和 d_2 变化如图 7.3(a)所示，图中 d_1 和 d_2 的变化趋势与 D’Avino 等[1]的结果吻合，即最终状态为形成一个颗粒对，两颗粒的间距为 0，而另外一个颗粒逐渐远离颗粒对。比较图 7.3(a)和图 7.3(b)可知，y_0=0 和 y_0=0.2 情况下的 d_1 和 d_2 变化完全不同，对于 y_0=0.2 的情况，存在一个颗粒初始间距 $d_{1,0}$ 的分界值 $d_{1,0c}$，$d_{1,0c}$ 将颗粒间距的变化分为两种形式，一是当 $d_{1,0}$ 小于 $d_{1,0c}$ 时(图中空心圆形位置)，颗粒在迁移中 d_1 先增大后减小；二是当 $d_{1,0}$ 大于 $d_{1,0c}$ 时(图中空心方形位置)，颗粒在迁移过程中 d_1 持续增大。

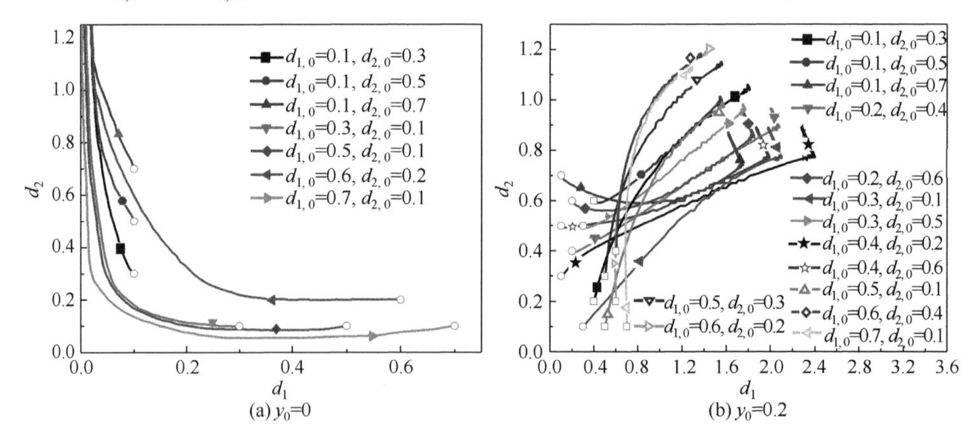

图 7.3　不同 y_0、$d_{1,0}$ 和 $d_{2,0}$ 情况下颗粒的间距的变化(Wi=0.5, α=0.1, η_r=0.3，k=0.3)

为进一步分析初始位于非中心线的颗粒在迁移过程中的间距变化，图 7.4 比较了 y_0=0.2 时、三个颗粒初始间距 $d_{1,0}$ 和 $d_{2,0}$ 不同的情况下，颗粒迁移时的纵向位置和颗粒间距 d_1、d_2 随时间的变化。可见 d_1、d_2 的变化主要发生在颗粒沿纵向迁移的过程中，即图中黑虚线的左侧。当颗粒迁移至中心线时(即图中黑虚线的右侧)，颗粒不再发生纵向的迁移，d_1、d_2 的变化较小。图 7.4(b)中红实线表示时间 t=4 的位置，在 t=0～4 时间段内，颗粒沿纵向的迁移和 d_1、d_2 都发生急剧变化；蓝实线表示 t=60 的位置，在 t=60 之后，d_1、d_2 的变化较为平稳，颗粒在中心线上迁移。

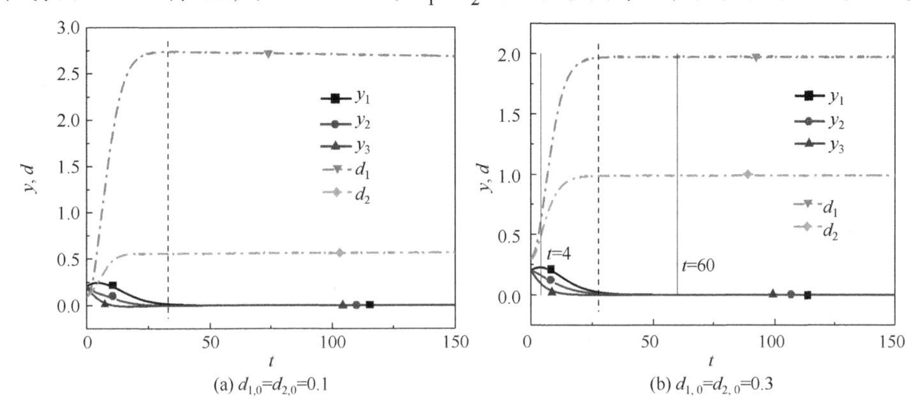

图 7.4　不同 $d_{1,0}$ 和 $d_{2,0}$ 情况下颗粒纵向位置和间距的变化(y_0=0.2, Wi=0.5, α=0.1, η_r=0.3, k=0.3)

为更好地理解颗粒在迁移过程中的间距变化，图 7.5 给出了颗粒在迁移至两个不同阶段时的流场压力分布，图 7.5(a)对应图 7.4(b)中红实线所标注的时刻，图 7.5(b)对应图 7.4(b)中蓝实线所标注的时刻。在图 7.5(a)所示的时刻，颗粒正朝着流道的中心线迁移，颗粒周围的压力分布很不均匀，颗粒的右上方和左下方为正压，左上方和右下方为负压，颗粒间距急剧变化。当颗粒间距稳定之后，如图 7.5(b)所示，颗粒周围的压力分布较均匀且规则。

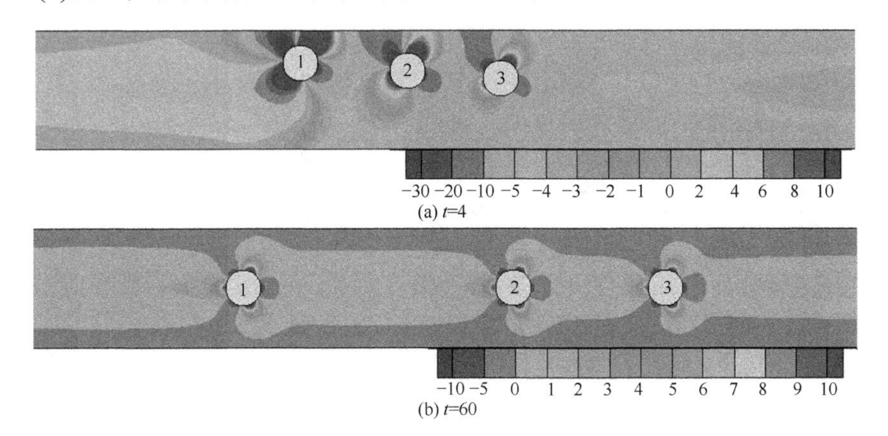

图 7.5　颗粒迁移至不同阶段时的流场压力分布

7.1.3　*Wi* 数对颗粒迁移的影响

图 7.6 给出了不同 *Wi* 数、$d_{1,0}$ 和 $d_{2,0}$ 情况下颗粒在迁移过程中的间距 d_1 和 d_2 变化。如图 7.6(a)、(b)所示，当 *Wi*=0.1 和 0.3 时，颗粒间距 d_1、d_2 在颗粒迁移过程中持续增大，且最终稳定于某个常数。如图 7.6(c)、(d) 、(e)所示，随着 *Wi* 数的增大，当 *Wi*=0.5、1.0 和 1.5 时，颗粒间距的变化出现三种类型：一是当颗粒初始间距较小时，假定 $d_{1,0}=d_{2,0} \leqslant d_{cr1}$，颗粒沿着流向迁移至 50*H* 的过程中，$d_1$ 增大，沿流向从 50*H* 到 2000*H* 的过程中，d_1 减小且减小的过程很缓慢，而 d_2 在颗粒整个迁移过程中持续增大；二是当颗粒初始间距较大时，假定 $d_{1,0}=d_{2,0}>d_{cr2}$，颗粒间的相互作用可以忽略，颗粒迁移过程中的间距保持不变；三是颗粒初始间距介于以上两种情形之间时，即假定 $d_{cr1} \leqslant d_{1,0}=d_{2,0} \leqslant d_{cr2}$，颗粒沿流向迁移时，间距 d_1 和 d_2 增大并最终保持在恒定值。由图 7.6 中颗粒间距的变化情况可知，临界值 d_{cr1} 随着 *Wi* 的增大而增大。

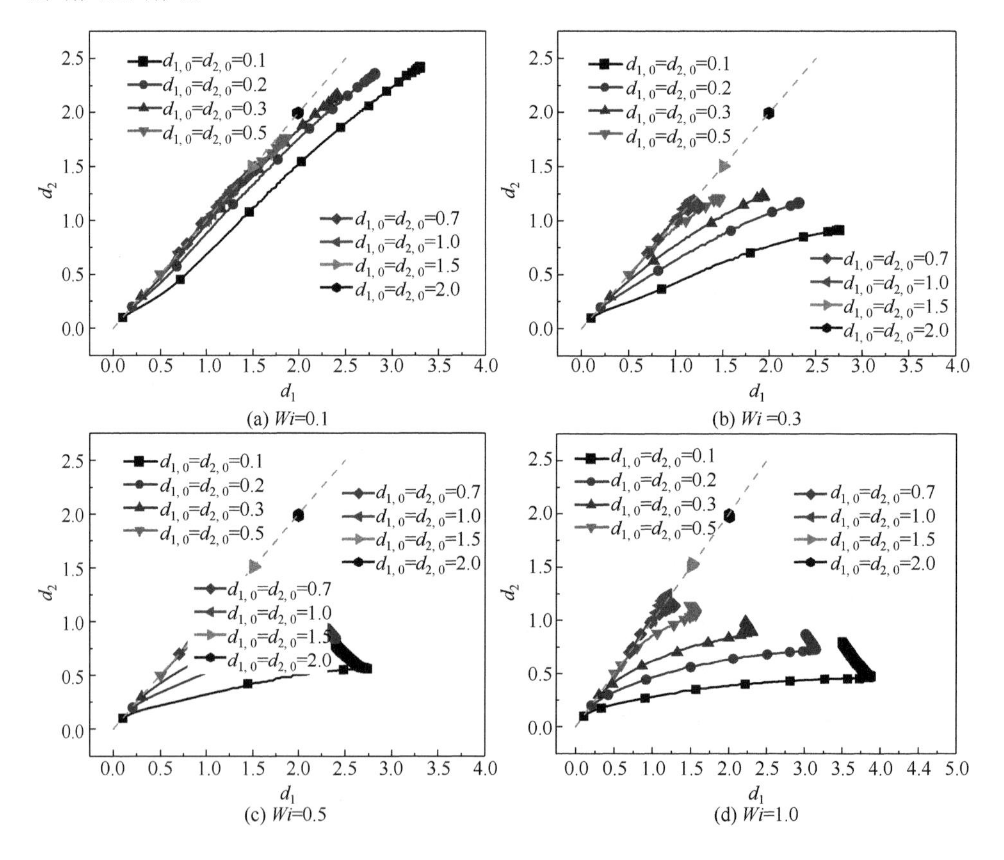

(a) *Wi*=0.1　(b) *Wi* =0.3

(c) *Wi*=0.5　(d) *Wi*=1.0

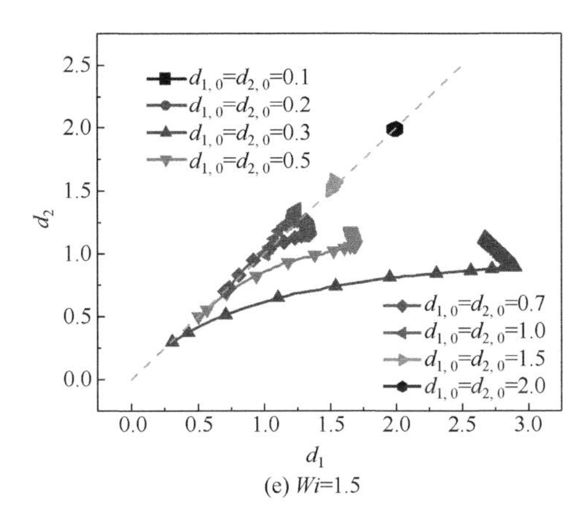

(e) Wi=1.5

图 7.6　不同 Wi 数、$d_{1,0}$ 和 $d_{2,0}$ 情况下颗粒在迁移过程中的间距变化(α=0.1, η_r=0.3, k=0.3, y_0=0.2)

比较图 7.6 中曲线的斜率可知，在相同 d_1 增量的情况下，随着 Wi 的增大，d_2 的增量减小，说明在迁移过程中，颗粒 2 和颗粒 3 的间距 d_2 小于颗粒 1 和颗粒 2 的间距 d_1。为更好地理解 Wi 数对颗粒间距变化的影响，图 7.7 给出了不同 Wi 数时流场拉伸率的分布，选用的参数对应颗粒相互作用较强的情形，即颗粒初始间距为 0.3、t=7，此时颗粒处在向纵向迁移的过程中。由图 7.7 可见，Wi 数越大，流场的拉伸越剧烈。相同情况下，颗粒 1 和颗粒 2 之间的流场拉伸比颗粒 2 和颗粒 3 之间的流场拉伸强。

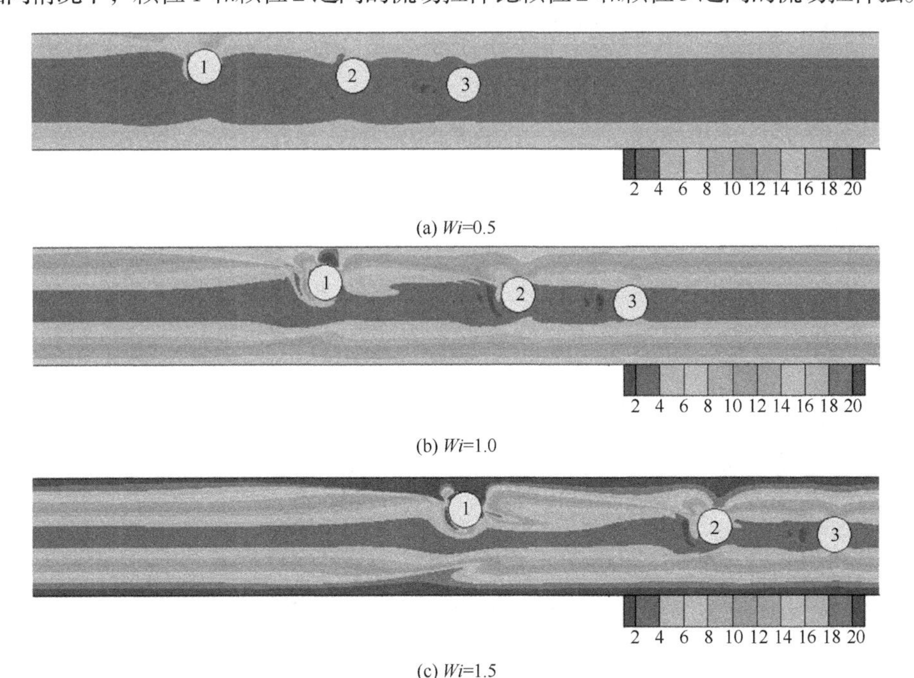

(a) Wi=0.5

(b) Wi=1.0

(c) Wi=1.5

图 7.7　不同 Wi 数时流场拉伸率分布 ($d_{1,0}$=$d_{2,0}$=0.3, t=7)

7.1.4 剪切变稀性质α对颗粒迁移的影响

剪切变稀性质由参数α表示，α越大，剪切变稀程度越强。图 7.8 给出了不同α、$d_{1,0}$和$d_{2,0}$情况下颗粒在迁移过程中的间距d_1和d_2变化。需要说明的是，随着剪切变稀程度的增强，颗粒趋向于朝邻近的壁面迁移，初始位置y_0=0.2 的颗粒有可能朝邻近壁面迁移，因此三颗粒的初始高度取y_0=0.1。由图 7.8 可知，在α=0.1 情况下，$d_{1,0}=d_{2,0}$=0.1 和 0.2 时，颗粒 1 和颗粒 2 形成颗粒对。随着α的增大，剪切变稀程度增强，仅当$d_{1,0}=d_{2,0}$=0.1 时，颗粒 1 和颗粒 2 形成颗粒对。对于剪切变稀程度较弱的情况(α=0.1 和 0.3)，d_1总是小于d_2。随着α的增大(α=0.5 和 0.7)，当颗粒初始间距较大时($d_{1,0}=d_{2,0}\geqslant 0.3$)，$d_1$总是大于$d_2$。当颗粒间距较小、颗粒间相互作用较大时，$d_1$的变化为先增大后减小，减小量随着$\alpha$的增大而增大。该现象可以由颗粒在黏弹性流体中的沉降机理解释：颗粒在剪切变稀流体中沉降时，流体剪切变稀的记忆性是两个相近颗粒在沉降过程中聚集的原因[2-4]。颗粒沉降

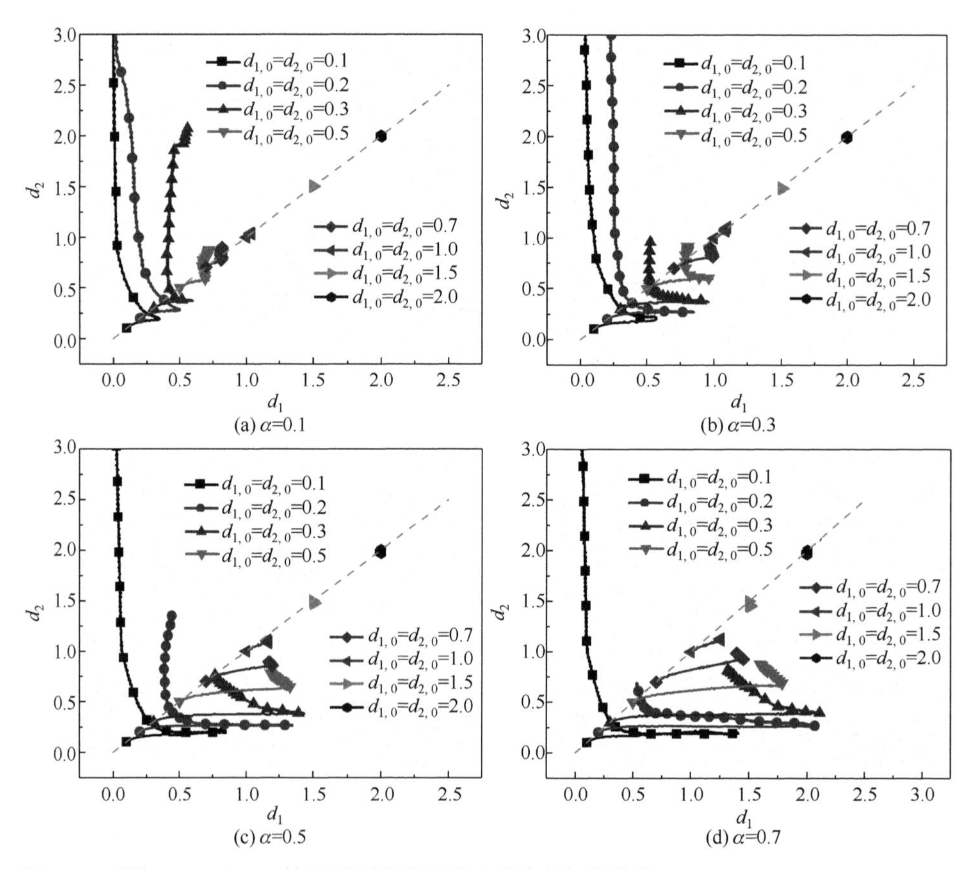

图 7.8　不同α、$d_{1,0}$和$d_{2,0}$情况下颗粒在迁移过程中的间距变化(y_0=0.1, Wi=0.5, η_r=0.3, k=0.3)

时，在经过一定时间后(该时间取决于两颗粒的初始间距)，后面颗粒的沉降速度会超过前面颗粒的沉降速度，最终两颗粒接近并聚集在一起[4]。而在槽道流中，图 7.8 中 d_1 减小的原因可以部分归咎于剪切变稀流体的黏性记忆性质，即前面颗粒的迁移导致流体黏性减小。随着α的增大，剪切变稀程度增强，d_1 的减小量增大。另外，如图 7.8(c)、(d)所示，d_1 的减小量随着颗粒初始间距的增加而增大，这一结果与以往的研究结果[3-4]吻合。

为进一步说明剪切变稀程度对颗粒间距变化的影响，图 7.9 给出了不同α时流场拉伸率分布，此时颗粒处于纵向迁移过程中。通过比较不同α情况下的拉伸率可知，剪切变稀程度越强，拉伸率的最大值越小。

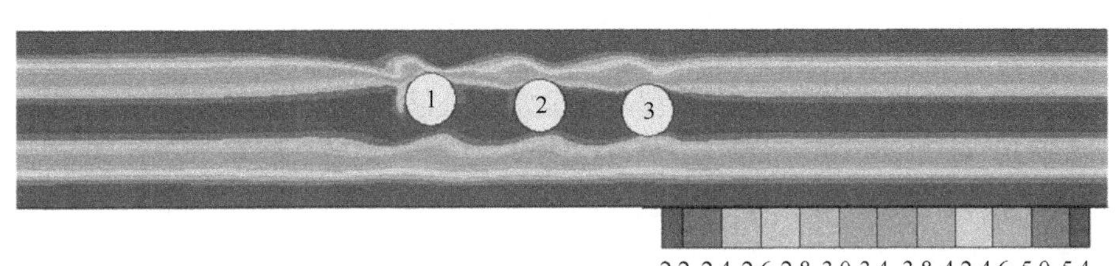

(a) α=0.1

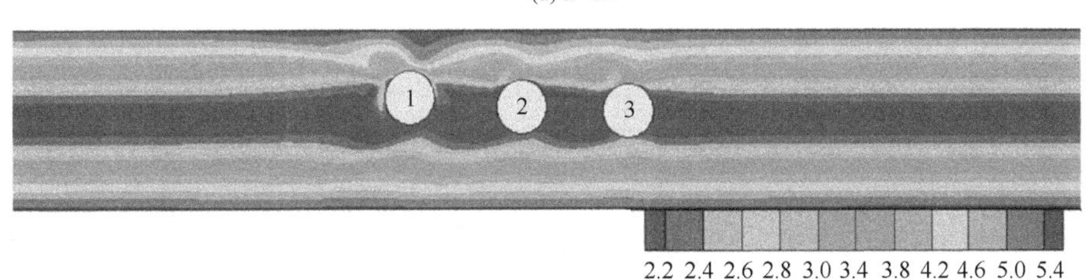

(b) α=0.3

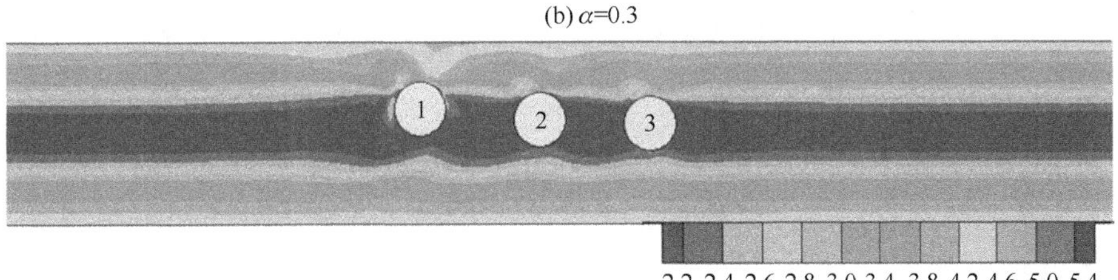

(c) α=0.5

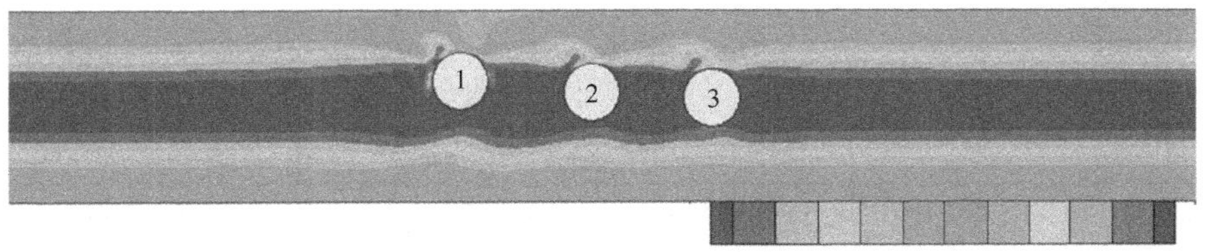

(d) α=0.7

图 7.9 不同α数时流场拉伸率分布($d_{1,0}=d_{2,0}=0.3$, $t=3$)

7.1.5 壁面约束对颗粒迁移的影响

颗粒的迁移会受到壁面约束的影响。Karnis 和 Mason[5]的研究结果表明，不论颗粒初始位于什么位置，颗粒总会朝流道的中心迁移。然而，Dhahir 和 Walters[6]实验研究了黏弹性流体管道流中作用在圆柱颗粒上的力，结果表明作用力会使颗粒朝邻近的壁面迁移，后来的数值模拟结果也证实了这一结论[7, 8]。上述研究结果相悖的主要原因在于是否考虑壁面约束作用的影响。

以下介绍壁面约束作用对颗粒迁移过程中间距变化的影响，壁面的约束作用通过阻塞率 k 体现，颗粒的初始位置为 y_0=0 和 y_0=0.2。

图 7.10 给出了在三种阻塞率 k 情况下，初始位于中心线(y_0=0)上的颗粒在迁移过程中的间距变化，可见不同 k 情况下颗粒间距变化的情形相似，即颗粒初始间距较小时($d_{1,0}$=$d_{2,0}$=0.1、0.2 和 0.3)，颗粒 1 和颗粒 2 形成颗粒对，颗粒 3 单独迁移。对于 $d_{1,0}$=$d_{2,0}$=0.2 和 0.3 的情形，三种阻塞率下颗粒的间距变化仍然存在微小差异。当 k=0.2 时，颗粒 1 和颗粒 2 相互靠近但保持一定的微小间距(d_1≠0)；而 k=0.3 和 0.4，颗粒 1 和颗粒 2 相互靠近成为颗粒对(d_1=0)。此外，当颗粒初始间距为 0.5 时，对 k=0.2 的情况，d_1 先减小后保持定值；而对 k=0.3 和 0.4 的情况，d_1 缓慢增大，颗粒 1 和颗粒 2 相互远离。随着颗粒初始间距的增大，颗粒间的相互作用减弱，颗粒间距在迁移过程中保持不变。然而，比较不同 k 情况下颗粒初始间距为 0.7 的情况可知，随着 k 的增大，颗粒间的相互作用增强。

图 7.11 给出了 y_0=0.2 时三种不同阻塞率 k 情况下颗粒在迁移过程中的间距变化，可见对于不同的 k，颗粒间距变化仍较为相似，尤其是 k=0.2 和 k=0.3 这两种情形。比较图 7.11 中 d_1 的最大值以及 d_1 的变化趋势，可见随着阻塞率 k 的增大，颗粒间的相互作用增强。

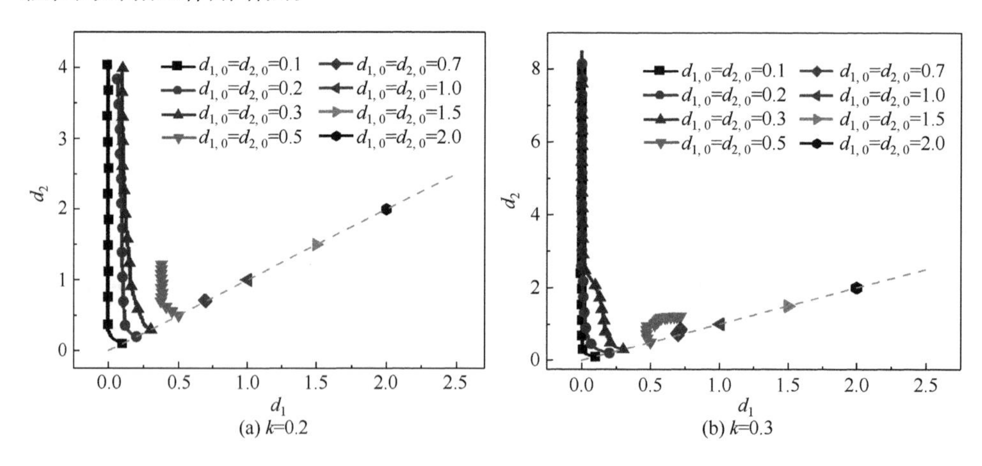

(a) k=0.2

(b) k=0.3

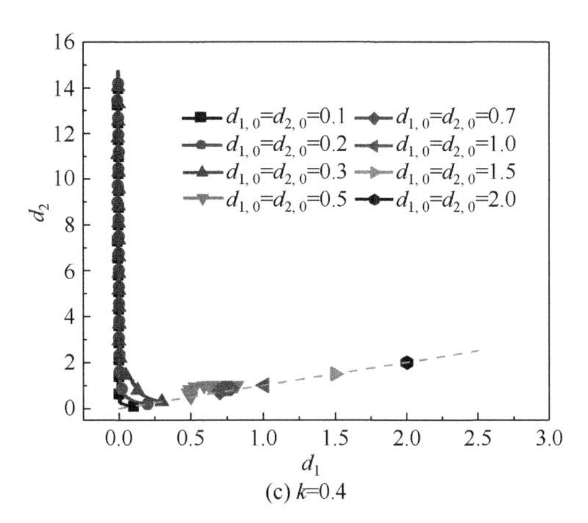

(c) k=0.4

图 7.10　不同 k、$d_{1,0}$ 和 $d_{2,0}$ 情况下颗粒在迁移过程中的间距变化(y_0=0, Wi = 0.5, η_r = 0.3, α = 0.1)

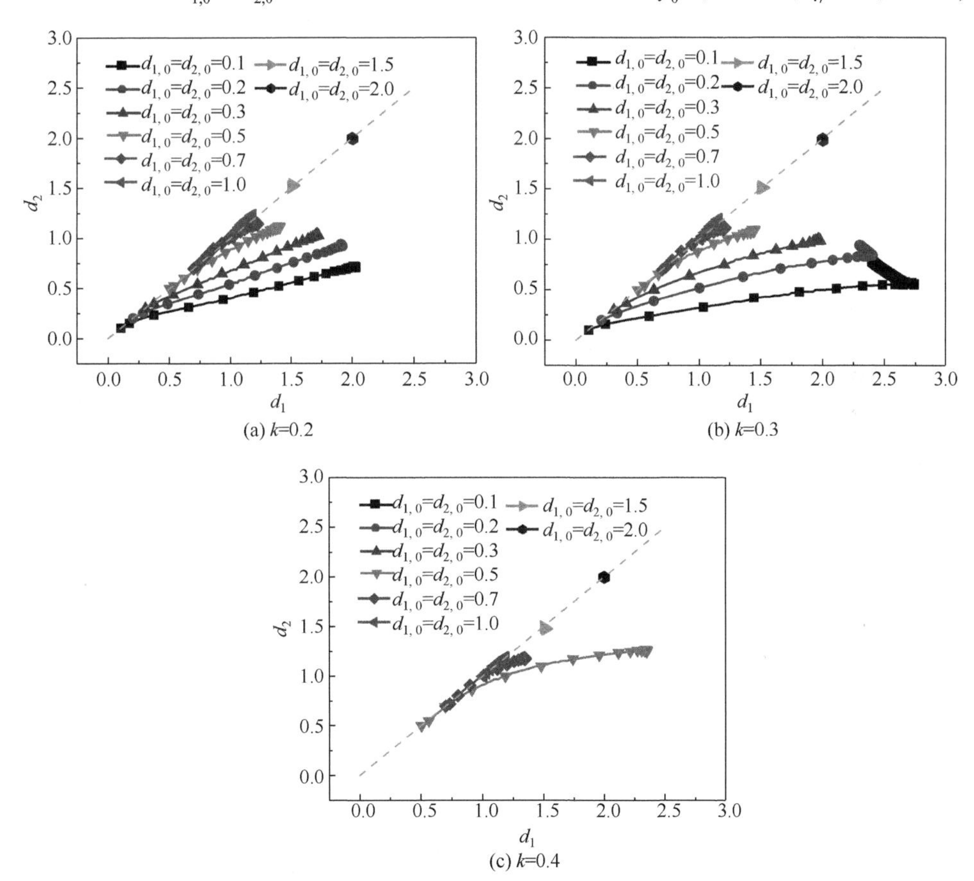

(a) k=0.2

(b) k=0.3

(c) k=0.4

图 7.11　不同 k、$d_{1,0}$ 和 $d_{2,0}$ 情况下颗粒在迁移过程中的间距变化 (y_0=0.2, Wi = 0.5, η_r = 0.3, α = 0.1)

图 7.12 给出了不同 k 数时流场的拉伸率分布，可见随着 k 的增大，流场拉伸程度增强，该现象在颗粒与壁面之间最为明显。需要说明的是，随着 k 的增大，壁面约束作用增强，颗粒更趋向于向邻近的壁面迁移，因此在 k=0.4 的情况下，y_0=0.2 的颗粒在 $d_{1,0}$=$d_{2,0}$=0.1、0.2 和 0.3 时朝向邻近的壁面迁移，相应的颗粒间距变化并未在 7.12(c)中给出。鉴于此，图 7.12 中选取 y_0=0.1 的情形来给出流场的拉伸率分布。

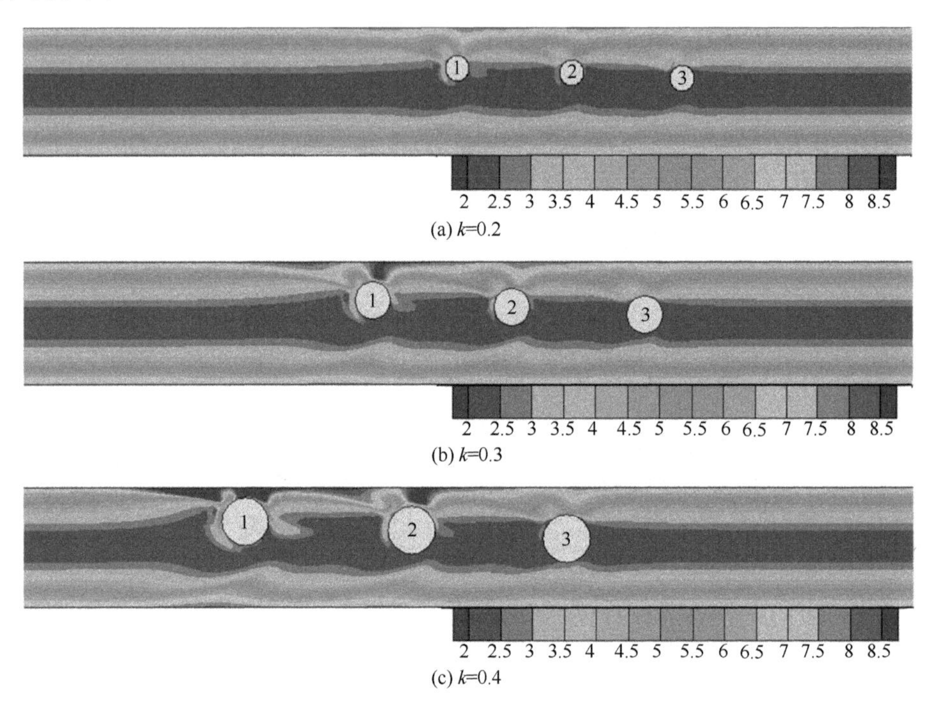

图 7.12　不同 k 数时流场的拉伸率分布(y_0=0.1, t=3)

7.2　颗粒在小 *Re* 数下 Giesekus 流体槽道流中的异常迁移

颗粒在 Giesekus 流体槽道流中迁移时，既可以朝中心线方向，也可以朝邻近壁面的方向，具体朝哪个方向取决于颗粒的初始位置，用一迁移方向分界线来划分颗粒迁移方向的初始位置，当颗粒初始位于中心线与分界线之间时，颗粒朝中心线迁移，当颗粒初始位于分界线与壁面之间时，颗粒朝壁面迁移。该分界线的位置与流体性质、壁面约束有关[7-9]。7.1 节中在三个颗粒本该向中心线迁移的条件下，出现了其中一个颗粒向邻近壁面迁移的情形，这种情形称为异常迁移，异常迁移的出现与颗粒的间距紧密相关。

7.2.1 *Wi* 数和剪切变稀性质对颗粒异常迁移的影响

图 7.13 给出了初始在不同位置 y_0 的颗粒在不同 *Wi* 数和不同剪切变稀程度 α 下的迁移方向，图中空心图标表示颗粒朝邻近的壁面迁移，实心图标表示颗粒朝中线迁移，细虚线为颗粒迁移方向的分界线。由图 7.13 可见，在 y_0 较小的位置上颗粒朝中线迁移，较大的位置上朝邻近的壁面迁移；随着 *Wi* 和 α 的增大，颗粒趋向于朝邻近的壁面迁移。

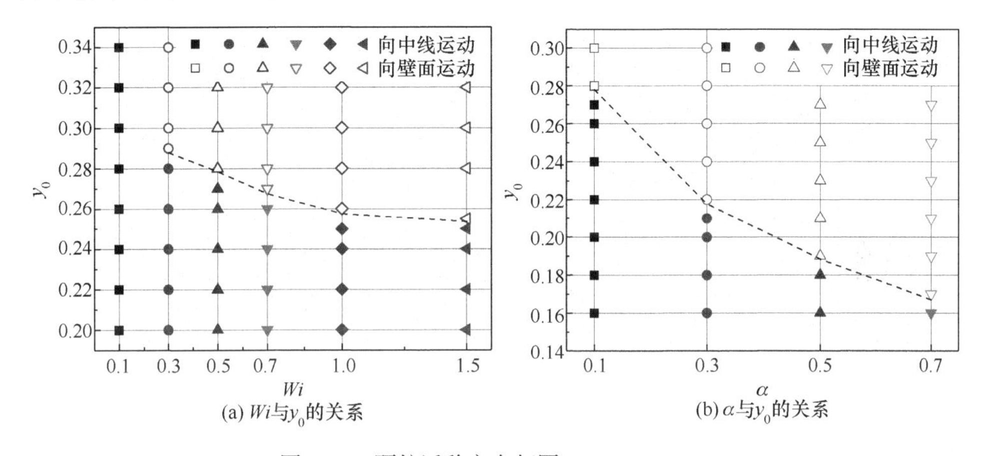

图 7.13 颗粒迁移方向相图(η_r=0.3, k=0.3)

图 7.14 给出了三个颗粒迁移方向与颗粒初始间距、y_0、*Wi* 的关系，图中纵坐标表示三个颗粒的初始间距 $S=d_{1,0}=d_{2,0}$，横坐标分别表示颗粒 1、2 和 3。在图 7.14(a) 中，当 y_0=0.2 时，可见三个颗粒在所给的初始间距情况下，颗粒都朝中线迁移。而当 y_0=0.25 时情况发生了变化，在图 7.13(a)中，y_0=0.25 的单颗粒在 *Wi*=0.5 和 1.0 的情况下朝中线迁移，而在图 7.14(b)、(d)中，当颗粒间距较小时，三个颗粒中的一个或两个颗粒却朝邻近的壁面迁移。

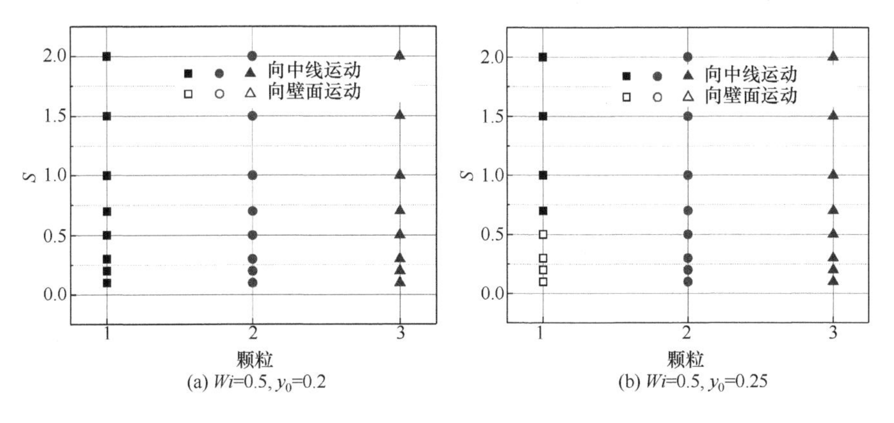

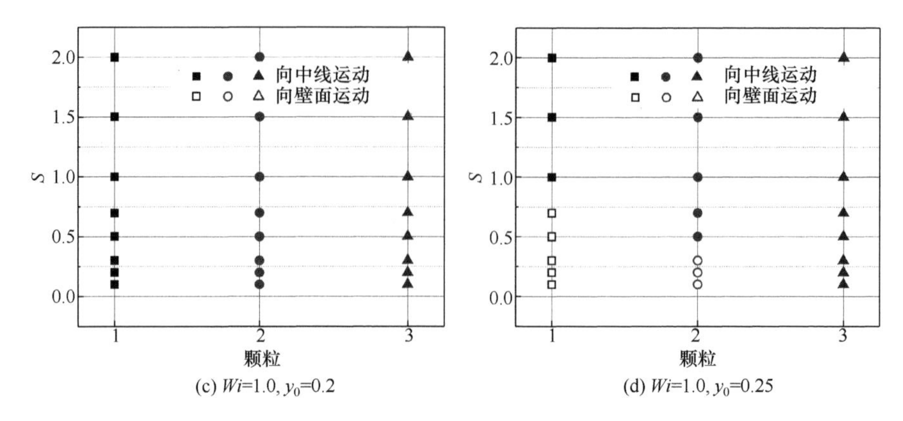

图 7.14　不同 Wi 数和 y_0 下三个颗粒迁移方向相图(η_r=0.3, k=0.3)

图 7.15 给出了三个颗粒迁移方向与颗粒初始间距、y_0、α的关系，在图 7.13(b)中，当α=0.3 时位于 y_0=0.21 的颗粒朝中心线迁移，而在图 7.15(b)中，当α=0.3、间距小于等于 0.7 时，位于 y_0=0.2 的颗粒 1 朝壁面迁移；相反地，当 $y_0 \geqslant 0.19$ 时，单颗粒在α=0.5 时朝邻近壁面迁移(图 7.13(b))，而 y_0=0.2 的三个颗粒中，颗粒 3 在α=0.5 的情况下朝中线迁移。以上一系列的颗粒异常迁移与颗粒初始间距 S 紧密相关。

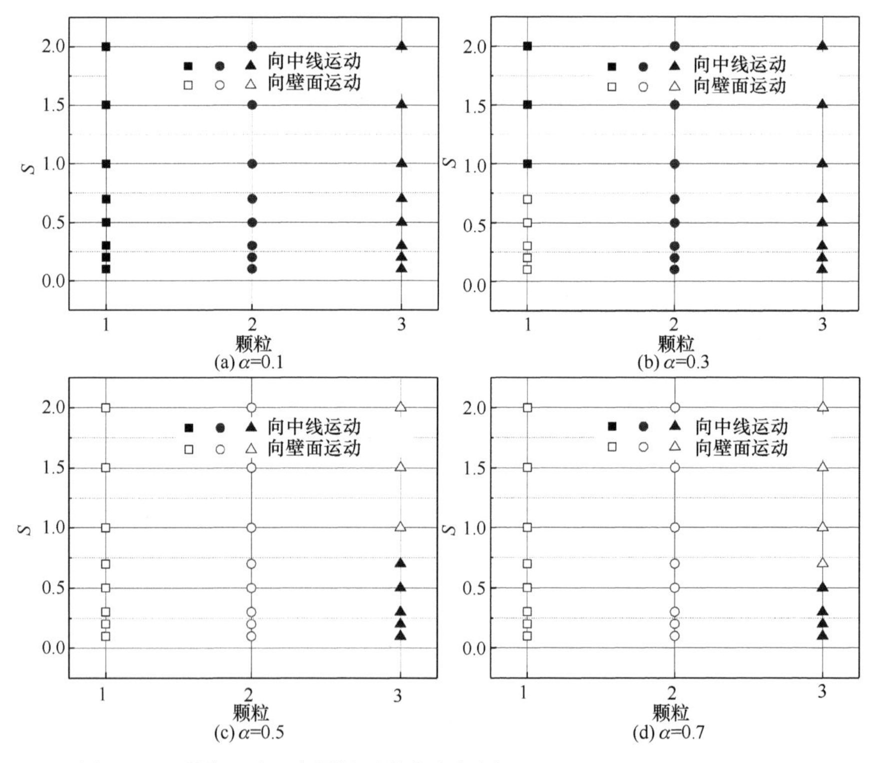

图 7.15　不同 α 下三个颗粒迁移方向相图(Wi=0.5, y_0=0.2, η_r=0.3, k=0.3)

7.2.2　颗粒异常迁移时的轨迹

为进一步分析颗粒异常迁移的原因，图 7.16 给出了单颗粒与三颗粒中的迁移轨迹。可见三颗粒与单颗粒的迁移轨迹存在差异，其中颗粒 1 和颗粒 3 的迁移轨迹与单颗粒的迁移轨迹差别较大。颗粒 1 先朝邻近壁面迁移Δm 的距离(Δm 定义为颗粒初始纵向的位置与颗粒在迁移过程中纵向最大位置之差)，然后再向中心线迁移。颗粒 3 比单颗粒更快地向中心线迁移。颗粒 2 的两侧均存在颗粒，所以其迁移轨迹与单颗粒的迁移轨迹最为接近。三颗粒的初始高度均为y_0=0.2，定义颗粒 1、2、3 迁移至 $y_0/2$ 处与单颗粒轨迹的流向位置差异量为Δn、Δg 和Δk。

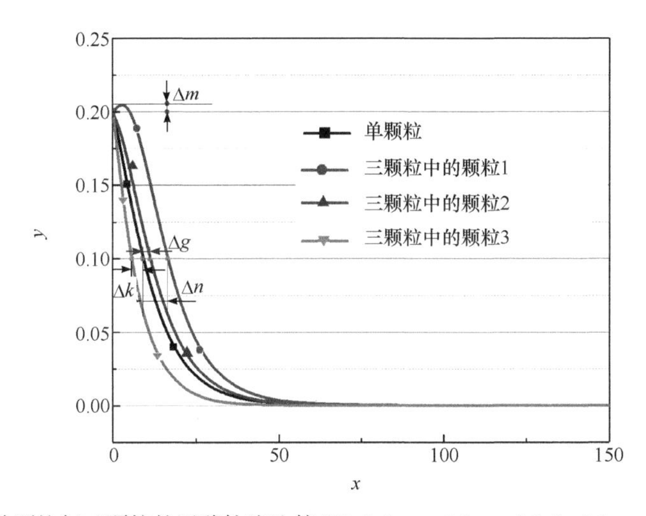

图 7.16　单颗粒与三颗粒的迁移轨迹比较(Wi=0.5, η_r =0.3, α=0.1, k=0.3, y_0=0.2, S=0.5)

对于三颗粒中某个颗粒改变迁移方向、在应该向中线迁移时却向壁面迁移这一现象，可以从迁移量Δm 上进行解释。定义颗粒迁移方向分界线所在的位置为y_{sep}(图 7.13 中虚线对应的纵坐标值)，图 7.17 给出了不同初始间距 $d_{1,0}$ 和 $d_{2,0}$ 的颗粒迁移时的轨迹，其中的计算参数对应图 7.15(b)的计算参数。由图 7.17 可知，颗粒向上的异常迁移量Δm 受颗粒初始间距 $d_{1,0}$ 和 $d_{2,0}$ 的影响，$d_{1,0}$ 和 $d_{2,0}$ 越小，Δm 越大。图 7.17(a)中的Δm 为 0.0132，即颗粒 1 迁移到 y=0.2132 的最高位置，而 y_{sep} 对应的值为 y=0.215，即颗粒仍处在中线与迁移方向分界线之间，因此颗粒朝中线迁移。总之，在使颗粒朝中线迁移的条件下，如果 $y_0+\Delta m>y_{sep}$，则颗粒最终将朝着邻近的壁面迁移；反之，颗粒将保持原来的迁移方向，继续向中线迁移。

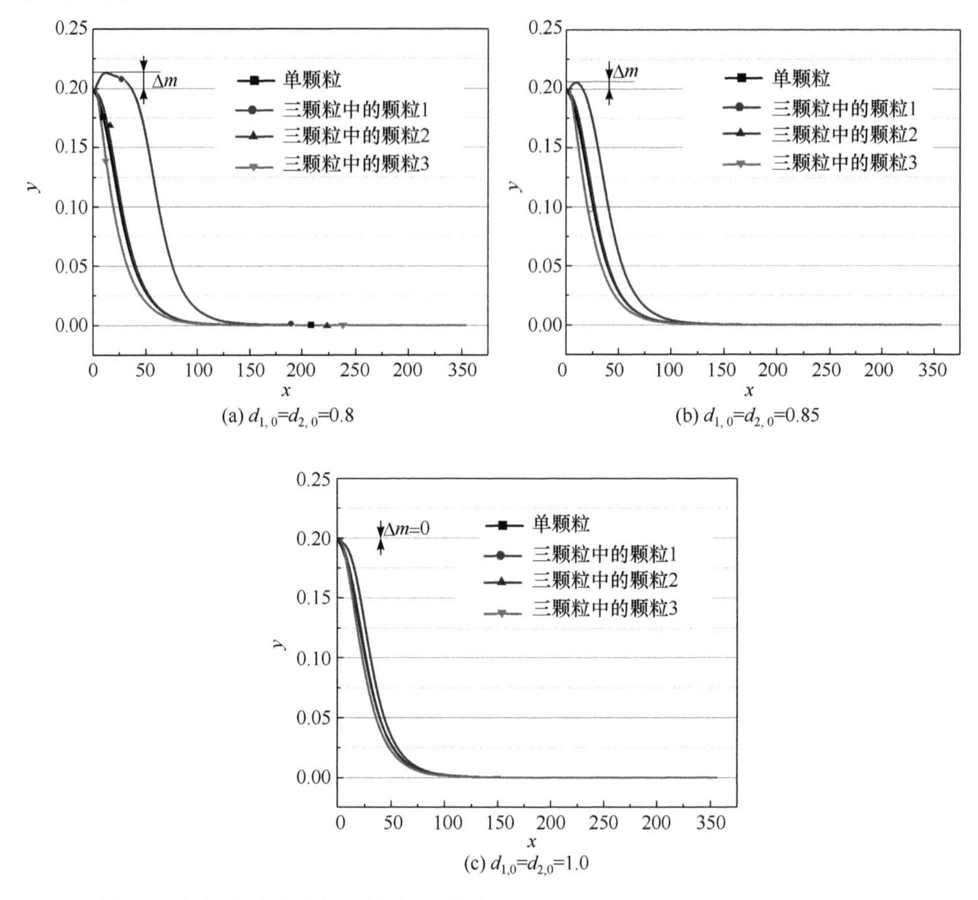

(a) $d_{1,0}=d_{2,0}=0.8$　(b) $d_{1,0}=d_{2,0}=0.85$

(c) $d_{1,0}=d_{2,0}=1.0$

图 7.17　不同初始间距下颗粒的迁移轨迹(Wi=0.5, η_r =0.3, α=0.3, k=0.3, y_0=0.2)

由以上分析可知，颗粒的异常迁移源于颗粒间的相互作用，而颗粒间的相互作用受到颗粒初始间距、流体弹性、流体剪切变稀性质、颗粒尺度等多个因素的影响。以下将具体给出各因素对颗粒异常迁移量(Δm、Δn 和Δk)的影响。前面已介绍，颗粒迁移方向的分界线 y_{sep} 在 0.2 附近(图 7.13)，因此以下介绍中的 y_0=0.1、0.15 和 0.2。由于颗粒初始间距越小，颗粒间的相互作用越强，异常迁移量越大，因此颗粒最小初始间距为 0.1。

7.2.3　颗粒初始间距对异常迁移量的影响

图 7.18 给出了不同初始间距 $S=d_{1,0}=d_{2,0}$、不同初始位置 y_0 的颗粒的异常迁移量Δm，计算时的参数为 Wi =0.5，η_r=0.3, α = 0.1, k=0.3。由图 7.18 可知，不论 y_0 取什么值，Δm 随 S 的减小而增大，当 S 较大时($S \geqslant 0.7$)，颗粒间的相互作用较弱，Δm 变为 0，即当 S 足够大时不存在异常迁移。此外，在相同 S 下，y_0 越大，Δm 值也越大。

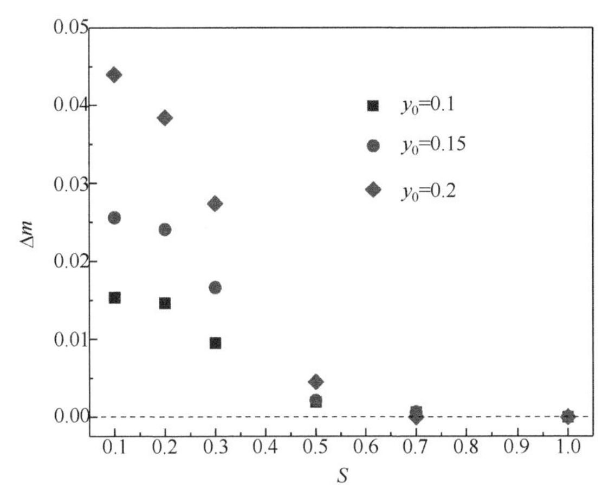

图 7.18　不同颗粒初始间距和初始位置下的Δm

图 7.19 给出了不同初始间距 S 和不同初始位置 y_0 的颗粒的异常迁移量Δn 和Δk，可见Δk 随 S 的增大而减小，当 S 增大至 1.5 时，Δk 减小至 0。Δk 与 y_0 成正比，y_0 越大，Δk 也越大。Δn 与 S 的关系与 y_0 有关，对于 y_0=0.2，Δn 随 S 的增大而减小，而对于 y_0=0.10 和 0.15，Δn 随 S 的增大先增大后减小，当 S 增大至 1.5 时，Δn 减小至 0。比较Δk 与Δn 的绝对值可知，在相同条件下，Δn 的绝对值大于Δk 的绝对值，这表明颗粒间的相互作用对颗粒 1 的影响要比对颗粒 3 的影响大。

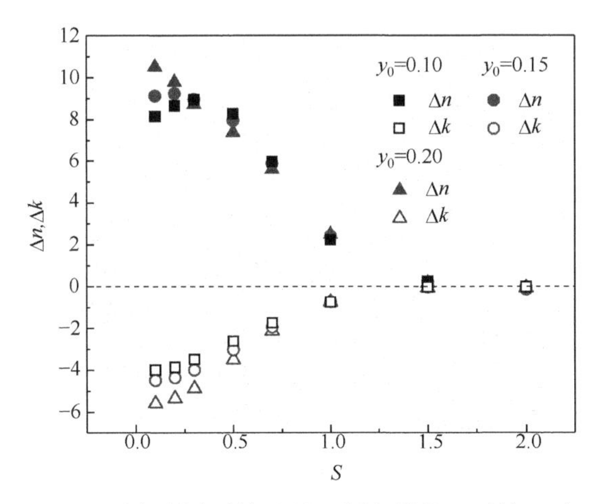

图 7.19　不同颗粒初始间距和不同初始位置下的Δn 和Δk

7.2.4　*Wi* 数对异常迁移量的影响

图 7.20 给出了不同颗粒初始间距 S 和不同初始位置 y_0 下 Wi 数对Δm 的影响，如图 7.20(a)所示，对于 y_0=0.1 的情况，在相同条件下，Wi 较小时(Wi<0.5)，Δm 随 Wi 的增大而减小；Wi 较大时(Wi>0.5)，不同 Wi 下Δm 的差异较小，整体趋势

是Δm随Wi的增大而逐渐减小，这说明随着Wi的增大，Wi对Δm的影响减弱。如图7.20(b)所示，对于y_0=0.2的情况，Wi与Δm的关系不再单调，当$S > 0.3$时，Δm随Wi的增大而增大。总之，Wi对颗粒异常纵向迁移的影响与颗粒的初始位置有关，比较图7.20(a)与7.20(b)，在相同条件下，位于y_0=0.1的颗粒对应的Δm值总小于y_0=0.2时的Δm值，换言之，颗粒初始位置越接近中心线，弹性作用对颗粒异常迁移的影响越小。

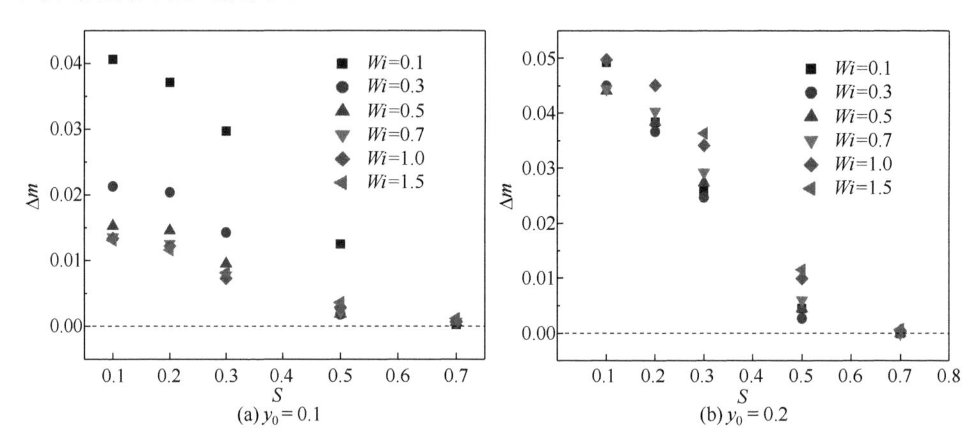

图7.20　不同颗粒初始间距和不同初始位置下Wi数对Δm的影响(η_r =0.3, α=0.1, k=0.3)

图7.21给出了在不同初始间距S和不同初始位置y_0下Wi数对Δn和Δk的影响。在图7.21(a)中，当y_0=0.1时，Δn和Δk随Wi的增大而减小。当Wi>0.1时，在不同Wi下，Δn、Δk的差别很小。在图7.21(b)中，当y_0=0.2时，在不同Wi下，Δk与S的关系与y_0=0.1时的情形相似，Δk随Wi的增大而减小；而在不同Wi下，Δn与S的关系与y_0=0.1的情形不同，Wi对Δn影响很小。

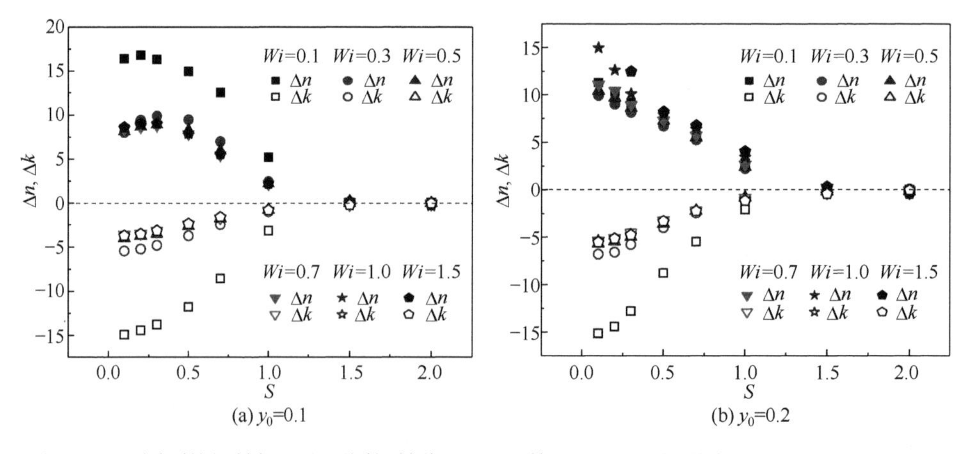

图7.21　不同颗粒初始间距和不同初始位置下Wi数对Δn和Δk的影响(η_r=0.3, α=0.1, k=0.3)

7.2.5　剪切变稀性质α对异常迁移量的影响

图 7.13(b)给出了剪切变稀性质对颗粒沿纵向迁移的影响，图中当α=0.1 时，位于 y_0≤0.27 的颗粒均朝中线迁移，而当α=0.7 时，仅 y_0≤0.16 的颗粒朝中线迁移，可见随着剪切变稀程度的增强，颗粒更易朝邻近的壁面迁移。在图 7.13(b)，当α≥0.3 时，颗粒迁移方向分界线小于等于 0.2。由于这部分主要介绍剪切变稀性质对颗粒异常迁移量的影响，当 y_0=0.2 时，颗粒已完全改变方向朝邻近的壁面迁移，导致无法计算异常迁移量。因此，这部分仅给出 y_0=0.1 时颗粒的异常迁移。

图 7.22 给出了不同颗粒初始间距下剪切变稀性质α对 y_0=0.1 时颗粒异常迁移的影响，可见在相同条件下，随着α的增大，剪切变稀程度增强，颗粒趋向于朝邻近的壁面迁移，Δm 值也增大。Δn 与Δk 随α的增大而增大。在图 7.22(b)中，不同 S 下Δn 的变化趋势与图 7.19 中的情形相同。总之，异常迁移量Δm、Δn 与Δk 随着α的增大而增大，这表明剪切变稀程度越强，颗粒的异常迁移现象越明显。

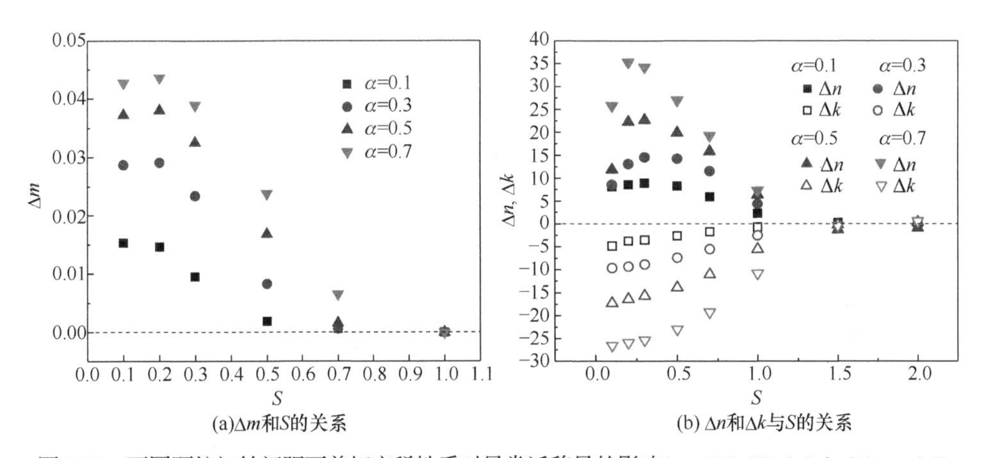

图 7.22　不同颗粒初始间距下剪切变稀性质对异常迁移量的影响(η_r =0.3, Wi=0.5, k=0.3, y_0=0.1)

7.2.6　壁面约束对异常迁移量的影响

壁面约束作用通过阻塞率 k 体现，图 7.23 给出了单颗粒迁移方向与颗粒初始位置 y_0 和阻塞率 k 的关系，图中的灰色部分是因颗粒尺度的限制，颗粒中心无法达到的位置。由图 7.23 可见，当 k=0.2 时，位于 y_0 ≤ 0.31 的颗粒向中线迁移，而当 k=0.4 时，只有 y_0 ≤ 0.22 的颗粒才向中线迁移，可见随着 k 的增大，壁面约束作用的增强，颗粒更趋向于向邻近的壁面迁移。

图 7.24 给出了不同颗粒初始间距下阻塞率对三颗粒异常迁移量的影响。当 k=0.4 时，颗粒沿纵向迁移的分界线为 y_{sep}≈0.2。这部分主要介绍壁面约束对颗粒异常侧向迁移量的影响，因此取 y_0=0.1。在图 7.24(a)中，随着 k 的增大，Δm 也

增大。当颗粒初始间距 S 增大至 0.7 时，颗粒间相互作用较弱，Δm 减小至 0。然而，在图 7.24(b)中，k 对Δn 和Δk 的影响正好相反，Δn 和Δk 随着 k 的增大而减小，并且随着 S 的增大，Δn 和Δk 对 k 的依赖性减弱。比较Δm 与Δn 和Δk 可以发现，在相同条件下，Δm 远小于Δn 和Δk。

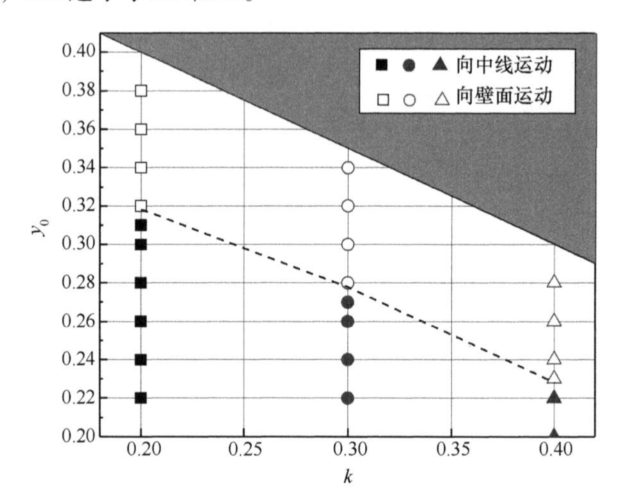

图 7.23　单颗粒迁移方向与颗粒初始位置和阻塞率的关系(α=0.1, Wi=0.5, η_r =0.3)

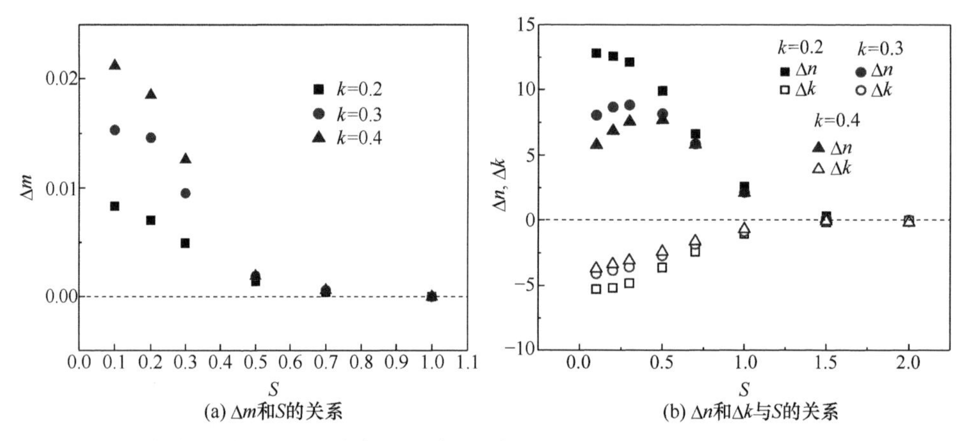

(a) Δm和S的关系　　(b) Δn和Δk与S的关系

图 7.24　不同颗粒初始间距下阻塞率对三颗粒异常迁移量的影响(α=0.1, η_r =0.3, Wi=0.5, y_0=0.1)

综上所述，在其他条件相同的情况下，颗粒初始位置 y_0 对于颗粒迁移和成链有较大影响。当 y_0=0 时，颗粒初始间距较小时的颗粒 1 和颗粒 2 能形成颗粒对，间距较大时的颗粒几乎不存在相互作用，因而三颗粒间距保持不变。随着 y_0 的增大，颗粒间距的变化变得复杂。当 y_0=0.2 时，三颗粒间没有颗粒对形成，颗粒在迁移过程中间距变得更大。对于 $y_0 \neq 0$ 的颗粒而言，其颗粒间距变化主要发生在颗粒沿纵向的迁移过程中，此时颗粒间的相互作用变强，当颗粒迁移至中心线后，颗粒间距变化较小。在颗粒 1 与颗粒 2 的间距 d_1 增量相同的情况下，随着 Wi 的增大，颗粒 2 和颗粒 3 的间距 d_2 的增量减小。随着剪切变稀程度的增强，d_1 的最大值增大。在初始颗粒间距为 0.1 的情况下，颗粒 1 和颗粒 2 将形成颗粒对。流体剪切变稀的记忆效应，导致颗粒在迁移过程中 d_1 减小，并且随着剪切变稀程度的增强，d_1 的减小值增大。随着阻塞率的增大，颗粒间的流场拉伸以及颗粒与壁面间的流场拉伸增强。

颗粒是往中线还是壁面迁移与流体性质和颗粒初始位置 y_0 有关。存在一条迁移分界线，颗粒初始位于中线和分界线之间时，朝中线迁移，否则朝邻近的壁面迁移。三个初始水平放置的相同颗粒，其迁移轨迹与单个颗粒迁移轨迹存在差异。在一定条件下，单颗粒朝中线迁移，而三颗粒中上游的颗粒朝邻近的壁面迁移一定距离 Δm 后再向中线迁移，下游颗粒在颗粒间作用下更快地朝中线迁移，中间颗粒的迁移轨迹与单颗粒迁移轨迹最为接近。在一定条件下，颗粒会完全改变迁移方向，即使处在使颗粒朝中线迁移的条件下，由于颗粒间的相互作用，颗粒也会向邻近的壁面迁移，形成所谓的“异常迁移”。当颗粒初始间距足够大时，颗粒间的相互作用较弱甚至消失，此时三颗粒的迁移轨迹与单颗粒迁移轨迹无异。随着颗粒初始位置离中线的距离增大，三颗粒异常迁移现象变得明显。阻塞率越大，壁面约束作用越强，颗粒的异常迁移越明显。颗粒异常迁移受到流体性质的影响，剪切变稀性质会促进颗粒的异常迁移，而流体弹性的增强会抑制其异常迁移。

7.3　颗粒在 Giesekus 流体矩形流道中的迁移

矩形流道已被广泛用于颗粒的惯性和黏弹性聚焦。在矩形流道中，流体黏弹性、流体惯性以及壁面约束效应，导致颗粒迁移的动力学更加复杂。

7.3.1　背景与流场描述

Leshansky 等[10]在具有大长宽比的直角微缝中对黏弹性流体中的颗粒迁移进行了实验，观察到在低 Re 数情况下，颗粒向平行于长边的中线迁移。Villone 等[8]采用黏弹性流体的 Giesekus 模型和 Phan-Thien-Tanner(PTT)模型，数值研究了流体流变特性对微缝中颗粒迁移的影响，结果表明当颗粒直径相比于通道尺度(阻塞率)较小时，颗粒将向通道中心或邻近的壁面迁移，至于往哪边迁移取决于颗粒的初始位置；而对于大阻塞率的情形，颗粒在 PTT 流体中向壁面迁移，在具有相当剪切变稀程度的 Giesekus 流体中则向中心迁移。在忽略惯性效应的方形流道中，Villone 等[11]的数值模拟结果表明，PTT 流体中的颗粒根据其初始位置的不同，或向流道中心或向邻近的角落迁移，且随着流体黏弹性的增加，向流道中心迁移的颗粒减少。而对于 Giesekus 流体，二次流会在涡流结构中捕获一些颗粒，随着颗粒尺度增加或 De 数(见 2.1.2 节)的减少，颗粒跨流线迁移速度大于二次流速度，使大多数颗粒向流道中心迁移。

已有实验结果表明，方形流道中的刚性胶体颗粒存在流道中心和角落的多个平衡位置，而柔性 DNA 分子[12]和红细胞[13]则沿着流道中心排列，后者是由于柔性颗粒诱导的壁面升力所致。流体的惯性效应有利于黏弹性流体中的颗粒聚焦在流道的中线上，即所谓的弹性-惯性颗粒聚焦[14-16]。Lim 等[14]在 $10 \leqslant Re \leqslant 10^4$ 的较大 Re 数范围内，观察到颗粒在弱弹性流体(弹性数 El 约为 0.1)中向流道中心迁移。Seo 等[15]以及 Yang 等[17]认为，黏弹性力通常将颗粒推向流道中心或角落，流体惯性则提供了壁面的排斥力将颗粒推出角落。Liu 等[18]的实验结果表明，在阻塞率为 0.3 的情况下，大颗粒向矩形流道中短壁面迁移，而小颗粒向通道中线迁移。Xiang 等[19]的实验结果表明，颗粒迁移到矩形流道中平行于短边的平面中的两个偏离中心的位置，随着流速的进一步增大，第三个聚焦位置出现在流道中心。Di 等[20]在低 Re 数下，观察到长宽比为 2 的矩形流道聚环氧乙烷流体中颗粒的偏心聚焦位置。Li 等[21]数值模拟了颗粒在 Giesekus 流体方形流道中的平面迁移，结果表明颗粒的平衡位置取决于弹性和惯性效应哪个占优，在具有强弹性和弱惯性的流体中，颗粒聚焦在流道的中心；剪切变稀效应和二次流倾向于使颗粒远离流道中心，并且随着惯性和弹性效应的增加，这种现象更明显。

以下关注颗粒在黏弹性 Giesekus 流体直矩形流道中的迁移，如图 7.25 所示，坐标原点位于流道横截面中心，矩形流道的长、宽、高分别为 L、W、H。用第 2 章介绍的虚拟区域法对颗粒在矩形流道中的迁移进行数值模拟，沿 z 方向的流动方向施加周期性边界条件，并引入恒定压力梯度驱动流体运动，无滑移边界条件施加在流道的四个壁面和颗粒的表面上。在 x、y、z 方向上的计算域分别为 $[-W/2, W/2]$、$[-H/2, H/2]$、$[-L/2, L/2]$，特征长度是 H，特征速度是牛顿流体在给定压力梯度下在流道中心线上的速度：

$$U_0 = \frac{16\kappa\left(-\dfrac{\mathrm{d}p}{\mathrm{d}x}\right)H^2}{\eta_0 \pi^3}, \tag{7-1}$$

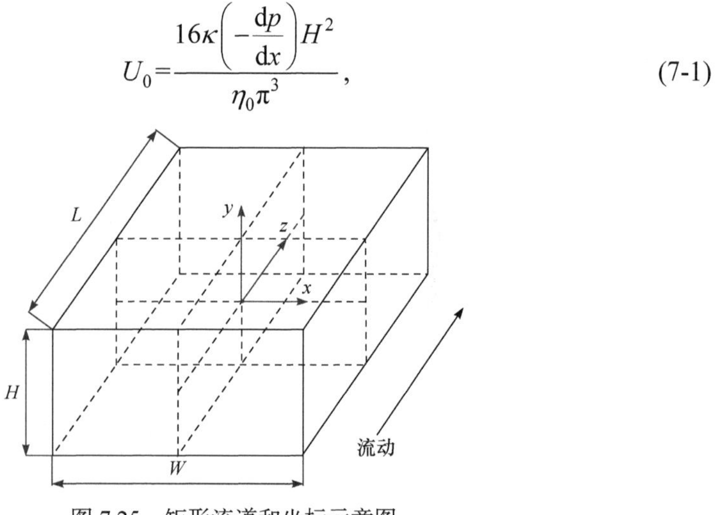

图 7.25　矩形流道和坐标示意图

式中 κ 是常数，其值取决于流道几何形状，对于宽高比为 2 的矩形通道有

$$\kappa = \sum_{n=1,3,5,\cdots}^{\infty} (-1)^{\frac{n-1}{2}} \frac{1}{n^3}\left[1-\operatorname{sech}\left(\frac{n\pi}{4}\right)\right] = 0.221 . \tag{7-2}$$

Re 数和 *Wi* 数的定义基于 U_0，由于剪切变稀效应，在相同压力梯度下，Giesekus 流体的流速大于牛顿流体的流速。数值模拟中剪切变稀性质 α=0.2，黏度比 $\eta_r = 0.5$，流道宽高比为 2，阻塞率 *k*=0.15。表 7.1 列出了流道中心线处流体的实际最大速度和不同情况下的平均速度，根据表 7.1 中的数据，可以由平均速度计算 *Re* 数和 *Wi* 数，弹性数定义为 *El*=*Wi*/*Re*，仅取决于流道尺寸和流体特性。数值模拟时的时间步长 Δt 取 5×10^{-4}，网格尺度取 *H*/128。

表 7.1　流道中心线处流体的实际最大速度和不同情况下的平均速度(α=0.2, $\eta_r = 0.5$)

算例	平均速度	最大速度
Re=1, *Wi*=0.1	0.511	1.016
Re=1, *Wi*=0.5	0.629	1.222
Re=50, *Wi*=0.01	0.503	1.003
Re=50, *Wi*=0.5	0.632	1.228
Re=50, *Wi*=1.0	0.745	1.437
Re=50, *Wi*=2.5	0.873	1.697

7.3.2　二次流

黏弹性 Giesekus 模型具有非零的第二法向应力差，这导致矩形流道中存在二次流。图 7.26 给出了矩形流道中二次流的速度矢量，*Re* 数对二次流的影响不大，因为对于直通道中的纯平行流，方程中的惯性项会消失。正如在方形流道中得到的结果那样[11]，在流动方向上，二次流的速度比主流速度低三个数量级，这与颗粒的迁移速度相当，因此二次流会显著地影响颗粒的迁移。

比较图 7.26(a)、(b)可知，随着 *Wi* 数的增大，二次流增强，在每个象限中，二次流由一个大的环流主导，该大环流将流体输运到两长边的中间平面，在短边的附近存在一个小而弱的环流，该环流将流体沿着侧壁输运到角落。

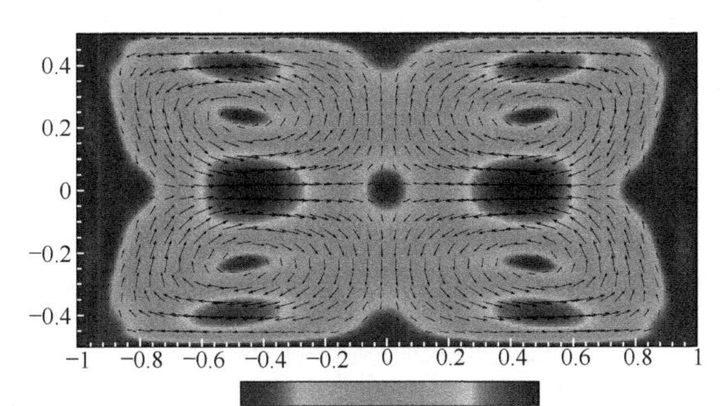

(a) *Re*=50, *Wi*=0.5, *El*=0.01

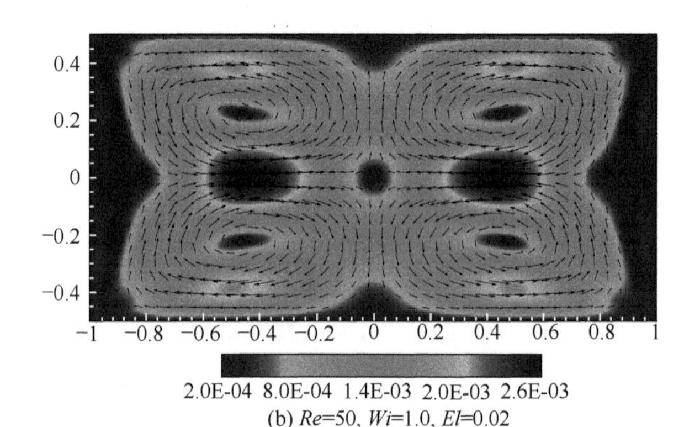

(b) Re=50, Wi=1.0, El=0.02

图 7.26　矩形流道中二次流的速度矢量(α=0.2, η_r = 0.5)

7.3.3　小 *Re* 数下颗粒的迁移

以下给出小 Re 数(Re=1)时颗粒的迁移特性，虽然流场 Re 数为 1，但基于颗粒直径和剪切速率的颗粒 Re 数约为$(d/H)^2Re$=0.0225。因此，流体惯性对颗粒迁移的影响可以忽略不计。初始时刻，颗粒和流体都处于静止状态。图 7.27 给出了在 Wi = 0.1 和 Wi = 0.5 情况下，不同初始位置的颗粒在流道横截面中的投影，由于对称性，只给出了流道的右上象限，图中的红色实线表示颗粒的轨迹，黑色点划线表示颗粒接触流道壁的位置，红线一端的黑点表示颗粒的初始位置，红线上的红点表示颗粒每 100 个无量纲时间单位移动一次时颗粒所在的位置。

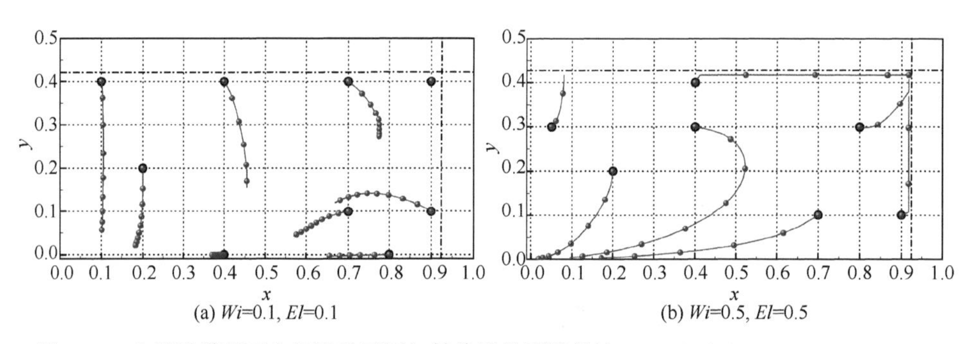

(a) Wi=0.1, El=0.1　　(b) Wi=0.5, El=0.5

图 7.27　在流道横截面中投影的不同初始位置的颗粒轨迹(Re=1.0, k=0.15, α=0.2, η_r = 0.5)

对于图 7.27(a)所示的 Wi = 0.1 的情形，流体的弹性效应较弱，颗粒向 x<0.5 的两长边的中间平面迁移，其轨迹受到二次流的影响，尤其是在图 7.26 中二次流较强的区域。除了初始位置在流道拐角处的颗粒仍旧稳定地停留在拐角处，其余初始位置的颗粒在向两长边的中间平面迁移后再向流道中线移动。对于图 7.27(b)所示的 Wi=0.5 的情形，流体弹性和二次流较强，与 Wi=0.1 的情形相比，颗粒滞

留在拐角区域的面积更大，根据颗粒初始位置的不同，颗粒向流道中心或最近的拐角迁移。初始位置在壁面附近(除了角落)的颗粒先向壁面的方向迁移，然后再向角落迁移。初始位置在其他区域的颗粒基本上先随着二次流的方向迁移，然后在流道中心附近摆脱二次流而向中心线迁移。将颗粒推向中心或拐角的流体弹性效应和二次流对颗粒的迁移轨迹有很大影响。在以往的实验和数值模拟研究中，当流体黏弹性较强时，在方形流道中已观察到同时存在中心线和拐角处的平衡位置[11,12, 15, 17]。

7.3.4　大 *Re* 数下颗粒的迁移

对于大 *Re* 数的情形(*Re*=50)，要考虑流体惯性对颗粒迁移的影响。图 7.28 给出了在大 *Re* 数、不同 *Wi* 数情况下颗粒的轨迹，流体弹性和惯性的相对重要性通过弹性数 *El* 的值体现，当 *Re*=50 时，对于 *Wi*=0.01、0.5、1.0 和 2.5，弹性数分别为 *El*=0.0002、0.01、0.02 和 0.05。

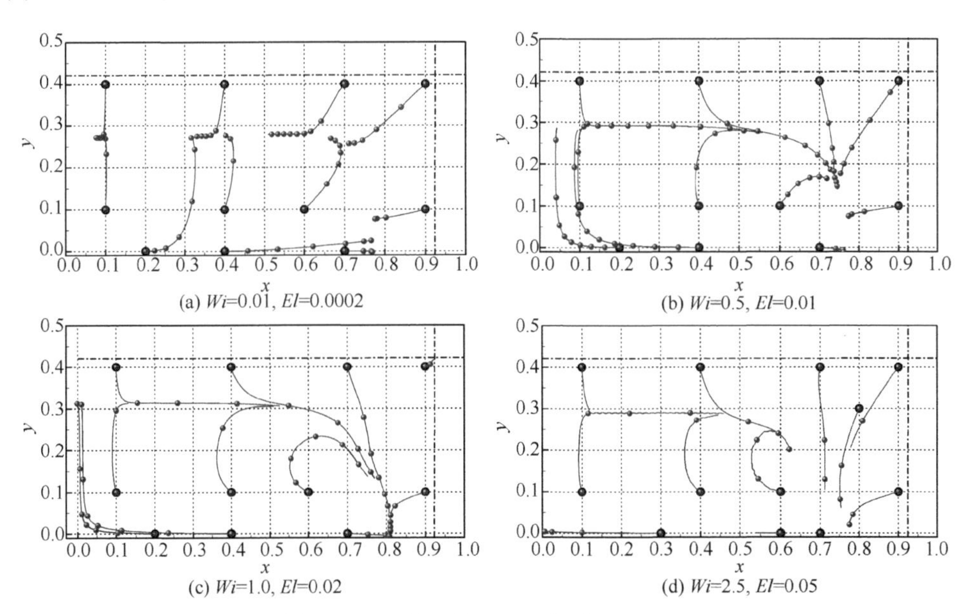

图 7.28　在流道横截面中投影的不同初始位置的颗粒轨迹(Re=50, k=0.15, α=0.2, η_r = 0.5)

对于图 7.28(a)中 *Wi*=0.01 的情形，流体弹性效应很小，表 7.1 中所示的流道中心速度为 1.003，这表明没有发生剪切变稀效应。在这种情况下，颗粒在横截面上的迁移由流体惯性效应主导，即颗粒先快速地迁移到流道的壁面，然后缓慢迁移到壁面的中心，以往的研究也给出了同样的结果[22, 23]。颗粒在短边壁面中心的平衡位置稳定与否，取决于 *Re* 数、阻塞率和流道横截面宽高比。对于 $Wi \geqslant 0.5$(即 $El \geqslant 0.01$) 的情形，流体黏弹性和二次流效应强于流体的惯性效应。在

图 7.28(b)Wi=0.5 的情形中，无论颗粒在什么初始位置上，所有颗粒都向位于位置(±0.75, 0)附近的短边壁面的中心迁移。

在图 7.28(c)Wi=1.0 的情形中，颗粒的迁移行为与图 7.28(b)Wi=0.5 的情形类似，不同的是此时拐角是一个稳定的平衡位置。此外，随着 Wi 数的增大，初始位置位于两长边中间平面的颗粒更接近流道的中心线。在图 7.28(d)Wi=2.5 的情形中，颗粒可以到达中心线并停留在那里。尽管中心线可以是一个稳定的平衡位置，但到达这一平衡位置的颗粒初始位置的区域较小，即只有最初位于两长边中间平面的颗粒才有可能到达这一平衡位置。

在图 7.28(c)Wi=1.0 的情形中，初始位置位于(0.2, 0)和(0.4, 0)的颗粒，在 t=600 时迁移到(0, 0.31)左右的位置。增加 60 个时间单位的数值模拟结果表明，颗粒在纵向的位置几乎没有变化，但 x 方向的位置随着时间的推移而不断远离中间平面，这表明长边壁面的中心不是平衡位置。在图 7.28(d)Wi=2.5 的情形中，初始位置位于(0.7, 0)的颗粒不随时间移动，这意味着当 Wi=2.5 时，短边壁面的中心是稳定的平衡位置。

在以上所给的参数范围内，如果颗粒在初始时刻均匀地分布在流道的横截面上，则在流体弹性-惯性的作用下，大多数颗粒将向短边壁面的中心迁移。

综上所述，当流体惯性小到可以忽略不计时，颗粒是向流道中心线迁移还是向邻近的拐角迁移，取决于颗粒的初始位置。随着 Wi 数的增大，颗粒向邻近拐角迁移的可能性增加。当流体的惯性和弹性效应都很显著时，大多数颗粒会向短边壁面的中心迁移。

7.4　双尺度颗粒对在 Giesekus 和 Oldroyd-B 流体方形流道中的迁移

在以上介绍的多颗粒情形中，颗粒具有相同的直径，而在实际应用中，往往存在颗粒具有不同尺度的情形。以下介绍双尺度颗粒对在黏弹性 Giesekus 流体和 Oldroyd-B 流体方形流道中的迁移，给出颗粒直径、初始颗粒间距、剪切变稀性质、Wi 数、Re 数对颗粒迁移的影响。

7.4.1　流场描述与模拟方法验证

如图 7.29 所示，矩形流道的长、宽、高分别为 L、W、H，坐标原点设在流道的中心。用第 2 章介绍的虚拟区域法对颗粒的迁移进行数值模拟，周期性边界条件施加在 z 方向，该方向有恒定压力梯度驱动流体运动，流道的壁面和颗粒表面采用无滑移边界条件。在 x、y、z 方向上的计算域分别为[$-W/2$, $W/2$]、[$-H/2$, $H/2$]、

[$-L/2, L/2$]，网格数分别为 128、128、512，特征长度是 H，特征速度是流道中心线上的速度 U_0。颗粒的初始位置为$(y/H, z/H)=(0, 0)$，阻塞率定义为 $k=D/H$，D 是大颗粒的直径，数值模拟中 $k=0.3$，颗粒 1 与颗粒 2 的直径比定义为$\beta=D_1/D_2$，颗粒的间距 l 定义为两个颗粒最近点的距离与大颗粒直径之比，右边的颗粒为领先的颗粒，左边的颗粒为滞后的颗粒。

为说明采用的数值模拟方法及其编程的可靠性，图 7.30 给出了当两个颗粒在黏弹性流体中迁移时，两颗粒的间距随时间发展的变化，图中也给出了相同条件下的实验结果[24]，可见数值模拟结果与实验结果吻合较好。图 7.30 中处于平衡位置的小颗粒比大颗粒移动更快，追上大颗粒后形成颗粒链，大颗粒和小颗粒分别位于链的前端和末端。

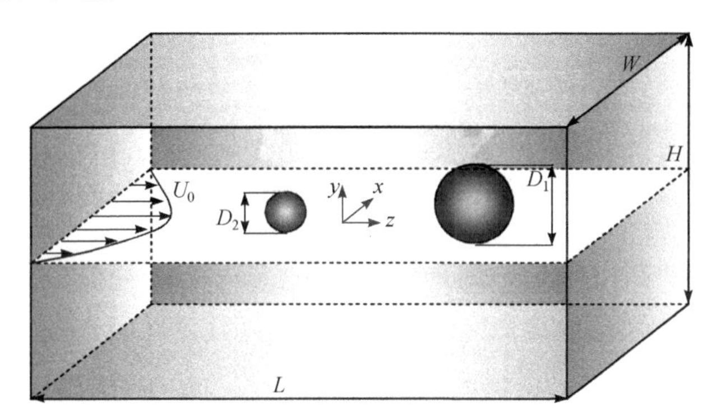

图 7.29　矩形流道及颗粒示意图

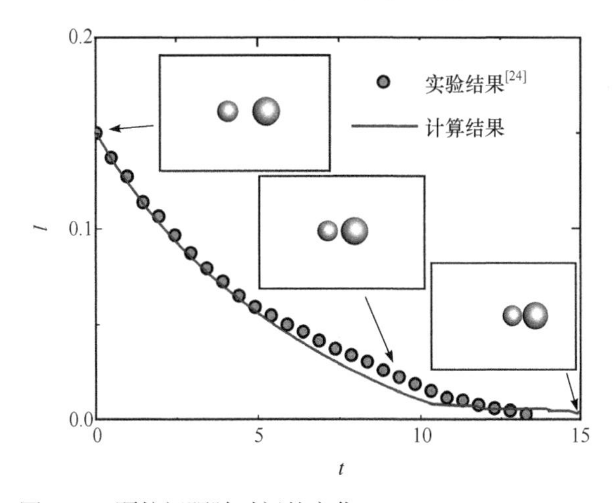

图 7.30　颗粒间距随时间的变化(β=1.5, Re=0.24, Wi=4.5)

7.4.2　两颗粒直径比对颗粒迁移的影响

图 7.31 给出了在不同直径比β下颗粒间距 l 随时间的变化，两颗粒的初始间

距 l_{in}=0.3。可见不同的β对 l 的影响明显不同，当两个颗粒的直径相同时($\beta=1$)，颗粒间距没有随时间发生变化。当β<1.0 时，即图 7.29 中领先的颗粒直径小于滞后的颗粒直径时，颗粒间距迅速增加；相反，当β>1.0 时，小直径的滞后颗粒将赶上大直径的领先颗粒，最终形成相互接触的颗粒链，而且β值越大，颗粒链形成的时间越短。

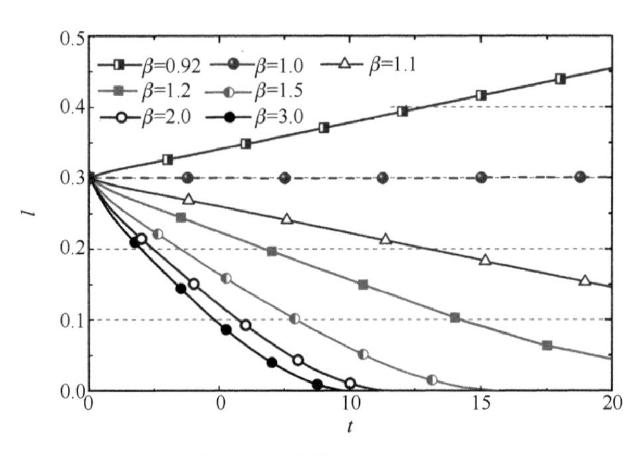

图 7.31 颗粒间距随时间的变化(Re=1.0, Wi=1.0, l_{in}=0.3, $\alpha=0$)

为了比较两颗粒在流动方向(z 方向)上的迁移速度，将两颗粒的速度差表示为$\Delta u=u_1-u_2$，图 7.32 给出了Δu 随时间的发展以及Δu 的最大值Δu_{max}与颗粒直径比β的关系。刚开始迁移时，两个颗粒的速度相等，Δu=0，接着Δu 为负值，说明滞后颗粒的速度 u_2 大于领先颗粒的速度 u_1，根据图 7.29 的定义，这里的滞后颗粒是小颗粒。随着时间的推移，滞后颗粒逐渐赶上领先的颗粒后形成颗粒链，然后两个颗粒以相同的速度沿着流动方向迁移。这种情形在牛顿流体中并没有出现，在牛顿流体中，经典的 Segré-Silberberg 效应表明，方形流道中心线处的颗粒是不稳定的，颗粒将向壁面迁移；直径小的颗粒比直径大的颗粒更靠近壁面，并且由于流道中流体的速度为抛物线分布，小颗粒的速度低于大颗粒的速度[25]。因此，在牛顿流体中，小颗粒不会赶上大颗粒而形成颗粒链，只有在壁面附近存在等间距的颗粒列[26]。

图 7.32 中Δu 的最大值Δu_{max}随着颗粒直径比β变化，可见当β<1.0 时，Δu_{max}为正值，即当领先的颗粒为小颗粒时，两者速度差的最大值增大，小颗粒跑得快，两颗粒间距增大；当β=1.0 时，Δu_{max}为 0，两同样直径的颗粒速度一样，间距保持不变；当β>1.0 时，Δu_{max}为负值，领先的颗粒为大颗粒，其速度小于滞后的小颗粒，随着β的增加，Δu_{max}的绝对值增大，颗粒链较快形成。因此，可以通过颗粒链形成快慢来判断颗粒直径的差异。

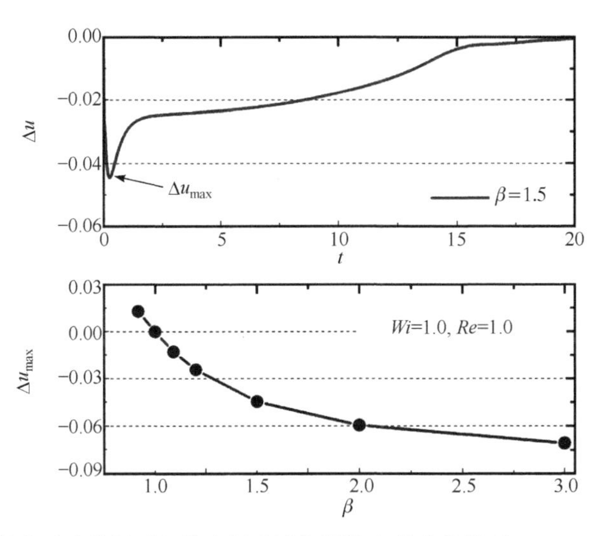

图 7.32　两颗粒的速度差随时间的发展以及与颗粒直径比的关系(Re=1.0, Wi=1.0, l_{in}=0.3)

不同颗粒直径比β情况下流场的速度、压力和流动方向拉伸率的分布如图 7.33 所示。在图 7.33(a)β=1.0 的情形中，两个颗粒间形成两个独立的旋涡，且颗粒没有相互接近。在图 7.33(b)β=1.5 的情形中，两个颗粒间没有旋涡出现，大颗粒和小颗粒周围的压力分布完全不同，由此导致了两个颗粒之间的速度差。比较图 7.33(a)、(b)中的流动方向拉伸率，可见两者的差异不大，颗粒位于低拉伸率的区域。

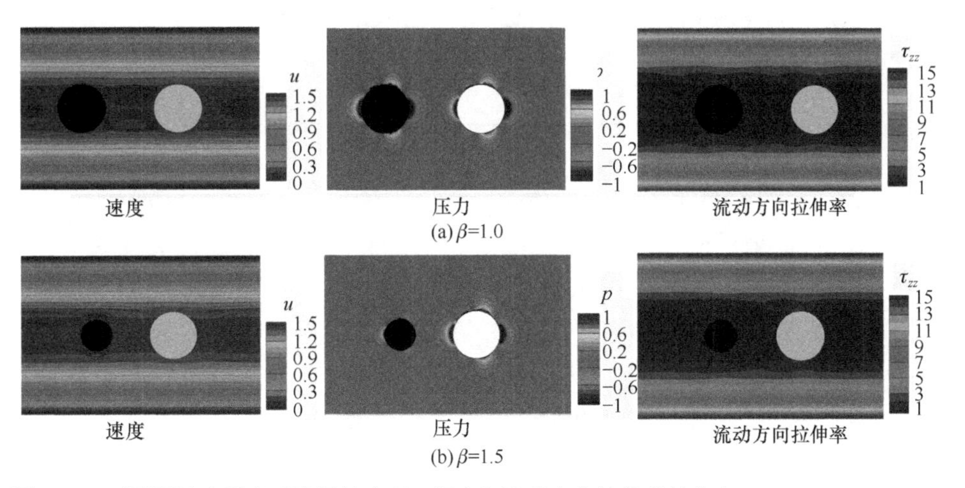

图 7.33　不同颗粒直径比时流场的速度、压力和流动方向拉伸率的分布(Re=1.0, Wi=1.0, α=0)

7.4.3　两颗粒初始间距对颗粒迁移的影响

图 7.34 给出了具有不同颗粒直径比β和不同颗粒初始间距 l_{in} 情况下颗粒间距 l 随时间的变化。在图 7.34(a)中两颗粒直径相同的情况下，当α=0 时(Oldroyd-B 流体)，对于颗粒初始间距较小 l_{in}=0.05、0.1、0.2 的情形，滞后的颗粒将缓慢地接近领先的颗粒，而对颗粒初始间距较大 l_{in}=0.3、0.4 的情形，颗粒间距没有明显变化。当α=0.5 时(Giesekus 流体)，不同初始间距 l_{in} 情况下的颗粒对将彼此分开。在图 7.34(b)、(c)中，领先颗粒的直径大于滞后颗粒的直径，此时不管是 Oldroyd-B 流体还是 Giesekus 流体，不同初始间距下的颗粒在迁移后的间距都迅速减小，且 Giesekus 流体中的颗粒间距比 Oldroyd-B 流体中的颗粒间距减小得更快，尤其是颗粒初始间距较大时。此外，当颗粒初始间距较小时，前后两个颗粒将很快接触成链，换言之，多尺度颗粒比单尺度颗粒更容易接触成链，而单尺度颗粒容易在流道中心处形成等距的颗粒列。

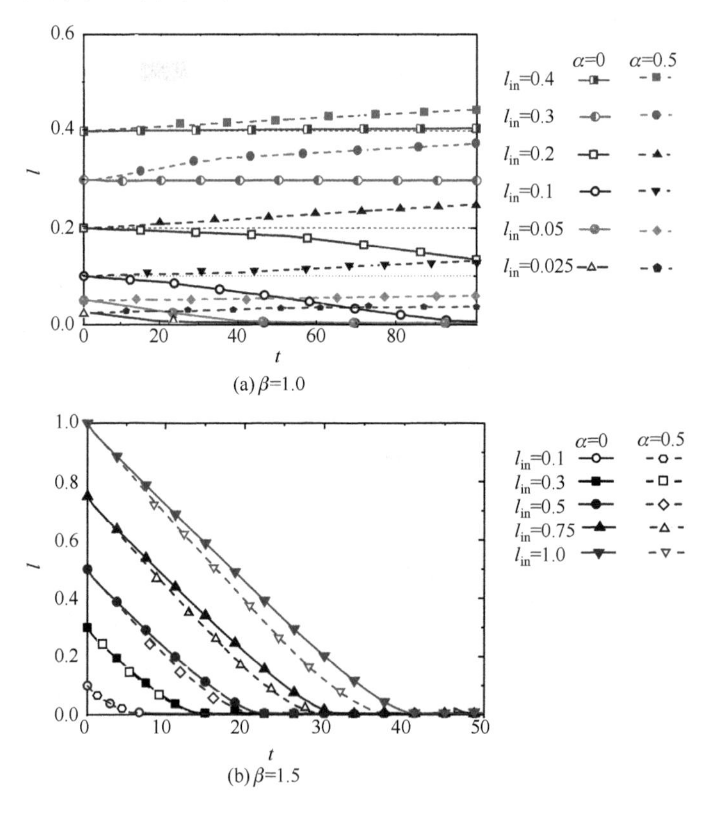

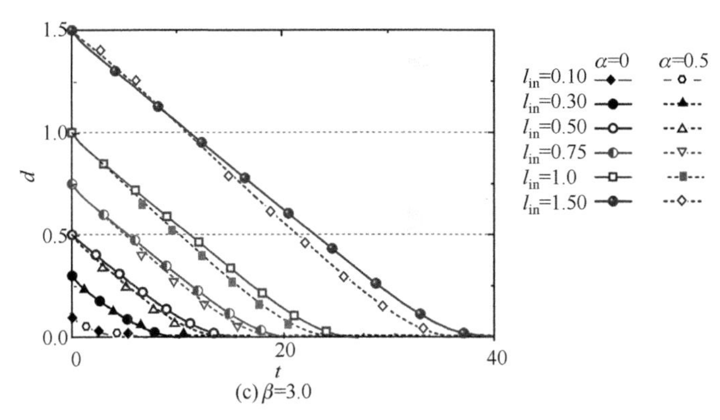

(c) β=3.0

图 7.34　具有不同颗粒直径比和不同颗粒初始间距下颗粒间距随时间的变化(Re=1.0, Wi=1.0)

在不同颗粒直径比下，两颗粒速度差的最大值Δu_{max}与颗粒初始间距 l_{in} 的关系如图 7.35 所示，上图中两颗粒直径相同，对于α=0 的 Oldroyd-B 流体，在 l_{in} 较小时两颗粒的速度差为负，滞后颗粒将追上领先颗粒而成链；当颗粒初始间距 l_{in} 较大时，Δu_{max}为正，颗粒在向下游发展的过程中相互分开，随着 l_{in} 的增大，Δu_{max} 接近于零。对于图 7.35 的中、下图中领先颗粒直径大于滞后颗粒直径的情形，无论 l_{in} 的值多大，Δu_{max} 都为负，且随着 l_{in} 的增加，Δu_{max} 的绝对值增大，当 l_{in}>0.5 时，Δu_{max} 的值基本保持不变，可见颗粒初始间距对于颗粒在迁移过程中是否成链有重要影响。此外，在相同 l_{in} 下，Giesekus 流体Δu_{max} 的绝对值略小于 Oldroyd-B 流体Δu_{max} 的绝对值，可见黏弹性流体中的剪切变稀效应也会影响颗粒在迁移过程中的成链。

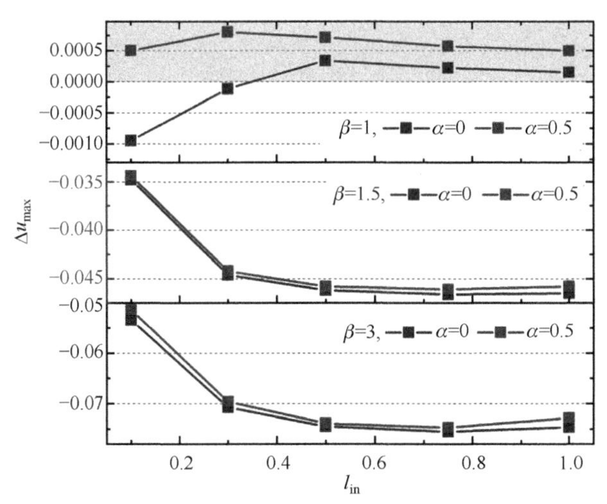

图 7.35　在不同颗粒直径比下两颗粒速度差的最大值随颗粒初始间距的变化(Re=1.0, Wi=1.0)

不同颗粒直径比β情况下流场沿流动方向的拉伸率分布如图 7.36 所示，可见颗粒尾部的流场拉伸率较低，当两个颗粒接触形成颗粒链后，颗粒链周围的拉伸率分布类似于单颗粒周围的拉伸率分布。比较图 7.36 和图 7.33 的拉伸率分布可知，前者的流场拉伸率显著地低于后者，即存在剪切变稀(α=0.5)时的流场拉伸率小于无剪切变稀(α =0)时的流场拉伸率。

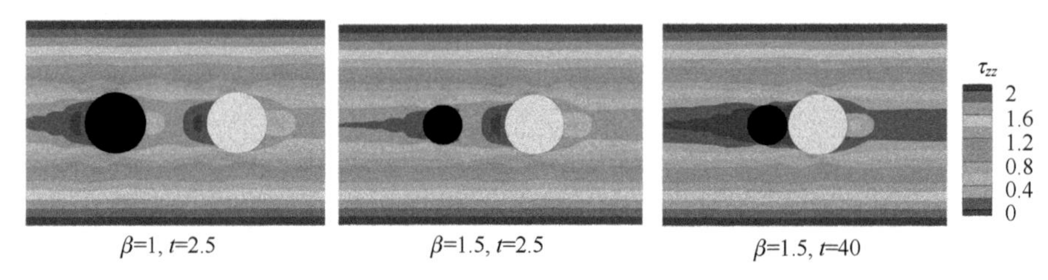

图 7.36　不同颗粒直径比情况下流场沿流动方向的拉伸率分布(Re=1.0, Wi=1.0, α=0.5)

图 7.37 给出了不同颗粒直径比β情况下流场的压力分布，可见虽然β不同，但流场的压力分布相似，除了颗粒迎流区域外，颗粒附近的压力值因剪切变稀效应而增大。

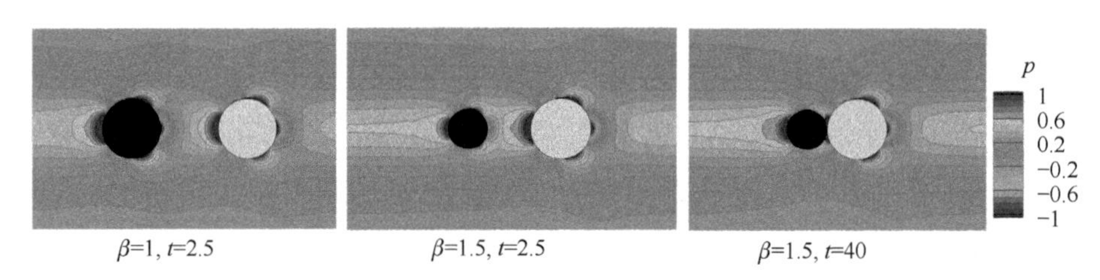

图 7.37　不同颗粒直径比情况下流场的压力分布(Re=1.0, Wi=1.0, α=0.5)

7.4.4　*Re* 数和剪切变稀性质α对颗粒迁移的影响

在不同 Re 数和剪切变稀性质α下，颗粒间距 l 随时间的变化如图 7.38 所示，对于图 7.38(a)Re=1 低惯性效应的情形，$\alpha = 0$ 和$\alpha = 0.25$ 的两条曲线合成了一条曲线，说明$\alpha = 0.25$ 时的剪切变稀性质很弱而可以忽略；随着α的增大，剪切变稀效应增强，在相同的时刻，l 的值变小，两颗粒更快接触成链。在图 7.38(b)Re=10 和图 7.38(c)Re=100 惯性效应较大的情况下，流体的剪切变稀效应更明显，随着α和 Re 数的增大，两颗粒的间距很快缩短并较早地接触成链。

不同 Re 数和剪切变稀性质 α 对颗粒速度的影响如图 7.39 所示，由图 7.39(a)可见，当 Re 数较小、弹性数 El 较大时，两颗粒的速度相差不大且很快达到一个稳定值，该值随 α 的增大而增大，即剪切变稀效应使颗粒速度增大。当 Re 数较大、弹性数 El 较小时，两颗粒的速度同样相差不大也趋向于一个稳定值，但达到稳定值所需的时间更长，稳定值也是随着α的增大而增大。在图 7.39(b)中，当 Re

数较小、弹性数 El 较大时，不同α情况下的两个颗粒速度差的绝对值随时间减小，最终都趋向于 0；当 Re 数较大、弹性数 El 较小时，不同α情况下的两个颗粒速度差的绝对值最终也趋向于 0，但经历了由大变小的过程，且α值不同，变化的过程也有明显差异。

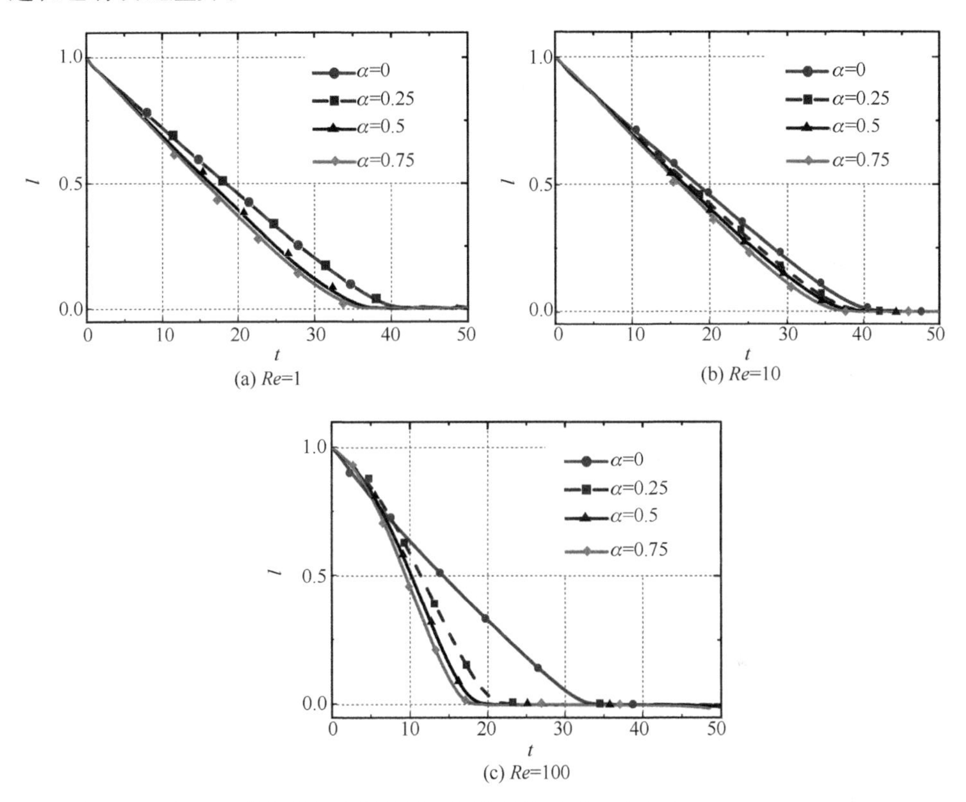

(a) Re=1　(b) Re=10　(c) Re=100

图 7.38　不同 Re 数和剪切变稀性质下颗粒间距随时间的变化(β=1.5, Wi=1.0, l_{in}=1.0)

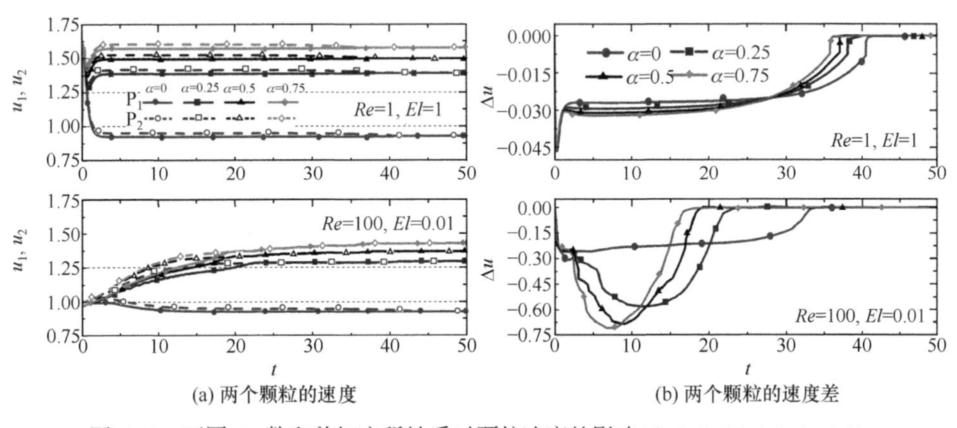

(a) 两个颗粒的速度　(b) 两个颗粒的速度差

图 7.39　不同 Re 数和剪切变稀性质对颗粒速度的影响(β=1.5, Wi=1.0, l_{in}=1.0)

图 7.40 是不同 Re 数和弹性数 El 下，当$\alpha = 0.75$ 时流场沿流动方向的拉伸率分布，可见颗粒周围的拉伸率小于壁附近的拉伸率。在相同 Re 数和弹性数下，图 7.40(a)中的拉伸率比图 7.36 中$\alpha = 0.5$ 的情形更小。当 Re 数增加、弹性数减小时，如图 7.40(b)所示，拉伸率明显增大。

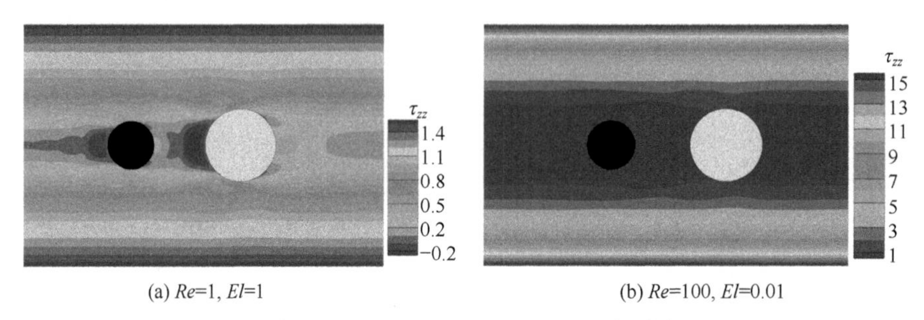

(a) Re=1, El=1　　(b) Re=100, El=0.01

图 7.40　不同 Re 数和弹性数下流场沿流动方向的拉伸率分布($\alpha = 0.75$)

7.4.5　*Wi* 数对颗粒迁移的影响

不同 Wi 数和剪切变稀性质α下颗粒间距随时间的发展如图 7.41 所示，可见无论是在 Re=1 的小 Re 数还是 Re=100 的大 Re 数情况下，当 Wi 数较小时(Wi=0.01)，对不同的α 而言，颗粒间距 l 相差不大。当 Wi 数增大到 1.0 时，l 的值明显变小，即两颗粒较快靠近，如图 7.41(a)所示，当 Re 较小时，不同α 时的 l 相差不大，但 Re 较大时(图 7.41(b))，不同α 时的 l 差异明显，且α 越大，两颗粒靠近越快，即剪切变稀效应促使两颗粒更快地接触成链。

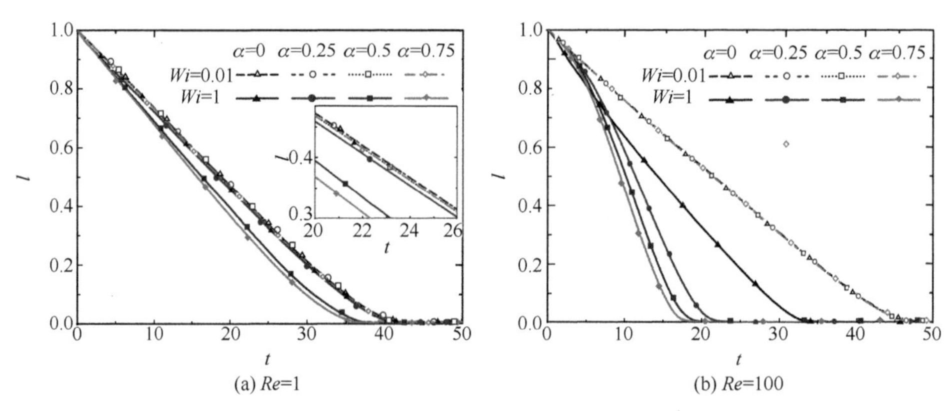

(a) Re=1　　(b) Re=100

图 7.41　不同 Wi 数和剪切变稀性质下颗粒间距随时间的发展(β=1.5, l_{in}=1.0)

综上所述，在 Giesekus 黏弹性流体中，流道中心处的小颗粒比大颗粒迁移更快，若小颗粒初始滞后，则将赶上前面的大颗粒而形成颗粒链。具有相同直径的颗粒在迁移过程中，颗粒间距保持不变而无法成链。两个颗粒直径比和初始间距越大，迁移过程中两颗粒速度差的绝对值就越大，颗粒接触而成链所需的时间越短。随着流场惯性效应的增大和流体剪切变稀效应的增强，颗粒更快接触而成链。

7.5　Oldroyd-B 流体矩形流道中颗粒的迁移

颗粒在黏弹性流体流道中的惯性和黏弹性迁移已经引起了关注，利用流体的黏弹性对颗粒在方形或矩形通道中进行分离、聚焦的技术因其简单、连续和高通量等优点而被广泛应用。本节介绍 Oldroyd-B 流体矩形流道中颗粒的弹性-惯性迁移，流场以及相应的符号如图 7.25 所示。

7.5.1　模拟方法验证

用第 2 章介绍的虚拟区域法对颗粒的迁移进行数值模拟，为说明采用的数值模拟方法及其编程的可靠性，用本方法计算了 Oldroyd-B 流体二维槽道流中颗粒的迁移并与 Hu 等[27]用任意 Lagrange-Euler(ALE)有限元方法给出的数值模拟结果进行了比较，结果如图 7.42 所示，图中 D 是颗粒直径，h 是网格尺度，Re 数、Wi 数、黏度比、阻塞率 k 的定义与上同。由图 7.42 可见，用本书方法计算的结果与用 ALE 有限元方法计算的结果符合很好，尤其是颗粒的迁移轨迹。在图 7.42(a)的本书方法中，$h=D/38.4$ 的结果比 $h=D/19.2$ 的结果更准确、更平滑，然而考虑到使用的是均匀网格和三维计算且计算资源有限，所以以下的结果基于 $h=D/19.2$ 网格尺度的计算。

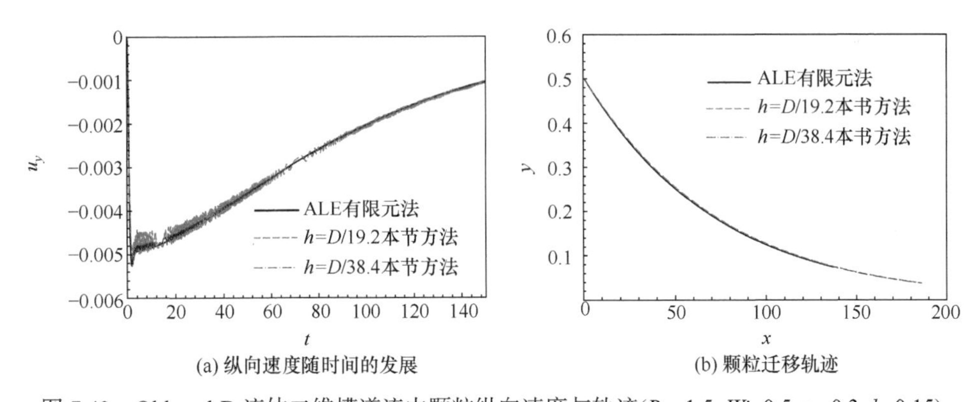

(a) 纵向速度随时间的发展　　(b) 颗粒迁移轨迹

图 7.42　Oldroyd-B 流体二维槽道流中颗粒纵向速度与轨迹($Re=1.5$, $Wi=0.5$, $\eta_r=0.3$, $k=0.15$)

由于流道截面几何对称性，在图 7.43～图 7.47、图 7.49～图 7.52 中，颗粒的轨迹仅给出矩形流道截面右上方 1/4 的部分以及方形流道截面由中线和对角线界定的区域；点划线表示颗粒接触壁面的位置，大点表示颗粒的初始位置，小点表示颗粒在每 100 个无量纲时间单位时的位置。

以下先介绍在颗粒在方形流道中迁移的结果，包括流体惯性影响很小的低 *Re* 数(*Re*=1)和流体惯性影响较大的中等 *Re* 数(*Re*=10、50、100)情况下颗粒的迁移，给出颗粒纵向平衡位置相对于 *Re* 数和弹性数 *El* 的相图。然后介绍颗粒在宽高比为 2 的矩形通道中迁移的结果，以说明非正方形的矩形流道中也存在与方形流道类似的“对角线”平衡位置。

7.5.2　颗粒在方形流道中的迁移

方形流道虽是矩形通道的一个特例，但颗粒在方形通道中的迁移特性与矩形通道不同。

7.5.2.1　低 *Re* 数流场中由黏弹性诱导的颗粒迁移

考虑 *Re*=1 的低 *Re* 数流场情形，此时基于颗粒直径和流场剪切率的颗粒 *Re* 数约为 0.0225，因此流体惯性对考虑迁移的影响很小。颗粒和流体初始都处于静止状态，图 7.43 给出了小 *Re* 数时在不同 *Wi* 数和 *El* 下、不同初始位置的颗粒在 *x-y* 截面上投影的轨迹。对于图 7.43(a)中 *Wi*=0.01 的情形，除了初始位置在很小的角落区域的颗粒外，初始位置在其他区域的颗粒几乎都向流道的中心线迁移。在图 7.43(b)中，*Wi*=0.1，初始位于壁面附近的颗粒沿着壁面向拐角移动，而初始位置在其他区域的颗粒则向流道的中心线迁移。如图 7.43(c)、(d)所示，当 *Wi* 数从 0.01 增加到 0.5 时，拐角吸引颗粒的区域(红色闭合线所示)增大，当 *Wi* 数进一步增加到 1.0 时，拐角吸引颗粒的区域又变小，由图可见，即使在高 *Wi* 数和低 *Re* 数的黏弹性 Oldroyd-B 流体中，初始均匀分布在方形流道入口截面处的大多数颗粒将迁移到流道的中心区域，而实验结果[18, 28]也证实了这一点。已有结果表明，黏弹性流体的剪切变稀效应通常会使颗粒向壁面或拐角移动[11, 18, 28]，而 Oldroyd-B 流体不存在剪切变稀效应(α=0)，所以大多数颗粒向流道的中心区域迁移。

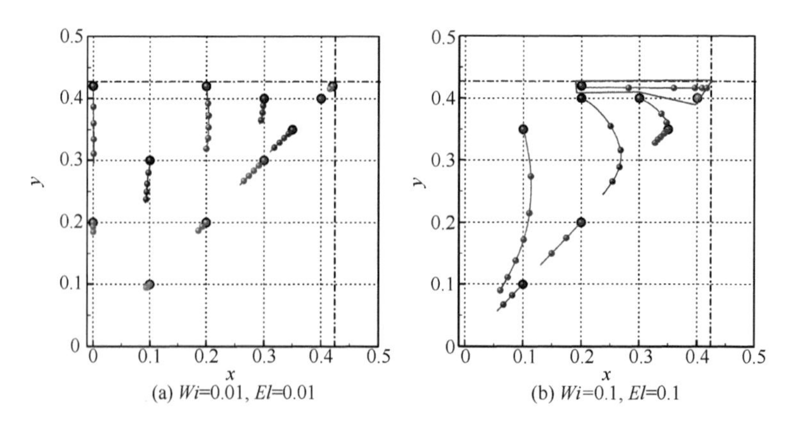

(a) *Wi*=0.01, *El*=0.01　　(b) *Wi*=0.1, *El*=0.1

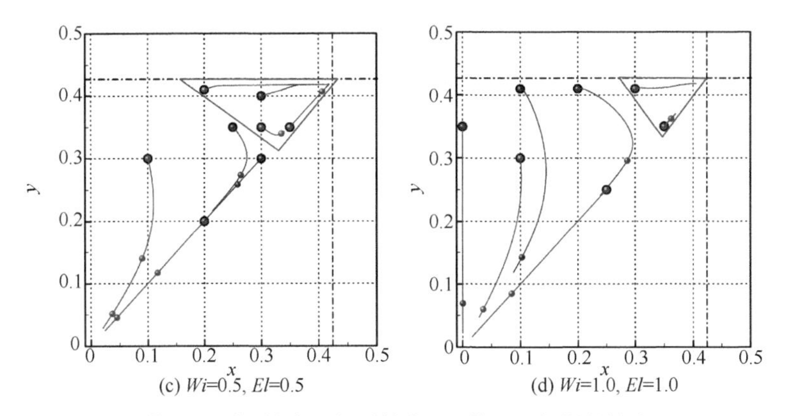

图 7.43　小 Re 数下不同初始位置的颗粒在 x-y 截面上投影的轨迹(Re=1, k=0.15)

图 7.43 中的结果还表明，颗粒的迁移率总体上随着 Wi 数的增大而增加。初始位于拐角吸引区的颗粒在开始迁移后，先向对角线迁移，然后沿对角线向流道的中心线移动。初始位于中线或对角线上的颗粒开始迁移后，因对称性而沿着直线向中心线迁移；而初始位于其他位置的颗粒在迁移过程中，其轨迹通常是曲线，尤其是 $Wi \geqslant 0.1$ 的情况下。

7.5.2.2　中等 Re 数流场中颗粒的弹性-惯性迁移

图 7.44 给出了中等 Re 数(Re=10)时不同 Wi 数和 El 下、不同初始位置的颗粒在 x-y 截面上投影的轨迹。对于图 7.44(a)中 Wi=0.01 的情形，流体的弹性效应较弱，颗粒的迁移主要由流体的惯性效应控制。Choi 等[23]和 Abbas 等[29]的实验结果表明，当 Re≈100 时，牛顿流体方形流道中的颗粒在第一阶段沿纵向向壁面迁移，第二阶段再缓慢地向壁面中心迁移，迁移速率比与第一阶段约小一个数量级；而当 Re=10 时，没有发现第二阶段的迁移，只观察到由颗粒组成的环。在图 7.44(a)Re=10、Wi=0.01 的数值模拟结果中，颗粒沿着纵向迁移到距离流道中心线约 0.28H 的环形区域(图 7.44(a)中的阴影区域)，且没有发现第二阶段的迁移，这与实验结果[23, 29]一致。如图 7.44(b)所示，当 Wi=0.05 时，颗粒向对角线上的平衡位置迁移。在图 7.44(c)的 Wi=0.1 中，颗粒除了也向对角线上的平衡位置迁移外，比 Wi=0.05 的情形更靠近流道的中心线，而且还出现了拐角吸引颗粒的小块平衡区域，初始位于壁面附近的颗粒沿着壁面向拐角平衡区域移动。在图 7.44(d)Wi=0.5 的情况下，平衡位置出现在流道的中心线，对角线上的平衡位置移到了中心线。中心线和拐角平衡位置的共存是黏弹性诱导的颗粒迁移的一个特征。

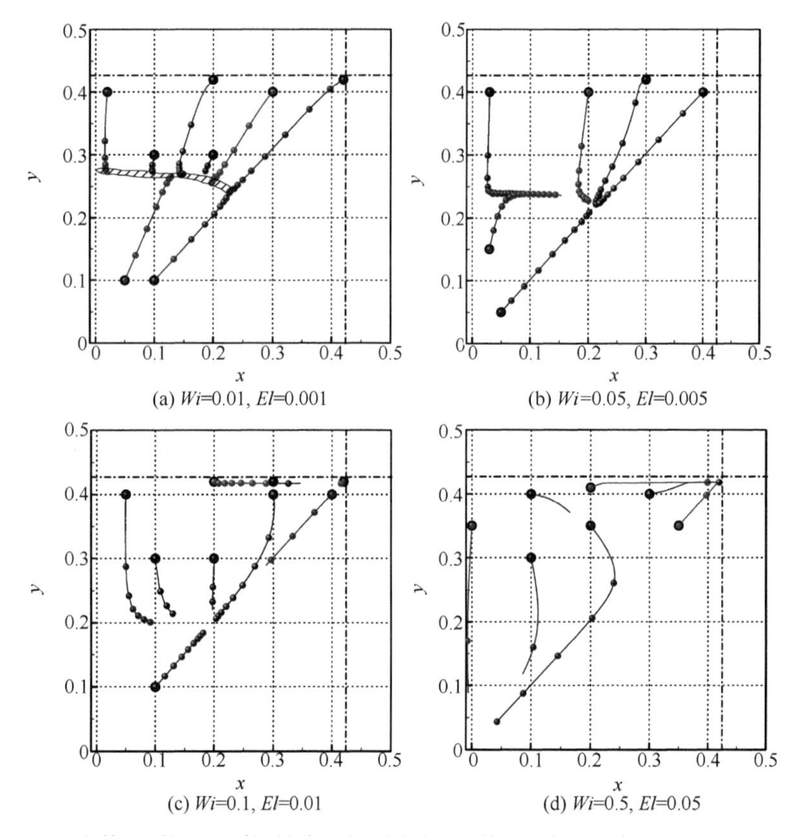

图 7.44　中等 Re 数下不同初始位置的颗粒在 x-y 截面上投影的轨迹(Re=10, k=0.15)

图 7.45 给出了较大 Re 数(Re=50)时在不同 Wi 数和 El 下、不同初始位置的颗粒在 x-y 截面上投影的轨迹。当 Re=50、Wi=0.01 时(图 7.45(a))，流体惯性对颗粒的迁移起主导作用，颗粒先迁移到一个由颗粒组成的环上，然后缓慢地向中线平衡位置迁移。对于图 7.45(b)中 Wi=0.25 的情况，仅存在对角线上的平衡位置；而对于图 7.45(c)中 Wi=0.5 的情况，同时存在对角线和拐角上的平衡位置；在图 7.45(d)所示的 Wi=1.0 的情况中，则同时存在中心线和拐角上的平衡位置。

图 7.46 给出了大 Re 数(Re=100)时在不同 Wi 数和 El 下、不同初始位置的颗粒在 x-y 截面上投影的轨迹，可见颗粒的平衡位置随着 Wi 数的变化而变化。随着 Wi 数的增大、流体弹性的增强，颗粒在流道中的平衡位置从中线(图 7.46(a))过渡到中线和对角线共存(图 7.46(b))、对角线(图 7.46(c))，再过渡到中线和拐角共存(图 7.46(d))。

比较图 7.44(a)、图 7.45(a)、图 7.46(a)可知，随着 Re 数的增加，流体惯性引起的颗粒向中线平衡位置的迁移变得更快。比较图 7.44(d)、图 7.45(d)、图 7.46(d)

可知，尽管 *Re* 数的增大对弹性诱导的颗粒迁移起着抑制作用，流体弹性引起的颗粒向流道中心线的迁移速率主要取决于 *Wi* 数，而不是弹性数 *El*。此外，在相同的 *Wi* 数下，*Re* 数越大，颗粒在拐角的平衡区域越小。

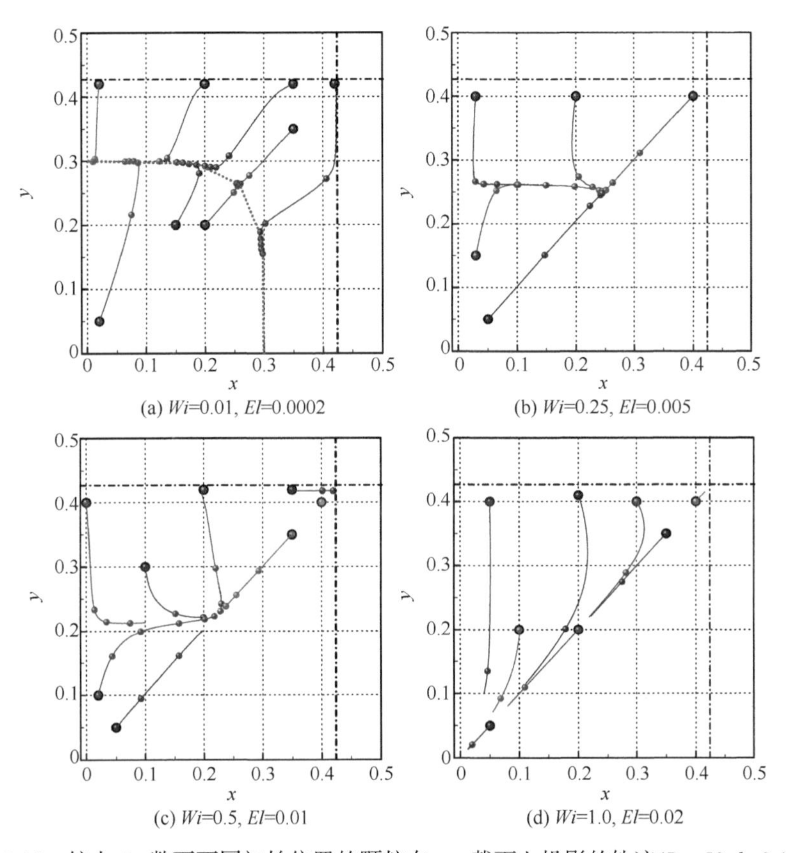

(a) Wi=0.01, El=0.0002　(b) Wi=0.25, El=0.005

(c) Wi=0.5, El=0.01　(d) Wi=1.0, El=0.02

图 7.45　较大 *Re* 数下不同初始位置的颗粒在 *x-y* 截面上投影的轨迹(Re=50, k=0.15)

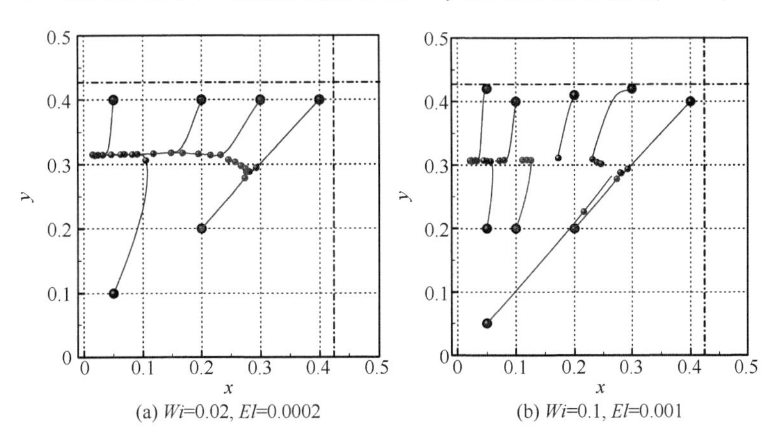

(a) Wi=0.02, El=0.0002　(b) Wi=0.1, El=0.001

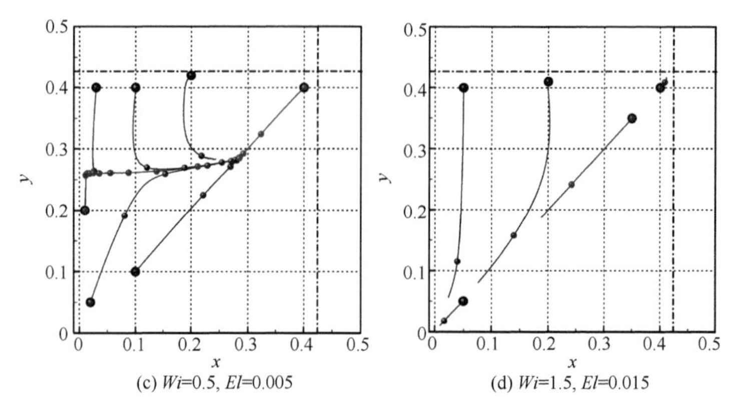

图 7.46 大 *Re* 数下不同初始位置的颗粒在 *x-y* 截面上投影的轨迹(*Re*=100, *k*=0.15)

7.5.2.3 颗粒平衡位置的相图

以上分析表明，当流体的惯性较大时，随着流体弹性的增强，中线、对角线、拐角和中心线的平衡位置依次出现，对角线的平衡位置可以单独存在，也可以与中线和拐角的平衡位置共存。Li 等[21]的数值模拟结果表明，颗粒在方形流道中间平面弹性-惯性迁移时，其平衡位置是偏离中心线(或中线)还是在中心线，虽然取决于弹性数和 *Re* 数，但更取决于弹性数而不是 *Re* 数。为了给出颗粒平衡位置对弹性数和 *Re* 数的依赖性，图 7.47(a)给出了平衡位置与 *Re* 和 *El* 的关系，可见颗粒的平衡位置显著地取决于弹性数 *El*，而微弱地依赖于 *Re* 数。当 *Re*=10～100 时，对角线的平衡位置主要出现在 *El*=0.001～0.15 的范围；对于 *El*=0.015，*Re*=10 的平衡位置位于对角线上，而 *Re*=50 和 100 的平衡位置则位于流道的中心线上，这表明中心线平衡位置的临界弹性数随着 *Re* 数的增大而减小，这与 Li 等[21]得到的结果定性相符。

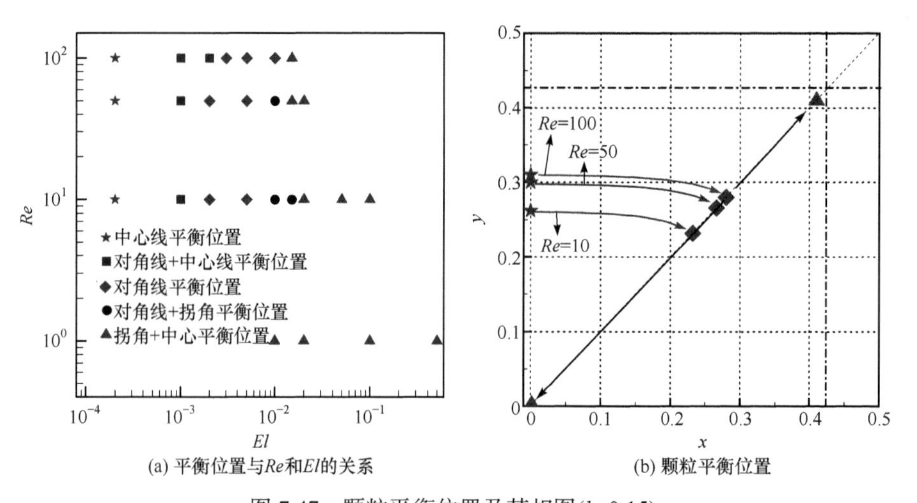

图 7.47 颗粒平衡位置及其相图(*k*=0.15)

颗粒平衡位置随 *Re* 和 *El* 的变化如图 7.47(b)所示，图中箭头表示随着 *El* 的增加，平衡位置从中心线、对角线到过渡到中心和拐角。

不同 *Re* 数下，对角线平衡位置与流道中心线的距离随弹性数 *El* 的变化如图 7.48 所示，可见在大 *Re* 数、小 *El* 数下，对角线平衡位置与中心线的距离更远。然而，在大 *Re* 数下，随着 *El* 数的增大，对角线平衡位置很快地向中心线移动，导致在大 *Re* 数下存在小的临界转换弹性数 *El*。

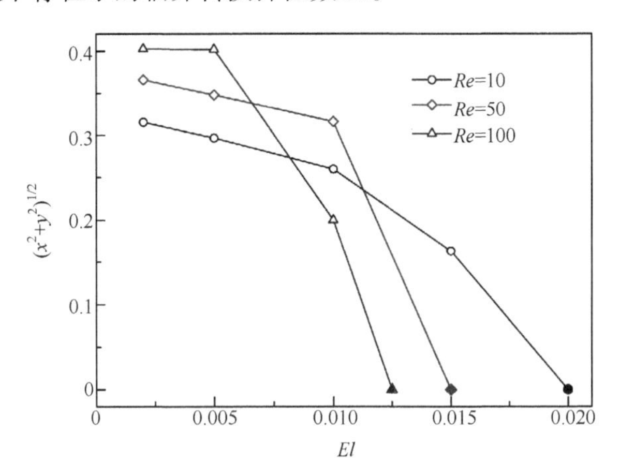

图 7.48　不同 *Re* 数下对角线平衡位置与流道中心线的距离随弹性数的变化(k=0.15)

Ho 和 Leal[30]曾推导了弹性力，该力在黏弹性 Oldroyd-B 流体槽道流中的形式为[21]

$$F_e = \frac{40}{3}\pi\rho U_0^2 D^2 \frac{D}{H} El(1-\eta_r)y^*, \tag{7-3}$$

式中ρ是流体密度，U_0是流道中心速度，D是颗粒直径，η_r是黏度比，y^*是范围在 –0.5 到 0.5 之间的无量纲纵向位置。低颗粒 *Re* 数下，槽道流中的惯性诱导力为[31]

$$F_i = C(y^*)\rho U_0^2 D^2 \left(\frac{D}{H}\right)^2, \tag{7-4}$$

式中 C 是 y^*的函数，在 $y^*\approx0.15$ 处 C 的最大值约为 0.24。在 $y^*\approx0.15$ 处，弹性力和惯性力的平衡产生临界弹性数 $El_c\approx0.038(D/H)(1/(1-\eta_r))$，对于 D/H=0.15 和 η_r=0.5，El_c 约为 0.011，这与图 7.48 中 *Re*=100 对应的结果相当。

7.5.2.4　流道长度、阻塞率和流变特性对颗粒平衡位置的影响

黏弹性流道中，刚性球形颗粒的对角线平衡位置以前鲜有介绍，以往黏弹性流体方形流道中颗粒迁移的实验研究是在较大的弹性数(通常 El >0.1)下进行的，以下介绍流道长度、阻塞率和流变特性对颗粒平衡位置的影响。不同流道长度和阻塞率下的颗粒在 *x-y* 截面上投影的轨迹如图 7.49 所示，图中的符号与图 7.46 相同，比较图 7.49(a)和图 7.49(b)可知，当 L=2H 时，对角线平衡位置仍然存在，但

与 $L=H$ 的情形相比，其平衡位置稍微靠近流道的中心线。

图 7.49(c)是在阻塞率较小(k=0.1)的情况下颗粒的轨迹，可见颗粒向对角线的平衡位置迁移，与 k=0.15 的情形相比，对角线的平衡位置更靠近中心线，这与理论预测[30, 31]的结果一致，即随着颗粒直径的减小(k 减小)，流体的惯性效应比弹性效应减小得更明显，因为弹性力与颗粒直径 D 的 3 次方成正比(方程(7-3))，而惯性力与 D 的 4 次方成正比(方程(7-4))。

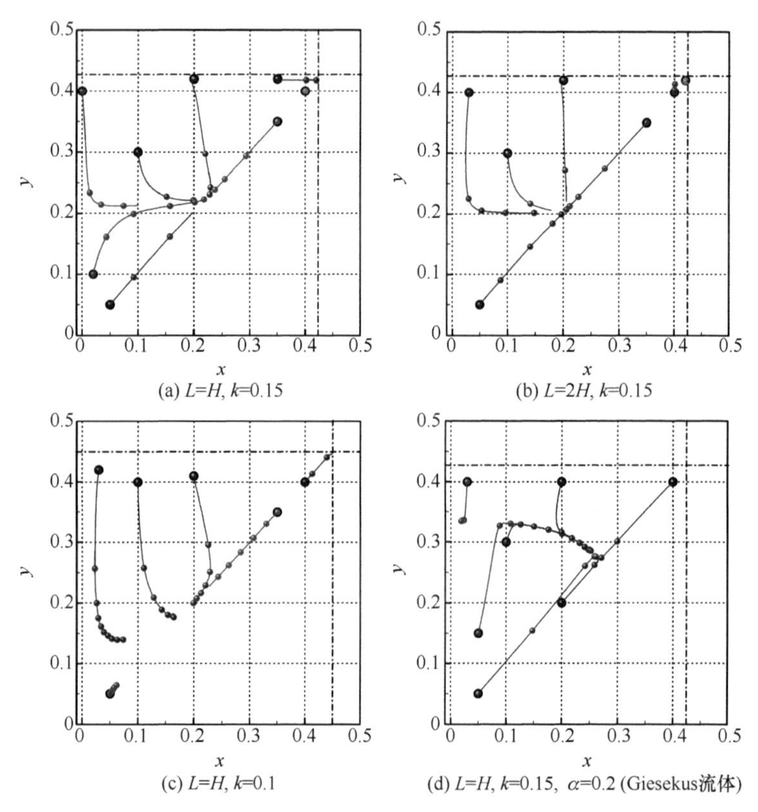

图 7.49　不同流道长度和阻塞率下的颗粒在 x-y 截面上投影的轨迹(Re=50, Wi=0.5)

图 7.49(d)是颗粒在 Giesekus 流体中的迁移轨迹，Giesekus 流体是各种聚合物溶液的典型本构模型，具有剪切变稀特性和存在非零的第二法向应力差，Giesekus 流体的本构方程如式(2-113)所示，式中 α 表征流体剪切变稀程度，α 越大则剪切变稀程度越强，α=0 为 Oldroyd-B 流体，无剪切变稀性质。Giesekus 流体中的第二法向应力差导致方形流道中的二次流动，该二次流的特征是流道截面上有八个环流区，流体的流动方向沿对角线指向通道中心线。由图 7.49(d)可见，在 Giesekus 流体中也存在对角线的平衡位置，与 Oldroyd-B 流体相比，平衡位置离流道的中心线更远。在相同的流动条件下，颗粒在 Giesekus 流体中线的平衡位置比在 Oldroyd-B

流体中线的平衡位置更靠近壁面[21]，这是由剪切变稀特性和二次流所导致，中线上的二次流指向壁面，于是流体将中线上的颗粒推向壁面。相反，对角线上的二次流指向流道中心线，于是流体将对角线上的颗粒推向中心线。因此，剪切变稀效应是平衡位置远离流道中心线的主要原因。此外，在相同的 *Re* 数和 *Wi* 数下，Giesekus 流体的弹性效应弱于 Oldroyd-B 流体，这是颗粒平衡位置偏移的因素之一。

7.5.3　颗粒在矩形流道中的迁移

矩形流道因其边长的差异而使得颗粒有不同的迁移特性和平衡位置，以下介绍的矩形流道截面上的宽高比为 2∶1。

7.5.3.1　弹性-惯性迁移下的颗粒平衡位置

图 7.50 为不同 *Re* 数和 *Wi* 数下的颗粒在 *x-y* 截面上投影的轨迹，可见在图 7.50(a)中，流体黏弹性将颗粒推向拐角或阴影区域；在图 7.50(b)中，颗粒向对角线的平衡位置迁移；在图 7.50(c)中，颗粒平衡位置出现在偏离中心的长边的中线上；在图 7.50(d)中，颗粒平衡位置出现在对角线和短边的中线上。

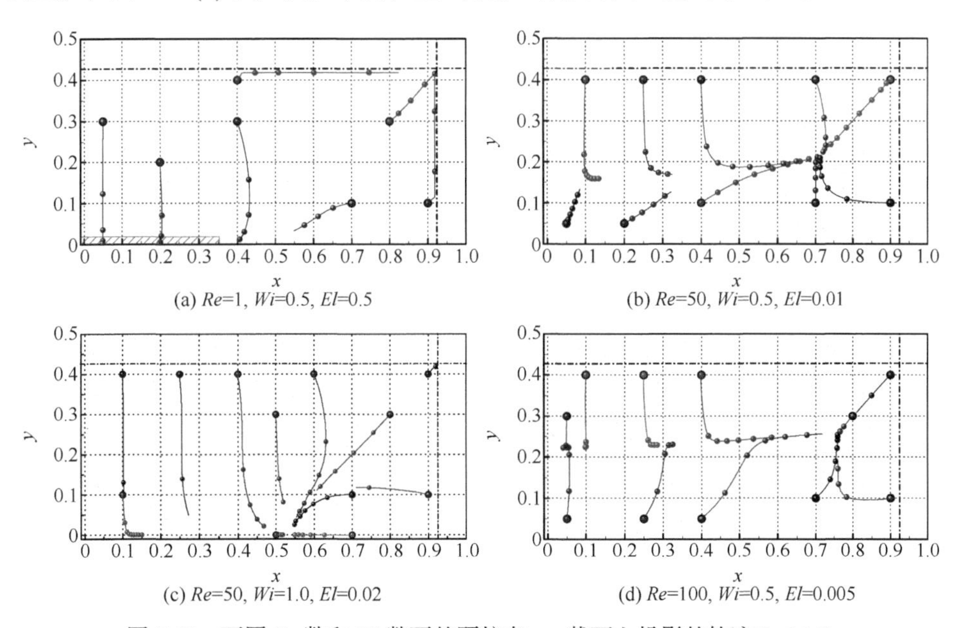

(a) Re=1, Wi=0.5, El=0.5

(b) Re=50, Wi=0.5, El=0.01

(c) Re=50, Wi=1.0, El=0.02

(d) Re=100, Wi=0.5, El=0.005

图 7.50　不同 *Re* 数和 *Wi* 数下的颗粒在 *x-y* 截面上投影的轨迹(k=0.15)

在图 7.50(b)、(d)中存在与方形流道类似的对角线平衡位置，且参数与图 7.45(c)和图 7.46(c)方形流道中出现对角线平衡位置的参数相同。在图 7.50(c)中，当 *El* 数增加到 0.02 时，对角线上的平衡位置消失。在图 7.50(d)中，对角线的平衡位置移动到位于长边中线上的偏心位置，而在方形流道中则是移动到中心线(图 7.45(d))。如果弹性数 El 进一步增加到临界值以上，则平衡位置有可能出现在流道的中心线。如图 7.50(a)所示，初始位于壁面或拐角附近的颗粒将向拐角迁移，初始位于其他区域的颗粒则向长边中线上的区域迁移，该线与中线的距离约小于 $0.35H$。对于 $Wi=0.5$ 的情形，当 Re 数从 50 增加到 100 时，如图 7.50(b)、(d)所示，对角线上的平衡位置远离中心线，另一方面，短边的中线上出现平衡位置。在牛顿流体矩形流道中，流体的惯性驱使颗粒向短边中线上的平衡位置迁移[32]，如果 Re 数超过临界值，也可能向长边中线上的平衡位置迁移[22]。而在黏弹性 Oldroyd-B 流体中，较小颗粒在弹性-惯性迁移中，其平衡位置经历了从中线、对角线、偏离中心的长边中线、流道中心线的转变。拐角的平衡位置可以与偏离中心的长边中线的平衡位置以及中线上的平衡位置共存，但对无剪切变稀的 Oldroyd-B 流体而言，拐角平衡位置所占的区域与整个横截面相比小很多。

不像方形流道，对矩形流道而言，如图 7.51 所示，所谓的对角线平衡位置实际上不在对角线上，考虑到流场的剪切是颗粒沿纵向迁移的驱动因素，可以推测对角线上的平衡位置取决于来自纵向和横向上的剪切效应。图 7.51(b)显示了两个平衡位置和与剪切率有关的$(\mathrm{d}u/\mathrm{d}x)^2-(\mathrm{d}u/\mathrm{d}y)^2$ 等值线，其中 u 是 $Wi=0.5$ 时的未扰流场中的主流速度，可见两个平衡位置都位于$(\mathrm{d}u/\mathrm{d}x)^2-(\mathrm{d}u/\mathrm{d}y)^2=0$ 的线上，该线上两个横向上的剪切率相等，即$(\mathrm{d}u/\mathrm{d}x)^2=(\mathrm{d}u/\mathrm{d}y)^2$。图 7.51(a)给出了总剪切率$(\mathrm{d}u/\mathrm{d}x)^2+(\mathrm{d}u/\mathrm{d}y)^2$ 的云图，可见颗粒的平衡位置位于总剪切率较低的区域，而以往的研究结果表明，弹性力使颗粒从高剪切率区域向低剪切率区域迁移[10, 15, 18, 30]。由于惯性力将颗粒推离流道的中心线，于是在弹性力和惯性力的综合效应下，颗粒的平衡位置就有可能出现在对角线上。

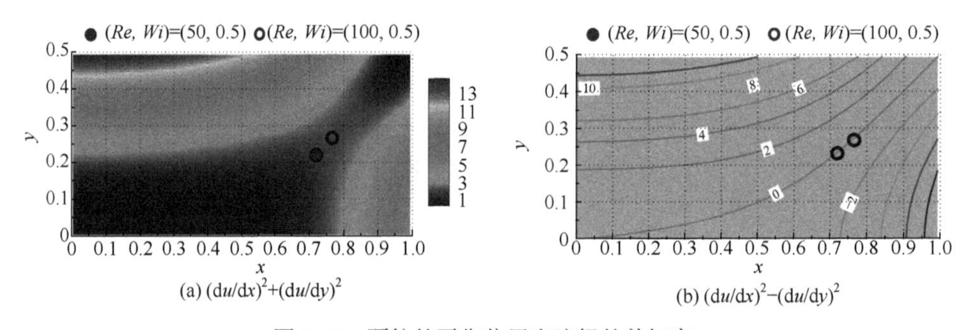

图 7.51　颗粒的平衡位置和流场的剪切率

7.5.3.2　基于颗粒尺度的颗粒聚焦

Liu 等[18]由实验发现，在宽高比为 4∶1 的矩形流道中，在 Re 数为 1 的量级以及大弹性数情况下，当阻塞率 $k=0.1$ 时，颗粒聚焦在流道的中心线上；而当 $k=0.3$ 时，颗粒的聚焦位置将沿长边中线的方向离开中心线。Xiang 等[19]和 Di 等[20]发现，

当 $Re<1$ 时，颗粒聚焦于平行于短边且偏离中心线的平面上。低 Re 数下颗粒的聚焦位置偏离中心线的结果有些意外，因为驱使颗粒偏离中心线的惯性力比较小。为此，在 $Re=1$ 和 $Wi=0.5$ 的情况下，对 $k=0.1$ 和 $k=0.3$ 的情形进行了数值模拟，结果如图 7.52 所示，可见结果与 Liu 等[18]的实验结果一致，对于 $k=0.1$ 的情形，颗粒向流道的中心线迁移，而在 $k=0.3$ 的情况下，颗粒向位于长边中线且偏离中心线的平衡位置迁移。Huang 等[33]的数值模拟结果已经对这一结果给予了解释，他们给出了阻塞率对平面槽道流中由黏弹性诱导的颗粒迁移的影响，说明当 $k=0.025$ 时，平面槽道流中的颗粒始终向流道的中心迁移；而当 $k=0.25$ 时，在 $Re=0$ 和不同的 Wi 数情况下，颗粒向壁面迁移。Huang 等假设在小阻塞率情况下，颗粒的迁移由速度剖面产生的正应力控制，该力驱使颗粒向中心线迁移。相反，在大阻塞率情况下，壁面的约束作用强于速度剖面产生的正应力的影响，并增加了作用在颗粒表面的压缩正应力的影响，从而驱使颗粒向壁面迁移。但以上所述的理由，不能完全解释三维矩形流道中颗粒向位于长边中线且偏离中心线的平衡位置迁移的原因，因为根据这个理由，初始位于短边中线附近的颗粒(图 7.52(b)中最左边的颗粒)应该向长边移动，而不是向长边的中线移动。然而，Huang 等[33]的数值结果表明，颗粒在迁移过程中，阻塞率可以显著地调节流体的弹性效应，而弹性效应通过双向剪切作用，将矩形流道中的大颗粒推向长边中线且偏离中心线的平衡位置，而不是短边中线且偏离中心线的平衡位置。

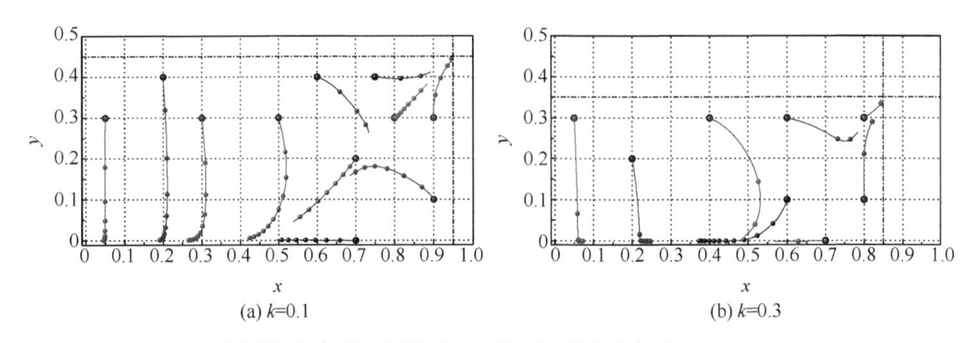

图 7.52　不同阻塞率下的颗粒在 x-y 截面上投影的轨迹($Re = 1$, $Wi = 0.5$)

7.5.3.3　作用在颗粒上的力的分析

以下介绍哪种力在颗粒迁移过程中起主要作用，为此固定颗粒的横向位置为(x_0, y_0)，颗粒沿流动的 z 方向迁移并可自由地旋转，在此过程中计算作用在颗粒上的力。虚拟区域法需要通过插值来计算颗粒表面上的应力，设颗粒的位置$(x_0, y_0)=(0.2, 0)$，x 方向上的总水动力 F_x 可以分解为压力 F_p、黏性力 F_v 和聚合物力 F_e：

$$F_p = \int_{\partial P} -n_x p \mathrm{d}S \,, \tag{7-5}$$

$$F_v = \eta_s \int_{\partial P} \left[2n_x \frac{\partial u_x}{\partial x} + n_y \left(\frac{\partial u_x}{\partial y} + \frac{\partial u_y}{\partial x} \right) + n_z \left(\frac{\partial u_x}{\partial z} + \frac{\partial u_z}{\partial x} \right) \right] \mathrm{d}S, \tag{7-6}$$

$$F_e = \int_{\partial P} (n_x \tau_{xx} + n_y \tau_{xy} + n_z \tau_{xz}) \mathrm{d}S, \tag{7-7}$$

聚合物力 F_e 可以进一步分解为法向力 F_{en} 和剪切力 F_{es}:

$$F_{en} = \int_{\partial P} n_x \tau_{xx} \mathrm{d}S, \tag{7-8}$$

$$F_{es} = \int_{\partial P} (n_y \tau_{xy} + n_z \tau_{xz}) \mathrm{d}S. \tag{7-9}$$

式(7-5)中的压力由使流体满足不可压条件得到，对于黏弹性流体，可以将聚合物平均法向应力或聚合物各向同性应力$(\tau_{xx}+\tau_{yy}+\tau_{zz})/3$ 视为压力，由流体弹性诱导的力与法向应力差有关。因此，可以将聚合物法向力 F_{en} 分解为聚合物压力 F_{enp}、来自第一法向应力差的力 F_{en1} 和第二法向应力差的力 F_{en2}:

$$F_{en} = \underbrace{\int_{\partial P} n_x \frac{(\tau_{xx} + \tau_{yy} + \tau_{zz})}{3} \mathrm{d}S}_{F_{enp}} + \underbrace{\int_{\partial P} n_x \frac{(\tau_{xx} - \tau_{zz})}{3} \mathrm{d}S}_{F_{en1}} + \underbrace{\int_{\partial P} n_x \frac{(\tau_{xx} - \tau_{yy})}{3} \mathrm{d}S}_{F_{en2}}. \tag{7-10}$$

表 7.2 给出了在固定位置(x_0, y_0)上稳定状态下作用于颗粒上的力，这些力用$\eta_0 U_0 H$ 进行了归一化，其中η_0是总零剪切率黏度，U_0是中线上流体的速度，H 是流道高度。由表 7.2 可见，在弹性诱导的颗粒快速横向迁移情况下，对应表中的情形 1、3、4，与黏性力和聚合物力相比，压力是颗粒迁移的主要驱动力，特别是在低 Re 数情形 1、3 的情况下。然而，如果将聚合物压力 F_{enp} 与压力 F_p 相加，则总压力在颗粒迁移中起到负作用，并且第一法向应力差成为颗粒快速横向迁移的驱动力，这与 Ho 和 Leal[30]的结论一致。对 Oldroyd-B 流体纯剪切流动而言，第二法向应力差为零，因此其对总力的贡献很小，尽管其方向总是与第一法向应力差的方向相同。

表 7.2　固定位置(x_0, y_0)上稳定状态下作用于颗粒上的力

不同情形对应的参数	总力	F_p	F_v	F_e	F_{es}	F_{en}	F_{enp}	F_{en1}	F_{en2}
1.矩 Wi=0.5, Re=1, k=0.3, P_1, $\times10^{-2}$	−2.3	−3.1	0.85	−0.1	0.0051	−0.11	3.8	−3.7	−0.23
2.矩 Wi=0.5, Re=1, k=0.3, P_2, $\times10^{-3}$	0.43	−0.25	1.15	−0.47	0.77	−1.24	1.15	−2.37	−0.013
3.方 Wi=0.5, Re=1, k=0.15, P_2, $\times10^{-3}$	−2.85	−2.65	−0.22	0.01	0.62	−0.61	5.10	−5.40	−0.30
4.方 Wi=1.5, Re=100, k=0.15,P_2,$\times10^{-2}$	−0.64	−0.67	0.45	−0.43	−0.47	0.044	1.10	−1.03	−0.03
5.方 Wi=0, Re=100, k=0.15,P_2,$\times10^{-3}$	5.96	4.12	1.84	0	0	0	0	0	0
6.方 Wi=0, Re=100,k=0.15,P_3,$\times10^{-4}$	−7.00	1.36	−8.36	0	0	0	0	0	0
7.方 Wi=0.5, Re=100,k=0.15,P_4,$\times10^{-3}$	1.27	0.006	0.062	1.20	1.88	−0.68	−3.35	1.90	0.77

注：矩和方分别表示矩形和方形流道；P 表示颗粒的位置，其中 P_1: (x_0, y_0)=(0, 0.2); P_2: (x_0, y_0)=(0.2, 0); P_3: (x_0, y_0)=(0.2, 0.31); P_4: (x_0, y_0)=(0.2, 0.28)。

惯性诱导的颗粒快速横向迁移，对应表7.2中的情形5，压力也是颗粒迁移的主要驱动力。惯性诱导的颗粒向中线平衡位置缓慢横向迁移，对应表7.2中的情形6，压力在颗粒迁移中起到负作用，黏性剪切力成为颗粒迁移的主要驱动力。弹性诱导的颗粒向对角线平衡位置缓慢横向迁移，对应表7.2中的情形7，此时压力不重要，第一法向应力差和聚合物剪切力是颗粒迁移的主要驱动力。矩形流道中由弹性诱导的颗粒异常缓慢的偏心迁移，对应表7.2中的情形2，此时压力和第一法向应力差仍倾向于将颗粒推向流道的中心线，且包括黏性剪切力和聚合物剪切力在内的剪切力，成为颗粒偏心迁移的主要驱动力，这不同于情形1中由弹性诱导的颗粒快速横向迁移。

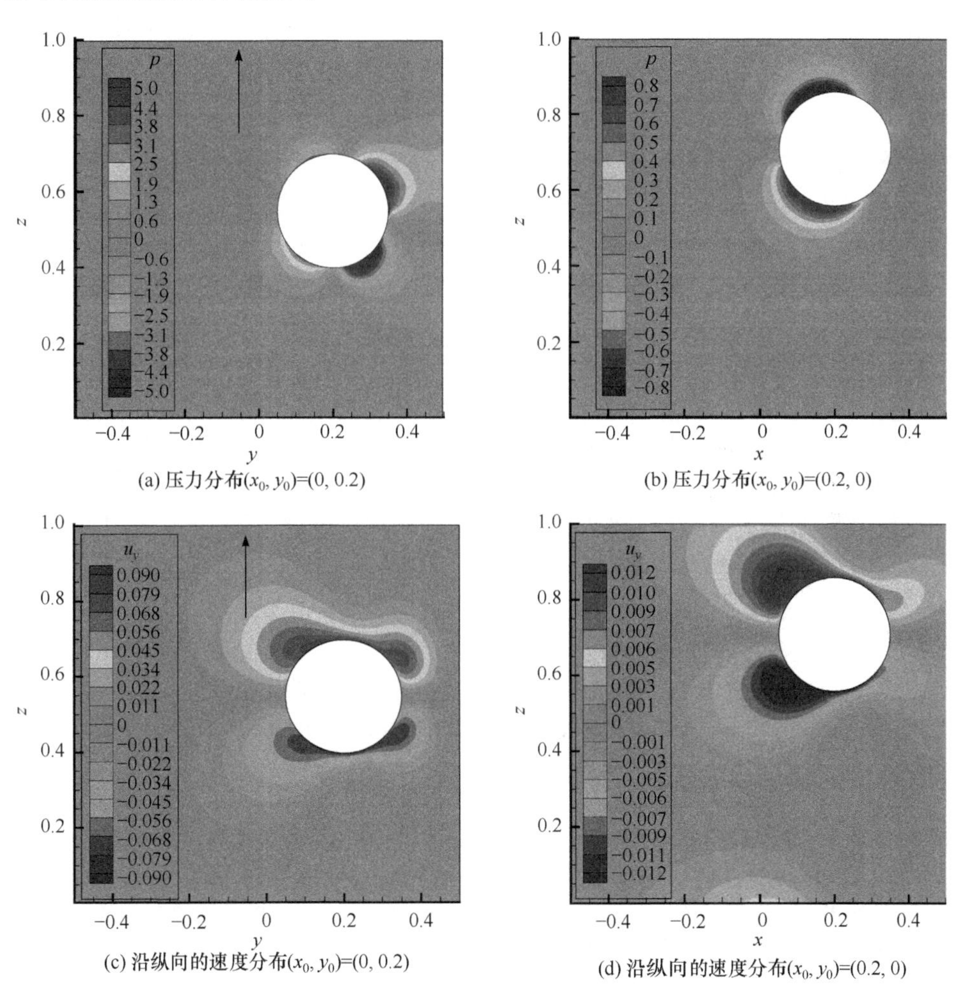

(a) 压力分布(x_0, y_0)=(0, 0.2)　(b) 压力分布(x_0, y_0)=(0.2, 0)

(c) 沿纵向的速度分布(x_0, y_0)=(0, 0.2)　(d) 沿纵向的速度分布(x_0, y_0)=(0.2, 0)

图7.53　矩形流道中具有固定位置的颗粒在对称平面中的流场(Re=1, Wi=0.5, k=0.3)

矩形流道中具有固定位置的颗粒在对称平面中的流场如图 7.53 所示，其中包括压力分布和沿纵向的速度分布，图中的箭头表示流动方向。图 7.53(a)、(c)对应表 7.2 中的情形 1，图 7.53(b)、(d)对应表 7.2 中的情形 2。如图 7.51 所示，由于剪切率分布的明显不同，这两种情况下的压力和纵向的速度分布也存在差异。

综上所述，对于颗粒在方形流道中的迁移，当流体惯性效应存在时，随着流体弹性效应的增加，中线、对角线、拐角、通道中心线的平衡位置相继出现，对于 Re=10～100 的情形，对角线的平衡位置主要出现在弹性数 El=0.001～0.02 的范围，且可以与中线和拐角上的平衡位置共存。颗粒平衡位置的转变显著地依赖于弹性数，而微弱地依赖于 Re 数。中心线上出现平衡位置的临界弹性数随着 Re 数的增大而减小。当流体惯性小到可以忽略不计时，颗粒会向流道中心线或最近的拐角迁移，这取决于颗粒的初始位置和 Wi 数。拐角区域平衡位置的面积随着弹性数的增加先增大后减小。除了初始位于中线或对角线上的颗粒以外，流体的弹性会驱使颗粒沿着曲线向流道的中心线迁移，尤其是对于 Wi>0.1 的情形。颗粒的迁移率随着 Wi 数的增大而增大。

对于颗粒在矩形流道中的迁移，对较小的颗粒而言，弹性-惯性迁移中颗粒的平衡位置经历了从中线、对角线、偏离中心的长边中线到通道中心线的转变。对角线上的平衡位置，实际上位于纵向和横向剪切率相等且总剪切率为最小值的线上。对角线上的平衡位置由弹性力和惯性力的综合效应决定，弹性力将颗粒推向较低的剪切率区域，惯性力将颗粒推离流道的中心线。阻塞率对低 Re 数下黏弹性诱导的颗粒迁移有显著的影响。对于 k=0.1 的情形，颗粒向流道的中心线迁移；在 Re=1、Wi=0.5、k=0.3 的情况下，颗粒向长边中线上的偏心位置迁移，这种偏心迁移由剪切力驱动，这与弹性诱导的颗粒快速向内迁移不同，后者由正应力(压力或第一法向应力差)驱动。

参 考 文 献

[1] D'Avino G, Hulsen M A, Maffettone P L. Dynamics of pairs and triplets of particles in a viscoelastic fluid flowing in a cylindrical channel. Computers & Fluids, 2013, 86: 45-55.

[2] Joseph D D, Liu Y J, Poletto M, et al. Aggregation and dispersion of spheres falling in viscoelastic liquids. Journal of Non-Newtonian Fluid Mechanics, 1994, 54: 45-86.

[3] Daugan S, Talini L, Herzhaft B, et al. Aggregation of particles settling in shear-thinning fluids. Part 1. Two-particle aggregation. European Physical Journal E, 2002, 7: 73-81.

[4] Yu Z S, Wachs A, Peysson Y. Numerical simulation of particle sedimentation in shear-thinning fluids with a fictitious domain method. Journal of Non-Newtonian Fluid Mechanics, 2006, 136: 126-139.

[5] Karnis A, Mason S G. Particle motions in sheared suspensions. XIX. Viscoelastic media. Transactions of the Society of Rheology, 1966, 10: 571-592.

[6] Dhahir S A, Walters K. On non-Newtonian flow past a cylinder in a confined flow. Journal of Rheology, 1989, 33: 781-804.

[7] Villone M M, D'Avino G, Hulsen M A, et al. Numerical simulations of particle migration in a viscoelastic fluid subjected to Poiseuille flow. Computers & Fluids, 2011, 42, 82-91.

[8] Villone M M, D'Avino G, Hulsen M A, et al. Simulations of viscoelasticity-induced focusing of particles in pressure-driven micro-slit flow. Journal of Non-Newtonian Fluid Mechanics, 2011, 166: 1396-1405.

[9] D'Avino G, Romeo G, Villone M M, et al. Single-line particle focusing induced by viscoelasticity of the suspending liquid: theory, experiments and simulations to design a micropipe flow-focuser. Lab on a Chip, 2012, 12: 1638-1645.

[10] Leshansky A, Bransky A, Korin N, et al. Tunable nonlinear viscoelastic focusing in a microfluidic device. Physical Review Letters, 2007, 98: 234501.

[11] Villone M M, D'Avino G, Hulsen M A, et al. Particle motion in square channel flow of a viscoelastic liquid: migration vs. secondary flows. Journal of Non-Newtonian Fluid Mechanics, 2013, 195: 1-8.

[12] Kim J Y, Ahn S W, Lee S S, et al. Lateral migration and focusing of colloidal particles and DNA molecules under viscoelastic flow. Lab Chip, 2012, 12: 2807.

[13] Yang S, Lee S S, Ahn S W, et al. Deformability-selective particle entrainment and separation in a rectangular microchannel using medium viscoelasticity. Soft Matter, 2012, 8: 5011-5019 .

[14] Lim E J, Ober T J, Edd J F, et al. Inertio-elastic focusing of bioparticles in microchannels at high throughput. Nature Communications, 2014, 5: 4120.

[15] Seo K W, Kang Y J, Lee S J. Lateral migration and focusing of microspheres in a microchannel flow of viscoelastic fluids. Physics of Fluids, 2014, 26: 063301.

[16] Kim B, Kim J M. Elasto-inertial particle focusing under the viscoelastic flow of DNA solution in a square channel. Biomicrofluidics, 2016, 10: 024111.

[17]Yang S, Kim J Y, Lee S J, et al. Sheathless elasto-inertial particle focusing and continuous separation in a straight rectangular microchannel. Lab Chip, 2011, 11: 266.

[18] Liu C, Xue C, Chen X, et al. Size-based separation of particles and cells utilizing viscoelastic effects in straight microchannels. Analytical Chemistry, 2015, 87: 6041-6048.

[19] Xiang N, Dai Q, Ni Z. Multi-train elasto-inertial particle focusing in straight microfluidic channels. Applied Physics Letters, 2016, 109: 1-16.

[20] Di L, Lu X, Xuan X. Viscoelastic separation of particles by size in straight rectangular microchannels: a parametric study for a refined understanding. Analytical Chemistry, 2016, 88: 12303-12309.

[21] Li G, McKinley G H, Ardekani A M. Dynamics of particle migration in channel flow of viscoelastic fluids. Journal of Fluid Mechanics, 2015, 785: 486-505.

[22] Liu C, Hu G, Jiang X, et al. Inertial focusing of spherical particles in rectangular microchannels over a wide range of Reynolds numbers. Lab A Chip, 2015, 15: 1168-1177.

[23] Choi Y S, Seo K W, Lee S J. Lateral and cross-lateral focusing of spherical particles in a square microchannel. Lab Chip, 2011, 11: 460.

[24] Hu X, Lin P F, Lin J Z, et al. On the polydisperse particle migration and formation of chains in a square channel flow of non-Newtonian fluids. Journal of Fluid Mechanics, 2022, 936: A5.

[25] Hu X, Lin J Z, Chen D M, et al. Influence of non-Newtonian power law rheology on inertial migration of particles in channel flow. Biomicrofluidics, 2020, 14: 014105.

[26]Gao Y F, Magaud P, Lafforgue C, et al. Inertial lateral migration and self-assembly of particles in bidisperse suspensions in microchannel flows. Microfluidics and Nanofluidics, 2019, 23: 93.

[27] Hu H H, Patankar N A, Zhu M Y. Direct numerical simulations of fluid-solid systems using the arbitrary Lagrangian-Eulerian technique. Journal of Computational Physics, 2001, 169 (2): 427-462.

[28] Del Giudice F, D'avino G, Greco F, et al. Effect of fluid rheology on particle migration in a square-shaped microchannel. Microfluidics and Nanofluidics, 2015, 19 (1): 1-10.

[29] Abbas M, Magaud P, Gao Y, et al. Migration of finite sized particles in a laminar square channel flow from low to high Reynolds numbers. Physics of Fluids, 2014, 26: 136-157.

[30] Ho B P, Leal L G. Migration of rigid spheres in a two-dimensional unidirectional shear flow of a second-order fluid. Journal of Fluid Mechanics, 1976, 76: 783-799.

[31] Ho B P, Leal L G. Inertial migration of rigid spheres in two-dimensional unidirectional flows. Journal of Fluid Mechanics, 1974, 65: 365-400.

[32] Zhou J, Papautsky I. Fundamentals of inertial focusing in microchannels. Lab on a Chip, 2013, 13, 1121-1132.

[33] Huang P Y, Feng J, Hu H H, et al. Direct simulation of the motion of solid particles in Couette and Poiseuille flows of viscoelastic fluids.Journal of Fluid Mechanics, 1997, 343: 73-94.

第 8 章　牛顿流体二维槽道流中双尺度及异常颗粒的迁移

第 3 章中已介绍了牛顿流体二维槽道流中的颗粒迁移，本章主要介绍双尺度颗粒、可变形颗粒以及布朗颗粒的迁移。

8.1　双尺度颗粒对的迁移

在自然界和实际应用中，在多个颗粒的情况下，颗粒的尺度未必都相同，当颗粒的尺度不同时，颗粒的迁移将呈现不同的特征。不失一般性，以下介绍双尺度颗粒对的迁移。

8.1.1　双尺度颗粒对的描述及模拟方法验证

如图 8.1 所示，间距为 l 的两个直径不同的颗粒位于槽道中，槽道的长和宽分别为 $L = 1500\Delta x$、$2000\Delta x$ 和 $H=150\Delta x$ $(\Delta x=1)$；阻塞率的定义为 $k=D/H$，其中 D 为颗粒的直径；流场雷诺数定义为 $Re=\rho U_{\max}H/\mu$(其中 ρ、$U_{\max}$、μ 分别为流体的密度、最大速度和黏度)；用 P_1 和 P_2 分别表示 2 个颗粒，颗粒的直径比为 $\beta=D_1/D_2$。

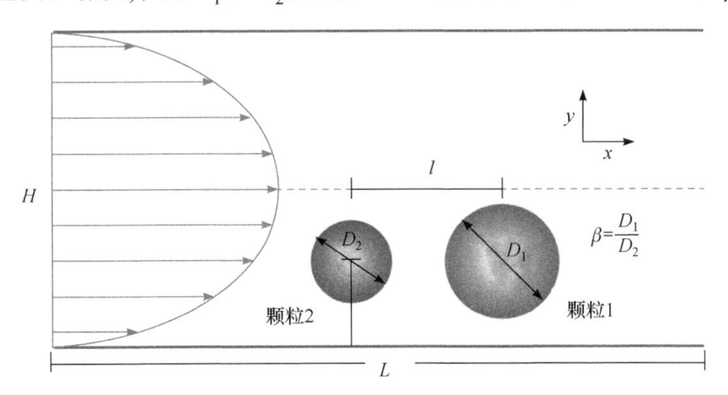

图 8.1　流场与颗粒示意图

采用本节的计算方法对槽道流进行数值模拟，并将结果与解析解(8-1)进行比较，结果如图 8.2(a)所示。用本节方法计算了颗粒在牛顿流体简单剪切流中的迁移轨迹并与其他计算结果[1]进行了比较，结果如图 8.2(b)所示。由图 8.2 可见，采用本节计算方法得到的结果与其他结果符合得很好。

$$u_x = U_{\max}\left[1-\left(\left|1-\frac{2y}{H}\right|\right)^2\right], \quad 0 \leqslant y \leqslant H . \tag{8-1}$$

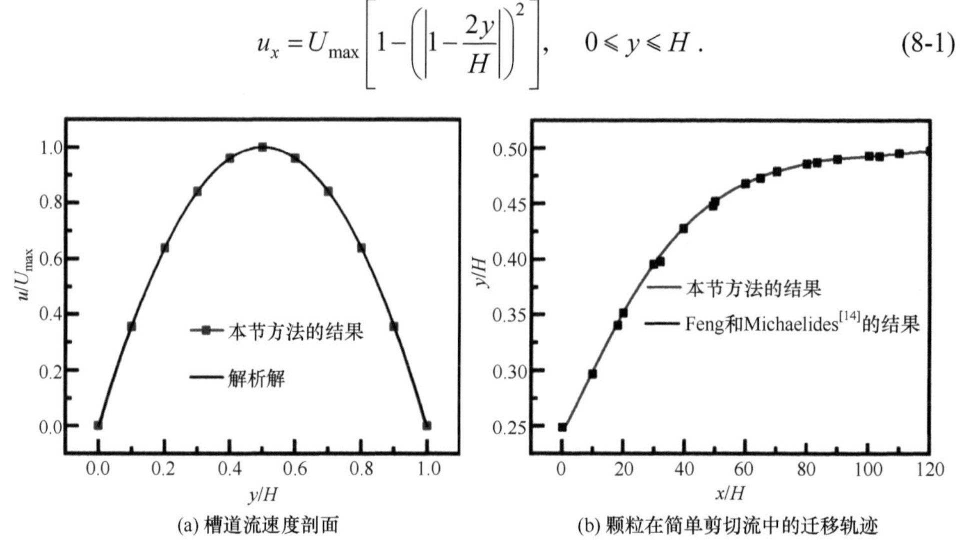

(a) 槽道流速度剖面

(b) 颗粒在简单剪切流中的迁移轨迹

图 8.2 用本节方法计算的结果与其他结果的比较

用本节计算方法，还计算了初始位于槽道入口不同纵向位置的颗粒开始迁移后其最终的平衡位置，结果如图 8.3 所示，可见这些颗粒最终都迁移到相同的纵向平衡位置，这与 Segré-Silberberg 效应一致。

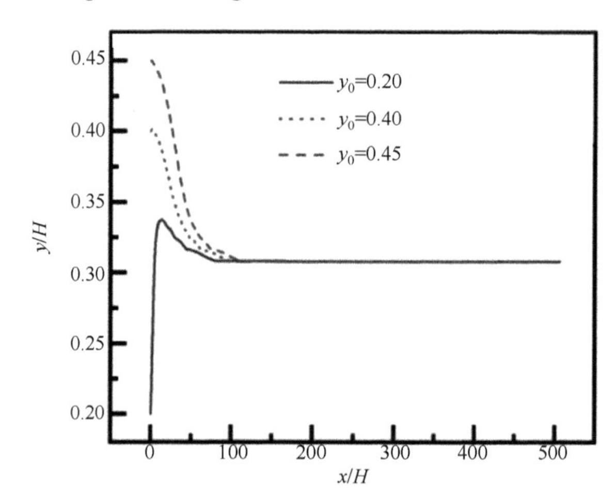

图 8.3 颗粒在槽道流中的聚焦

8.1.2 颗粒尺度比对颗粒间距的影响

两个颗粒的尺度比不同会导致颗粒在迁移过程中的间距也不同，图 8.4 给出了不同颗粒尺度比情况下颗粒间距沿流向的变化，图中$\beta=D_1/D_2$，下标 1、2 表示颗粒 1、2。如图 8.1 所示，由于流动方向是从左向右，所以左边的颗粒 2 位于流动的上游，右边的颗粒 1 位于流动的下游。由图 8.4(a)可知，在颗粒迁移的初始阶段，如果小颗粒在上游、大颗粒在下游($\beta>1$)，颗粒的间距将先减小后增大；如果大颗粒在上游、小颗粒在下游($\beta<1$)，颗粒的间距将单调增加，颗粒之间不会发生碰撞。在图 8.4(b)中，当大颗粒在上游、小颗粒在下游时，颗粒的间距持续增加，在所模拟的流向范围内没有趋向于一个稳定值，这是因为大颗粒产生的尾流对后面小颗粒的迁移有较大的影响，使其与前面大颗粒的距离越拉越远，只有当尾流的作用消失时，两者的间距才会趋于一个稳定。而当小颗粒在上游、大颗粒在下游时，颗粒的间距先增大然后减小，最后趋于一个稳定值，这是因为上游小颗粒的尾流区对下游大颗粒的迁移影响较小，小颗粒和大颗粒能形成稳定的相对位置。

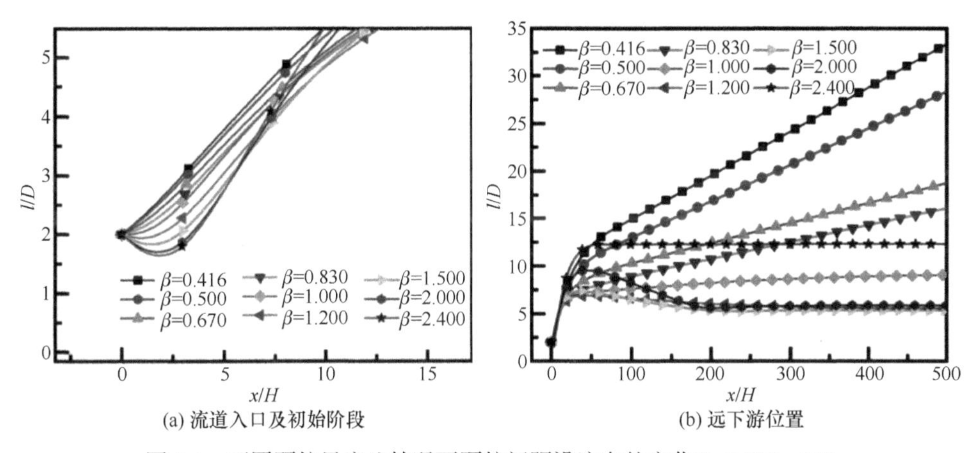

(a) 流道入口及初始阶段　　(b) 远下游位置

图 8.4　不同颗粒尺度比情况下颗粒间距沿流向的变化(k=0.125～0.3)

图 8.5 给出了两个颗粒间距随时间变化的情况，图中固定颗粒 1，由变化颗粒 2 的位置来体现两个颗粒间距的变化，颗粒下方的数字表示颗粒随时间发展的顺序，可见小颗粒在下游和在上游对颗粒的间距有不同影响。

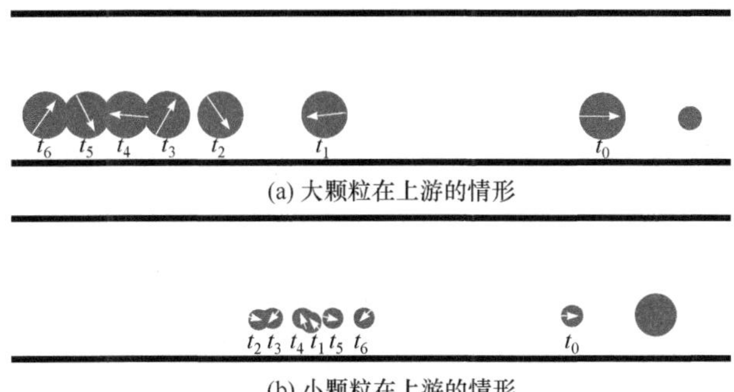

(a) 大颗粒在上游的情形

(b) 小颗粒在上游的情形

图 8.5　两个颗粒间距随时间变化的情况

8.1.3 *Re* 数对颗粒间距的影响

图 8.6 给出了不同 *Re* 数下颗粒间距沿流向的变化，图 8.6(a)小颗粒在下游(β=0.5)的情况下，颗粒间距沿流向持续增大，这与以上的结论一致。*Re* 数越大，颗粒的间距越大，因为 *Re* 数越大，上游大颗粒的尾流对后面小颗粒迁移的影响越大，但是颗粒间距在 *Re*=60 和 *Re*=80 时的差别不大，因为这两种情况下尾流特性的差别不大。在图 8.6(b)大颗粒在下游(β=2.0)的情况下，颗粒的间距最终趋向于一个稳定值，这也与以上的结论一致。*Re* 数越大，颗粒间距越小，但总体上不同 *Re* 数下的颗粒间距差别不大，这是因为即便改变了 *Re* 数，上游小颗粒的尾流区对下游大颗粒的迁移影响也较小。

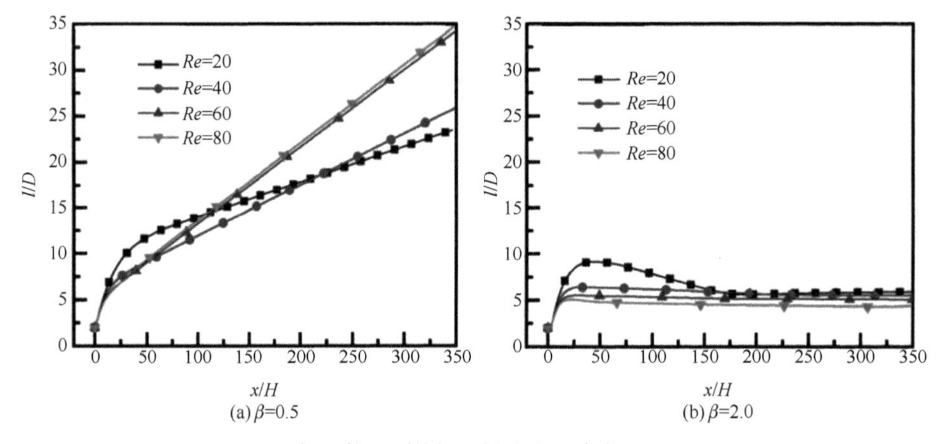

图 8.6　不同 *Re* 数下颗粒间距沿流向的变化(k=0.125～0.3)

8.1.4 颗粒的平衡位置

图 8.7 是不同阻塞率 k 情况下，单颗粒在纵向上的平衡位置，可见阻塞率越小，壁面的约束作用越小，颗粒的平衡位置越靠近槽道的壁面。从图中的五个纵向平衡位置看，平衡位置与阻塞率基本上呈线性正相关的关系。

图 8.8(a)是不同颗粒尺度比下颗粒 1(下游颗粒)的平衡位置，可见当小颗粒在下游时，该颗粒的平衡位置更靠近壁面，当大颗粒在下游时，该颗粒的平衡位置更靠近中心线，且平衡位置不随颗粒尺度比的变化而变化。由图 8.8(b)可见，当大颗粒在下游时，上游小颗粒的平衡位置更靠近壁面，当小颗粒在下游时，上游大颗粒的平衡位置更靠近中心线，而且平衡位置不随颗粒尺度比的变化而变化。

图 8.9 是不同颗粒尺度比下双尺度颗粒中的小颗粒平衡位置和单颗粒的平衡位置比较，可见当双尺度颗粒中的小颗粒在下游时($\beta<1$)，小颗粒平衡位置与单颗粒的平衡位置相同；而双尺度颗粒中的大颗粒在下游时($\beta>1$)，小颗粒的平衡位置比单颗粒的平衡位置更靠近壁面。

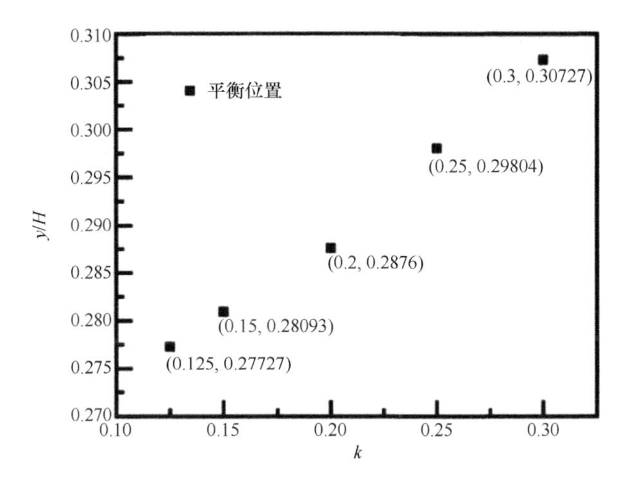

图 8.7　不同阻塞率下单颗粒在纵向上的平衡位置

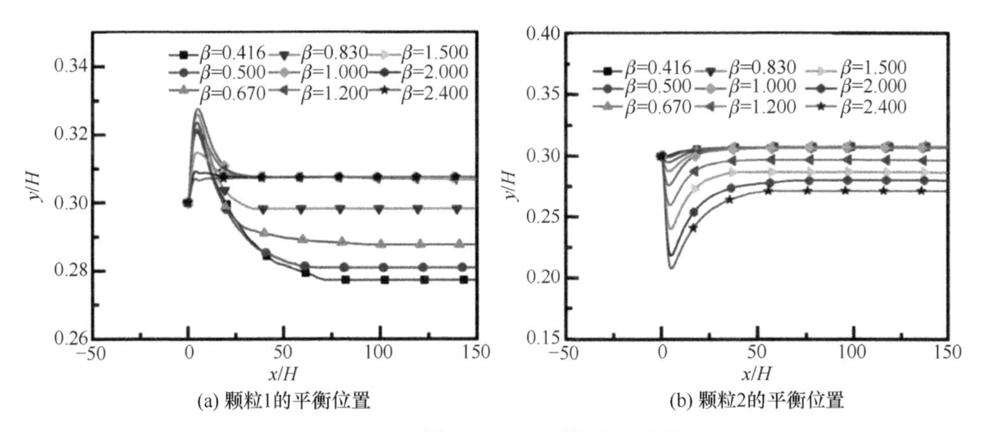

图 8.8　不同颗粒尺度比下颗粒的平衡位置

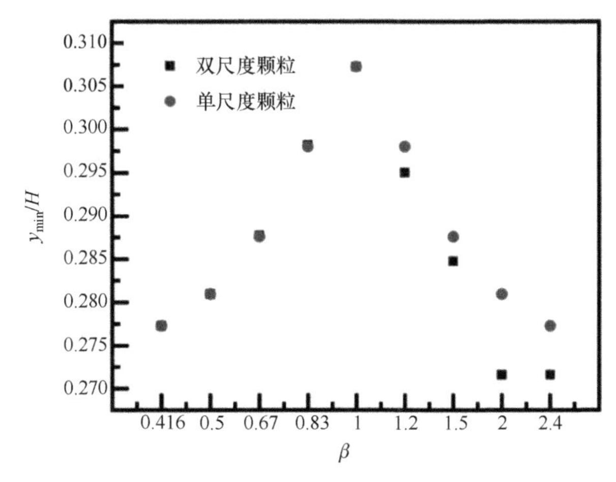

图 8.9　不同颗粒尺度比下双尺度颗粒中的小颗粒与单颗粒的平衡位置

8.2 可变形颗粒的迁移

已有的关于流道中颗粒迁移的研究大多数关注的是刚性颗粒，但在实际情形中有很多情况下颗粒具有明显的可变形性。可变形颗粒在流道中的迁移有着与刚性颗粒不同的特性，例如可变形颗粒的纵向平衡位置比刚性颗粒更靠近流道的中线。同时，模拟可变形颗粒在流道中的迁移更加复杂和困难。

8.2.1 背景与模型

胶囊模型是一种常用的可变形颗粒的模型，已有许多方法可用来模拟胶囊模型的可变形颗粒迁移，例如将有限体积法与界面追踪技术相结合的方法[1-3]，将有限差分/Fourier 变换法与界面追踪技术相结合的方法[4]，将边界积分法与有限元法相结合的方法[5-8]，浸没边界/LBM/有限元法[9-12]，以下数值模拟用的就是最后这种方法，因为该方法相对容易实现且可以并行计算[13]。

Villone 等[14]指出，胶囊模型的可变形颗粒在圆管中迁移时受两个无量纲数控制：弹性毛细管 Ca 数和阻塞率 k，Ca 数和 k 的增加使颗粒保持一个更稳定的形状，这一形状对称或非对称取决于颗粒是否在中线上进入圆管。Kumar 和 Graham[15]也得到了类似的结论。然而，Esposito 等[16]指出，胶囊模型的可变形颗粒是否迁移到纵向的平衡位置取决于 Ca 数和 Re 数，给定 Re 数时，Ca 数越大即颗粒可变形性越强，颗粒的纵向的平衡位置越靠近流道的中线。基于这一规律，可以将尺度相近但力学性能不同的患病(变形性弱)细胞和健康(变形性强)细胞分离开来。Shin 和 Sung[17]发现，随着 Re 数的增加，胶囊颗粒的纵向平衡位置先向底壁移动，然后再向中线移动。Raffiee 等[18]发现，随着 Laplace 数(La 数，定义为颗粒 Re 数与 Ca 数之比)的降低，变形诱导力增大，该力将胶囊颗粒推向中线。Schaaf 和 Stark[19]发现，胶囊颗粒的纵向平衡位置几乎与 Re 数无关，而仅取决于 La 数。然而，颗粒的实际变形在很大程度上取决于 Re 数。Kim 等[20]提出，胶囊颗粒的初始纵向位置只影响其初始的迁移，而不影响其最终的纵向平衡位置。Alghalibi 等[21]指出，在 $100 \leqslant Re \leqslant 400$ 的范围内，胶囊颗粒的纵向平衡位置几乎与 Re 数无关，且不受胶囊颗粒的初始条件、位置和速度的影响，但显著依赖于胶囊颗粒的弹性。He 等[22]在 $1 \leqslant Re \leqslant 20$ 的范围内，研究了胶囊颗粒的迁移，发现在高 Re 数和高 Ca 数情况下，胶囊颗粒稳定在中线的平衡位置，在低 Re 数和低 Ca 数情况下稳定在纵向平衡位置。

Li 等[23]研究了相近大小的可变形颗粒和刚性颗粒的相互作用，当聚焦的可变形颗粒靠近刚性颗粒时，两个颗粒都将脱离原轨道而稳定在新的平衡位置，对于可变形性较弱的颗粒，这种情况更容易发生。Lan 和 Khismatullin[24]关注两个胶囊颗粒在达到纵向平衡位置后的相互交换和通过现象，发现可变形性强的颗粒更有可能出现通过的现象。Patel 和 Stark[25]将两个胶囊颗粒的动力学稳定性分为四种状态：稳定、带阻尼振荡的稳定、带有界振荡的稳定、不稳定。当胶囊颗粒的可变形性减弱时，稳定状态会变得不稳定。此外，以流道中线将流道划分为两部分，当两个颗粒位于同一部分时比两个颗粒位于不同部分时更不稳定。Owen 和 Kruger[26]研究了 La 数和颗粒初始位置对两个胶囊颗粒迁移的影响，观察到两种新的状态，即交换和捕获、通过和捕获，这两种状态会偶尔出现，但对刚性颗粒而言，未发现这种情况。Feng 等[27]分析了 Re 数、胶囊颗粒体积分数、颗粒弯曲刚度对颗粒迁移的影响，总结了颗粒迁移的四种状态，即单排颗粒链、交错颗粒链、过渡状态以及随机结构。

以上介绍的胶囊颗粒迁移的特征都是基于颗粒初始为随机分布的假定，在实际应用中为了更好地控制颗粒的迁移，往往会人为地给颗粒一个初始分布，此时颗粒的后续迁移会有不同的结果，以下介绍的是颗粒初始为均匀分布的结果。

胶囊模型可变形颗粒在图 8.10 所示的二维槽道流中迁移，流场速度为抛物型分布，数值模拟时槽道壁面为无滑移边界条件，x 方向为周期性边界条件，离开右侧的颗粒将重新进入左侧。颗粒被一层弹性薄膜裹围，防止其被过度压缩、拉伸和弯曲[28]，颗粒内部充满与外部相同黏度和密度的不可压牛顿液体，在未变形状态下颗粒为圆形。包括表面张力和横向剪切张力的薄膜张力，在颗粒变形过程中变化以满足无滑移边界条件，其中表面张力采用满足 Hooke 定律的膜的本构关系：

$$T_s = G_s(\lambda - 1), \tag{8-2}$$

式中 G_s 是膜弹性模量，λ是拉伸比。横向剪切张力表示为[29]

$$T_b = \frac{\mathrm{d}}{\mathrm{d}l}[G_b(\kappa - \kappa_0)], \tag{8-3}$$

式中 l 是沿膜曲线的弧长，G_b 是弯曲模量，κ 和 κ_0 分别为瞬时曲率和初始曲率。因此，薄膜总张力可以表示为

$$\boldsymbol{T} = T_s\boldsymbol{t} + T_b\boldsymbol{n}, \tag{8-4}$$

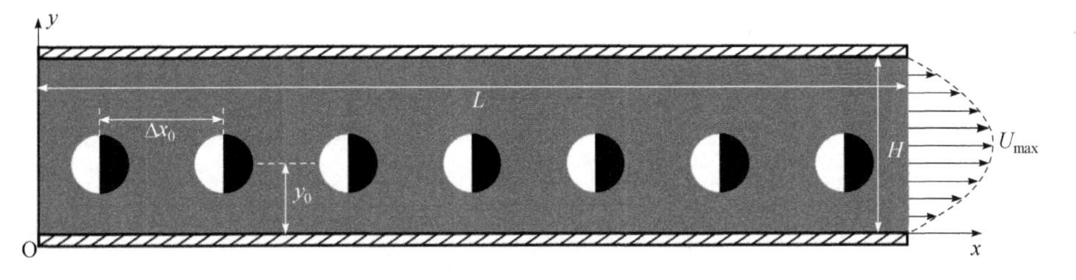

图 8.10　二维槽道流及其胶囊颗粒

式中 $\boldsymbol{t}$ 是指向弧长增加方向的单位切线向量，n 是指向周围流体的单位法向向量。此外，要增加一个力 $\boldsymbol{T}_v$ 以保持薄膜包围的区域为恒定：

$$\boldsymbol{T}_v = -\frac{l}{3}\left(1-\frac{A}{A_0}\right)\boldsymbol{n}, \tag{8-5}$$

其中 A 和 A_0 分别是当前封闭区域和初始封闭区域,格林定理可用于沿膜的边界积分该区域。

采用 LBM 模拟流场，有限元方法模拟胶囊颗粒，浸没边界法处理流场与颗粒的相互作用，其中 LBM 和浸没边界法在第 2 章中已有介绍。Lagrange 节点力分布在 Euler 格点上，Lagrange 节点的速度通过浸没边界法从 Euler 格点上插值得到

$$\varphi(d)=\begin{cases}\dfrac{1}{4}\left[1+\cos\left(\dfrac{\pi r}{2}\right)\right], & d\leqslant 2\\ 0, & d>2\end{cases}, \tag{8-6}$$

式中 d 是 Lagrange 节点和附近 Euler 格点之间在 x 或 y 方向上的距离，这种处理满足胶囊颗粒表面的无滑移边界条件以及胶囊薄膜和流体之间的动量交换。

胶囊颗粒变形主要由两个无量纲参数决定，一个是毛细管数 Ca，即流体的黏性应力与胶囊膜的特征弹性剪切应力之比：

$$Ca=\frac{\rho\nu\gamma R}{G_s}, \tag{8-7}$$

式中ρ、ν、γ是流体密度、黏度和流场剪切率，R 是未变形的颗粒半径，G_s 是胶囊颗粒薄膜弹性模量。

另一个重要参数是颗粒的弯曲模量 E_b，即弯曲模量与弹性模量之比：

$$E_b=\frac{G_b}{G_s R^2}, \tag{8-8}$$

式中 G_b 是弯曲模量。

8.2.2　模拟方法验证

先对拟采用的数值模拟方法进行验证。如图 8.11 所示，胶囊颗粒初始位于 Couette 流的中心，流场剪切率为$\gamma=U_0/H$，Re 数定义为 $Re=4\gamma R^2/\nu$，数值模拟时采用的参数为：Re=0.05，ν=0.08，ρ=1，R=20，L=320，H=320，Lagrange 节点数为 160。颗粒开始迁移时，在力的作用下变形到一种稳定的形状并以坦克履带的方式迁移。Taylor 变形参数 $D_{xy}=(D_L-D_W)/(D_L+D_W)$用于量化胶囊颗粒的形状特性，其中 D_L、D_W 分别是变形颗粒的长度和宽度。

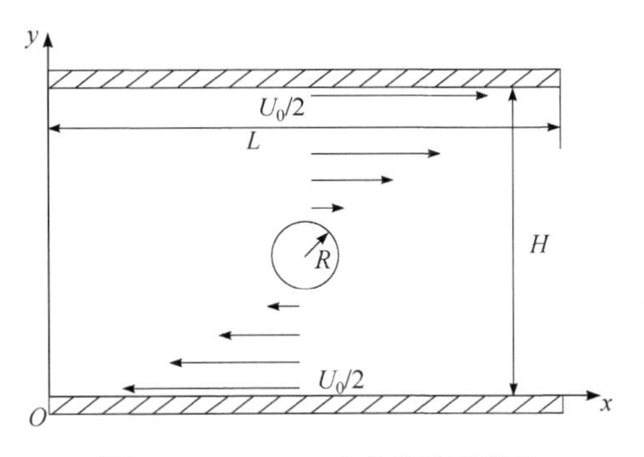

图 8.11　Couette 流及其胶囊颗粒

图 8.12 给出了不同 Ca 数和 E_b 下的 Taylor 变形参数和最终的稳定形状，图中坐标的长度和时间尺度分别用 $2R$ 和 $1/\gamma$ 进行了无量纲化，实线表示用本节方法数值模拟的结果，符号表示其他数值模拟的结果[30, 31]，其中图 8.12(a)是在 E_b=0 的情况下变化 Ca 数的结果，图 8.12(b)～(e)是固定 Ca 数变化 E_b 的结果。由图可见，用本节方法数值模拟的结果与其他数值模拟的结果吻合得很好。

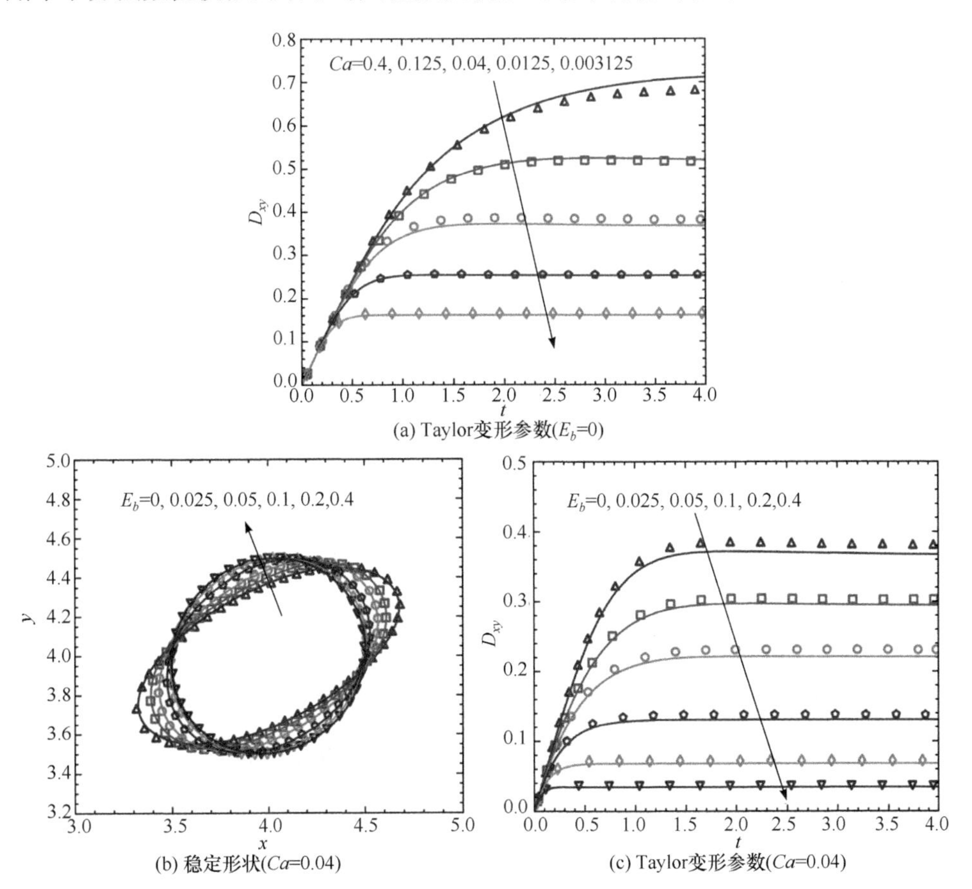

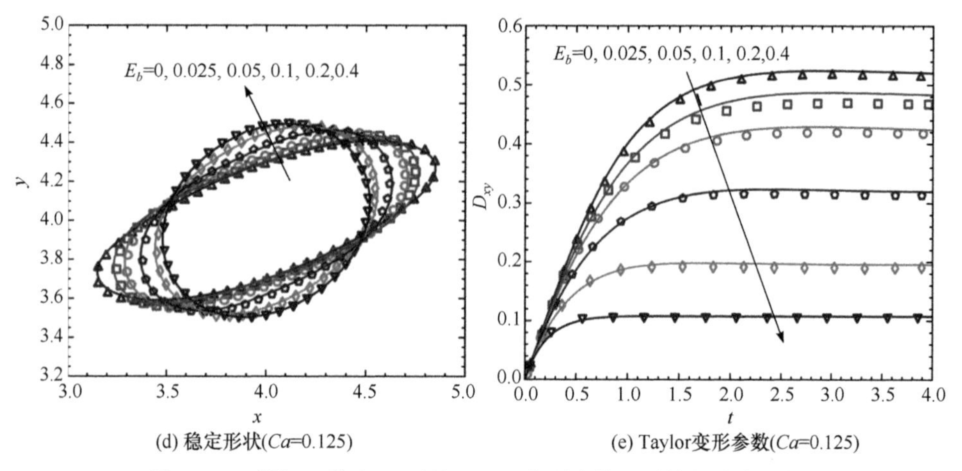

(d) 稳定形状(Ca=0.125)　(e) Taylor变形参数(Ca=0.125)

图 8.12　不同 Ca 数和 E_b 下的 Taylor 变形参数和最终的稳定形状

8.2.3　单个胶囊颗粒的迁移

在以下的计算中，Re 数定义为 $Re=2U_{\text{ave}}R/\nu$，其中 $U_{\text{ave}}=2U_{\max}/3$ 是流场平均速度，流道中的 Ca 数定义为 $Ca=\rho\nu U_{\text{ave}}/G_s$，$E_b$ 的定义如式(8-8)所示。胶囊颗粒初始沿 x 轴均匀分布并处于相同纵向位置上。用 N_p 表示颗粒的数量，则图 8.10 中颗粒初始间距$\Delta x_0=L/N_p$。由于流道中线上下的对称性，只给出颗粒最初位于流道下半部和中线上的情况。纵向坐标无量纲化为：$y'=|y-(H/2)|/(H/2)$ 和 $y_c'=[y-(H/2)]/(H/2)$(为简洁起见，后面表述中 y'的“′”略去)，初始位置为 y_0'。计算时取 Ca=0.1，阻塞率 k=1/3，ν=0.06，ρ=1，R=25，L=7500，H=150，Lagrange 节点数为 250。

图 8.13 给出了在不同颗粒弯曲模量 E_b 下单个颗粒的平衡位置、Taylor 变形参数与 Re 数的关系，图中黑色虚线表示颗粒最大平衡位置对应的 Re 数出现在 $Re\approx 50/3$[17,32]，实线加实心符号是本节计算结果，空心符号是 Feng 等[27]的结果，可见本节计算结果略小于 Feng 等的结果，但总体上相符，且颗粒最大平衡位置也出现在 $Re\approx 50/3$ 的位置。由图 8.13(a)可见，随着 E_b 的减小，颗粒平衡位置偏离中线的 Re 数范围缩小，平衡位置的最大值也减小。在图 8.13(b)中，Feng 等[27]没有给出 E_b=0.008 和 0.02 的结果，由图可见，在 $D_{xy}\geqslant 0.05$ 的范围，随着 E_b 的减小，D_{xy} 的最大值增大且曲线变得细长，因为小 E_b 下胶囊颗粒更容易变形，导致 D_{xy} 增大，单个胶囊颗粒最大变形对应的 E_b 约为 0.02。

图 8.14 是不同初始位置下单个颗粒平衡位置、Taylor 变形参数、角度、平衡位置与纵向速度相图，图中 t 由 $2U_{\text{ave}}/H$ 归一化，图 8.14(b)中 θ 由 π 归一化，图 8.14(d)中 u_y 由 U_{ave} 归一化，虚线表示颗粒平衡位置。由图 8.14(a)可见，胶囊颗粒稳定在两个平衡位置，当颗粒初始位于中线时(y_0=0)，后续的迁移将稳

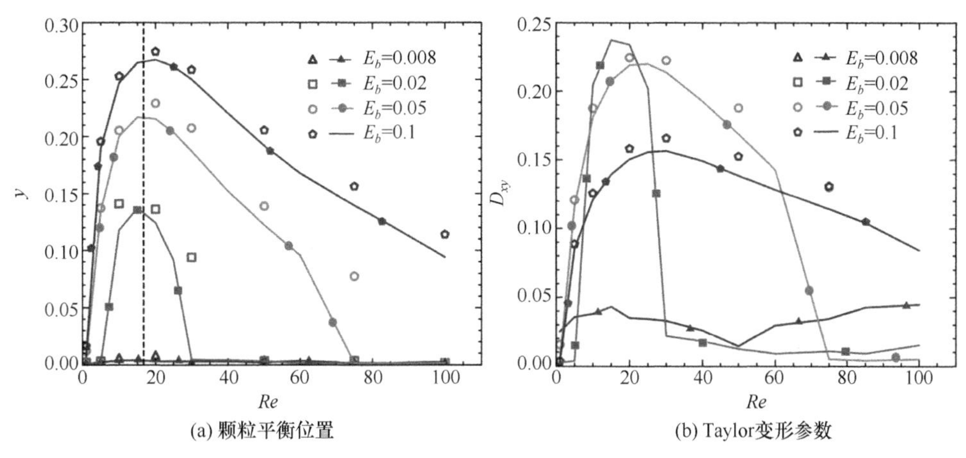

(a) 颗粒平衡位置　　(b) Taylor变形参数

图 8.13　不同颗粒弯曲模量下单个颗粒的平衡位置、Taylor 变形参数与 *Re* 数的关系

定在中线平衡位置，但颗粒初始位置只要稍微偏离中线，即 $y_0 \neq 0$，颗粒后续的迁移将趋向于同一个稳定的平衡位置 $y_{eq}=0$，这一结果与 Shin 和 Sung 的结果[17]一致。当 $y_0=0.65$ 时，颗粒在向中线迁移之前先向壁面方向迁移，因 $y_0=0.65$ 的位置更靠近壁面，该位置较大的流场局部剪切率产生较大的黏性剪切应力，该力不仅会延缓颗粒的迁移，还使颗粒更容易变形，颗粒因变形而向壁面方向迁移，这一结果也可通过图 8.14(b)予以说明。在图 8.14(b)中，对于 $y_0=0.65$，当 $t<5$ 时，D_{xy} 持续增大，其值甚至超过最终的稳定值；当 $t \approx 5$ 时，D_{xy} 达到最大值后开始减小。此外，当 $y_0=0$ 时，D_{xy} 稳定在一个较小的值，此时的胶囊颗粒为子弹状，接近于圆形。由图 8.14(b)可见，当 $t<5$ 时，D_{xy} 的值和增长率随着 y_0 的增加而增大。在图 8.14(c)中，颗粒的角度变化即转速也随着 y_0 的增加而增大，这是因为随着 y_0 的增加，流场局部剪切率增大，从而产生使颗粒旋转的大的剪切力矩。对于 $y_0=0.65$ 的情形，当 $t < 5$ 时，颗粒在旋转的同时也在发生变形，变形的方向与旋转的方向一致，从而加快了颗粒的旋转。另一方面，当 $t \geqslant 5$ 时，D_{xy} 的减小相当于颗粒沿旋转的反方向转动，从而导致颗粒转速的下降。图 8.14(c)还表明，颗粒初始位置 y_0 对颗粒的稳态旋转速度没有影响。在图 8.14(d)中，当 $y_0=0$ 时，颗粒始终在中线上，所以 $u_y=0$。当 $y_0<y_{eq}$ 时，$u_y < 0$；$y_0>y_{eq}$ 时，$u_y>0$，一个例外是 $y_0=0.65$ 时，颗粒最初向着壁面迁移，所以 $u_y<0$。在图 8.14(d)的方框图中，初始位置为 $y_0=0.2$ 的颗粒由于惯性效应将跨过平衡位置，然后从另一侧再趋于平衡位置，图中虚线表示颗粒平衡位置大约为 $y=0.267$。

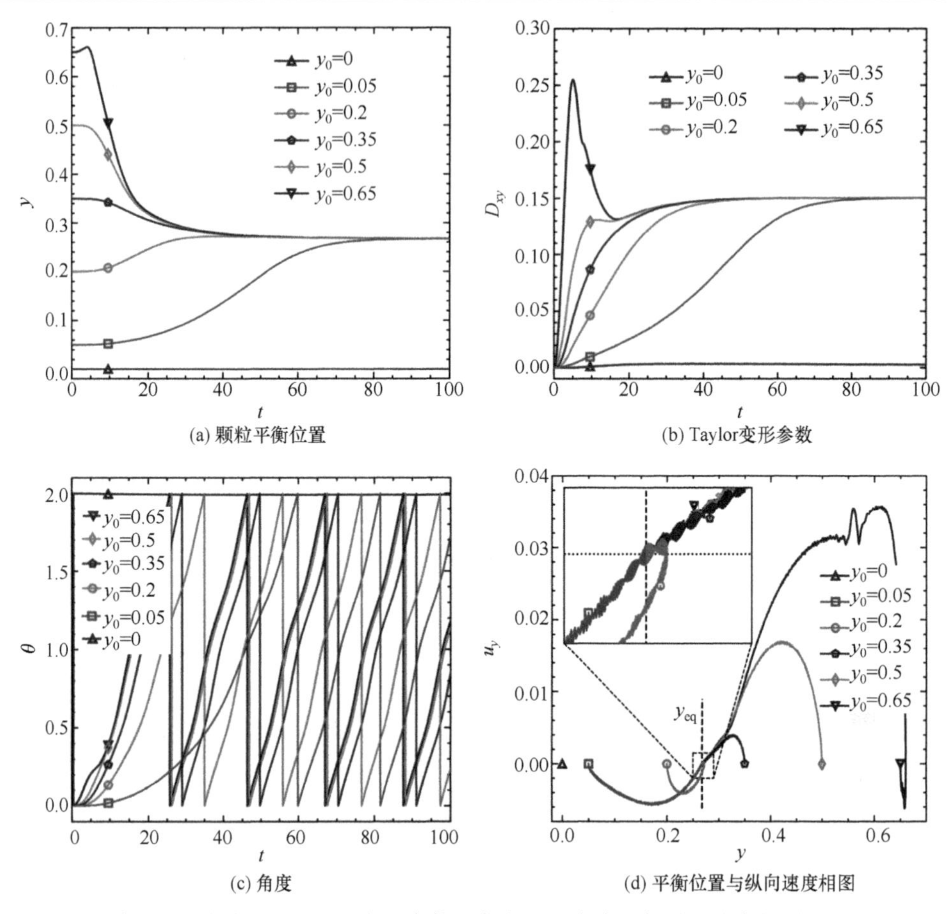

(a) 颗粒平衡位置　　(b) Taylor变形参数

(c) 角度　　(d) 平衡位置与纵向速度相图

图 8.14　单颗粒平衡位置、Taylor 变形参数、角度、平衡位置与纵向速度相图(Re=20, E_b=1)

8.2.4　多个胶囊颗粒的迁移

图 8.15 给出了胶囊颗粒在流道中的分布以及纵向速度 u_y 和流线分布，可见在图 8.15(a)中，颗粒在中线上形成稳定的颗粒链；至于纵向速度，Dadvand 等[33]也给出了类似的 u_y 分布，由图中的等值线可知，每个颗粒的周围存在八个 u_y 的极值，而刚性圆形颗粒通常只有四个，其原因可以通过从速度场中减去颗粒速度后，分析流体和颗粒之间的相对迁移得到。如图 8.15(c)的流线所示，在两个相邻的颗粒之间，形成了一对关于中线几乎对称的涡流，每个颗粒周围有三个流线合并和三个流线分离的地方，分别用“+”和“－”表示，流线通过每个颗粒顶部和底部时，将改变 u_y 的符号，这使得每个颗粒的周围存在八个 u_y 的极值。此外，在流线合并或分离的位置，颗粒被流体的黏性力向外拉动或向内推动，导致了颗粒在中线处呈现出子弹的形状。

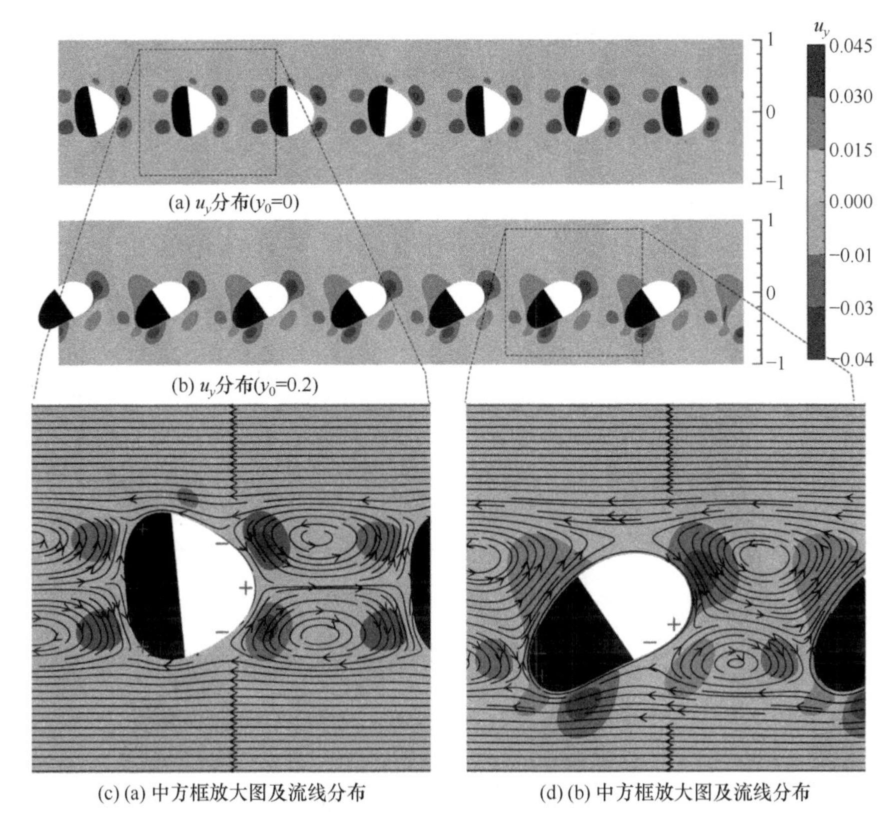

图 8.15　胶囊颗粒在流道中的分布以及纵向速度和流线分布(Re=100, E_b=0.008, N_p=7)

Dadvand 等[33]认为，流体作用于中线上颗粒的剪切力处于平衡，中线上的颗粒不会旋转，但这里的结果略有不同。如图 8.10 所示，初始时刻颗粒的右侧为黑色，而图 8.15(c)中的颗粒左侧为黑色，可见颗粒在迁移时发生了旋转；颗粒左侧两个“+”关于中线完全对称，但颗粒形状关于中线则不是完全对称的。从图 8.15(a)可以看出，颗粒以摆动的方式行进，这是由于颗粒之间的相互作用，然而这种相互作用通常不足以使颗粒偏离中线。

对图 8.15(b)中 y_0=0.2 的情形，颗粒在平衡位置上形成稳定的颗粒链，从颗粒的颜色可知，所有颗粒开始迁移时就伴随着旋转。比较图 8.15 的(c)和(d)可以发现，(d)中颗粒的左侧一个“+”和右侧的一个“－”消失，这两个标记分别对应流线合并与流线分离，这使得颗粒的周围只存在六个 u_y 的极值。此外，两个相邻颗粒之间的一对涡变得不对称，表现为上大下小。由于颗粒变形，两个相邻颗粒最近点的距离变小，相互作用增强。随着颗粒数量增加，颗粒的相互作用会将一些颗粒从单排颗粒链中挤出。

图 8.16 给出了在 11 个颗粒情况下颗粒间距随时间的变化及纵向速度分布，图中的$\Delta x=(x_i-x_1)/2R$，表示第 i 个颗粒与第 1 个颗粒沿 x 方向的相对距离，图(b)、(c)、(d)分别对应图(a)中的(1)、(2)、(3)时刻。由图 8.16 (a)可见，颗粒 2 和颗粒 4 的移动明显快于其他颗粒，在图 8.16 (b)～(d)中，可以更清楚地看到颗粒 2 分别位于颗粒 10、颗粒 11 和颗粒 1 的上方，而且其他颗粒的顺序：1、3、5～11 不会随着时间的推移而改变。

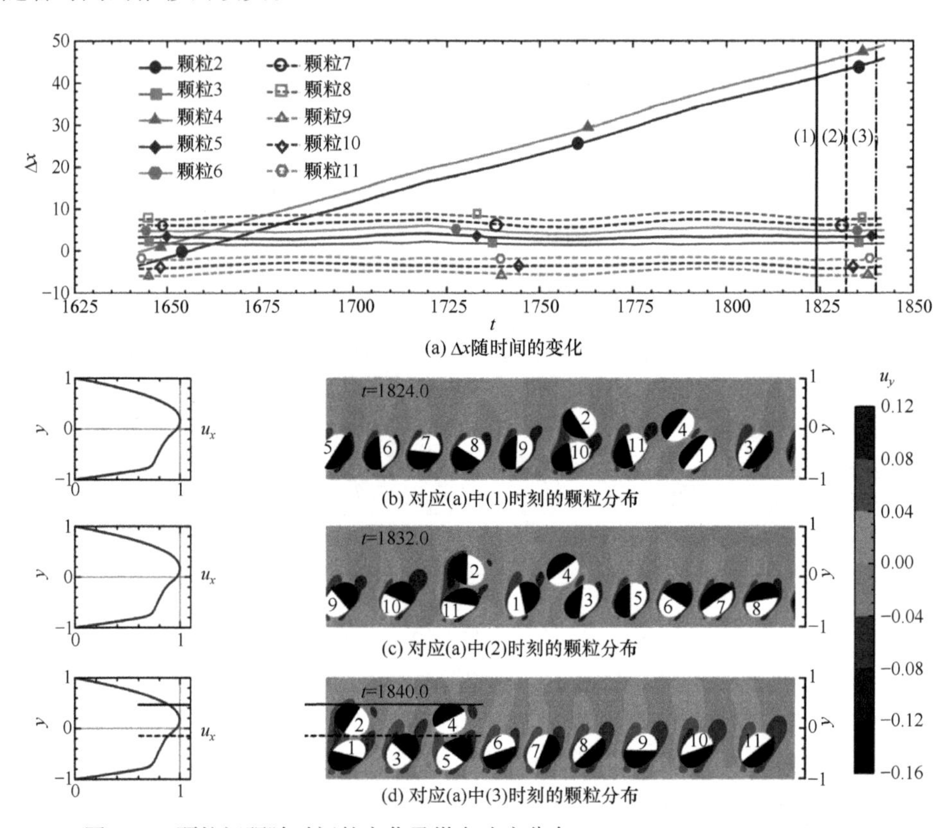

图 8.16　颗粒间距随时间的变化及纵向速度分布(Re=50, E_b=0.1, y_0=0.2, N_p=11)

由颗粒的黑色部分可知，所有颗粒都在以顺时针方向旋转，这是因为所有颗粒的初始位置都在中线以下，而中线以下沿流动方向的速度分布 u_x 如图 8.16(b)～(d)左边所示，这种速度分布产生的剪切力导致颗粒以顺时针方向旋转。此外，颗粒 4 位于颗粒 2 的前面，这使得颗粒 2 的上部和下部之间的速度差更大，即剪切力更大，因而颗粒 2 的旋转速度比颗粒 4 快，但它们的旋转速度都比在下面的 9 个颗粒的旋转速度慢。

通过大量数值模拟，可以归纳出表 8.1 所示的五种迁移形态，对形态 E，除了图 8.16(b)～(d)所示情况外，还有另一种情况，即移动速度较快的颗粒靠近中线，而其他颗粒稳定在交错的颗粒链中。

表 8.1　颗粒间距随时间的变化及纵向速度分布(Re=50, E_b=0.1, y_0=0.2, N_p =11)

形态	描述	Δx 随时间的演变
A	颗粒形成单排颗粒链稳定在中线或平衡位置上(图 8.15(a)、(b))	曲线通常是直线，不相交
B	颗粒形成稳定的交错颗粒链	曲线不相交
C	颗粒不稳定	曲线随机相交
D	颗粒重叠，数值模拟终止	
E	一些颗粒的迁移比其他颗粒快很多	类似于图 8.16(a)的情形

图 8.17 给出了不同 E_b 下五种迁移形态的相图，每个图的七个同心圆由内向外分别代表 Re=5、10、20、30、50、75、100 的情形，上下半圆分别对应 y_0=0 和

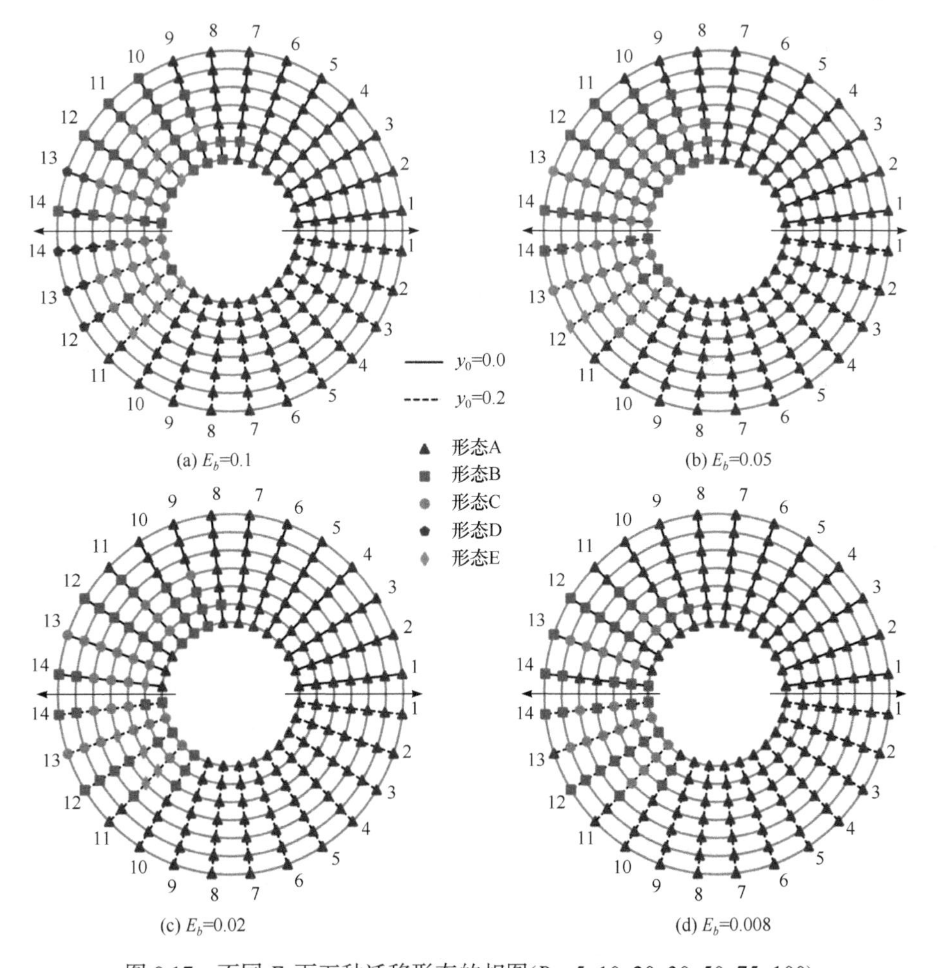

图 8.17　不同 E_b 下五种迁移形态的相图(Re=5, 10, 20, 30, 50, 75, 100)

y_0=0.2 的颗粒初始位置，圆最外层的数字表示颗粒的个数，图中的符号代表迁移形态，一种有 784 个符号，其中大部分是迁移形态 A，尤其是颗粒数较少的情况。对于 y_0=0 的上半圆，除了 Re=5 外，形态 A 中的最大颗粒数一般随着 E_b 的减小或 Re 数的增大而增大。但在 y_0=0.2 的下半圆，情况大不相同，这从相图的上下不对称便可看出。对于不同的 E_b，只有在 N_p=10，Re=5、10、20 的情况下，形态 A 的出现有所不同；在 E_b=0.008 的图 8.17(d)中，相图几乎上下对称。如图 8.17(a)所示，无论颗粒初始位置是否在中线上，一个可变形性很强的颗粒都会稳定在中线上。因此，在多个强变形颗粒的情况下，颗粒之间的水动力学相互作用决定颗粒的迁移状态，而不是颗粒的初始位置。

颗粒初始位置在中线上(y_0=0)比不在中线上(y_0=0.2)更容易出现迁移形态 B。总体而言，当颗粒数为偶数时，更容易出现迁移形态 B，为奇数时更容易出现迁移形态 C。当颗粒个数为奇数时，形态 B 可以形成的唯一方式是两个相邻的颗粒位于通道的同一侧，而其他颗粒是交错的。如图 8.17(a)所示，形态 D 仅出现在大 N_p、E_b 和 Re 数的情形；形态 E 在 E_b 较大时容易出现，在 E_b 较小时几乎消失。

为了定量描述颗粒的分布，可以用颗粒密度的二阶矩来表征颗粒总体沿纵向的分布[34]：

$$M_2 = \frac{1}{H}\int_0^H \Phi(y)\left(y-\frac{H}{2}\right)^2 \mathrm{d}y, \tag{8-9}$$

式中 $\Phi(y)$ 是流道两壁面之间的颗粒体积分数分布，对于给定的 y，$\Phi(y)$ 是被颗粒占据的沿 x 方向的长度与流道总长度之比。归一化后的颗粒沿纵向的位置为

$$\sigma = \sqrt{\frac{4M_2}{\Phi H^2}}, \tag{8-10}$$

式中 $\Phi=N_p\pi R^2/HL$ 是整个流道颗粒的体积分数，σ 越大，颗粒离中线越远，Kruger 等[34]提出，如果颗粒分布均匀，则 $\sigma\approx0.577$；如果颗粒都位于中线上且形状为圆形，则 $\sigma\approx0.167$，这与 N_p=1 和 2、E_b=0.008、Re=10、y_0=0.2 的情形一致(如图 8.18 所示)。

如图 8.18 所示，在形态 A 中，当 N_p 很小时，σ 随着 N_p 的增大而增大，由图 8.18(d)可见，左边的颗粒将右边的颗粒推向壁面。随着 N_p 的增加，颗粒之间的距离越来越近，相邻颗粒之间的水动力学相互作用也增强。此外，随着 N_p 的增加，颗粒所在位置的流体速度减小，流场局部剪切率增大，导致的大黏性剪切力将颗粒推向壁面。因此，在形态 A 中，随着 N_p 的增加，颗粒离中线更远。Gupta 等[35]发现刚性颗粒也有类似的趋势，且 σ 随着 N_p 线性变化，直到迁移形态的改变。如图 8.18 中的虚线所示，曲线的平均斜率约为 0.0176。对相同颗粒数 N_p 而言，相邻两个变形性强的颗粒间距较小，以致颗粒水动力学相互作用较强。因此，对于 E_b=0.008、0.02 这些变形性强的颗粒，随着颗粒数 N_p 从 9 增加到 10(偶数)，颗

粒的迁移形态由 A 演变为 B。然而，对于 E_b=0.05、0.1 变形性弱的颗粒，随着 N_p 从 10 增加到 11，颗粒的迁移形态由 A 演变为 E，即可以保持在形态 A 中的变形性强的颗粒数较少。迁移形态 B 和形态 C 通常出现在偶数和奇数个颗粒的情形，但是 E_b=0.1 的情形例外，在 E_b=0.1 的情况下，容易出现形态 E。在图 8.18 中，一般而言，颗粒变形性越强，σ的曲线越低，即颗粒越接近中线，然而σ也明显地依赖于迁移形态。

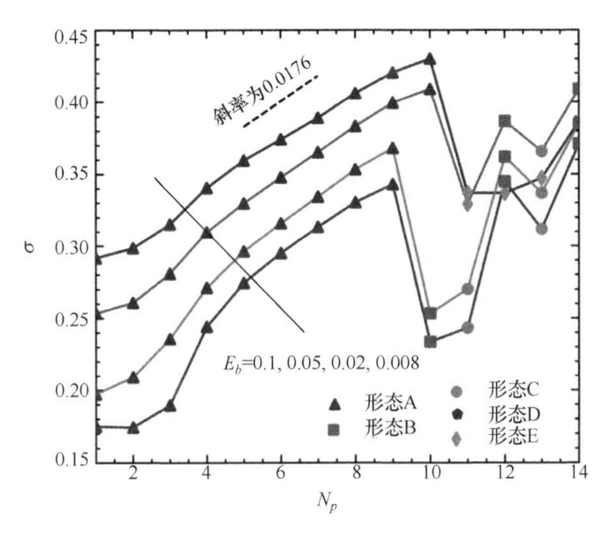

图 8.18　不同 E_b 下颗粒纵向位置与颗粒数的关系(Re=10, y_0=0.2)

8.2.5　多颗粒情况下颗粒初始位置的影响

图 8.14 表明，单个颗粒稳态时的动力学特征与颗粒的初始位置无关，多个颗粒情况下是否也存在同样结论值得分析。图 8.17 表明，当颗粒数 N_p=11 时，颗粒的迁移形态比较丰富，为了更详细地了解其丰富的迁移形态，增加了 y_0=0.05、0.35、0.5、0.65 的算例，图 8.19 给出了不同 E_b 下五种迁移形态颗粒初始位置与 Re 数的相图，图中的符号含义与图 8.18 相同，图 8.19(a)和(b)的两个虚线方块表示形态 E 的转移。由图 8.19 可见，迁移形态 A 和 B 通常发生在高 Re 数下，当 E_b=0.1 时，颗粒离壁面越近，越容易出现形态 A。然而，当颗粒非常靠近壁面(y_0=0.65)时，形态 D 更有可能出现；形态 E 通常出现在低 Re 数和小 y_0 的情形。当 E_b 从 0.1 减小到 0.05 时，如图 8.19(a)和(b)中的两个虚线方块所示，形态 E 在相位图中发生位移，且移动后空出来的位置被形态 C 所代替。对于 E_b=0.008、0.02 这些变形性强的颗粒，颗粒的迁移状态主要由 Re 数决定，颗粒初始位置的影响较小。

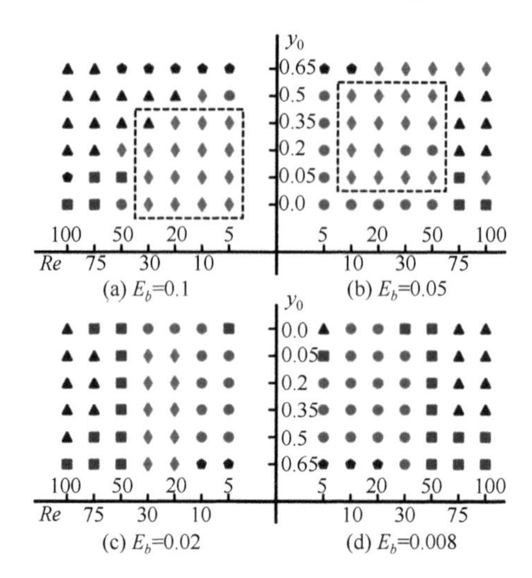

图 8.19　不同 E_b 下五种迁移形态颗粒初始位置与 *Re* 数的相图(Re=10, N_p=11)

综上所述，存在颗粒的迁移形态 E，在这个形态中，一些胶囊颗粒的移动速度明显快于其他胶囊颗粒，此时有两种情况：一是大多数颗粒位于流道的下部，移动速度较慢，少数颗粒位于这些颗粒的上方，移动速度较快；二是一些颗粒靠近中线，移动速度更快，这些颗粒在交错排列的其他颗粒之间穿梭。此外，当 E_b=0.008 时，形态 E 几乎消失。

在迁移形态 A 中，颗粒沿纵向的位置随着颗粒数量的增加而线性增大。当颗粒数量为偶数时，迁移形态 B 更容易形成；当颗粒数量为奇数时，迁移形态 C 更容易形成。颗粒重叠的可能性(形态 D)随着 *Re* 数、E_b、y_0 或 N_p 值的增加而增大。颗粒的初始位置对单个颗粒的稳态迁移没有影响，但对多个颗粒的稳态移动有影响。

8.3　布朗颗粒的温控聚焦

由于流体分子的热迁移，流体中的小颗粒会受到来自流体分子热迁移的随机力作用，受到这种力作用的颗粒可称为布朗颗粒，在流道中对这种颗粒进行控制具有实际意义。

8.3.1　背景与模型

研究表明，布朗颗粒的迁移在很大程度上取决于其周围环境的温度，因而基于布朗颗粒迁移的温度测量技术也相应产生，布朗颗粒的迁移也被认为是控制纳流体热行为的关键要素。由于布朗颗粒的迁移具有学术和应用价值，所以已经引起人们的广泛关注。

Lin 等[36]实验测量了槽道中布朗颗粒的阻尼扩散，给出了作为离壁距离显式函数的颗粒沿流向和纵向的扩散系数。Benesch 等[37]从理论上探讨了同样的问题，他们提供了更准确的约束流场中布朗颗粒的扩散系数。Iwashita 和 Yamamoto[38]以及 Drossinos 和 Reeks[39]对布朗颗粒在简单剪切流中的迁移进行了数值模拟，他们分别关注了颗粒在短期和长期迁移下的行为。对短期迁移行为，布朗颗粒在涡矢量方向上的均方位移，随着时间的推移和颗粒体积分数的增加而迅速增加；对长期迁移行为，布朗颗粒的扩散系数取决于颗粒惯性，使得颗粒沿流向的扩散系数随着 Stokes 数的增加而变为负值，而其中一个纵向扩散系数总是负值。类似地，Uma 等[40]对充分发展的槽道流中布朗颗粒的迁移进行了研究，用直接数值模拟的结果，验证低 *Re* 数范围内槽道流中布朗颗粒的均分定理。Radiom 等[41]实验测量了低 *Re* 数下两个布朗颗粒之间的水动力学相互作用，发现当颗粒间距小于 Stokes 层厚度的两倍时，颗粒间的水动力学相互作用可以通过忽略流体惯性的解析式来描述。Lucero-Azuara 等[42]采用 Langevin 方法，研究了带电颗粒穿过磁场的布朗迁移，指出颗粒沿着磁场所指方向的均方位移与 Langevin 给出的位移相同。Mayer 等[43]对各向异性颗粒的二维布朗扩散进行了实验和理论研究，发现与颗粒长轴平行和垂直且依赖于时间的扩散系数随着取向弛豫时间的增长而衰减。此外，活性布朗颗粒的迁移也引起了人们的广泛关注[44-48]，如 Bickmann 等[44]研究了布朗圆形活性颗粒有迁移诱导的相分离，并提出了一种可用于解释其集体行为的理论；Zhu 等[48]提出了一种基于温度的方法，将活性颗粒从由活性颗粒和被动颗粒组成的混合物中分离出来，通过求解忽略颗粒水动力学相互作用的 Langevin 方程，得到颗粒迁移的信息，发现活性颗粒可以通过温差进行调控并改变迁移方向，而被动颗粒却无法进行这样的操作。

众所周知，颗粒的布朗迁移在很大程度上取决于其周围环境的温度。温度越高，热脉动越强，颗粒的布朗迁移就越剧烈。因此，温度差可以用来驱动布朗颗粒沿着与温度梯度相反的方向移动。因温度梯度导致的布朗颗粒迁移称为 Ludwig-Soret 效应[49]，与近年来广泛研究[50-53]的热泳[54]有关。Michaelides[50]采用 Monte Carlo 法，对布朗颗粒在各种液体中的迁移进行了数值模拟，发现颗粒的热泳速度与施加的温度梯度成正比，热泳系数显著依赖于颗粒的尺度，而略微依赖于颗粒与流体的密度比。Ho 等[52]通过考虑热泳和电泳的综合效应，使用三次样条法研究了布朗颗粒在垂直波纹板上的沉积，发现颗粒的沉积速率显著依赖于温度梯度，并且随着颗粒直径的增加，热泳效应会显著降低。Nie 和 Wang[55]模拟了布朗颗粒在具有非均匀温度场流体中的迁移，发现如果温差足够大，几乎所有的布朗颗粒都会从高温区域被驱动到低温区域，即布朗颗粒的聚焦可以采用温度梯度实现，但在他们的研究中，没有考虑流体中传热的影响，且假设在热流体区域和冷流体区域之间有一个尖锐的界面，这意味着流场温度分布虽不均匀，但不会随着时间变化，这与实际情形有差异。为了弥补这一缺陷，Nie 和 Lin[56]研究了具有加热或冷却壁面的通道中流体的热扩散效应，考虑了颗粒密度和尺度的影响，引入了代表热传递和动量传递相对重要性的 Pr 数和代表热扩散和颗粒扩散之间相互作用的 Le 数，对布朗颗粒的聚焦进行了全面的分析。

如图 8.20 所示，长度为 L、高度为 H 的二维流道充满温度为 T、密度为ρ_{f}的流体，流体的黏性系数和热扩散率分别表示为ν和 α。

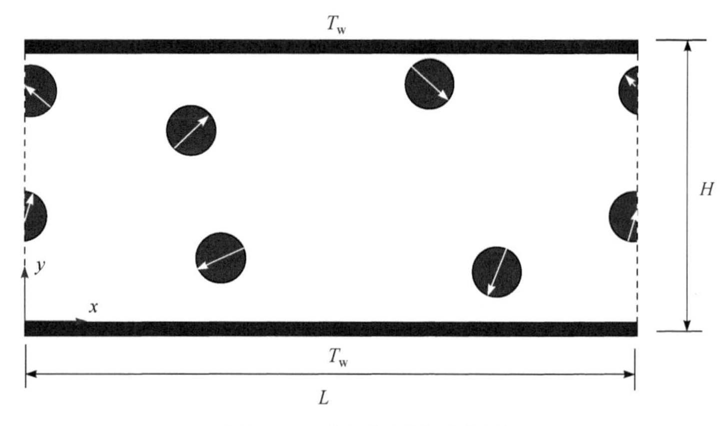

图 8.20　流场与颗粒示意图

初始时刻，100 个密度为ρ_{p}、半径为 a 的布朗颗粒以 20×5 的排列方式均匀分布在流道中，流道壁面的速度满足无滑移边界条件，温度为恒定温度 T_{w}。沿流动方向采用周期性边界条件，即一旦颗粒从一侧离开通道后，接着从另一侧进入通道，以保证流道中颗粒的数量恒定。

8.3.2　方法及其验证

8.3.2.1　*方法*

以下的模拟采用第 2 章介绍的格子 Boltzmann 方法进行，由于本章考虑的是布朗颗粒，所以采用 Nie 和 Lin[56]提出的脉动格子 Boltzmann 方法(FLBM)进行求解。在这种方法中，通过在格子 Boltzmann 方法的基本方程中，添加随机应力张量来表征流体分子的热涨落，布朗颗粒的迁移则通过求解 Boltzmann 方程和牛顿迁移方程得到，短程斥力模型(2-54)用于处理颗粒与颗粒、颗粒与壁面的碰撞。格子 Boltzmann 方程(2-15)在增加随机项 $f_i^{(\mathrm{B})}(\boldsymbol{x},t)$后为

$$f_i(\boldsymbol{x}+\boldsymbol{e}_i\Delta t,t+\Delta t)=f_i(\boldsymbol{x},t)+\frac{1}{\tau_{\mathrm{f}}}\left[f_i^{\mathrm{eq}}(\boldsymbol{x},t)-f_i(\boldsymbol{x},t)\right]+f_i^{(\mathrm{B})}(\boldsymbol{x},t), \qquad (8\text{-}11)$$

式中的随机项与以下的脉动应力张量有关：

$$\sigma_{\alpha\beta}^{(\mathrm{B})} = -\tau \sum_i f_i^{(\mathrm{B})} e_{i\alpha} e_{i\beta}\,, \tag{8-12}$$

根据波动-耗散定理，$\sigma_{\alpha\beta}^{(\mathrm{B})}$有如下特性[57]：

$$\begin{aligned} &\langle \sigma_{\alpha\beta}^{(\mathrm{B})} \rangle = 0 \\ &\langle \sigma_{\alpha\beta}^{(\mathrm{B})}(\boldsymbol{x},t)\sigma_{\gamma\delta}^{(\mathrm{B})}(\boldsymbol{x}',t') \rangle = 2k_{\mathrm{B}}T\mu(\delta_{\alpha\gamma}\delta_{\beta\delta} + \delta_{\alpha\delta}\delta_{\beta\gamma} - \frac{2}{3}\delta_{\alpha\beta}\delta_{\gamma\delta})\delta_{\boldsymbol{xx}'}\delta_{tt'} \end{aligned}, \tag{8-13}$$

式中$\langle\ \rangle$表示系综平均，k_{B}是 Boltzmann 常量，T是流体温度，μ是流体黏性系数。脉动应力为具有零均值和方差为$2k_{\mathrm{B}}T\mu$的高斯分布。通过 Chapman-Enskog 展开，以下 Navier-Stokes 方程可以从格子 Boltzmann 方程中得到

$$\frac{\partial \rho}{\partial t} + \nabla \cdot (\rho \boldsymbol{u}) = 0\,, \tag{8-14}$$

$$\frac{\partial (\rho \boldsymbol{u})}{\partial t} + \nabla \cdot (\rho \boldsymbol{u}\boldsymbol{u}) = -\nabla p + \nu \nabla \cdot [\nabla(\rho \boldsymbol{u})] + \nabla \cdot \sigma^{(\mathrm{B})}\,, \tag{8-15}$$

式中流体的迁移黏性系数$\nu=c_s^{\,2}(\tau_{\mathrm{f}}0.5)/\Delta t$，其中$c_s$是声速，$\tau_{\mathrm{f}}$是流体松弛时间。假设随机项$f_i^{(\mathrm{B})}(\boldsymbol{x},t)$具有以下形式，以确保质量和动量守恒：

$$\begin{aligned} &f_0^{(\mathrm{B})} = 0 \\ &f_1^{(\mathrm{B})} = f_3^{(\mathrm{B})} = \frac{1}{2\tau}\sigma_{yy}^{(\mathrm{B})} \\ &f_2^{(\mathrm{B})} = f_4^{(\mathrm{B})} = \frac{1}{2\tau}\sigma_{xx}^{(\mathrm{B})} \\ &f_5^{(\mathrm{B})} = f_7^{(\mathrm{B})} = -\frac{1}{4\tau}[\sigma_{xx}^{(\mathrm{B})} + \sigma_{yy}^{(\mathrm{B})} + \sigma_{xy}^{(\mathrm{B})}] \\ &f_6^{(\mathrm{B})} = f_8^{(\mathrm{B})} = -\frac{1}{4\tau}[\sigma_{xx}^{(\mathrm{B})} + \sigma_{yy}^{(\mathrm{B})} - \sigma_{xy}^{(\mathrm{B})}] \end{aligned}\,. \tag{8-16}$$

在模拟中，动量交换原理用于计算流体对颗粒施加的力和扭矩[57]。由于流道的壁面被加热或冷却，流体的温度随时间变化，为此引入一个简化的非稳态热传导方程：

$$\frac{\mathrm{d}T}{\mathrm{d}t} = \alpha \frac{\mathrm{d}^2 T}{\mathrm{d}y^2}\,, \tag{8-17}$$

式中α表示流体的热扩散率，这里考虑的仅是图 8.20 所示的一维传热。通过求解方程(8-11)，可以得到由随机热脉动引起的流体速度。

反映颗粒在流体中自扩散特性的布朗扩散系数为

$$D_{\mathrm{p}} = \frac{k_{\mathrm{B}}T}{4\pi K \mu}\,, \tag{8-18}$$

式中K来源于低Re数下作用在流道中移动的圆形颗粒上阻力的解析解[58]：

$$\boldsymbol{F}_{\mathrm{d}} = 4\pi K \mu \boldsymbol{u}_{\mathrm{p}}\,, \tag{8-19}$$

式中 $\boldsymbol{u}_{\rm p}$ 是颗粒的速度，K 定义为

$$K = \frac{1}{\ln H^* - 0.9157 + 1.7244/(H^*)^2 - 1.7302/(H^*)^4 + 2.4056/(H^*)^6 - 4.5913/(H^*)^8}, \tag{8-20}$$

式中 H^*是流道高度与颗粒直径之比。

此外，在本问题中还要引入表示黏性系数与热扩散系数之比的 Pr 数，$Pr=\nu/\alpha$，表示热扩散系数与布朗扩散系数之比的 Le 数，$Le=\alpha/D_{\rm p}$，以及

$$\lambda = \frac{T_{\rm w} - T}{T_{\rm w} + T}, \tag{8-21}$$

λ表示流道壁面相对于流体的温度，当$\lambda=0$ 时，流道内流体的温度等于壁面温度，流道内流体温度均匀分布；$\lambda > 0$ 表示壁面对流道内的流体起加热作用，$\lambda<0$ 起冷却作用。对于这两种情况中的任何一种，布朗颗粒以哪种方式迁移取决于 Pr 数和 Le 数，Pr 数度量流体中动量输运与热输运的相对强度，而 Le 数则反映热输运和颗粒输运的相对强度，以下将介绍 Pr 数和 Le 数对流道中布朗颗粒聚焦的影响。

关于布朗颗粒在流体中的迁移，理论上已经揭示了颗粒和周围流体之间最终将达到热平衡状态。根据均能理论，布朗颗粒的速度与流体温度之间的关系为

$$\langle u_{\rm p}^2 \rangle = \langle v_{\rm p}^2 \rangle = \frac{k_{\rm B}T}{M}, \qquad \langle \omega_{\rm p}^2 \rangle = \frac{k_{\rm B}T}{J}, \tag{8-22}$$

式中 $u_{\rm p}$、$v_{\rm p}$ 分别表示颗粒沿 x 和 y 方向的速度，$\omega_{\rm p}$ 表示颗粒角速度，M 和 J 分别是颗粒的质量和惯性矩。

流场的 Re 数定义为 $Re=2U_{\rm B}a/\nu$，其中速度尺度定义为

$$U_{\rm B} = \sqrt{\frac{k_{\rm B}T}{M}}, \tag{8-23}$$

于是时间尺度为 $t_{\rm B}=2a/U_{\rm B}$。

8.3.2.2　方法验证

为了说明本节采用的数值模拟方法的可行性，对正方形计算域($60a\times60a$)内包含 36 个布朗颗粒的流场进行了数值模拟，图 8.21 给出了两种 Re 数下的瞬时流场脉动和 36 个布朗颗粒的分布，图中的流场脉动通过脉动速度即 $u'=[(u/U_B)+(v/U_B)]^{0.5}$ 体现，其中 u 和 v 分别表示流体沿 x 和 y 方向的速度，$U_{\rm B}$ 如式(8-23)所示，时间 $t'=t/t_{\rm B}$，颗粒内部的箭头表示其指向，初始时刻所有颗粒都指向右边。由图 8.21 可见，在两种 Re 数下，由于流场的随机热脉动以及颗粒间的水动力相互作用，初始以行×列=6×6 有序排列的颗粒，随着时间推移将随机扩散，Re 数越大，扩散越显著。

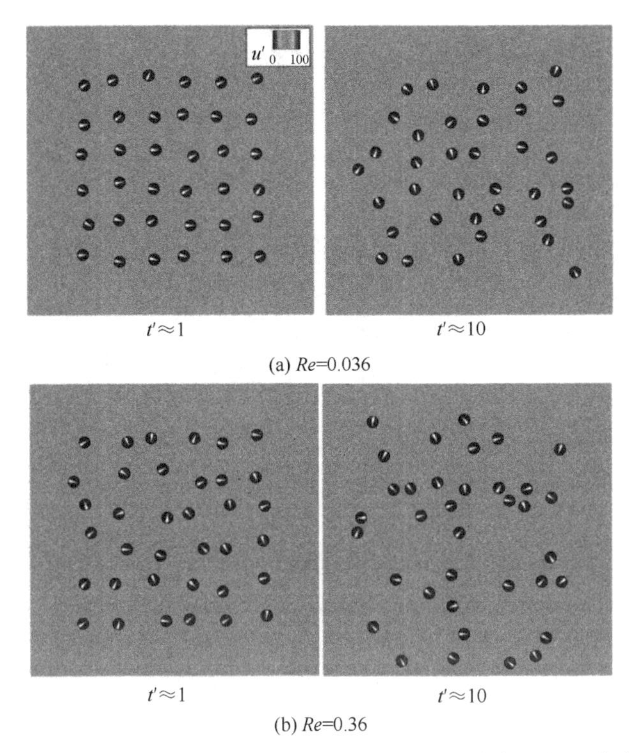

图 8.21　两种 Re 数下的瞬时流场脉动和 36 个布朗颗粒的分布

图 8.22 给出了两种 Re 数下布朗颗粒速度和角速度的系综平均 $\langle u_{\mathrm{p}}^2\rangle$、$\langle v_{\mathrm{p}}^2\rangle$、$\langle \omega_{\mathrm{p}}^2\rangle$ 随时间的变化，可见在两种 Re 数下，$\langle u_{\mathrm{p}}^2\rangle$、$\langle v_{\mathrm{p}}^2\rangle$、$\langle \omega_{\mathrm{p}}^2\rangle$ 的值很快就趋于 1，即与式(8-22)给出的均能理论的结论相同，这表明布朗颗粒的平移和旋转迁移可以通过本节的数值模拟方法求解。

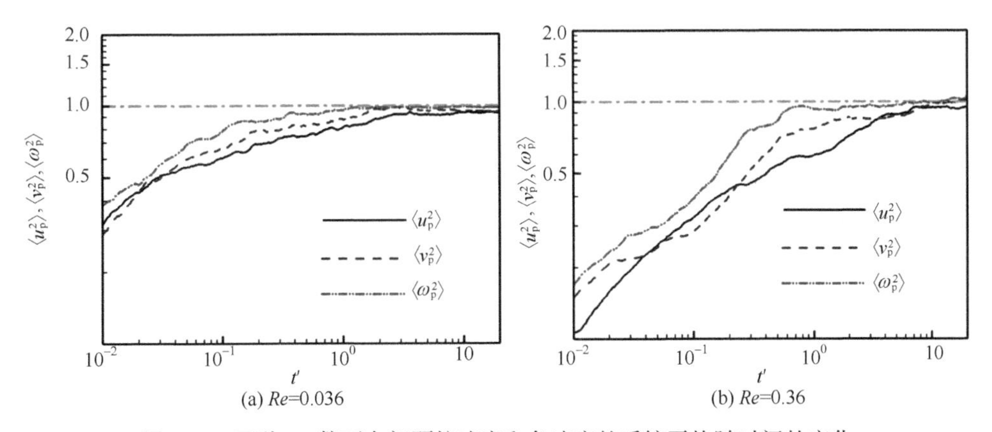

图 8.22　两种 Re 数下布朗颗粒速度和角速度的系综平均随时间的变化

8.3.3　壁面温度对颗粒聚焦的影响

图 8.23 为不同时刻流场脉动和 100 个布朗颗粒的分布，λ=0 对应流道内流体的温度等于壁面温度，流场的温度均匀分布，颗粒的扩散不受温度变化的影响而在流道中随机移动。

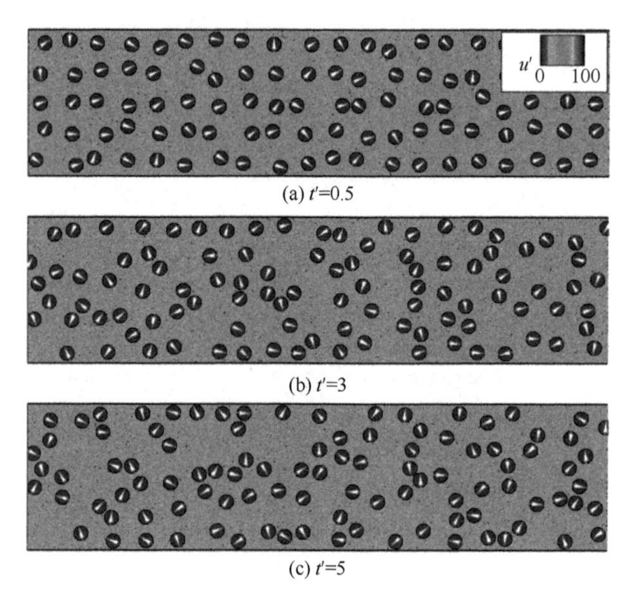

图 8.23　不同时刻流场脉动和 100 个布朗颗粒的分布(Pr =6, $Le \approx 1.5$, $\lambda = 0$)

图 8.24 给出了不同时刻流场脉动和 100 个布朗颗粒的分布，图中的参数与图 8.23 相同，但λ=0 换成了λ=0.8，即流道壁面的温度高于流体温度，可见在流体温度较高的流道壁面附近的区域，流场脉动值比其他区域大很多，流场脉动越大，产生的随机力也越大，导致颗粒从高温区域被驱往低温区域，即从近壁区域向中心区域移动。流体的传热使得流场的高温区从壁面附近逐渐扩展到中心区域，导致颗粒聚集在中心区域附近的一个狭长区域，而壁面附近没有颗粒(图 8.24(c))。

当流道壁面的温度低于流体温度时(λ=–0.8)，图 8.25 给出了相应的结果，由图可以看到与图 8.24 相反的结果，即颗粒几乎聚集在壁面附近，而中心区域有很少颗粒，其原理如上所述。

为了定量地给出颗粒沿 y 方向的分布，定义颗粒沿 y 方向的平均位置为

$$Y(t) = \frac{\sum_{i=1}^{N} \left|2y_i(t) - H\right|}{NH}, \tag{8-24}$$

式中 N 表示布朗颗粒的数量，$y_i(t)$表示第 i 个颗粒在 y 方向的位置，$Y(t)$可以定量地反映颗粒在高度为 H 的流道中的聚焦程度。

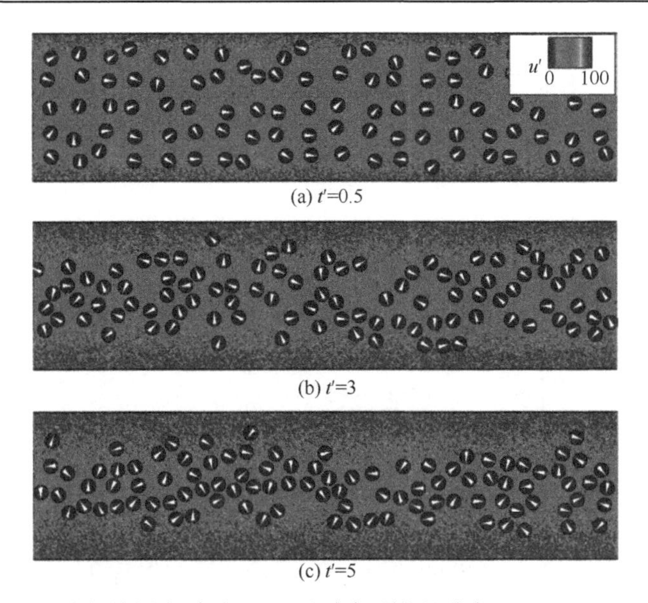

图 8.24　不同时刻流场脉动和 100 个布朗颗粒的分布(Pr=6, Le≈1.5, λ=0.8)

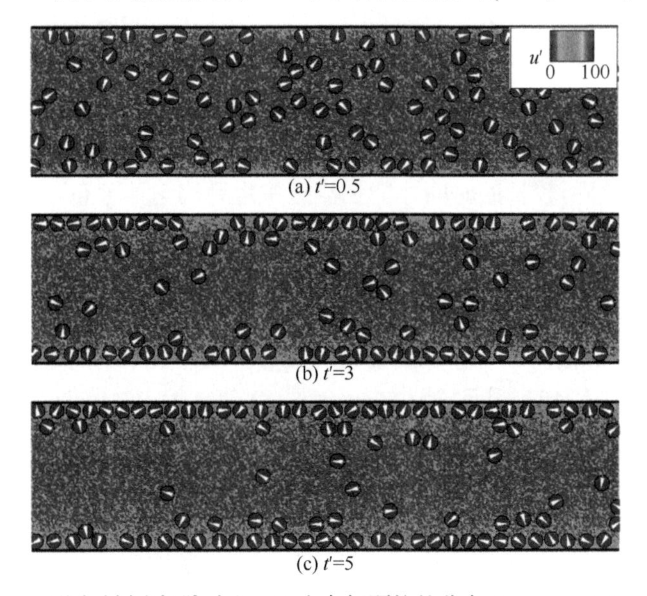

图 8.25　不同时刻流场脉动和 100 个布朗颗粒的分布(Pr=6, Le≈1.5, λ=−0.8)

图 8.26 给出了图 8.23～图 8.25 不同λ情况下 $Y(t)$随时间的变化，对于λ=0.8 流道壁面温度高于流体温度时的加热壁情况，$Y(t)$的值越小，颗粒的聚焦性越好，而λ=−0.8 冷却壁的情况则相反。

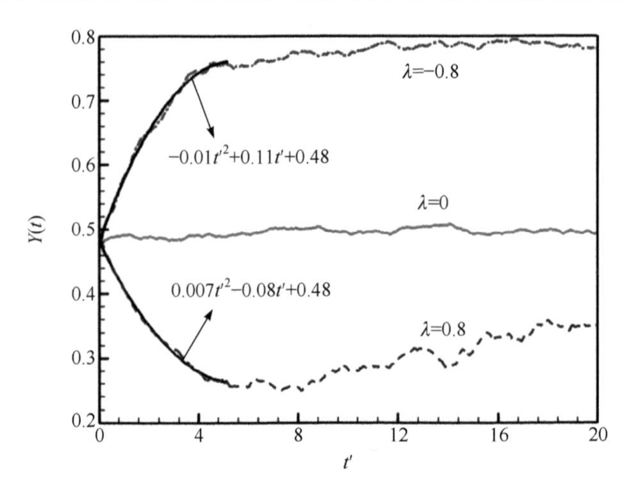

图 8.26　不同λ情况下 $Y(t)$随时间的变化(Pr=6, Le≈1.5)

由图 8.26 可知，对于 λ=0 的情形，$Y(t)$迅速接近并保持 0.5 的值，这与图 8.23 所示的颗粒随机和均匀分布的结果一致。对于λ=0.8 的情形，随着时间推移，$Y(t)$从 0.48 单调下降到约为 0.25 的最小值，$Y(t)$的值正比于时间 t'的二次方，这与图 8.24 中颗粒集中到中心区域的结果一致。当 t'>8 时，$Y(t)$的值开始缓慢增加，这是因为热量不断传递到中心的低温区域，流场的温度逐渐变得均匀，温差驱动的颗粒迁移效应减弱，颗粒布朗迁移的效应增强，颗粒沿 y 方向的分布趋于均匀。然而，颗粒需要经历较长的时间才能在流道中重新均匀地分布。对于λ=−0.8 的情形，结果与λ=0.8 的情形相反，原理则相同。

对于λ>0 的情形，在不同的壁面温度下，$Y(t)$随时间的变化如图 8.27 所示，可以根据 $Y(t)$的最小值和达到最小值所需的时间，来得到颗粒的聚焦性和聚焦效率，聚焦性指的是颗粒在中心区域聚集的数量，聚焦效率指的是颗粒向中心区域移动的速度。由图 8.27 可见，在初始阶段，λ值越大，$Y(t)$随时间的推移下降得越快，达到的最小值越小，说明提高壁面温度可以增强颗粒的聚焦性和聚焦效率。对于λ值较小(λ=0.2 或 0.5)的情形，当 t'<1 时，$Y(t)$有异常的增加，这是因为初始阶段的流场脉动不足以驱使布朗颗粒向流道的中心区域移动，大多数颗粒在流道中自由扩散；然而，当 t'>1 时，颗粒开始向中心区域聚集。

类似于图 8.26，图 8.27 也显示了当λ=0.5、0.75 和 0.9 时，$Y(t)$的值正比于与时间 t'的二次方，但λ=0.2 时，$Y(t)$的值与时间 t'成线性关系。

如图 8.27 所示，当 t'≈7 时，不同λ情况下的 $Y(t)$几乎都处于最小值，此时流场脉动和 100 个布朗颗粒的分布如图 8.28 所示，可见颗粒的聚焦性存在明显的不同。

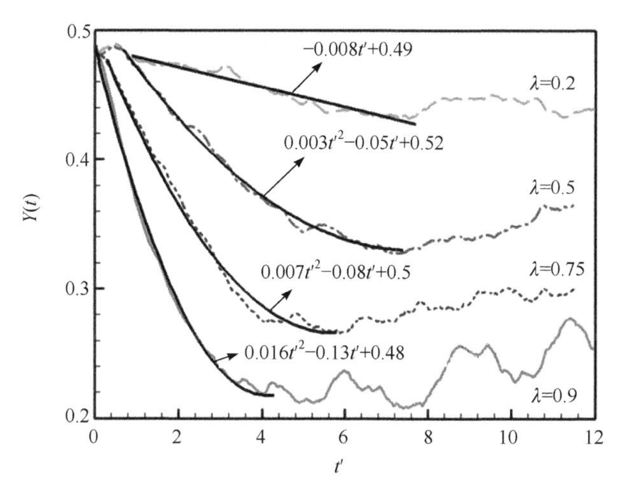

图 8.27　$\lambda>0$ 情况下 $Y(t)$随时间的变化(Pr=6, Le≈1.5)

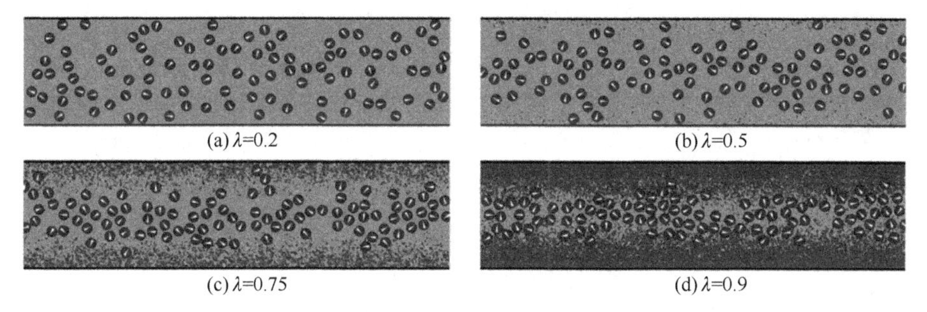

图 8.28　不同λ情况下流场脉动和 100 个布朗颗粒的分布(Pr=6, Le≈1.5)

由图 8.27 可知，布朗颗粒的聚焦性可以用 $Y(t)$的最小值 $Y_m(t)$来表示，为了定量地表示不同λ下的 $Y_m(t)$，图 8.29 给出了 $Y_m(t)$与λ的关系曲线，其中图 8.29(b)中的ζ表示壁面温度 T_w 与流体温度 T 之比$\zeta=T_w/T$，以此可直观地给出颗粒聚焦性与

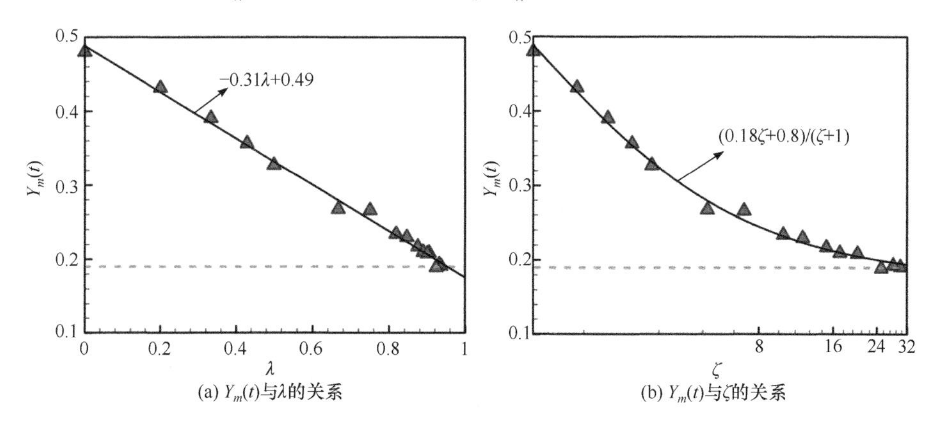

图 8.29　$Y(t)$的最小值 $Y_m(t)$与壁面相对于流体的温度λ 的关系(Pr=6, Le≈1.5)

壁面和流体相对温度之间的关系。由图 8.29(a)可见，$Y_m(t)$与λ近似为线性关系，而 $Y_m(t)$与ζ的关系如图 8.29(b)中的表达式所示，可见 $Y_m(t)$随着壁面温度的升高而单调减小，且减小速率也减小，当ζ趋向于无穷大时，$Y_m(t)\approx0.18$，这与图 8.27 和图 8.28 中的结果一致。

8.3.4 热扩散性对颗粒聚焦的影响

颗粒的迁移与聚集受到流体中传热过程的影响，本节中固定壁面温度不变，设定λ=0.82，对应的 ζ=10，改变流体的热扩散率α，看流场脉动、颗粒分布、颗粒沿 y 方向的平均位置 $Y(t)$发生的变化。根据 Pr 数和 Le 数的定义：$Pr=\nu/\alpha$、$Le=\alpha/D_{\mathrm{p}}$，热扩散率α的增大意味着 Pr 数的减小和 Le 数的增大。

图 8.30 给出了两个 Re 数时不同 Pr 数下 $Y(t)$随时间的变化，可见在较小的 Pr 数下，$Y(t)$的值较快达到其最小值，如 Pr=1 时 $Y(t)$在 $t'\approx2$ 时达到最小值，而当 Pr=33 时 $Y(t)$在 $t'\approx12$ 时达到最小值。这表明布朗颗粒的聚焦效率取决于 Pr 数，即当其他参数不变时，Pr 数越小，颗粒聚焦得越快，因为小 Pr 数意味着小的流体黏度或大的热扩散率，前者使颗粒的移动有较小的阻力，而后者导致大的随机力。

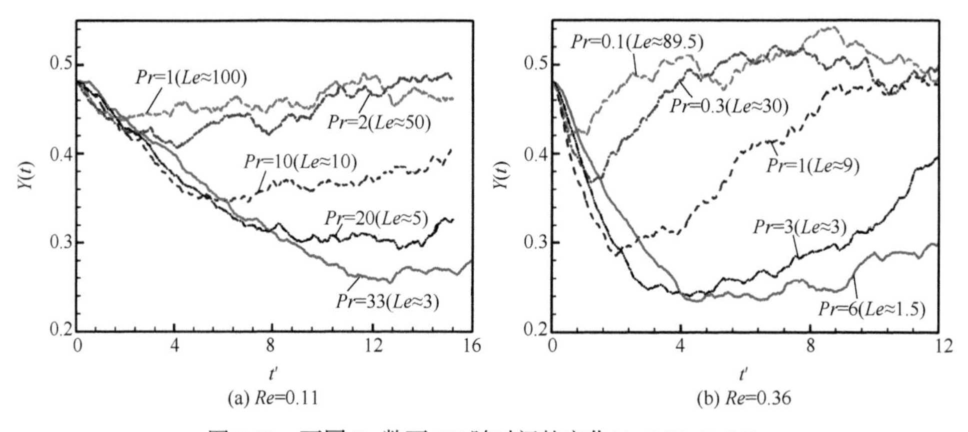

(a) Re=0.11　　(b) Re=0.36

图 8.30　不同 Pr 数下 $Y(t)$随时间的变化(λ=0.82, ζ=10)

以上是通过改变热扩散率 α 来改变 Pr 数，以下通过改变流体黏性系数 ν 来改变 Pr 数，图 8.31 给出了以这种方式确定的不同 Pr 数下 $Y(t)$随时间的变化，可见 $Y(t)$的变化趋势与图 8.30 给出的结果类似。从图 8.30 和图 8.31 也可以看出不同 Pr 数下 $Y(t)$的最小值 $Y_m(t)$的变化，可见 $Y_m(t)$也取决于 Pr 数，Pr 数越大，$Y_m(t)$的值越小。然而，从这两张图也可以明显看出，Le 数是决定 $Y_m(t)$值的关键参数，Le 数越小，$Y_m(t)$的值越小，颗粒的聚焦性越好。为了进一步解释这种结果，假设在一个非常大的 Le 数下，流体的热扩散率很大，流体中的热传递非常迅速，流场中的流体很快地被加热，温差很快就消失，使得温差没有足够的时间驱动颗粒迁移，正如图 8.30(a)所示，当 $Le\approx100$ 时，在 $t'\approx2$ 处的 $Y_m(t)\approx0.45$，即颗粒的聚焦可以忽略不计。

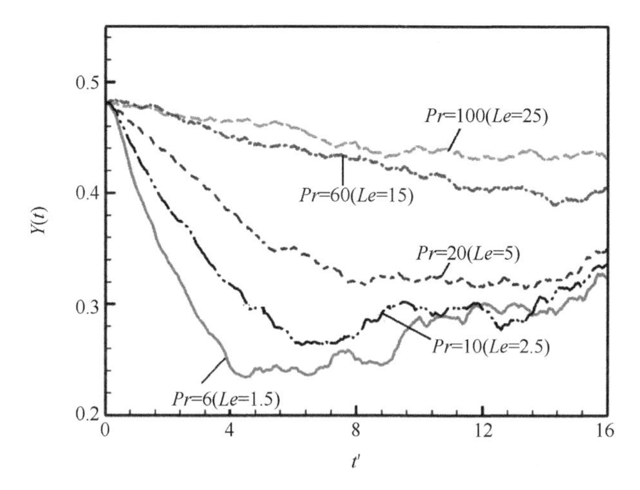

图 8.31　不同 Pr 数下 $Y(t)$随时间的变化(λ=0.82, ζ=10)

图 8.32 给出了两种 Pr 数下、不同时刻温度脉动和 100 个布朗颗粒的分布，可见在 Pr=1 的图 8.32(a)中，没有明显的颗粒聚焦，因为流道中的流体温度在短时间内变得几乎均匀。而在 Pr=33 的图 8.32(b)中，从 $t'\approx1$ 到 $t'\approx12$，颗粒显示了一个缓慢但明显的聚焦过程。因此，为了提高颗粒的聚焦性，布朗颗粒的扩散速度应该小于或相当于传热速率，对应于小的或中等的 Le 数。

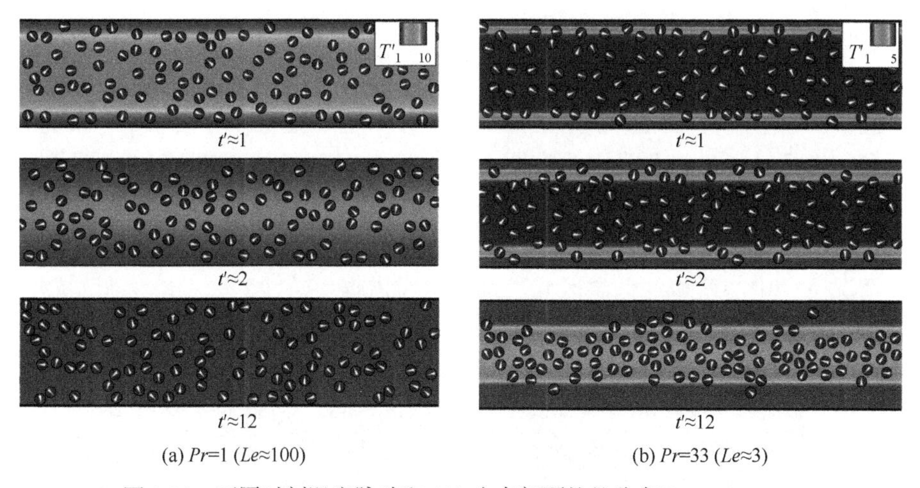

图 8.32　不同时刻温度脉动和 100 个布朗颗粒的分布(λ=0.82, ζ=10)

8.3.5　颗粒尺度和密度对颗粒聚焦的影响

除了流体的特性和流动条件对布朗颗粒的聚焦有影响外，颗粒自身的特性对其聚焦也有影响。

8.3.5.1　颗粒尺度的影响

图 8.33 给出了不同颗粒半径下 $Y(t)$随时间的变化，可见颗粒半径越小，$Y(t)$的最小值 $Y_m(t)$也越小，颗粒的聚焦性也越好，这表明颗粒的聚焦性取决于颗粒尺度，因为热扩散的随机力对小颗粒作用的效果更显著。图 8.33 中还显示，对于不同颗粒半径的情况，$Y(t)$的最小值几乎都出现在 $t'\approx5$ 的时刻，这说明颗粒尺寸对颗粒聚焦效率的影响可以忽略不计，由此再次证实聚焦效率仅取决于 Pr 数。

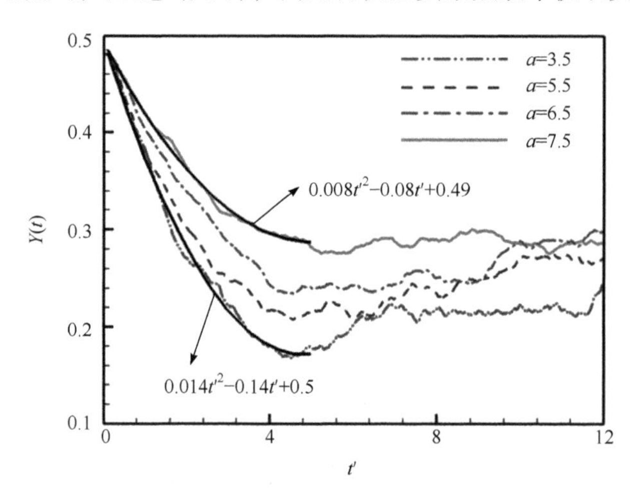

图 8.33　不同颗粒半径下 $Y(t)$随时间的变化(λ=0.82, Pr=3)

图 8.34 给出了 $t'\approx5$ 的时刻，三种不同颗粒半径下流场脉动和 100 个布朗颗粒的分布，选择 $t'\approx5$ 的时刻是因为在图 8.33 中，此时刻各种颗粒半径情况下的 $Y(t)$几乎都处于最小值。由图 8.34 可见，在图 8.34(a) a=3.5 的情况下，由于颗粒比较小，在中心区域的低温区还有很多颗粒未占据的空间，而在图 8.34(c) a=7.5 大颗粒的情况下，中心区域的低温区几乎都被颗粒占据。

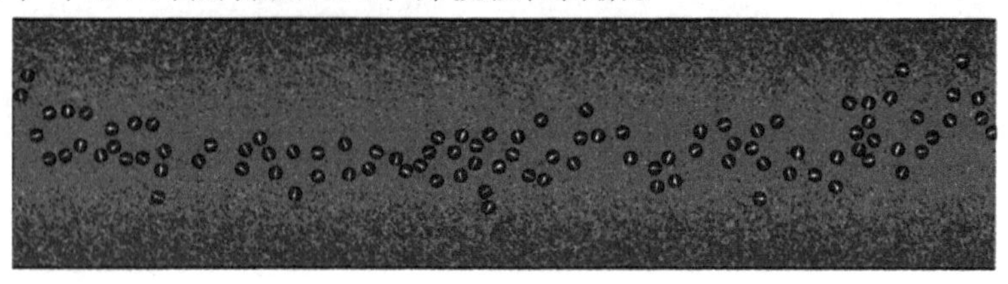

(a) a=3.5

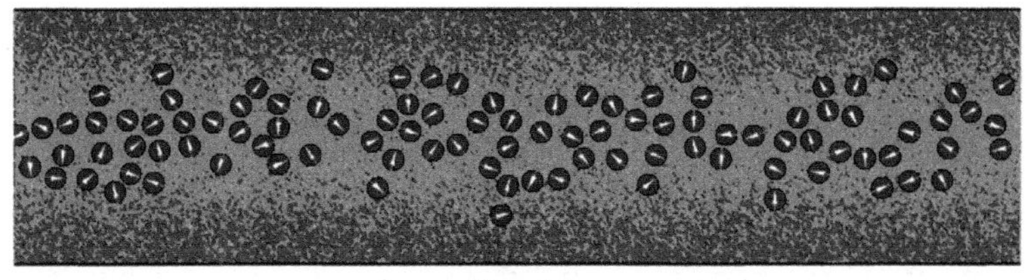

(b) a=5.5

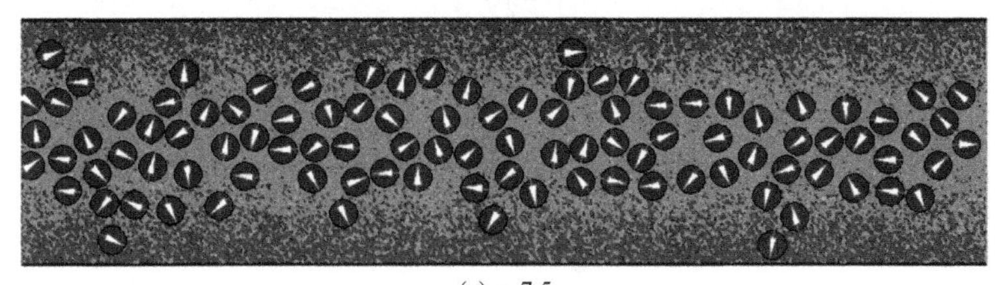

(c) a=7.5

图 8.34　不同颗粒半径流场脉动和 100 个布朗颗粒的分布(Pr=3, λ=0.82)

8.3.5.2　颗粒密度的影响

图 8.35 给出不同颗粒密度下 $Y(t)$随时间的变化，可见在 $0 \leqslant t' \leqslant 5$ 阶段，颗粒密度对颗粒的聚焦性和聚焦效率影响很小，Michaelides[50]也定性地给出了同样的结果。对图 8.35 中不同颗粒密度的情况，Le 数都为 1.5，可见颗粒的聚焦效率取决于 Pr 数，而聚焦性取决于 Le 数。

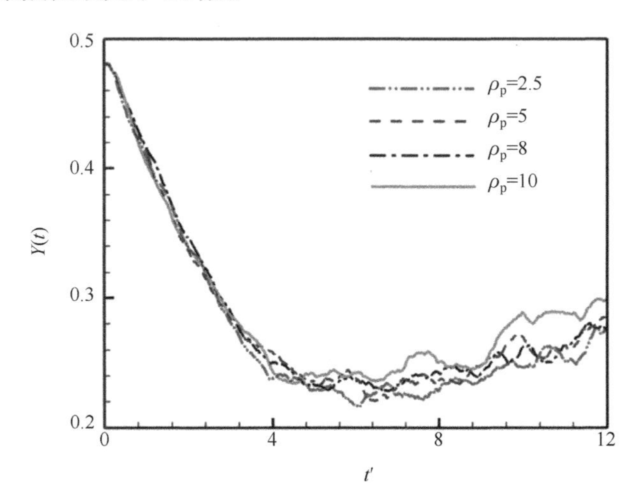

图 8.35　不同颗粒密度下 $Y(t)$随时间的变化(λ=0.82, Pr = 3, $Le \approx 1.5$)

综上所述，当流道壁面温度高于流体温度时，布朗颗粒从壁面往中心区域迁移而聚焦在中心区域；在较高壁面温度下，颗粒聚焦性与时间呈二次方关系，在较低壁面温度下，颗粒聚焦性与时间呈线性关系。提高壁面温度不仅能提高颗粒聚焦性，而且能提高颗粒聚焦效率。当流道壁面温度低于流体温度时，情况相反，颗粒聚焦在壁面附近。

当壁面温度保持不变时，布朗颗粒的聚焦效率取决于 *Pr* 数，*Pr* 数越小，颗粒聚焦效率越高。颗粒的聚焦性则取决于 *Le* 数，为获得良好的聚焦性，需选择小或中等 *Le* 数。颗粒的大小对聚焦效率的影响可以忽略不计；但颗粒越小，颗粒的聚焦性越好。颗粒密度对颗粒的聚焦性和聚焦效率都几乎没有影响。

参考文献

[1] Feng Z, Michaelides E E. The immersed boundary-lattice Boltzmann method for solving fluid-particles interaction problems. Journal of Computational Physics, 2004, 195: 602-628.

[2] Ma G, Hua J, Li H. Numerical modeling of the behavior of an elastic capsule in a microchannel flow: the initial motion. Physical Review E, 2009, 79: 046710.

[3] Li H, Ma G. Modeling performance of a two-dimensional capsule in a microchannel flow: long-term lateral migration. Physical Review E, 2010, 82: 026304.

[4] Doddi S K, Bagchi P. Lateral migration of a capsule in a plane Poiseuille flow in a channel. International Journal of Multiphase Flow, 2008, 34: 966.

[5] Hu X Q, Salsac A V, Barthes-Biesel D. Flow of a spherical capsule in a pore with circular or square cross-section. Journal of Fluid Mechanics, 2012, 705: 176.

[6] Pranay P, Henrıquez-Rivera R G, Graham M D. Depletion layer formation in suspensions of elastic capsules in Newtonian and viscoelastic fluids. Physics of Fluids, 2012, 24: 061902.

[7] Kumar A, Rivera R G H, Graham M D. Flow-induced segregation in confined multi-component suspensions: effects of particle size and rigidity. Journal of Fluid Mechanics, 2014, 738: 423.

[8] Rivera R G H, Zhang X, Graham M D. Mechanistic theory of margination and flow-induced segregation in confined multicomponent suspensions: simple shear and Poiseuille flows. Physical Review Fluids, 2016, 1: 060501.

[9] Zhang J, Johnson P C, Popel A S. An immersed boundary lattice Boltzmann approach to simulate deformable liquid capsules and its application to microscopic blood flows. Physical Biology, 2007, 4: 285.

[10] Xiong W, Zhang J. Shear stress variation induced by red blood cell motion in micro vessel. Annals of Biomedical Engineering, 2010, 38: 2649.

[11] Kruger T, Varnik F, Raabe D. Efficient and accurate simulations of deformable particles immersed in a fluid using a combined immersed boundary lattice Boltzmann finite element method. Computers & Mathematics with Applications, 2011, 61: 3485.

[12] Lin T, Wang Z, Lu R, et al. A high-throughput method to characterize membrane viscosity of flowing micro capsules. Physics of Fluids, 2021, 33: 011906.

[13] Nie D, Lin J Z. Simulation of sedimentation of two spheres with different densities in a square tube. Journal of Fluid Mechanics, 2020, 896: A12.

[14] Villone M M, Greco F, Hulsen M A, et al. Numerical simulations of deformable particle lateral migration in tube flow of Newtonian and viscoelastic media. Journal of Non-Newtonian Fluid

Mechanics, 2016, 234: 105.
[15] Kumar A, Graham M D. Segregation by membrane rigidity in flowing binary suspensions of elastic capsules. Physical Review E, 2011, 84: 066316.
[16] Esposito G, Romano F, Hulsen M A, et al. Numerical simulations of cell sorting through inertial microfluidics. Physics of Fluids, 2022, 34: 072009.
[17] Shin S J, Sung H J. Inertial migration of an elastic capsule in a Poiseuille flow. Physical Review E, 2011, 83: 046321.
[18] Raffiee A H, Dabiri S, Ardekani A M. Elasto-inertial migration of deformable capsules in a microchannel. Biomicrofluidics, 2017, 11: 064113.
[19] Schaaf C, Stark H. Inertial migration and axial control of deformable capsules. Soft Matter, 2017, 13: 3544.
[20] Kim B, Chang C B, Park S G, et al. Inertial migration of a 3D elastic capsule in a plane Poiseuille flow. International Journal of Heat and Fluid Flow, 2015, 54: 87.
[21]Alghalibi D, Rosti M E, Brandt L. Inertial migration of a deformable particle in pipe flow. Physical Review Fluids, 2019, 4: 104201.
[22] He L, Luo Z, Liu W R, et al. Capsule equilibrium positions near channelcenter in Poiseuille flow. Chemical Engineering Journal, 2017, 172: 603.
[23] Li A, Xu D M, Ma J T, et al. Study on the binding focusing state of particles in inertial migration. Applied Mathematical Modelling, 2021, 97: 1.
[24] Lan H, Khismatullin D B. Numerical simulation of the pairwise interaction of deformable cells during migration in a microchannel. Physical Review E, 2014, 90: 012705.
[25] Patel K, Stark H. A pair of particles in inertial microfluidics: effect of shape, softness, and position. Soft Matter, 2021, 17: 4804.
[26] Owen B, Kruger T. Numerical investigation of the formation and stability of homogeneous pairs of soft particles in inertial microfluidics. Journal of Fluid Mechanics, 2022, 937: A4.
[27] Feng H, Huang H, Lu X Y. Rheology of capsule suspensions in plane Poiseuille flows. Physics of Fluids, 2021, 33: 013302.
[28] Vlahovska P M, Podgorski T, Misbah C. Vesicles and red blood cells inflow: from individual dynamics to rheology. Comptes Rendus Physique, 2009, 10: 775.
[29] Pozrikidis C. Effect of membrane bending stiffness on the deformation of capsules in simple shear flow. Journal of Fluid Mechanics, 2001, 440: 269.
[30] Sui Y, Chew Y, Low H. A lattice Boltzmann study on the large deformation of red blood cells in shear flow. International Journal of Modern Physics C, 2007, 18: 993.
[31] Sui Y, Chew Y, Roy P, et al. Transient deformation of elastic capsules in shear flow: effect of membrane bending stiffness. Physical Review E, 2007, 75: 066301.
[32] Shi L, Pan T W, Glowinski R. Lateral migration and equilibrium shape and position of a single red blood cell in bounded Poiseuille flows. Physical Review E, 2012, 86: 056308.
[33] Dadvand A, Baghalnezhad M, Mirzaee I, et al. An immersed boundary–lattice Boltzmann approach to study the dynamics of elastic membranes in viscous shear flows. Journal of Computational Science, 2014, 5: 709.

[34] Kruger T, Kaoui B, Harting J. Interplay of inertia and deformability on rheological properties of a suspension of capsules. Journal of Fluid Mechanics, 2014, 751: 725.

[35] Gupta A, Magaud P, Lafforgue C, et al. Conditional stability of particle alignment in finite-Reynolds-number channel flow. Physical Review Fluids, 2018, 3: 114302.

[36] Lin B, Yu J, Rice S A. Direct measurements of constrained Brownian motion of an isolated sphere between two walls. Physical Review E, 2000, 62: 3909-3919.

[37] Benesch T, Yiacoumi S, Tsouris C. Brownian motion in confinement. Physical Review Fluids, 2003, 68: 021401.

[38] Iwashita T, Yamamoto R. Short-time motion of Brownian particles in a shear flow. Physical Review E, 2009, 79: 031401.

[39] Drossinos Y, Reeks M W. Brownian motion of finite-inertia particles in a simple shear flow. Physical Review E, 2005,71: 031113.

[40] Uma B, Swaminathan T N, Radhakrishnan R, et al. Nanoparticle Brownian motion and hydrodynamic interactions in the presence of flow fields. Physics of Fluids, 2011, 23: 073602.

[41] Radiom M, Robbins B, Paul M, et al. Hydrodynamic interactions of two nearly touching Brownian spheres in a stiff potential: effect of fluid inertia. Physics of Fluids, 2015, 27: 022002.

[42] Lucero-Azuara N, Sánchez-Salas N, Jiménez-AquinoJ I. Brownian motion across a magnetic field: langevin approach revisited. European Journal of Physics, 2020, 41: 035807.

[43] Mayer D B, Sarmiento-Gómez E, Escobedo-Sánchez M A, et al. Two-dimensional Brownian motion of anisotropic dimers. Physical Review E, 2021, 104: 014605.

[44] Bickmann J, Bröker S, Jeggle J, et al. Analytical approach to chiral active systems: suppressed phase separation of interacting Brownian circle swimmers. Journal of Chemical Physic, 2022, 156: 194904.

[45] Chen H, Thiffeault J L. Shape matters: a Brownian microswimmer in a channel. Journal of Fluid Mechanics, 2021, 916: A15.

[46] Martin-Roca J, Martinez R, Alexander L C, et al. Characterization of MIPS in a suspension of repulsive active Brownian particles through dynamical features. Journal of Chemical Physic, 2021, 154: 164901.

[47] Fang L, Li L L, Guo J S, et al. Time scale of directional change of active Brownian particles. Physics Letters A, 2022, 427: 127934.

[48] Zhu W J, Li T C, Zhong W R, et al. Rectification and separation of mixtures of active and passive particles driven by temperature difference. Journal of Chemical Physic, 2020, 152: 184903.

[49] Kreft J, Chen Y L. Thermal diffusion by Brownian-motion-induced fluid stress. Physical Review E, 2007, 76: 021912.

[50] Michaelides E E. Brownian movement and thermophoresis of nano particles in liquids. International Journal of Heat and Mass Transfer, 2015, 81: 179-187.

[51] Saghir M Z, Mohamed A. Effectiveness in incorporating Brownian and thermophoresis effects in modelling convective flow of water-Al_2O_3 nanoparticles. International Journal of Numerical Methods for Heat & Fluid Flow, 2018, 28: 47-53.

[52] Ho P Y, Chen C K, Huang K H. Combined effects of thermophoresis and electrophoresis on particle deposition in mixed convection flow onto a vertical wavy plate. International Communications in Heat and Mass Transfer, 2019, 101: 116-121.
[53] Shah N A, Tosin O, Shah R, et al. Brownian motion and thermophoretic diffusion effects on the dynamics of MHD upper convected Maxwell nanofluid flow past a vertical surface. Physica Scripta, 2021, 96: 125722.
[54] Zheng F. Thermophoresis of spherical and non-spherical particles: a review of theories and experiments. Advances in Colloid and Interface Science, 2002, 97: 255-278.
[55] Nie D M, Wang C. Direct numerical simulation of particle Brownian motion in a fluid with inhomogeneous temperature field. Thermal Science, 2020, 24: 3707.
[56] Nie D M, Lin J Z. A fluctuating lattice-Boltzmann model for direct numerical simulation of particle Brownian motion. Particuology, 2009, 7: 501-506.
[57] Ladd A J C. Numerical simulations of particulate suspensions via a discretized Boltzmann equation. Part I. Theoretical foundation. Journal of Fluid Mechanics, 1994, 271: 285-309.
[58] Happel J, Brenner H. Low Reynolds Number Hydrodynamics. New York: Prentice-Hall, 1965.